新世纪工程管理专业系列教材

工程造价与管理

（第2版）

季　雪　编著

中国建材工业出版社

图书在版编目（CIP）数据

工程造价与管理/季雪编著．—2版．—北京：中国建材工业出版社，2010．10

ISBN 978-7-80227-836-3

Ⅰ．①工…　Ⅱ．①季…　Ⅲ．①建筑造价管理—高等学校—教材　Ⅳ．①TU723．3

中国版本图书馆CIP数据核字（2010）第150372号

内 容 简 介

全书共分为10章，主要内容包括：工程量的计算，工程量清单的计算与编制，工程量清单计价，建设项目决策、设计、招标投标、施工、竣工等阶段的全过程造价管理，工程造价信息与咨询管理，以及发达国家和地区工程造价管理等。

书中通过工程案例分析，讲解了工程造价管理的要点、方法、程序和注意事项，以及招标、投标双方如何依据清单计价规范编制工程量清单和招标、投标文件等。同时，甄选了国际上部分具有代表性的国家和地区，对其工程造价管理情况及经验进行了分析介绍。书后还附有国际项目工程量清单计价实际案例。

本书具有较强的独创性、前沿性和可操作性，可以作为高等院校相关专业的本科、研究生教材使用，也可以作为工程造价管理机构及工程造价专业技术人员的培训教材和参考书，还可以为完善我国工程造价管理及工程量清单规范提供依据，为政府职能部门和研究部门提供参考。

工程造价与管理（第2版）

季　雪　编著

出版发行：中国建材工业出版社

地　　址：北京市西城区车公庄大街6号

邮　　编：100044

经　　销：全国各地新华书店

印　　刷：北京鑫正大印刷有限公司

开　　本：787mm×1092mm　1/16

印　　张：22.5

字　　数：555千字

版　　次：2010年10月第2版

印　　次：2010年10月第2次

书　　号：ISBN 978-7-80227-836-3

定　　价：40.00元

本社网址：www.jccbs.com.cn

本书如出现印装质量问题，由我社发行部负责调换。联系电话：（010）88386906

新世纪工程管理专业系列教材
编　委　会

总　序

为促进我国高等院校工程管理专业下设的房地产经营管理、投资与造价管理、物业管理等方向的教学质量的提高，全国部分财经类高校工程管理专业的负责人经过充分酝酿，决定在本专业各院校的专家和学者的共同努力下，发挥各院校的优势，突出各院校的专业特色，通力合作出版一套《新世纪工程管理专业系列教材》。

专业教材的建设是一个重要的问题，没有高质量的教材，就难以培养素质和能力方面都符合市场经济发展要求的专业人才。21世纪不断发展的科学与技术，快速变化的国际国内市场等新形势，对工程管理专业人才的知识结构和能力素质都提出了更新、更高的要求，在发展变化中求生存，在学习创新中求发展是所有高校专业建设首先要考虑的问题。因此，尽快编写出符合时代要求，符合教育教学规律，与工程管理专业培养目标相吻合的高水平教材就成为当务之急。

《新世纪工程管理专业系列教材》以管理、财经类院校工程管理专业为主，在完全符合教育部专业指导委员会对本专业人才培养目标所设定的“管理、经济、工程技术和法律”四个知识平台基本要求的前提下，突出财经类、管理类院校对工程项目在经营管理、价值评估、可行性研究、项目营销策划、资产的保值增值等方面的专业特色，撰写以管理和经济为主线的系列教材以满足人才培养的需要。

经过所有参编院校的认真讨论，一致同意本系列教材编写的基本原则为：

1. 所编写的教材必须符合建设部高等工程管理学科专业指导委员会对本专业人才培养目标的具体要求；

2. 财经类院校对工程管理专业人才的培养应该偏重在培养经营管理能力方面，在教材编写中，要考虑培养学生对市场经济基本知识的良好运用能力，要体现培养懂工程技术的经营管理人才的教学意图，以培养房地产开发商和经营商人才为主，为工程建设企业培养经营型人才；

3. 新编写的教材要有一定的超前性：要体现出21世纪对人才的要求，考虑到我国加入WTO后对工程管理人才的知识结构和能力的要求，所涉及的内容要争取和国际惯例衔接，面向世界，面向未来；

4. 突出案例教学：力争在教材中体现实用性，在课程内容允许的情况下，以培养学生的实际工作能力为出发点，选取恰当案例作为课程内容的补充和延伸；

5. 在部分教材中争取用国外成熟的原版教材作为参考资料，扩充学习者的知识面；

6. 在新编教材中，考虑运用现代化教学手段，有条件的教材要同步编写电子课件以利于多媒体教学，或同步编写习题集以利于学习者课下练习和自学；

7. 时间和进度要服从质量，保证教材的先进性和适用性。

我们相信，在所有参编院校的共同努力下，本系列教材必定能满足新世纪快速发展和不断创新的工程管理专业的教学需要。

新世纪工程管理专业
系列教材编委会
2002年4月

第 2 版前言

《工程造价与管理》（第 2 版）由教学经验丰富、理论功底深厚的资深教师，以及在建筑行业从事国际国内工程工作多年、实践经验丰富的工程技术人员，在多次共同研究探讨的基础上共同编写。书中各章节是基于作者多年理论研究成果、实践经验积累并汲取参考了大量国内外建设项目案例等完成。在编写过程中，作者力求使本书内容规范、资料翔实、理论取系我国实际情况，并充分考虑和兼顾了我国与国际接轨的现实问题，及近年信息技术的快速发展等情况。因此，本书最大特点是包含有工程量清单的编制与计价及其国际案例，具有较强的独创性、实用性、可操作性及国际通用性，以及很好的理论价值及实用价值。

工程造价管理是为确保建设工程的经济效益和各方经济权益，而对建设工程造价进行的全过程、全方位管理。工程造价的管理与控制贯穿于项目建设全过程，是我国建设项目管理不可或缺的要素和组成部分。我国近年采用了工程量清单计价，这是大多数发达国家和地区以及世界银行、亚洲银行等金融机构，在国内贷款项目招标投标中普遍采用的计价方法。随着我国国际化的发展进程，过去的工程价格形成机制面临严峻挑战，使我们不得不引进并遵循工程造价管理的国际惯例，在招标投标中，由工程预算报价改为工程量清单报价。但是直至目前，我国许多专业人士对工程量清单计价都有着一些疑惑与问题。我们发现，国内招标投标文件中的所谓清单报价，实际上多沿用工程预算模式；国内专业书籍也多是名为工程量清单、实为工程概预算。因此，《工程造价与管理》（第 2 版）最大亮点之一，是在工程造价管理基础上，添加了独有的工程量清单编制与计价及国际案例。

按照教育部“教改”指示精神，许多院校十分注重实践、实验课程的开设，在理论教学的基础上，把工程造价管理中的清单计价软件应用内容，单独开设为教学实践课程，以培养学生的动手能力，许多企业也引入了不同版本的清单计价应用软件；同时我们注意到，国内开始出现国际通行的工程造价全过程管理发展趋势。基于此，《工程造价与管理》（第 2 版）在第 1 版的基础上进行了很大改进，剥离出清单计价应用软件方面的内容，参照目前国际流行的工程造价全过程管理模式，对本书内容进行了添加和调整，并对发达国家和地区工程造价管理作了概略介绍。

全书共分为 10 章，主要内容包括：工程量的计算；工程量清单的计算与编制；工程量清单计价；建设项目决策、设计、招标投标、施工、竣工等阶段的全过程造价管理；工程造价信息与咨询管理；发达国家和地区工程造价管理等。书中通过工程案例分析，讲解了工程造价管理的要点、方法、程序和注意事项，以及招标方如何依据清单计价规范编制工程量清单和招标文件，投标方如何依据清单计价规范编制投标报价文件等。本书还甄选了国际上部分具有代表性的国家和地区，对其工程造价管理情况及经验进行了介绍。通过对国际工程造价管理资料的整理分析，使读者对国外工程项目造价资料的基本构成有所了解，可以在从事国际工程报价、编制商务标书时起参考与指导作用。书后附有国际项目工程量清单计价实际案例。

本书可以为完善我国工程造价管理及工程量清单规范提供依据，也可为政府职能部门和研究部门提供参考，还可以作为高等院校工程管理、房地产、项目管理、投资经济等专业的研究生及本科生的专业教材和参考书，以及作为工程造价管理机构和工程造价专业技术人员的培训教材和参考书。

本书的编写人员及资料整理人员有：季雪、孙凤琴、麦伟、张丽萍、黄志烨、郭乐、孙丽娜、刘梓怡、毕玫、易成栋、牛胜利、陈明业、尹美琳。全书由季雪统稿。

在本书的写作与出版过程中，得到了境内外专家学者及实业界同仁的支持，同时获得中国建材工业出版社马学春主任的鼎力帮助。在此，谨向为本书写作与出版付出辛勤劳动的各位专家学者、实业界同仁、中国建材工业出版社及各位编辑表示衷心的感谢！

由于水平有限及时间匆忙，书中难免有疏漏和不当之处，敬请各位读者批评指正。

季　雪

2010 年 6 月

前　言

国家标准《建设工程工程量清单计价规范》GB 50500—2003 于 2003 年 2 月 17 日经建设部第 119 号文件公告批准颁布，于 2003 年 7 月 1 日实施。这是我国工程造价计价方式适应社会主义市场经济发展的一次重大改革，由此也带来了工程造价管理的巨大变革。但时至今日，众多院校仍然沿用旧版教材，或新教材翻版旧内容。从业人员也不甚了解新的工程造价计价方式与管理，尚未使用规范的工程量清单计价。针对这种情况，我们组织编写了这本书，希望能对工程造价管理与国际同步有所帮助。

本书由教学经验丰富、理论功底深厚的一线教师及在造价协会或建筑行业从事国际工程工作多年、实践经验丰富的专业人士共同编写。力求内容最新、资料最规范、理论联系我国目前实际情况，并考虑到几年后与国际接轨的现实问题，使本书具有优于其他同类书籍的理论性、实用性、超前性和国际化。

全书共分为七章，主要内容包括工程量的计算；工程量清单的编制；工程量清单计价；工程量清单与招标投标管理、合同管理的关系；工程量清单的应用；及工程造价管理应用软件几部分。并通过工程实例介绍工程量清单计价规范应用的方法、程序和注意事项，以及招标方如何依据清单计价规范编制工程量清单及招标文件，投标方如何依据清单计价规范编制投标报价文件等。

本书的参编人员及资料整理人员有：季雪、李建候、靳瞻宇、张丽萍、张小利、戴学珍、张银龙、孙凤琴、李夏、左健、刘超、孙菲、雷述泉、徐涛义。全书由季雪统稿。

本书在编写过程中，得到了中央财经大学徐湘瑜教授的指导与帮助以及上海得力软件有限公司总经理廖坚伟的协助配合，在此一并表示衷心感谢。由于作者水平有限，书中纰漏在所难免，望同行及读者批评指正。

本书可以作为高等院校相关专业的教材使用，也可以作为工程造价管理机构及工程造价专业技术人员的培训教材和参考书。

作　者

2005 年 10 月

目　　录

第1章　工程造价概论

【本章提要】　本章对工程造价进行概括性介绍。主要内容包括：工程造价相关概念及其构成；设备购置费的组成，工器具及生产家具购置费；建筑安装工程费用，包括直接费、间接费、利润及税金；工程建设其他费用，包括土地使用费、与工程建设有关的其他费用、与未来企业生产经营有关的其他费用；预备费、建设期贷款利息及固定资产投资方向调节税等。

【关键词】　购置费　建筑安装费　直接费　间接费　预备费

1.1　建设工程造价构成

1.1.1　工程造价的含义及特点

1.1.1.1　工程造价的含义

工程造价指工程产品的建造价格，工程造价本质上是属于价格范畴，在市场经济前提下，工程造价有两种含义。

第一种含义是从投资者角度出发，针对投资方及业主，指一项工程在建设过程中预计支出或实际支出的全部固定资产投资费用，包括设备及工器具费用、建筑安装工程费用等。这说明投资者选定一个投资项目，要获得预期投资效益就必须通过项目评估进行决策，然后进行设计招标、工程招标，直至工程竣工验收，在整个投资活动中所支付的与工程建造有关的全部费用构成了工程造价。即建设项目工程造价就是固定资产投资总和。

第二种含义是指工程价格，即建设工程的承包价格。是指某工程在建设中，预计或实际在土地市场、设备市场、技术劳务市场、承包市场等交易活动中形成的建筑安装工程价格和建设工程总造价。这是从承包方、发包方出发，以市场经济为前提，以工程的特定商品形式为交易对象，通过招标投标或其他交易形式，在经过各方多次反复测算的基础上，最终由市场形成的价格。作为交易对象，可以是一个建设项目、一个单项工程，也可以是建设中的某一阶段，如设计阶段。在这种意义下，把工程造价理解为工程承包价格也是合理的。

工程造价的两种含义既有共同点，也是相互区别的。主要区别表现在需求主体和供给主体在市场中追求的经济利益有所不同，从而也影响了管理性质和管理目标存在差异。从管理性质看，前者属于投资管理范畴，后者属于价格管理范畴。从管理目标看，作为项目投资费用，投资者在进行项目决策和实施中，首先追求决策的准确，项目决策中投资数额的大小、功能及成本价格比是投资决策最重要的依据；其次，在项目实施中，工程质量的提高、投资费用的降低、能否按时交付使用是投资者关注的问题。而作为工程造价，承包商关注更多的是利润和高额利润，追求较高的工程造价。不同的管理目标反映不同的经济利益，而投资方和承包方之间的矛盾正是市场的竞争机制和利益风险机制的必然反映。

1.1.1.2 工程造价的特点

根据工程建设的特点，工程造价有以下特点：

1. 工程造价的大额性

每一个建设项目或单项工程，不仅体积或规模庞大，而且造价很高，普通项目可以达到数百万、数千万，而大型项目造价有可能达到百亿元，甚至千亿元人民币。工程的大额性使其涉及各方面的经济利益，对宏观经济也产生重大影响，这决定了工程造价的特殊地位，也说明了工程管理的重要意义。

2. 工程造价的动态性

一个建设项目从决策到竣工有一个较长的建设周期，存在许多无法预测和控制的因素，这些因素中又有一些会影响工程造价的动态因素，如工程变更、设备材料价格变动、工资标准、利率、汇率等发生变化，因此在整个建设周期中工程造价处于不确定状态，具有动态性。

3. 工程造价的个别性和差异性

任何一项工程都有各自特定的用途、规模和功能，不同的工程内部结构、空间分割、造型、设备配置及内外装修标准都有各自的要求，造成了工程产品的差异性，而这种差异决定了工程造价的差异性和个别性。同时，每一个工程项目在不同地域和地段，工程造价也会存在差异。

4. 工程造价的阶段性

一个工程项目的造价在不同建设阶段包含不同内容。例如，在项目建议书阶段及可行性研究阶段，工程处于前期阶段，工程量、建设地点等都未确定，工程造价不可能做得很具体，因此称为投资估算。而进行施工图设计后，工程对象更加具体、明确，此时工程量可以根据施工图计算出来，此时工程造价称为施工图预算。

5. 工程造价的层次性

工程造价的层次性是指，一个建设项目往往包含多项能够独立发挥生产力和工程效益的单项工程。一个单项工程又由多个单位工程组成。比如：要建设一所学校（学校即称为一个单项工程），学校里有教室、体育馆、食堂、宿舍、图书馆等建筑（这些称为单位工程）。与此相适应，工程造价有三个层次，即建设项目总造价、单项工程造价和单位工程造价。如果专业分工更细，分部分项工程也可以作为承发包的对象，如大型土方工程、桩基础工程、装饰工程。

综上所述，工程造价可以分为五个层次：建设项目总造价（如学校总体建造工程）；单项工程造价（如学校的一期或二期的建设项目）；单位工程造价（如教学楼、宿舍的建造）；分部工程造价（如土方工程造价，混凝土工程造价，地面、墙面装饰工程造价）；分项工程造价（如混凝土工程中浇筑框架梁板柱、装饰工程里墙面贴瓷砖等）。这就是层次性。

6. 工程造价的兼容性

工程造价的兼容性表现在两个方面：一个是造价构成的广泛性和复杂性。工程造价除建筑安装工程费用、设备及工器具购置费用外，征用土地费用、项目可行性研究费用、规划设计费用、与一定时期政府政策相关的费用均占有相当的份额，其盈利的构成也较为复杂，资金成本较大。另一个方面，就是指其有两种含义。

1.1.1.3　工程造价的计价特点

1. 计价的单件性

建设工程项目的实物形态千差万别，即使采用相同或相似的图纸，也会由于在不同时间、不同地域建造，造成其构成的各种价值因素存在差别而导致工程造价不同。计价的单价性是由产品的单件性决定的。

2. 计价的多次性

工程的建设周期长，造价高、规模大。从建设项目可行性研究到竣工验收交付使用，项目建设是分阶段进行的，因此在不同阶段相应要进行多次计价，以适应项目的决策、控制和管理的要求。多次计价是逐步深化、逐步细化和逐步接近实际造价的过程。工程计价的多次性如图 1-1 所示。

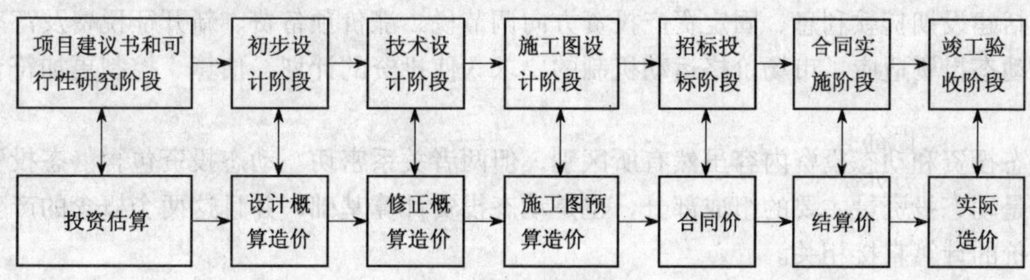

图 1-1　工程计价的多次性

3. 分部组合计价

一个建设项目是由几个单项工程组成的，一个单项工程又可以分为不同的单位工程，单位工程可划分为几个分部分项工程，建设项目的这种组合性决定了工程计价过程的逐步组合过程。计算顺序及计算过程为：分部分项工程单价⟶单位工程造价⟶单项工程造价⟶建设工程造价。

4. 计价方法的多样性

研究对象情况不同，工程造价计价方法也有所区别。建设项目处于可行性研究阶段一般采用投资估算，初步设计阶段采用概算定额编制设计概算，施工图设计阶段通常采用单价法和实物法编制施工图预算。任何一种计算方法都应以研究对象的生产能力、工程量、技术水平、工作内容为前提，而工程量计算是否准确、单价是否适用及可靠，决定了工程造价计算的准确性。多次计价有各不相同的计价依据，每次计价的精确度要求也各不相同，由此决定了计价方法的多样性。

5. 计价依据的复杂性

由于影响造价的因素很多，决定了计价依据的复杂性。计价依据主要可分为以下 7 类：

（1）设备和工程量计算依据。包括项目建议书、可行性研究报告、设计文件等。

（2）人工、材料、机械等实物消耗量计算依据。包括投资估算指标、概算定额、预算定额等。

（3）工程单价计算依据。包括人工单价、材料价格、材料运杂费、机械台班费等。

（4）设备单价计算依据。包括设备原价、设备运杂费、进口设备关税等。

（5）措施费、间接费和工程建设其他费用计算依据。主要是相关的费用定额和指标。

（6）政府规定的税、费。

（7）物价指数和工程造价指数。

工程计价依据的复杂性不仅使计算过程复杂，而且需要计价人员熟悉各类依据，并加以正确应用。

1.1.2 工程造价的相关概念

1.1.2.1 静态投资与动态投资

静态投资是指以某一基准年月的建设要素价格为依据所计算出的建设项目投资的瞬时值。它包含因工程量误差引起的工程造价的增减。静态投资包括建筑安装工程费用、设备及工器具购置费、工程建设其他费用、基本预备费等。

动态投资是指为完成一个工程项目的建设，预计投资需要量的总和，除了包括静态投资外还包括建设期贷款利息、固定资产投资方向调节税、涨价预备费、新开征税费及汇率变动部分。动态投资适应了市场价格运动机制的要求，使投资的计划、估算、控制更加符合运动规律。

静态投资和动态投资内容虽然有所区别，但两者关系密切。动态投资包含静态投资，静态投资是动态投资最主要的组成部分，也是动态投资计算基础，并且这两个概念的产生都与工程造价的计算直接相关。

1.1.2.2 建设项目总投资

建设项目总投资是指投资主体为获得投资收益，在选定的建设项目上投入所需全部资金的经济行为。建设项目按用途可分为生产性建设项目和非生产性建设项目。生产性建设项目总投资包括固定资产投资以及包含了铺底流动资金在内的流动资产投资两部分。非生产性建设项目总投资只含有固定资产投资，不包括上述流动资产投资。

固定资产投资是投资主体为了特定的目的，以达到预期收益（效益）的资金垫付行为。在我国，固定资产投资包括基本建设投资、更新改造投资、房地产开发投资和其他固定资产投资四部分。建设项目中的固定资产投资也就是建设项目的工程造价，两者在量上也是等同的。其中建筑安装工程投资也是建筑安装工程造价，两者在量上也是等同的。可以看出工程造价两种含义的同一性。

1.1.3 建设工程造价的构成

1.1.3.1 我国现行工程造价的构成

目前，我国的建设工程造价主要包括设备及工器具费用、建筑安装工程费用、工程建设其他费用、预备费、建设期贷款利息及固定资产投资方向调节税等。具体内容如图 1-2 所示。

设备及工器具费用指根据工程项目设计文件的要求，由建设单位购置或自制达到固定资产标准的设备和扩建项目配置的工器具及生产家具所需的费用，由设备工器具原价和包括成套公司服务费在内的运杂费组成。

建筑安装工程费用指由建设单位支付给建筑安装施工单位的全部施工费用，主要包括建筑物的建造和有关清理、准备等工程的投资、需要安装设备的安装工程投资。

工程建设及其他费用是指从工程筹建起到工程竣工验收交付使用止的整个建设期间，除设备及工器具购置费用和建设安装工程费用以外的，为保证工程建设顺利完成和交付使用后能够正常发挥效用而发生的各项费用。

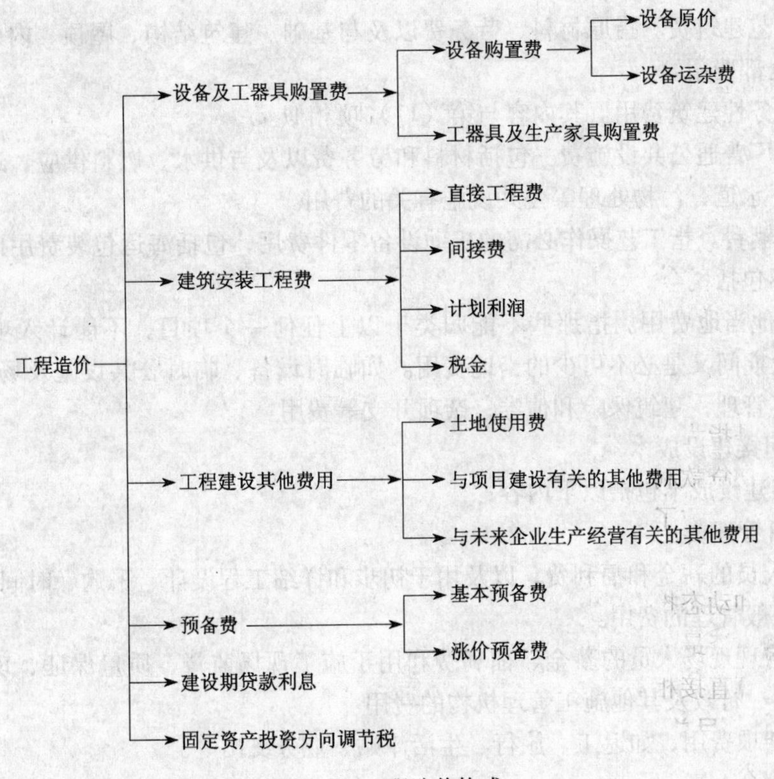

图 1-2　工程造价构成

1.1.3.2　世界银行工程造价的构成

1978 年，世界银行、国际咨询工程师联合会对项目的总建设成本（相当于我国的工程造价）作了统一规定，其详细内容如下。

1. 项目直接建设成本

项目直接建设成本包括以下内容：

（1）土地征购费。

（2）场外设施费用。如道路、码头、桥梁、机场、输电线路等设施费用。

（3）场地费用。指用于场地准备、厂区道路、铁路、围栏、场内设施等的建设费用。

（4）工艺设备费。指主要设备、辅助设备及零配件的购置费用，包括海运包装费用、交货港离岸价，但不包括税金。

（5）设备安装费。指设备供应商的监理费用，本国劳务及工资费用，辅助材料、施工设备、消耗品和工具等费用，以及安装承包商的管理费和利润等。

（6）管道系统费用。指与系统的材料及劳务相关的全部费用。

（7）电气设备费。其内容与第（4）项相似。

（8）电气安装费。指设备供应商的监理费用，本国劳务与工资费用，辅助材料、电缆、管道和工具费用，以及安装承包商的管理费和利润。

（9）仪器仪表费。指所有自动仪表、控制板、配线和辅助材料的费用以及供应商的监理费用，外国或本国劳务及工资费用，承包商的管理费和利润。

（10）机械的绝缘和油漆费。指与机械及管道的绝缘和油漆相关的全部费用。

（11）工艺建筑费。指原材料、劳务费以及与基础、建筑结构、屋顶、内外装修、公共设施有关的全部费用。

（12）服务性建筑费用。其内容与第（11）项相似。

（13）工厂普通公共设施费。包括材料和劳务费以及与供水、燃料供应、通风、蒸汽发生及分配、下水道、污物处理等公共设施有关的费用。

（14）车辆费。指工艺操作必需的机动设备零件费用，包括海运包装费用以及交货港的离岸价，但不包括税金。

（15）其他当地费用。指那些不能归类于以上任何一个项目，不能计入项目的间接成本，但在建设期间又是必不可少的当地费用。如临时设备、临时公共设施及场地的维持费，营地设施及其管理，建筑保险和债券，杂项开支等费用。

2. 项目间接建设成本

项目间接建设成本包括以下内容：

（1）项目管理费：

① 总部人员的薪金和福利费，以及用于初步和详细工程设计、采购、时间和成本控制、行政和其他一般管理的费用。

② 施工管理现场人员的薪金、福利费和用于施工现场监督、质量保证、现场采购、时间及成本控制、行政及其他施工管理机构的费用。

③ 零星杂项费用，如返工、旅行、生活津贴、业务支出等。

④ 各项酬金。

（2）开工试车费。指工厂投料试车必需的劳务和材料费用（项目直接成本包括项目完工后的试车和空运转费用）。

（3）业主的行政性费用。指业主的项目管理人员费用及支出（其中某些费用必须排除在外，并在“估算基础”中详细说明）。

（4）生产前费用。指前期研究、勘测、建矿、采矿等费用（其中一些费用必须排除在外，并在“估算基础”中详细说明）。

（5）运费和保险费。指海运、国内运输、许可证及佣金、海洋保险、综合保险等费用。

（6）地方税。指地方关税、地方税及对特殊项目征收的税金。

3. 应急费

应急费包括以下内容：

（1）明确项目的准备金。此项准备金用于在估算时不可能明确的潜在项目，包括那些在做成本估算时因为缺乏完整、准确和详细的资料而不能完全预见和不能注明的项目，并且这些项目是必须完成的，或它们的费用是必定要发生的。在每一个组成部分中均单独以一定的百分比确定，并作为估算的一个项目单独列出。此项准备金不是为了支付工作范围以外可能增加的项目，不是用以应付天灾、非正常经济情况及罢工等情况，也不是用来补偿估算的任何误差，而是用来支付那些几乎可以肯定要发生的费用。因此，它是估算不可缺少的一个组成部分。

（2）可预见准备金。此项准备金（在未明确项目准备金之外）用于在估算达到了一定的完整性并符合技术标准的基础上，由于物质、社会和经济的变化，导致估算增加的情况。此种情况可能发生，也可能不发生。因此，不可预见准备金只是一种储备，可能不动用。

4. 成本上升费用

通常，估算中使用的构成工资率、材料和设备价格基础的截止日期就是“估算日期”。必须对该日期或已知成本基础进行调整，以补偿直至工程结束时的未知价格增长。

工程的各个主要组成部分（国内劳务和相关成本、本国材料、外国材料、本国设备、外国设备、项目管理机构）的细目划分决定以后，便可确定每一个主要组成部分的增长率。这个增长率是一项判断因素，它以已发表的国内和国际成本指数、公司记录等为依据。

1.2 设备及工器具费用

设备及工器具费用指由设备购置费、工器具及生产家具购置费组成，是固定资产投资中的主要部分。在生产型工程建设中，设备及工器具购置非工程造价比例的增大表明生产技术的进步和资本有机构成的提高。

工器具费用，一般是指购买属于低值易耗品类型的工具或器具所发生的支出，这些支出金额一般较小，在几百元至几千元之间不等。工器具使用期限一般较短，一般不会超过5年。而且，一般易于挪动，体积不是很大。

1.2.1 设备购置费的组成

设备购置费指为建设工程购置或自制的达到固定资产标准的各种国产或进口设备、工器、器具的购置费用。所谓固定资产标准，是指使用年限在一年以上，单位价值在国家或各主管部门规定的限额以上。设备购置费由设备原价和设备运杂费组成，即

$$设备购置费=设备原价或进口设备抵岸价+设备运杂费$$

其中，设备原价指国产标准设备、非标准设备的原价；进口设备抵岸价是指进口设备运抵交割地后的价格；设备运杂费指设备原价或进口设备抵岸价中未包括的包装和包装材料费、运输费、装卸费、采购费及仓库保管费、供销部门手续费等。如果设备由设备成套公司供应，则成套公司的服务费也应计入设备运杂费中。

1.2.1.1 设备原价

1. 国产设备原价

一般来讲，国产设备原价指设备制造厂的出厂价或订货合同价，是根据生产厂商或供应商的询价、报价及合同价确定，或采用其他的方法计算确定。国产设备原价分为国产标准设备原价和国产非标准设备原价。

（1）国产标准设备原价

国产标准设备指按照主管部门颁布的标准图纸和技术要求，由国内设备生产厂家批量生产，符合国家质量检测标准的设备。国产标准设备原价一般指设备制造商的交货价，即出厂价。有些国产标准设备原价有两种：带备件的原价和不带备件的原价，在计算时，一般都采用带备件的原价。

（2）国产非标准设备原价

国产非标准设备原价指国家目前还没有确定标准，各设备厂商在工艺过程中无法采用批量生产，只能按照每次订货的具体设计图纸制造的设备。非标准设备原价有多种计价方法，

如系列设备插入估价法、分部组合估价法、成本计算估价法、扩大定额估价法、概算指标估算法等。但无论采用哪种方法，都必须使非标准设备的计价接近实际出厂价，而且计算方法要简便。这里注意掌握用成本计算估价法对国产非标准设备原价计算。

1）成本计算估价法

利用成本计算估价法估算的国产非标准设备原价是由成本、利润、税金三部分构成完整的价格，包含以下10项内容：

① 材料费。其计算公式如下：

$$材料费=材料净重\times(1+加工损耗系数)\times每吨材料综合价$$

② 加工费。包括生产工人工资和工资附加费、燃料动力费、设备折旧费、车间经费等。其计算公式如下：

$$加工费=设备总重量(吨)\times设备每吨加工费$$

③ 辅助材料费（简称辅材费）。包括焊条、焊丝、氧气、氩气、氮气、油漆、电石等费用。其计算公式如下：

$$辅助材料费=设备总重量\times辅助材料费指标$$

④ 专用工具费。按①~③项之和乘以一定百分比计算。

⑤ 废品损失费。按①④ ~④项之和乘以一定百分比计算。

⑥ 外购配套件费。按设备设计图纸所列的外购配套件的名称、型号、规格、数量、重量，根据相应的价格加运杂费计算。

⑦ 包装费。按以上①~⑥项之和乘以一定百分比计算。

⑧ 利润。可按①~⑤项加第⑦项之和乘以一定利润率计算。

⑨ 税金。主要指增值税。计算公式为：

$$增值税=当期销项税额-进项税额$$

$$当期销项税额=销售额\times适用增值税率$$

销售额为①~⑧项之和。

⑩非标准设备设计费：按国家规定的设计费收费标准计算。

综上所述，单台非标准设备原价可用下面的公式表达：

$$\begin{aligned}单台非标准设备原价=\{&[(材料费+加工费+辅助材料费)\times(1+专用工具费率)\times(1+废\\&品损失费率)+外购配套件费]\times(1+包装费率)-外购配套件费\}\times\\&(1+利润率)+销项税金+非标准设备设计费+外购配套件费\end{aligned}$$

2）扩大定额估价法

非标准设备原价=材料费+加工费+设计费+其他费用

其中 $$材料费=设备净重\times(1+加工损耗系数)\times每吨材料综合价格$$

$$加工费=\frac{加工费比重}{材料费比重}\times材料费$$

$$其他费=\frac{其他费比重}{材料费比重}\times材料费$$

$$设计费=（材料费+加工费+其他费用）\times设计费费率$$

3）概算指标估算法

根据各制造厂商或其他部门收集的各种类型非标准设备的制造价格或合同价资料，通过统计分析综合平均得出每吨设备价格，再根据该价格进行非标准设备估价的方法。计算公式为：

$$P=QM$$

式中 P——拟估非标准设备原价；

Q——拟估非标准设备净重；

M——该类设备单位重量理论价格。

2. 进口设备抵岸价

进口设备抵岸价又称进口设备原价，即抵达买方边境港口或边境车站且支付关税后形成的价格。进口设备到岸价格组成与进口设备交货类别有关。

进口设备交货类可分为目的地交货类、装运港交货类、内陆交货类。

目的地交货类指卖方在进口国的港口或内地交货；这种方式又分为目的港码头交货价、目的港船边交货价、目的港船上交货价（FOS）及完税后交货价（进口国的指定地点）等几种交货价。这些方式的特点是：买卖双方承担的责任、费用和风险是以目的地约定交货点为分界线，只有当买方在交货点控制了货物，卖方才能向买方收取货款。对于卖方而言，这种方式承担的风险较大，国际交易中卖方一般不愿采用。

装运港交货类指卖方在出口国装运港交货，主要分为装运港船上交货（简称 FOB，即离岸价格），运费在内价（运费、保险费在内价，简称 CIF，即到岸价格）。在这些方式中，卖方负责在合同规定的装运港口和规定的期限内，将货物装上买方指定的船只，并及时通知买方；负责货物装船前的一切风险和费用；负责办理出口手续；提供出口国政府或有关方面签发的证件；负责提供有关装运单据。买方负责租船或订舱，支付运费，将船只、船名通知卖方；承担货物装船后的一切费用和风险；负责办理保险及支付保险费，办理在目的港口的进口和收货手续；接受卖方提供的有关装运单据，并按合同规定支付货款。在我国，多采用离岸价格。

内陆交货类指卖方在出口国内陆的某个地点完成交货。在交货地点，卖方及时提交合同规定的货物和相关凭证，并负担交货前的一切费用和风险；买方按时接受货物交付货款，负担接货后的一切费用和风险，并自行办理出口手续、装运出口。交货后货物所有权也随之转移给买方。

进口设备抵岸价组成：

进口设备抵岸价＝货价＋国际运费＋运输保险费＋银行财务费用＋外贸手续费＋关税＋增值税＋消费税＋海关监管手续费＋车辆购置附加费

（1）货价

指装运港船上交货价，分为原币货价（FOB）和人民币货价，原币货价折算为美元表示，人民币货价按原币货价乘以外汇市场美元兑换人民币中间价确定。进口设备货价按有关生产厂商的报价或合同订货价计算。

$$货价=原币货价\times人民币外汇牌价$$

（2）国际运费

指从装运港到达国内抵达港的运费。在我国，进口设备主要采用海洋运输，部分采用铁路运输，个别采用航空运输。

国际运费 = 原币货价 × 运费费率

国际运费 = 运量 × 单位运价

式中的运费费率或单位运价参照有关部门或进出口公司的规定执行。

（3）运输保险费

指保险人与被保险人订立保险契约，在被保险人支付商定的保险费后，保险人根据保险契约的约定，对货物在运输途中发生的承包责任范围内的损失给予经济上的补偿，属于财产保险范围。

$$运输保险费 = \frac{原币货价 + 国际运输费}{1 - 保险费率} \times 保险费率$$

（4）银行财务费用

指中国银行为办理进口商品业务收取的手续费，一般可简化计算为：

银行财务费用 = 人民币货价 × 银行财务费费率

（5）外贸手续费

根据对外经济贸易部规定的外贸手续费率计算收取，计算公式为：

外贸手续费 = 到岸价（CIF）× 人民币外汇牌价 × 外贸手续费费率

到岸价（CIF）= 装运港船上交货价（FOB）+ 国际运费 + 运输保险费

（6）关税

由海关对进出境内的货物和物品征收的税种，计算公式为：

关税 = 到岸价 × 进口关税税率

进口关税税率根据我国海关总署发布的进口关税税率计算。

（7）增值税

对从事进口贸易的单位和个人在进口商品报关进口后征收的税种。进口商品按组成计税价格和增值税税率计算。

进口产品增值税额 = 组成计税价格 × 增值税税率

组成计税价格 = 完税价格 + 关税 + 消费税

（8）消费税

对部分进口设备（如汽车等）征收的一种税。计算公式为：

$$应纳消费税税额 = \frac{到岸价 + 关税}{1 - 消费税税率} \times 消费税税率$$

（9）海关监督手续费

海关对进口减税、免税、保税货物实施监督、管理、提供服务的手续费。对于全额征收进口关税的货物不征收该项费用。计算公式为：

海关监督手续费 = 到岸价 × 海关监督手续费费率

（10）进口车辆购置附加费

进口车辆应缴纳进口车辆购置附加费。计算公式为：

$$进口车辆购置附加费 = (到岸价 + 关税 + 消费税 + 增值税) \times 进口车辆购置附加费率$$

1.2.1.2 设备运杂费

设备运杂费主要包括：运费和装卸费、包装费、设备供销部门的手续费、采购与仓库保管费等。

1. 运费和装卸费

国产设备由设备制造厂交货地点到工地仓库所发生的运费和装卸费；进口设备指我国从港口或边境车站到工地仓库发生的运费和装卸费。

2. 包装费

在设备原价中未包括的，为运输而进行的包装支出等各种费用。

3. 设备供销部门的手续费

设备管理部门在组织设备供应工作而支出的费用，该费用只有在供销部门取得设备时才产生。该项费用按有关部门规定的统一费率计算。

4. 采购与仓库保管费等

指采购、验收、保管、收发设备等发生的各种费用，有设备采购人员、保管人员、管理人员的工资、办公费、差旅交通费、设备供应部门办公和仓库所占用固定资产使用费、工具用具使用费、劳动保护费、检验试验费等。

5. 设备运杂费

$$设备运杂费 = 设备原价 \times 设备运杂费率$$

设备运杂费率根据各部门及各省市的规定计取。

1.2.2 工器具及生产家具购置费

工器具及生产家具购置费指新建或扩建项目初步设计规定的，保证初期正常生产必须购置的，没有达到固定资产标准的设备、仪工卡模具、器具、生产家具和备品备件等的购置费用。工器具及生产家具购置费的计算有两种标准：

一种是以设备购置费为计算基数，根据有关部门或行业规定的工器具及生产家具费率计算。其计算公式为：

$$工器具及生产家具购置费 = 设备购置费 \times 规定费率$$

另一种按如下标准计算：新建工程按每一生产工人综合平均每人金额计提取，生产工人按设计定员的一定百分比计取。改扩建工程按新增设计定员每人金额计取，列入设备费内。

1.3 建筑安装工程费用

在工程建设中，建筑安装工作是创造价值的生产活动，因此，建筑安装工程造价具有相对独立性，作为建筑安装工程价值的货币表现，也被叫做建筑安装工程费用。建筑安装工程费用由建筑工程费用和安装工程费用组成。

建筑工程费用主要由以下内容组成：

（1）各类房屋建筑物工程和列入房屋建筑物工程预算的供水、供暖、供电、卫生、通风、煤气等设备费用及其装饰、油饰工程的费用，列入建筑工程预算的各种管道、电力、电信和电缆敷设工程的费用。

（2）设备基础、支柱、工作台、烟囱、水池、水塔、灰塔等建筑工程，以及各种窑炉砌筑工程和金属结构工程的费用。

（3）为施工而进行的场地平整、工程和水文地质勘察，原有建筑物和障碍物的拆除，以及施工临时用水、电、路、气和完工后的场地清理、环境绿化、美化等工作的费用。

（4）矿工开凿、井巷延伸、露天矿剥离，石油、天然气钻井，修建铁路、公路、桥梁、水库、堤坝、灌渠和防洪等工程的费用。

安装工程费用主要由以下内容组成：

（1）生产、动力、起重、运输、传动和医疗、实验等各种需要安装的机械设备装配费用，与设备相连的工作台、梯子、栏杆等装设工程及附设于被安装设备的管线敷设工程和被安装设备的绝缘、防腐、保温、油漆等工作的材料费和安装费。

（2）为测定安装工程质量，对单个设备进行单机试运转和对系统设备进行系统联动无负荷试运转工作的调试费。

我国现行建筑安装工程费用划分为直接费，间接费，利润和税金。其中，直接费包括直接工程费和措施费，间接费包括规费和企业管理费。具体构成如图 1-3 所示。

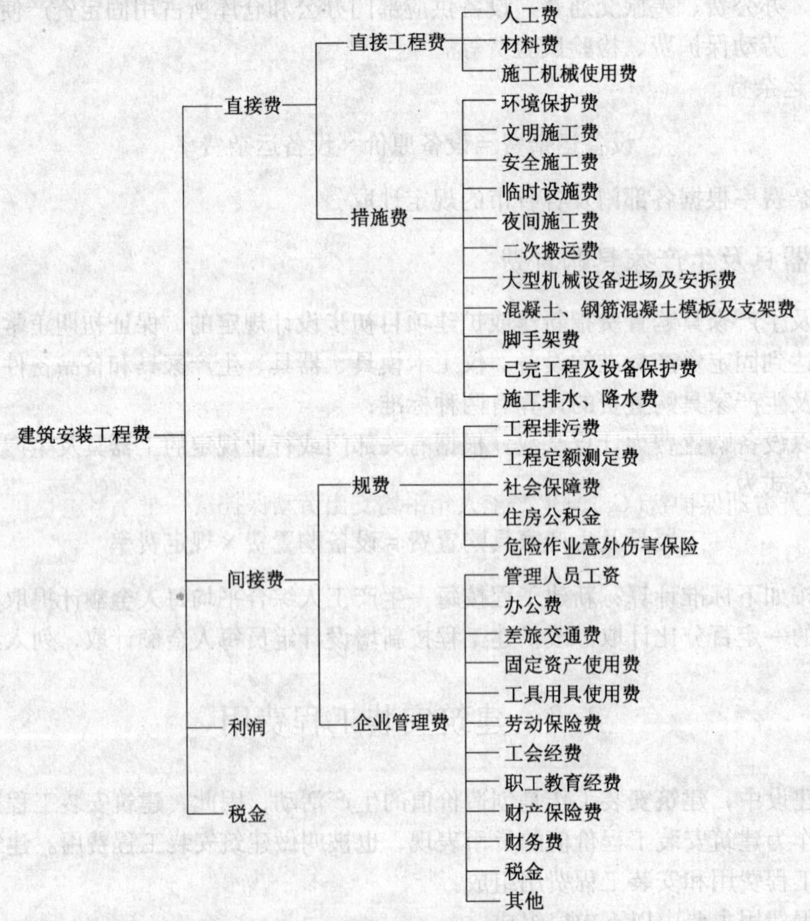

图 1-3　建筑安装工程费用的组成

1.3.1 直接费

建筑安装工程直接费由直接工程费和措施费构成。

1.3.1.1 直接工程费

直接工程费是指施工过程中耗费的构成工程实体的各项费用，包括人工费、材料费、施工机械使用费。

$$直接工程费 = \sum(分项工程工程量 \times 该分项工程相应定额基价)$$

1. 人工费

直接费中的人工费指直接从事建筑安装工程施工的生产工人消耗的各种费用，包括生产工人的基本工资，工资性补贴、辅助工资、职工福利费及生产工人劳动保护费。

（1）基本工资。是指发放给生产工人的基本工资。

$$基本工资(G_1) = 生产工人平均月工资/年平均每月法定工作日$$

（2）工资性补贴。是指按规定标准发放的物价补贴，煤、燃气补贴，交通补贴，住房补贴，流动施工津贴等。

$$工资性补贴(G_2) = \sum[年发放标准/(全年日历日 - 法定假日)] + \sum(月发放标准/年平均每月法定工作日) + 每工作日发放标准$$

（3）生产工人辅助工资。是指生产工人年有效施工天数以外非作业天数的工资，包括职工学习、培训期间的工资，调动工作、探亲、休假期间的工资，因气候影响的停工工资，女工哺乳时间的工资，病假在六个月以内的工资及产、婚、丧假期的工资。

$$生产工人辅助工资\ (G_3) = 全年无效工作日 \times [(G_1 + G_2)/(全年日历日 - 法定假日)]$$

（4）职工福利费。是指按规定标准计提的职工福利费。

$$职工福利费(G_4) = (G_1 + G_2 + G_3) \times 福利费计提比例(\%)$$

（5）生产工人劳动保护费。是指按规定标准发放的劳动保护用品的购置费及修理费，徒工服装补贴，防暑降温费，在有碍身体健康环境中施工的保健费用等。

$$生产工人劳动保护费(G_5) = 生产工人年平均支出劳动保护费/(全年日历日 - 法定假日)$$

$$日工资单价 = \sum_{i=1}^{5} G_i$$

$$人工费 = \sum(工日消耗量 \times 日工资单价)$$

人工费的支出范围包括直接从事施工的生产工人，施工现场水平运输、垂直运输的工人、附属生产的工人及辅助生产的工人；不包括材料采购、保管及材料到达工地之前进行运输装卸的工人，驾驶施工机械和运输工具的工人及现场管理费开支的人员。

2. 材料费

指为施工过程中耗费的构成工程实体的原材料、辅助材料、构配件、零件、半成品的费用。内容包括：材料原价（或供应价格）、材料运杂费、运输损耗费、采购及保管费和检验试验费。

材料费 = Σ（材料消费量 × 材料基价）+ 检验试验费

材料基价 = [（供应价格 + 运杂费）×（1 + 运输损耗率%）]×（1 + 采购保管费率%）

检验试验费 = Σ（单位材料量检验试验费 × 材料消耗量）

材料费支出不包括施工机械和运输工具使用过程中所需要的燃料和其他附属材料费用，和施工单位为了组织和管理生产而建造的临时设施材料费，及施工工地临时围墙及洗车槽等所用材料的费用。

3. 施工机械使用费

施工机械使用费是指施工机械作业所发生的机械使用费以及机械安拆费和场外运费。施工机械台班单价应有下列七项费用组成：折旧费、大修理费、经常维修费、安拆费及场外运费、人工费、燃料动力费和养路费及车船使用税。

施工机械使用费 = Σ（施工机械台班消耗量 × 机械台班单价）

施工机械使用费不包括材料到达工地之前在车站码头所需装卸的起重机械费用，独立核算的构件预制加工厂所需的挖土、起重等费用，施工单位施工、经营管理、试验等用车费。

1.3.1.2 措施费

措施费是指为完成工程项目施工，发生于该工程施工前和施工过程中非工程实体项目的费用，包括以下内容：

1. 环境保护费

是指施工现场为达到环保部门要求所需要的各项费用。

环境保护费 = 直接工程费 × 环境保护费费率（%）

环境保护费率（%）= 本项费用年度平均支出/[全年建安产值 × 直接工程费占总造价比例（%）]

2. 文明施工费

是指施工现场文明施工所需要的各项费用。

文明施工费 = 直接工程费 × 文明施工费费率（%）

文明施工费费率（%）= 本项费用年度平均支出/[全年建安产值 × 直接工程费占总造价比例（%）]

3. 安全施工费

是指施工现场安全施工所需要的各项费用。

安全施工费 = 直接工程费 × 安全施工费费率（%）

安全施工费费率（%）= 本项费用年度平均支出/[全年建安产值 × 直接工程费占总造价比例（%）]

4. 临时设施费

是指施工企业为进行建筑工程施工所必须搭设的生活和生产用的临时建筑物、构筑物和其他临时设施费用等。临时设施包括：临时宿舍、文化福利及公用事业房屋与构筑物，仓库、办公室、加工厂以及规定范围内道路、水、电、管线等临时设施和小型临时设施。临时设施费用包括：临时设施的搭设、维修、拆除费或摊销费。

临时设施费 =（周转使用临建费 + 一次性使用临建费）×［1 + 其他临时设施所占比例（%）］

其中　周转使用临时费 = Σ［（临时面积 × 每平方米造价）/（使用年限 ×365 × 利用率（%））× 工期（天）］+ 一次性拆除费

一次性使用临建费 =［临建面积 × 每平方米造价 ×（1 - 残值率（%））］+ 一次性拆除费

其他临时设施在临时设施费中所占比例，可由各地区造价管理部门依据典型施工企业的成本资料经分析后综合测定。

5. 夜间施工费

是指因夜间施工所发生的夜班补助费、夜间施工降效、夜间施工照明设备摊销及照明用电等费用。

夜间施工增加费 =（1 - 合同工期/定额工期）×（直接工程费中的人工费合计/平均日工资单价）× 每工日夜间施工费开支

6. 二次搬运费

是指因施工场地狭小等特殊情况而发生的二次搬运费用。

二次搬运费 = 直接工程费 × 二次搬运费费率（%）

二次搬运费费率（%）= 年度平均二次搬运费支出额/［全年建安产值 × 直接工程费占总造价比例（%）］

7. 大型机械设备进出场及安拆费

是指机械整体或分体自停放场地运至施工现场或由一个施工地点运至另一个施工地点，所发生的机械进出场运输及转移费用及机械在施工现场进行安装、拆卸所需的人工费、材料费、机械费、试运转费和安装所需的辅助设施的费用。

大型机械进出场及安拆费 =（一次性进出场及安拆费 × 年平均安拆次数）/年工作台班

8. 混凝土、钢筋混凝土模板及支架费

是指混凝土施工过程中需要的各种钢模板、木模板、支架等的支、拆、运输费用及模板、支架的摊销（或租赁）费用。

模板及支架费 = 模板摊销量 × 模板价格 + 支、拆、运输费

摊销量 = 一次使用量 ×（1 + 施工损耗）×［1 +（周转次数 - 1）］× 补损率/［周转次数 -（1 - 补损率）×50%/周转次数］

租赁费 = 模板使用量 × 使用日期 × 租赁价格 + 支、拆、运输费

9. 脚手架费

是指施工需要的各种脚手架搭、拆、运输费用及脚手架的摊销（或租赁）费用。

脚手架搭拆费 = 脚手架摊销量 × 脚手架价格 + 搭拆运输费

脚手架摊销量 =［单位一次使用量 ×（1 - 残值率）］/（耐用期/一次使用期）

租赁费 = 脚手架每日租金 × 搭设周期 + 搭、拆、运输费

10. 已完工程及设备保护费

是指竣工验收前，对已完工程及设备进行保护所需费用。

已完工程及设备保护费 = 成品保护所需机械费 + 材料费 + 人工费

11. 施工排水、降水费

是指为确保工程在正常条件下施工，采取各种排水、降水措施所发生的各种费用。

排水、降水费 = ∑(排水、降水机械台班费 × 排水、降水周期) + 排水降水使用材料费、人工费

1.3.2 间接费

指不能直接由施工的工艺过程所引起，但又与工程的总体条件有关，建筑安装企业为组织施工和进行经营管理及为建筑安装生产服务的各项费用。间接费的支出不能构成支出实体，只是为工程的施工服务，该费用不直接计入单位工程成本中，而是间接地分摊进入企业各单位工程成本中；一般以直接工程费为计费依据。

间接费由企业管理费、规费组成。

1.3.2.1 企业管理费

企业管理费是指建筑安装企业组织施工生产和经营管理所需费用，内容包括：

(1) 管理人员工资。是指管理人员的基本工资、工资性补贴、职工福利费、劳动保护费等。

(2) 办公费。是指企业管理办公用的文具、纸张、账表、印刷、邮电、书报、会议、水电、烧水和集体取暖（包括现场临时宿舍取暖）用煤等费用。

(3) 差旅交通费。是指职工因公出差、调动工作的差旅费、住勤补助费，市内交通费和误餐补助费，职工探亲路费，劳动力招募费，职工离退休、退职一次性路费，工伤人员就医路费，工地转移费以及管理部门使用的交通工具的油料、燃料、养路费及牌照费。

(4) 固定资产使用费。是指管理和试验部门及附属生产单位使用的属于固定资产的房屋、设备仪器等的折旧、大修、维修或租赁费。

(5) 工具用具使用费。是指管理使用的不属于固定资产的生产工具、器具、家具、交通工具和检验、试验、测绘、消防用具等的购置、维修和摊销费。

(6) 劳动保险费。是指由企业支付离退休职工的易地安家补助费、职工退职金、六个月以上的病假人员工资、职工死亡丧葬补助费、抚恤费、按规定支付给离休干部的各项经费。

(7) 工会经费。是指企业按职工工资总额计提的工会经费。

(8) 职工教育经费。是指企业为职工学习先进技术和提高文化水平，按职工工资总额计提的费用。

(9) 财产保险费。是指施工管理用财产、车辆保险。

(10) 财务费。是指企业为筹集资金而发生的各种费用。

(11) 税金。是指企业按规定缴纳的房产税、车船使用税、土地使用税、印花税等。

(12) 其他。包括技术转让费、技术开发费、业务招待费、绿化费、广告费、公证费、法律顾问费、审计费、咨询费等。

1.3.2.2 规费

规费是政府和有关权力部门规定必须缴纳的费用（简称规费）。主要包括：

(1) 工程排污费。是指施工现场按规定缴纳的工程排污费。

(2) 工程定额测定费。是指按规定支付工程造价（定额）管理部门的定额测定费。

（3）社会保障费包括：

① 养老保险费。是指企业按规定标准为职工缴纳的基本养老保险费。

② 失业保险费。是指企业按照国家规定标准为职工缴纳的失业保险费。

③ 医疗保险费。是指企业按照规定标准为职工缴纳的基本医疗保险费。

（4）住房公积金。是指企业按规定标准为职工缴纳的住房公积金。

（5）危险作业意外伤害保险。是指按照建筑法规定，企业为从事危险作业的建筑安装施工人员支付的意外伤害保险费。

1.3.2.3 间接费的计算

间接费的计算方法按取费基数的不同分为三种：直接费为基础、人工费和机械费合计为基础、人工费为基础。

1. 以直接费为计算基础

间接费 = 直接费合计 × 间接费费率(%)

间接费费率(%) = 规费费率(%) + 企业管理费费率(%)

规费费率(%) = (∑规费缴纳标准 × 每万元发承包价计算基数)/每万元发承包价中的人工费含量 × 人工费占直接费的比例(%)

企业管理费费率(%) = 生产工人年平均管理费/(年有效施工天数 × 人工单价) × 人工费占直接费比例(%)

2. 以人工费和机械费合计为计算基础

间接费 = 直接费中的人工费和机械费合计 × 间接费费率(%)

间接费费率(%) = 规费费率(%) + 企业管理费费率(%)

规费费率(%) = (∑规费缴纳标准 × 每万元发承包价计算基数)/每万元发承包价中的人工费含量和机械费含量 × 100%

企业管理费费率(%) = 生产工人年平均管理费/[年有效施工天数 × (人工单价 + 每一日机械使用费)] × 100%

3. 以人工费为计算基础

间接费 = 人工费合计 × 间接费费率(%)

间接费费率(%) = 规费费率(%) + 企业管理费费率(%)

规费费率(%) = (∑规费缴纳标准 × 每万元发承包价计算基数)/每万元发承包价中的人工费含量 × 100%

企业管理费费率(%) = 生产工人年平均管理费/(年有效施工天数 × 人工单价) × 100%

1.3.3 利润及税金

建筑安装工程费用中的利润及税金是建筑安装企业职工为社会所创造的价值在建筑安装工程造价中的体现。

1.3.3.1 利润

利润是指施工企业完成所承包工程获得的赢利。

以直接费为计算基础时，利润的计算方法：

利润 =（直接费 + 间接费）× 相应利润率（%）

以人工费和为计算基础时，利润的计算方法：

利润 = 直接费中的人工费和机械费合计 × 相应利润率（%）

以人工费为计算基础时，利润的计算方法：

利润 = 直接费中的人工费合计 × 相应利润率（%）

1.3.3.2　税金

税金是指国家税法规定的应计入建筑安装工程造价内的营业税、城市维护建设税及教育费附加等。

1. 营业税

根据营业额与营业税率确定，建筑安装企业营业税税率为3%，所以

营业税 = 营业额 ×3%

营业额指从事建筑、安装、修缮、装饰及其他工程作业收取的全部收入，包括建筑、安装、修缮、装饰工程所用原材料及其他物资和动力的价款。当安装的设备价值作为安装工程产值时也包括所安装设备的价款。但建筑安装工程总承包方将工程分包或转包给他人的，其营业额中不包括转包收入。

2. 城市维护建设税

指国家为了加强城乡的维护建设，稳定和扩大城市、乡镇维护建设资金来源，对有经营收入的单位和个人征收的一种税。

城市维护建设税是按应纳营业税额乘以适用税率确定。计算公式：

应纳税额 = 应纳营业税税额 × 适用税率

其中，城乡维护建设税纳税人所在地为市区的适用税率为7%，所在地为县镇的适用税率为5%，所在地为农村的适用税率为1%。

3. 教育费附加

是按应纳营业税额乘以3%确定，计算公式：

应纳税额 = 应纳营业税税额 ×3%

建筑安装企业的教育费附加与其营业税同时缴纳。

1.4　工程建设其他费用

工程建设其他费用是指从工程筹建起到工程竣工验收交付使用止的整个建设期间，除设备及工器具购置费用和建筑安装工程费用以外的，为保证工程建设顺利完成和交付使用后能够正常发挥效用而发生的各项费用。工程建设其他费用项目，是项目的建设投资中较常发生的费用项目，但并非每个项目都会发生这些费用项目，项目不发生的其他费用项目不计取。

工程建设其他费用按其内容可分为三大类：第一类是指土地使用费；第二类是指与项目建设有关的其他费用；第三类是指与未来企业生产经营有关的其他费用。

1.4.1 土地使用费

土地使用费是指建设项目通过划拨或土地使用权出让方式取得土地使用权，所需土地征用及迁移补偿费或土地使用权出让金。

1.4.1.1 土地征用及迁移补偿费

土地征用及迁移补偿费是指建设项目通过划拨方式取得无限期土地使用权后，依照《中华人民共和国土地管理法》等规定所支付的费用，其总和一般不得超过被征用土地年产值的30倍，土地年产值按该土地被征用前三年的平均产量和国家规定的价格计算。包括：

（1）土地补偿费。是按《国家建设征用土地年例》规定征用耕地时的一种补偿标准。若征用的是耕地（包括菜地），则按该耕地被征用前三年平均年产值的6~10倍计算补偿费；征用园地、林场、牧场、宅基地等的补偿标准，由各省、自治区、直辖市人民政府制定；征用无收益的土地，不予补偿。

（2）青苗补偿费和被征用土地地上附着物赔偿费。青苗补偿费是指国家征用土地时，农作物正处在生长阶段而未能收获，国家应给予土地承包者或土地使用者的经济补偿。一般按当年计划产量的价值和生长阶段结合计算。被征土地地上附着物赔偿费是指被征用土地地上的房屋、树木、水井等附着物的拆迁、赔偿费用，按各省、自治区、直辖市人民政府的有关规定计算。

（3）安置补助费。为了妥善安置被征地农民转移生产和生活，政府规定，用地单位除付给土地补偿费外，还应付给土地使用者安置补助费。需要安置的农业人口数，为被征用耕地数量除以征用土地前被征用单位平均每人占有征地数量。每个需要安置的农业人口的安置补助费标准，为该耕地被征用前三年平均年产值的4~6倍，但每亩被征用耕地的安置补助费最高不得超过其被征用前三年平均年产值的15倍。

（4）缴纳的耕地占用税或城镇土地使用税、土地登记费及征地管理费等。县市土地管理机关从征地费中提取土地管理费的比率，须按征地工作量大小等不同情况，在1%~4%幅度内提取。

（5）征地动迁费。包括征用土地上的房屋及附属构筑物、城市公共设施等的拆除、迁建补偿费、搬迁运输费，企业单位因搬迁造成的减产、停工损失补贴费，拆迁管理费等。

（6）水利水电工程水库淹没处理补偿费。包括农村移民安置补偿费，城市迁建补偿费，库区工矿企业、交通、电力、通信、广播、管网、水利等的恢复、迁建补偿费，库底清理费，防护工程费，环境影响补偿费等。

1.4.1.2 土地使用权出让金

土地使用权出让金是指建设项目通过土地使用权出让方式，取得有限期的土地使用权，依照《中华人民共和国城镇国有土地使用权出让和转让暂行条例》规定所支付的土地使用权出让金。

在我国，国家是城市土地的唯一所有者，政府实行分层次、有偿、有限期的出让和转让城市土地的政策。目前城市土地的出让和转让可采用协议、招标、公开拍卖、挂牌等方式进行。关于政府有偿出让土地使用权的年限，各地可根据时间、区位等各种条件作不同的规定，一般可在30~70年之间。按照地面附属建筑物的折旧年限来看，以50年为宜。

有偿出让和转让土地使用权的出让者或转让者和土地使用者之间要签署土地出让或转让

协议书，明确使用者对土地享有的权利和土地出让者或转让者应承担的义务，并向土地受让者征收契税；如果转让土地有增值，则要向土地转让者征收土地增值税；在土地转让期间，国家要区别不同地段、不同用途向土地使用者收取土地占用费。

1.4.2 与项目建设有关的其他费用

根据项目的不同，与项目建设有关的其他费用的构成也有不同，一般包括下列各项。在进行工程估算及概算中应该根据实际情况进行调整后计算。

1.4.2.1 建设单位管理费

建设单位管理费是指建设单位从项目立项、筹建、建设、联合试运转、竣工验收、交付使用及后评估等全过程管理所需费用。包括：

（1）建设单位开办费。是指新建项目为保证筹建和建设工作正常进行所需办公设备、用具、交通工具等购置费用。

（2）建设单位经费。是指建设单位发生的管理性质的开支。包括：工作人员的基本工资、工资性补贴、施工现场津贴、职工福利费、住房基金、基本养老保险费、基本医疗保险费、失业保险费、工伤保险费，办公费、差旅交通费、劳动保护费、工具用具使用费、固定资产使用费、必要的办公及生活用品购置费、必要的通讯设备及交通工具购置费、零星固定资产购置费、招募生产工人费、技术图书资料费、业务招待费、工程招标费、合同契约公证费、法律顾问费、咨询费、工程质量监督检测费、审计费、完工清理费、排污费、竣工验收费、后评估等费用。不包括应计入设备、材料预算价格的建设单位采购及保管设备材料所需的费用。

建设单位管理费 = 单项工程费用之和（包括设备及工器具购置费用和建设安装工程费用）× 建设单位管理费率

建设单位管理费率按照建设项目的不同性质、不同规模确定。有的按照建设工期和规定的金额计算建设单位管理费。

1.4.2.2 勘察设计费

勘察设计费是指为本建设项目提供项目建议书、可行性研究报告及设计文件等所需的费用。包括：

（1）编制项目建议书、可行性研究报告及投资估算、工程咨询、评价以及为编制上述文件所进行的勘查、设计、研究试验等所需费用。

（2）委托勘察设计单位进行初步设计、施工图设计及概预算编制等所需费用。

（3）在规定范围内由建设单位自行完成的勘察、设计工作所需费用。

勘察设计费中，项目建议书、可行性研究报告按照国家颁布的收费标准计算；设计费按国家颁布的工程设计收费标准计算；勘察费一般民用建筑 6 层以下的按 3 ~ 5 元/m^2 计算，高层建筑按 8 ~ 10 元/m^2 计算，工业建筑按 10 ~ 12 元/m^2 计算。

1.4.2.3 研究试验费

研究试验费是指为本建设项目提供和验证设计数据、资料等进行必要的研究试验及按照设计规定在建设过程中必须进行试验、验收所需的费用。包括：自行或委托其他部门研究试验所需人工费、材料费、实验设备及仪器使用费。但不包括：

（1）应由科技三项费用（即新产品试制费、中间试验费和重要科学研究补助费）开支的项目。

（2）应在建筑安装费用中列支的施工企业对建筑材料、构件和建筑物进行一般鉴定、检查所发生的费用及技术革新的研究试验费。

（3）应由勘察设计费或工程建设投资中开支的项目。

这项费用按照设计单位根据本工程项目的需要提出的研究试验内容和要求进行计算。

1.4.2.4 场地准备及临时设施费

场地准备及临时设施费包括场地准备费和临时设施费。

场地准备费是指建设项目为达到工程开工条件所发生的场地平整和对建设场地余留的有碍于施工建设的设施进行拆除清理的费用。

临时设施费是指为满足施工建设需要而供到场地界区的临时水、电、路、讯、气等工程费用和建设单位的现场临时建（构）筑物的搭设、维修、拆除、摊销或建设期间租赁费用，以及施工期间专用公路养护费、维修费。此费用不包括已列入建筑安装工程费用中的施工单位临时设施费用。

场地准备及临时设施费的适用范围：

（1）场地准备及临时设施应尽量与永久性工程统一考虑。建设场地的大型土石方工程应进入工程费用中的总图运输费用中。

（2）新建项目的场地准备和临时设施费应根据实际工程量估算，或按工程费用的比例计算。改扩建项目一般只计拆除清理费。

（3）发生拆除清理费时可按新建同类工程造价或主材费、设备费的比例计算。凡可回收材料的拆除工程采用以料抵工方式冲抵拆除清理费。

（4）此项费用不包括已列入建筑安装工程费用中的施工单位临时设施费用。

场地准备及临时设施费 =（建筑工程费 + 安装工程费）× 费率 + 拆除清理费

1.4.2.5 工程监理费

工程监理费是指建设单位委托工程监理单位对工程实施监理工作所需费用。根据《关于发布工程建设监理费用有关规定的通知》，可以选择下列方法之一计算：

（1）一般情况应按工程建设监理收费标准计算，即按所建立工程概算或预算的百分比计算。

（2）对于单工种或临时性项目可根据参与建立的年度平均人数按3.5万~5万元/（人·年）计算。

1.4.2.6 工程保险费

工程保险费是指建设项目在建设期间根据需要对建筑工程、安装工程及机器设备进行投保而发生的保险费用，包括建筑工程及其在施工过程中的物料、机器设备为保险标的的建筑工程一切险，以安装工程中的各种机器、机械设备为保险标的的安装工程一切险，以及机器损坏保险等。

（1）不投保的工程不计取此项费用。

（2）不同的建设项目可根据工程特点选择投保险种，根据投保合同计列保险费用。编制投资估算和概算时可按工程费用的比例估算：民用建筑占建筑工程费的0.2%~0.4%，其他建筑占建筑工程费的0.3%~0.6%，安装工程占建筑工程费的0.3%~0.6%。

1.4.2.7 引进技术和引进设备其他费用

（1）引进设备材料国内检验费。根据《中华人民共和国进出口商品检验法》规定，对引进设备材料实施检验和办理检验鉴定业务的费用。

（2）海关监管手续费。根据《海关对进口减税、免税货物征收海关监管手续的办法》规定对减免关税的引进设备材料收取的实施监督、管理所提供服务的手续费。

（3）引进项目图纸资料翻译复制费、备品备件测绘费。

（4）出国人员费用。包括买方人员出国设计联络、出国考察、联合设计、监造、培训等所发生的旅费、生活费、制装费等。

（5）来华人员费用。包括卖方来华工程技术人员的现场办公费用、往返现场交通费用、工资、食宿费用、接待费用等。

（6）银行担保及承诺费。指引进项目由国内外金融机构出面承担风险和责任担保所发生的费用，以及支付贷款机构的承诺费用。

1.4.2.8 工程承包费

工程承包费是指具有总承包条件的工程公司，对工程建设项目从开始建设之竣工投产全过程的总承包所需的各种管理费用。该费用按国家主管部门或省、自治区、直辖市协调规定的工程总承包费收费标准计算。如无规定时，一般工业建设项目为投资估算的6%～8%，民用建筑和市政项目为4%～6%。不实行工程承包的项目不计算本项目费用。

1.4.2.9 施工队伍调遣费

施工队伍调遣费是指施工队伍因建设任务的需要，由企业基地或已竣工的工程工地调往新的施工工地承担施工任务所发生的一次性搬迁费用。包括调遣人员差旅费、调遣期间人员工资，以及施工机械设备、工具用具、办公及生活设施、周转材料的包装费和运杂费，调遣期间施工机械设备的停滞台班费用等。施工队伍调遣费不包括：由于违反基建程序而盲目调遣施工队伍所发生的费用；应由施工企业自行负担的、在规定距离范围内调动以及内部平衡施工力量所发生的转移费用；超过中标范围以外的施工队伍调遣费；在同一工程项目的不同工地的机具转移费。施工队伍调遣费计算方法：

（1）施工队伍调遣费应按调遣路程远近、人数、时间、施工机具设备的数量等实际情况计算。

（2）不发生施工队伍调遣的项目不计取该项费用。

（3）在尚未明确施工队伍的情况下，投资估算和概算编制可按建筑安装工程费的比例0.5%～1%估算。

1.4.3 与未来企业生产经营有关的其他费用

1.4.3.1 联合试运转费

联合试运转费是指新建项目或新增加生产能力的工程，在交付生产前按照批准的设计文件所规定的工程质量标准和技术要求，进行整个生产线或装置的负荷联合试运转所发生的费用净支出（试运转支出大于收入的差额部分费用，以及必要的工业炉烘炉费）。试运转支出包括试运转所需原材料、燃料及动力消耗、低值易耗品、其他物料消耗、工具用具使用费、机械使用费、保险金、施工单位参加试运转人员工资以及专家指导费等；试运转收入包括试运转期间的产品销售收入和其他收入。

联合试运转费不包括应由设备安装工程费用开支的调试及试车费用，以及在试运转中暴露出来的因施工原因或设备缺陷等发生的处理费用。其计算方法：

① 不发生试运转或试运转收入大于（或等于）费用支出的工程，不列此项费用。

② 当联合试运转收入小于试运转支出时：联合试运转费 = 联合试运转费用支出 - 联合试运转收入。

1.4.3.2 生产准备费

生产准备费是指新建企业或新增生产能力的企业，为保证竣工交付使用进行必要的生产准备所发生的费用。其费用包括：

（1）生产人员培训费。自行组织培训或委托其他单位培训的人员工资、工资性补贴、职工福利费、差旅交通费、劳动保护费、学习资料费等。

（2）生产单位提前进厂参加施工、设备安装、调试等以及熟悉工艺流程及设备性能等人员的工资、工资性补贴、职工福利费、差旅交通费、劳动保护费等。

生产准备费按以下方法计算：

① 新建项目按设计定员为基数计算，改扩建项目按新增设计定员为基数计算：生产准备费 = 设计定员 × 生产准备费指标（元/人）。

② 可采用综合的生产准备费指标进行计算，也可以按上述费用内容分类计算。

一般建设项目很少发生或一些具有较明显行业特征的工程建设其他费用项目，如移民安置费、水资源费、水土保持评价费、地震安全性评价费、地质灾害危险性评价费、河道占用补偿费、超限设备运输特殊措施费、航道维护费、植被恢复费、种质检测费、引种测试费等，各省（市、自治区）、各部门可在实施办法中补充或具体项目发生时依据有关政策规定计取。

1.4.3.3 办公和生活家具购置费

办公和生活家具购置费是指为保证新建、改建、扩建项目初期正常生产、使用和管理所必须购置的办公和生活家具及用具的费用。改、扩建项目所需的办公和生活用具购置费，应低于新建项目。其范围包括办公室、会议室、资料档案室、阅览室、文娱室、食堂、浴室、理发室、单身宿舍和设计规定必须建设的托儿所、卫生所、招待所、中小学校等家具用具购置费。这项费用按照设计定员人数乘以综合指标计算，一般为600~800元/人。

1.5 预备费、建设期贷款利息、固定资产投资方向调节税

1.5.1 预备费

预备费包括基本预备费和涨价预备费。

1.5.1.1 基本预备费的概念与计算

基本预备费是指在初步设计及概算内难以事先预料的工程费用。其内容包括：

（1）在批准的初步设计范围内，技术设计、施工图设计及施工过程中所增加的工程费用，设计变更、局部地基处理等增加的费用。

（2）由于一般性自然灾害造成的损失和预防自然灾害所采取的措施费用。

（3）竣工验收时为了鉴定工程质量而对隐蔽工程进行的必要的挖掘和修复费用。

其计取的基础是：设备工器具购置费、建筑安装工程费和工程建设其他费用之和。其费率可按现行国家及部门规定的不同计价阶段的预备费费率标准取值。计算公式为：

基本预备费＝(设备工器具购置费＋建筑安装工程费＋工程建设其他费用)×基本预备费费率

1.5.1.2 涨价预备费的概念与计算

涨价预备费是指项目在建设期内由于市场价格等变化所引起的工程造价方面变化的预测预备费用。费用的内容包括：人工、设备、材料、施工机械的价差费，建筑安装工程费及工程建设其他费用的调整，利率、汇率调整等增加的费用。

涨价预备费的测算一般根据国家规定的投资综合价格指数，按估算年份价格水平的投资额为基数，采用复利方法计算。计算公式为：

$$PF = \sum_{t=1}^{n} I_t[(1+f)^t - 1]$$

式中 PF——涨价预备费；

I_t——第 t 年投资额，包括设备及工器具购置费、建筑安装工程费、工程建设其他费用及基本预备费；

n——建设期年数；

f——年均投资价格上涨率。

1.5.2 建设期借款利息

建设期借款利息包括国内银行、非银行金融机构贷款、出口信贷、外国政府贷款、国际商业银行贷款、境内外发行的债券等在建设期内应偿还的贷款利息。不同的贷款方式按照不同的计算要求进行利息计算。

（1）当贷款总额是一次性发放且利率固定时，按下列公式计算：

$$I = P \times [(1+i)^n - 1]$$

式中 I——贷款利息；

P——一次性贷款金额；

i——年利率；

n——贷款期限。

（2）当贷款总额是分年发放且利率固定时，建设期贷款利息的计算按当年贷款在年中支用考虑，即当年贷款按半年计息，上年贷款按全年计息。计算公式为：

$$q_j = \left(P_{j-1} + \frac{1}{2}A_j\right)i$$

式中 q_j——建设期第 j 年应计利息；

P_{j-1}——建设期第（$j-1$）年末贷款累计金额与利息累计金额之和；

A_j——建设期第 j 年贷款金额；

i——年利率。

在国外贷款利息的计算中，还应包括国外贷款银行根据贷款协议向贷款方以年利率的方式收取的手续费、管理费、承诺费，以及国内代理机构经国家主管部门批准的以年利率的方式向贷款单位收取的转贷费、担保费、管理费等。

1.5.3 固定资产投资方向调节税

固定资产投资方向调节税是国家为了贯彻产业政策，控制投资规模，引导投资方向，调整投资结构，加强重点建设，促进国民经济持续、稳定、协调发展，对在中华人民共和国境内的单位和个人进行固定资产投资征收的一种特别目的税。

1.5.3.1 纳税义务人

纳税义务人包括中华人民共和国境内用各种资金进行固定资产投资（非国家禁止发展项目的投资）的各级政府、机关团体、部队、国有企业事业单位、集体企业事业单位、私营企业、个体工商业户及其他单位和个人（三资企业的固定资产投资除外）。外商投资企业和外国企业不纳此税。固定资产投资方向调节税由中国人民建设银行、中国工商银行、中国农业银行、中国银行、交通银行、其他金融机构和有关单位负责代扣代缴。

1.5.3.2 税率

固定资产投资方向调节税根据国家产业政策确定的产业发展序列和经济规模的要求，实行差别税率，具体适用税率为0、5%、10%、15%、30%五个档次。差别税率是按两大类来设计的，一是基本建设工程项目投资；二是更新改造项目投资。对前者设计了四档税率，即0、5%、15%、30%；对后者设计了两档税率，即0、10%。

1. 基本建设工程项目投资适用的税率

（1）对国家急需发展的项目投资，适用零税率予以优惠扶持。列举规定的有：农、林、水利、能源、交通、通信、原材料、科教、地质勘探、矿山开采等基础产业和薄弱环节的部分项目投资。对城乡个人修建、购买住宅的投资也给予照顾，规定适用零税率。

（2）对国家鼓励发展，但受能源、交通等制约的项目投资，实行5%的轻税政策。列举规定的有：钢铁、有色金属、化工、石油化工、水泥等部分重要原材料，以及一些重要机械电子、轻纺工业和新型建材、饲料加工等项目投资。

（3）对城乡个人修建住宅和职工住宅（包括商品房住宅的建设投资），分别实行从优化低政策。为了改善职工、农民居住条件，配合住房制度改革，对城乡个人修建、购买住宅的投资实行零税率；对单位修建、购买一般性住宅投资，实行5%的低税率；对单位用公款修建、购买高标准独门独院、别墅式住宅投资，实行30%的高税率。

（4）对楼堂馆所以及国家严格限制发展的项目投资，课以重税，税率为30%。

（5）对《固定资产投资方向调节税税目税率表》中没有列明的其他一般基本建设项目投资，实行中等税负政策，税率为15%。

2. 更新改造项目投资适用的税率

对国家急需发展的投资项目（与基本建设投资项目相同）给予优惠扶持适用零税率；除此以外的更新改造项目投资，一律按建筑工程实际完成投资额征收10%的固定资产投资方向调节税。对计划外固定资产投资项目和以更新改造为名进行的新建、扩建投资等基本建设投资（不含适用零税率的项目），依照所属项目适用税率征收税款并可处以罚款。

1.5.3.3 计税依据

投资方向调节税的计税依据为固定资产投资项目实际完成的投资额，其中更新改造投资项目为建筑工程实际完成的投资额。

实际完成的投资额 = 工程建设费 + 预备费 = 设备及工、器具购置费 + 建筑安装工程费 + 工程建设其他费用 + 预备费

1.5.3.4 计税方法

首先确定单位工程应税投资完成额；然后根据工程的性质及划分的单位工程情况，确定单位工程的适用税率；最后计算各个单位工程应纳的投资方向调节税税额，并且将各个单位工程应纳的税额汇总，即得出整个项目的应纳税额。

1.5.3.5 缴纳方法

固定资产投资方向调节税按照固定资产投资项目的单位工程年度计划投资额预缴。年度终了后，按照年度实际完成投资额结算，多退少补。项目竣工之后，按全部实际完成投资额清算。

固定资产投资方向调节税一般由纳税人向其投资项目所在地的主管税务机关缴纳。如果个别投资项目不宜在当地缴税，纳税地点可以由上级税务机关确定。

纳税人在接到正式年度投资计划或者其他建设文件后 1 个月之内，使用项目年度投资以前，应当先到投资项目所在地主管税务机关办理固定资产投资方向调节税的有关纳税事项。

纳税人按照规定预缴税款或者办理纳税手续之后，即可以凭完税凭证到计划部门办理和领取投资许可证手续。银行和其他金融机构根据投资许可证办理固定资产投资项目的拨款、贷款手续。

纳税人按照年度计划投资额一次缴纳全年应纳固定资产投资方向调节税税款确有困难的，经过主管税务机关核准，可以于当年 9 月底之前分次缴清应纳的税款。

1.5.3.6 减免税

征收固定资产投资方向调节税目的在于加强宏观调控，同时国家通过零税率和低税率的规定，体现了对特定建设项目的鼓励或照顾。因此，除国务院规定者外，不得减免。

国务院已决定，从 1999 年下半年起，按现行税率减半征收，从 2000 年起暂停征收。

本章小结

本章概括性地介绍了有关工程造价管理的基础知识。主要有如下一些内容：工程造价相关概念及其基本构成；设备购置费的组成及工器具等费用；建筑安装工程费用，包括直接费、间接费、利润及税金的计算基础和费用标准；工程建设其他费用，如土地使用费、与工程建设有关的其他费用等；预备费、建设期贷款利息及固定资产投资方向调节税等。

思考题

1. 工程造价与工程计价的区别和特点是什么？
2. 我国现行工程造价与世界银行工程造价在构成上有什么不同之处？
3. 建筑安装工程费主要由哪些基本费用组成？
4. 直接费、间接费、利润及税金都涵盖了哪些方面？
5. 土地征用费与土地使用权出让金之间是什么关系？

第 2 章　工程量计算

【本章提要】　本章对工程量相关概念及计算进行了较为详细的介绍。主要包括：工程量的概念、计算工程量的依据以及计算工程量的有关规定；建筑面积的概念、计算的意义及建筑面积计算规则；通过图表及例题演算，对建筑工程中各种工程量的概念及计算进行了讲解。其内容重点包括土方工程与桩基础工程、脚手架工程、砌筑工程、混凝土及钢筋混凝土工程、构件制作运输及安装工程、木结构工程、防水工程、装饰工程等工程量的计算；建筑工程垂直运输及建筑物超高增加人工、机械降效费以及建筑物超高加压水泵台班费等。

【关键词】　工程量　建筑面积　土方工程　砌筑工程　安装工程　装饰工程

2.1　工程量的概念及有关规定

2.1.1　工程量的概念

工程量是指用物理计量单位或自然计量单位所表示的各具体分项工程和构配件的数量。物理计量单位系指以公制度量的具有物理属性的单位，如建筑物的建筑面积，墙面的抹灰面积（m^3），墙体、混凝土梁、板、柱的体积（m^3），管道、线路的长度（m），钢梁、钢柱、钢屋架的质量（t），公路长度（km）等；自然计量单位系指不需度量的以客观存在的自然实体所表示的计量单位，如个、台、组、件、套等。

计算工程量是确定建设工程项目直接费及编制单位工程预算书的重要环节，只有准确地计算出工程量，套用适当的预算或材料单价，才能正确地计算出工程直接费，确保工程预算的质量。

工程量指标的计算质量同时还直接影响基本建设的计划和统计工作，工程量也是进行基建财务管理与核算的重要依据。工程量指标对于建筑企业的管理工作也十分重要，它是编制施工计划、安排施工进度、组织劳动力和物资供应的基础资料，是进行工程成本计划、工程价款拨付和结算的重要依据。

2.1.2　计算工程量的依据

（1）经审定的工程施工设计图纸及其说明。

（2）经审定的施工组织设计或施工技术措施方案。

（3）经审定的其他有关技术文件。

（4）工程施工合同。

2.1.3　计算工程量的有关规定

（1）工程量计算规定必须与预算定额中工程量计算的规定相一致。

（2）工程量计算项目的划分应与预算定额中的项目相一致。

（3）工程量计算单位，必须与预算定额计量单位相一致。

（4）工程量计算必须与施工设计图纸规定的内容相一致。

（5）工程量计算必须准确无误。

（6）工程量计算过程中一般保留三位小数，汇总工程量时，其准确度取值，立方米、平方米、米取两位小数；吨以下取三位小数，千克、件取整数。

（7）计算工程量时，一般应依施工图纸顺序、分部分项依次计算，并应采用计算表格及计算机计算，以简化计算过程，提高计算准确性。

2.2 建筑面积计算

2.2.1 建筑面积的概念

建筑面积计算是指建筑物各层水平投影面积的总和，是反映建筑物建设规模的重要指标。建筑面积中包括结构面积（各层平面中的墙、柱等结构所占面积）和扣除结构面积后的有效面积两部分。

2.2.2 建筑面积计算的意义

（1）建筑面积是基本建设投资，建设项目可行性研究，建设项目勘察设计，建设项目评估，建设项目施工和竣工验收，建设项目计划、统计，造价管理等一系列工作的重要指标。

（2）建筑面积是编制初步设计概算、施工图预算的基本依据。

（3）建筑面积是对项目设计方案的经济性、合理性进行评价的重要数据。

$$土地利用系数=\frac{建筑面积}{建筑占地面积}$$

$$住宅平面系数=\frac{居住面积}{建筑面积}$$

（4）建筑面积是计算单位面积造价、人工单耗指标、材料单耗指标、工程量单耗指标的依据。

$$工程单位面积造价=\frac{工程造价}{建筑面积}$$

$$人工单耗指标=\frac{工程人工工日耗用量}{建筑面积}$$

$$材料单耗指标=\frac{工程材料耗用量}{建筑面积}$$

$$工程量单耗指标=\frac{各分部分项工程量}{建筑面积}$$

综上所述，建筑面积是建设项目技术经济指标的计算基础，对全面控制建设工程造价具有重要意义，并在整个建设工作中起着重要作用。

2.2.3 建筑面积计算规则

由于建筑面积指标对衡量基本建设规模、投资效益和建设成本等起着重要作用。因此，原建设部颁发了《全国统一建筑工程预算工程量计算规则》，其中第二章“建筑面积计算规则”统一了建筑面积的计算方法。建筑面积用字母 S 表示。

建筑面积计算规则规定了三方面的内容和范围：

(1) 计算全部建筑面积的范围。

(2) 计算部分建筑面积的范围。

(3) 不计算建筑面积的范围。

2.2.3.1 计算建筑面积的范围

(1) 单层建筑物无论其高度如何，均按一层计算建筑面积。其建筑面积按建筑物外墙勒脚以上结构的外围水平面积计算，单层建筑物内设有部分楼层者，首层建筑面积已包括在单层建筑内，二层及二层以上也应计算建筑面积（图 2-1）。其建筑面积计算为

$$S = L \times B + L \times b$$

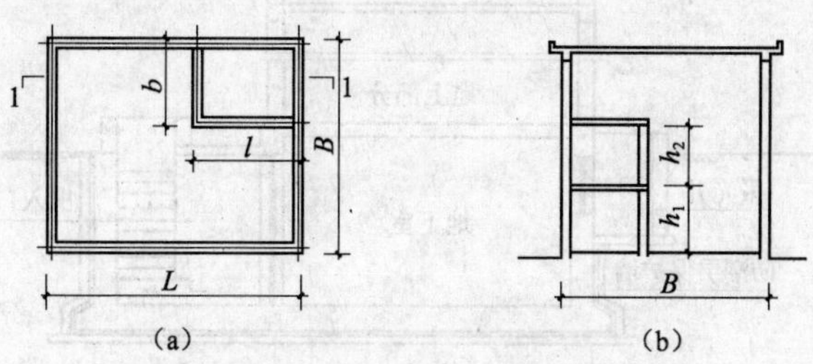

图 2-1 设有部分楼梯的单层建筑

(a) 平面图；(b) 1—1 剖面图

L，B—建筑物外边尺寸；l，b—有楼层部分外边尺寸

高低联跨的单层建筑物，需分别计算建筑面积时，应以结构外边线为界分别计算（图 2-2）。如建筑长度为 L 时，其建筑面积应为

$$S = L \times B_1 + L \times B_2 + L \times B_3 + \cdots$$

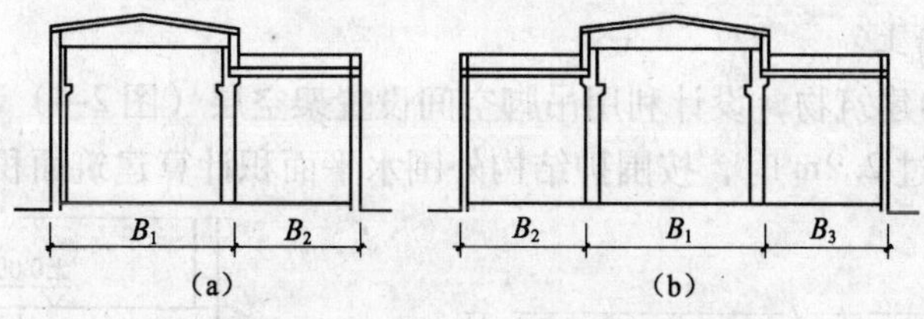

图 2-2 高低联跨的单层建筑

(a) 高跨为边跨；(b) 高跨为中跨

说明：① 单层建筑物可以是民用建筑、公共建筑，也可以是工业厂房。

② “建筑物外墙勒脚以上结构的外围水平面积”，指的是外墙结构面所围水平面积，不包括抹灰或装饰材料厚度所占的面积。

(2) 多层建筑物建筑面积，按各层建筑面积之和计算。其首层建筑面积按外墙勒脚以上结构的外围水平面积计算，二层及二层以上按外墙结构的外围水平面积计算。

说明：① “二层及二层以上”，建筑平面不同时，其面积不同，所以要分层计算建筑面积。

② 当各层建筑平面相同时其建筑面积等于首层建筑面积乘以层数。

(3) 同一建筑物如结构、层数不同时应分别计算建筑面积。

说明：当底层是现浇钢筋混凝土框架结构，楼上各层是砖混结构时，应按结构类型分别计算建筑面积。

(4) 建筑物外墙为预制挂（壁）板的，按挂（壁）板外墙主墙面间的水平面积计算建筑面积。

(5) 地下室、半地下室、地下车间、仓库、商店、车站、地下人防掩体及其相应出入口的建筑面积，按其上口外墙（不包括采光井、防潮层及其保护墙）外围水平面积计算（图2-3）。人防通道端头出入口部分为楼梯踏步时，按楼梯上口外墙外围水平面积计算建筑面积。

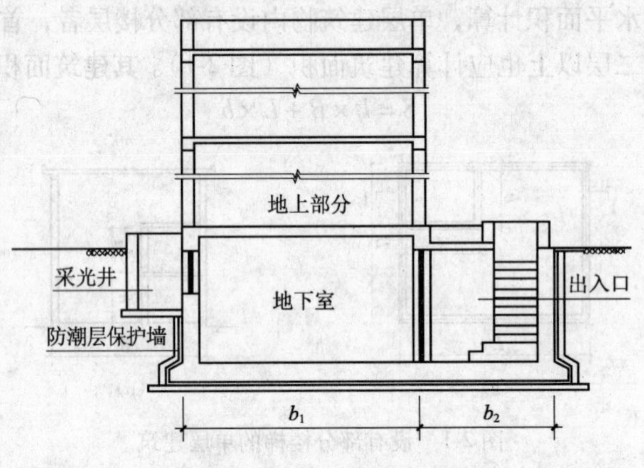

图2-3 有地下室的建筑物

说明：① 各种地下室按露出地面的外墙所围的面积计算建筑面积，立面防潮层及其保护墙的厚度不计算其建筑面积。

② 地下室采光井是为了满足采光通风需要，在地下室外墙外部开设的矩形或其他形状的井。其上开口部多设有铁栅或采光罩板，地下室窗户设在采光井一侧的墙上。

(6) 建于坡地的建筑物，设计利用吊脚空间设置架空层（图2-4）和深基础地下架空层（图2-5），且层高超过2.2m时，按围护结构外围水平面积计算建筑面积。

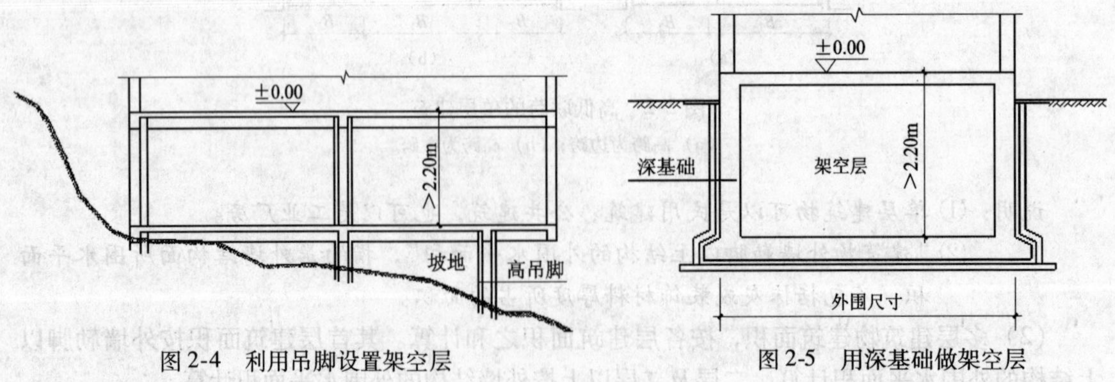

图2-4 利用吊脚设置架空层

图2-5 用深基础做架空层

说明：深基础（如满堂基础或箱形基础等）中架空层，层高超过2.2m（即>2.2m）时才计算建筑面积。

(7)穿过建筑物的通道(图 2-6),建筑物内的门厅、大厅,不论其高度如何,均按一层建筑面积计算。门厅、大厅内设有回廊时(图 2-7),按其自然层的水平投影面积计算建筑面积。

说明:“穿过建筑物的通道”,其高度可能为建筑层高二层或二层以上的高度,但只能按一层计算其建筑面积。

(8)室内楼梯间、电梯井、提物井、垃圾道、管道井等均按建筑物的自然层计算建筑面积(图 2-8)。

图 2-6　设有通道的建筑物

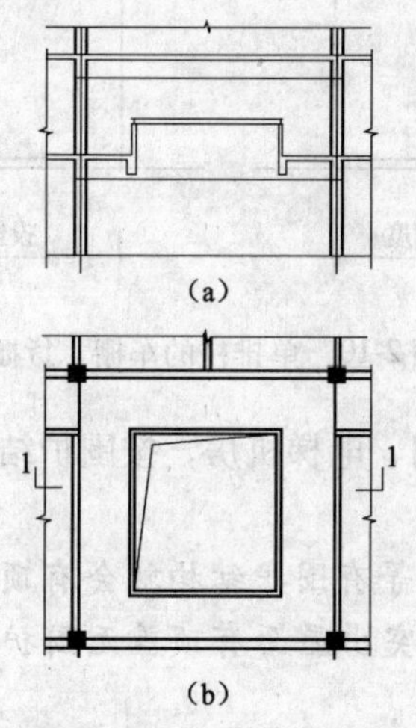

图 2-7　设有回廊的建筑物

(a) 1—1 剖面图;(b) 二层平面图

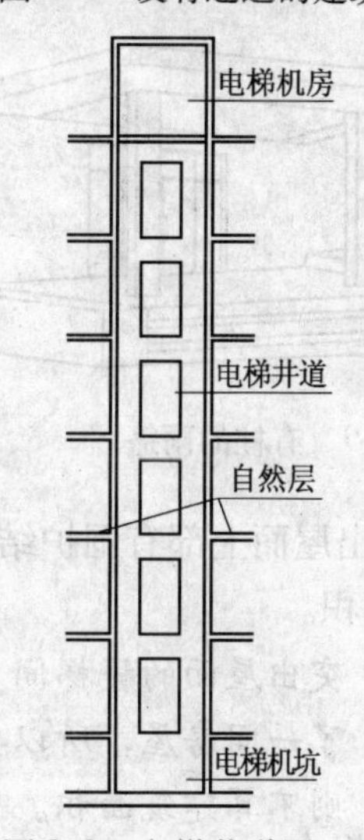

图 2-8　电梯井道图

说明:① 电梯井是指乘人或运货电梯用的垂直通道。

② 提物井是指图书馆提升书籍,酒店用于提升食物的垂直通道。

③ 管道井是指高层或多层建筑物内集中安装给排水、消防、电气管线等用的垂直通道。

④“自然层面积”是指上述通道经过几层楼,就用通道水平投影面积乘上几层。

【例 2-1】　20 层住宅电梯井在屋面上还有一层电梯间,计算其建筑面积。

【解】　电梯井建筑面积 = 电梯井水平投影面积 × (20 + 1)

(9)书库、立体仓库设有结构层的(指楼板结构层),按结构层计算建筑面积;没有结构层的,按承重书架或货架层计算建筑面积。

说明:书架或货架层指的是承受一整层书架或货架的承重层,而不是书架或货架本身的层数。

(10)有围护结构的舞台灯光控制室,按其围护结构外围水平面积乘以实际层数计算建筑面积。

说明:灯光控制室只有一层时,不再另行计算建筑面积,因为在计算整个建筑面积时已将其计算在内了。

(11)建筑物内设备管道层、贮藏室的层高超过 2.2m 时,应按其外围水平面积计算建筑面积。设备层高度虽不超过2.2m，但从中分隔出来作为办公室、仓库等，应按分隔出来使用部分外围水平面积计算建筑面积。

说明：① 高层宾馆、写字楼及住宅人防层上部常设有设备管道层，主要用于集中放置水、暖、电等设备管线。

② 当设备管道层层高≤2.2m时，不计算建筑面积。

(12) 有柱的雨篷（图2-9）、车棚、货棚、站台等，按柱子外围水平投影面积计算建筑面积；独立柱雨篷，单排柱的车棚、货棚、站台等（图2-10），按其顶盖水平投影面积的一半计算建筑面积。

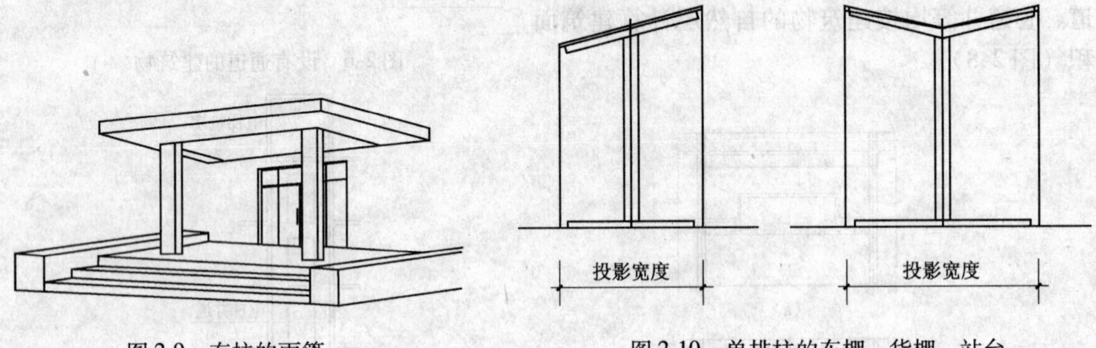

图2-9 有柱的雨篷

图2-10 单排柱的车棚、货棚、站台

(13) 突出屋面上部有围护结构的楼梯间、水箱间、电梯机房，按围护结构外围水平面积计算建筑面积。

说明：① 突出屋面的楼梯间、水箱间、电梯机房等有围护结构就会有顶盖，因此构成了一间房屋，所以要计算建筑面积。而突出屋面有顶盖无围护结构的构筑物则不算建筑面积。

② 单独放在屋面上的钢筋混凝土水箱或钢板水箱，不计算建筑面积。

(14) 突出外墙有围护结构的门斗、眺望间、橱窗等（图2-11），按围护结构外围水平面积计算建筑面积。

(15) 封闭阳台、挑廊按其水平投影面积计算建筑面积。挑阳台、凹阳台（图2-12），按其水平面积的一半计算建筑面积。

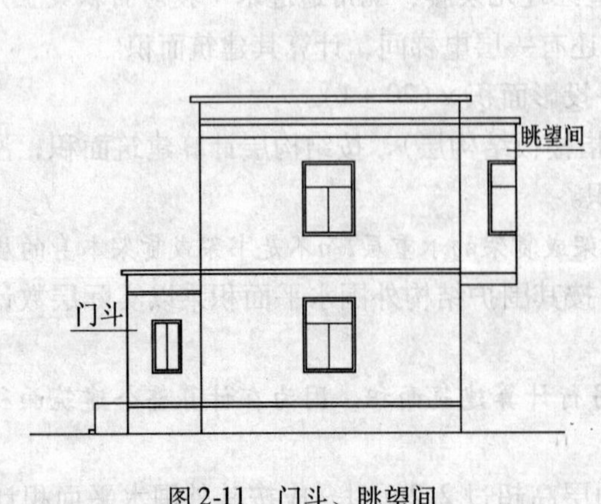

图2-11 门斗、眺望间

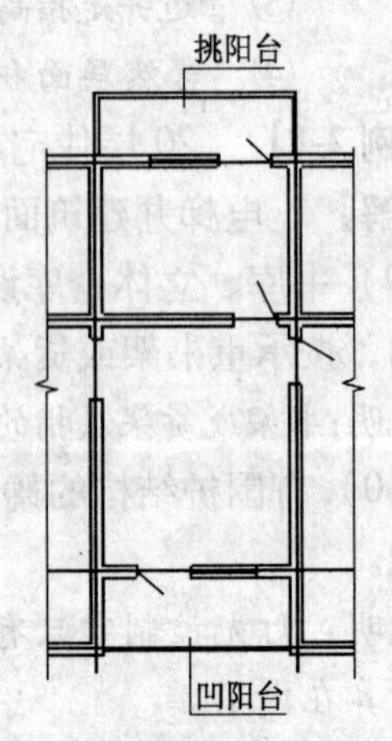

图2-12 凹阳台、挑阳台

（16）建筑物外有顶盖和柱的走廊、檐廊（图 2-13）按柱的外边水平面积计算建筑面积；有盖无柱的直廊、檐廊，其挑出外墙宽度在 1.5m 以上时，按其投影面积的一半计算建筑面积。

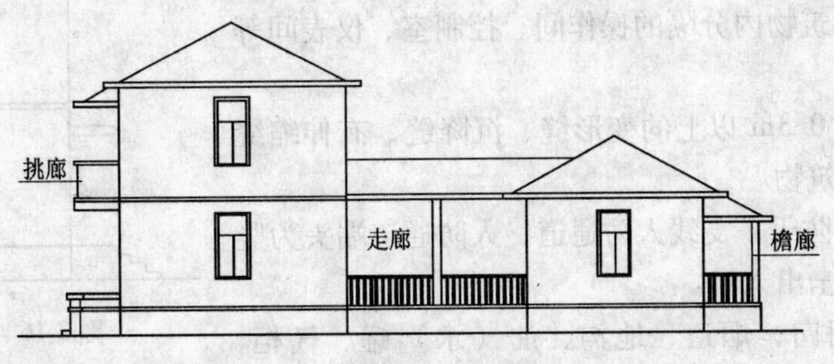

图 2-13　走廊、檐廊

（17）两建筑物间有围护结构的架空通廊（图 2-14），按通廊投影面积计算建筑面积。

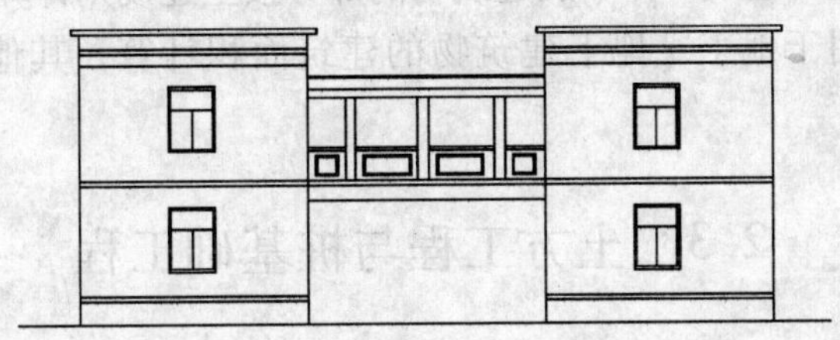

图 2-14　有顶盖的架空走廊

（18）室外楼梯（包括疏散楼梯），按自然层水平投影面积之和计算建筑面积。

（19）各种变形缝、沉降缝等，凡缝宽在 0.3m 以内者，均按自然层计算建筑面积，高低联跨时，其面积并入低跨建筑物面积内计算。

2.2.3.2　不计算建筑面积的范围

（1）突出外墙的构件、配件、附墙柱、垛、勒脚、台阶、悬挑雨篷，墙面抹灰、镶贴块材、装饰面等（图 2-15）。

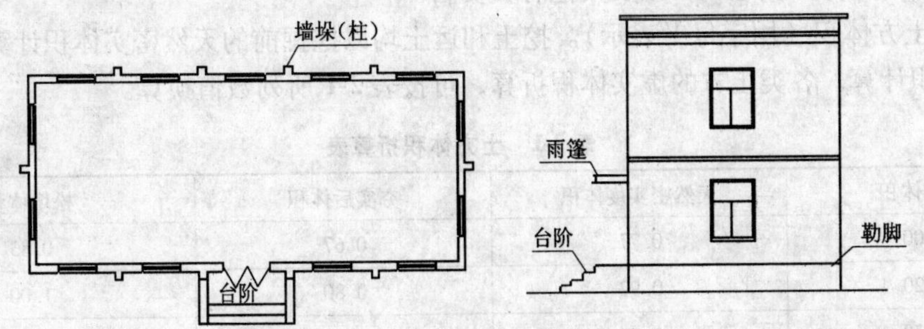

图 2-15　不计算建筑面积的构件、配件

（2）检修消防等用的室外爬梯，宽度在 0.6m 以内的钢梯（图 2-16）。

（3）住宅的首层平台（不包括挑平台）、层高 2.2m 以内设备层、设计不利用的深基础架空层及吊脚架空层。

(4) 建筑物内操作平台、上料平台、安装箱或罐体的平台、没有围护结构的屋顶水箱，花架、凉棚、舞台及后台悬挂幕布、布景的天桥、挑台等。

(5) 单层建筑物内分隔的操作间、控制室、仪表间等单层房间。

(6) 宽度在0.3m以上的变形缝、沉降缝、有伸缩缝的靠墙烟囱、构筑物。

(7) 地下人防干、支线人防通道，人防通道端头为竖向爬梯设置的安全出入口。

(8) 独立烟囱、烟道、地沟、油（水）罐、气柜、水塔、贮油（水）池、贮仓、栈桥等。

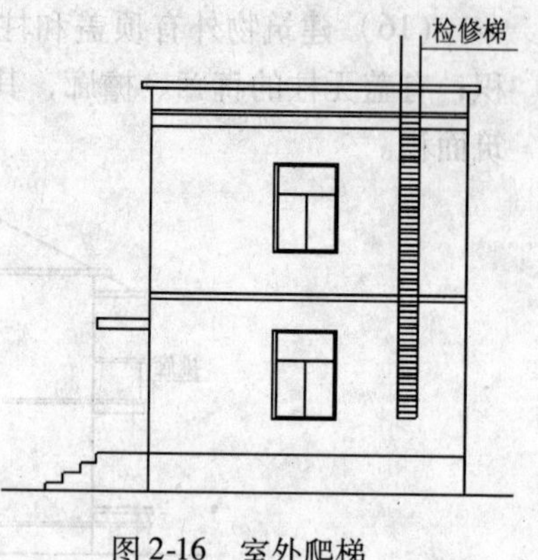

图2-16 室外爬梯

2.2.3.3 其他

(1) 建筑物与构筑物连成一体，属建筑物的部分按上述规则计算。

(2) 上述规则适用于地上、地下建筑物的建筑面积计算，其他情况可参照上述规则处理。

2.3 土方工程与桩基础工程

2.3.1 土方工程

土方工程也称土石方工程。土方工程量包括平整场地，挖掘沟槽、基坑，挖土，放坡，回填土，运土，井点降水，场地原土夯实等内容。土方工程量计算，应按照各地区预算定额中的有关计算规则进行，这里主要介绍其计算方法。

2.3.1.1 土方工程量计算的一般原则

(1) 在土方工程量计算之前，应首先明确施工现场的土壤及岩石类别，查看工程地质勘察报告，地下水标高及排（降）水方法、挖填土起止标高、施工方法及运距、岩石开凿、爆破、石碴清运方法及运距，以及其他有关资料。

(2) 土方体积（用字母V表示）。挖土和运土均以挖掘前的天然密实体积计算，填土按夯实后体积计算。各类土方的虚实体积折算，可按表2-1所列数值换算。

表2-1 土方体积折算表

虚方体积	天然密实度体积	夯实后体积	松填体积
1.00	0.77	0.67	0.83
1.20	0.92	0.80	1.00
1.30	1.00	0.87	1.08
1.50	1.15	1.00	1.25

【例2-2】 某基坑回填土体积（夯实后）为300m³，若采用天然密实土，需土多少立方米？如果外购重土（虚方土）需多少立方米？

【解】 $V_{密实土}=300\times1.15=345\ m^3$

$V_{虚土} = 300 \times 1.50 = 450\ m^3$

（3）挖土一律以设计室外地坪标高为准进行计算。

2.3.1.2 平整场地

平整场地是指建筑施工场地挖、填土方厚度在 ±0.3m 以内及找平工程，如图 2-17 所示，挖、填土方厚度超过 ±0.3m 时，按场地土方平衡竖向布置图另行计算。

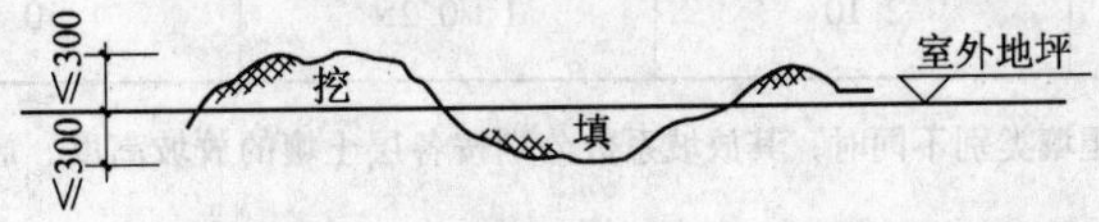

图 2-17 平整场地范围示意图

平整场地及碾压工程量计算如下：

（1）平整场地工程量按建筑物外墙外边缘每边各加 2m，以 m^2 为单位计算，如图 2-18 所示。

$$S_{场} = S_{底} + 2(L_1 \times 2) + 2(L_2 \times 2) + 16$$

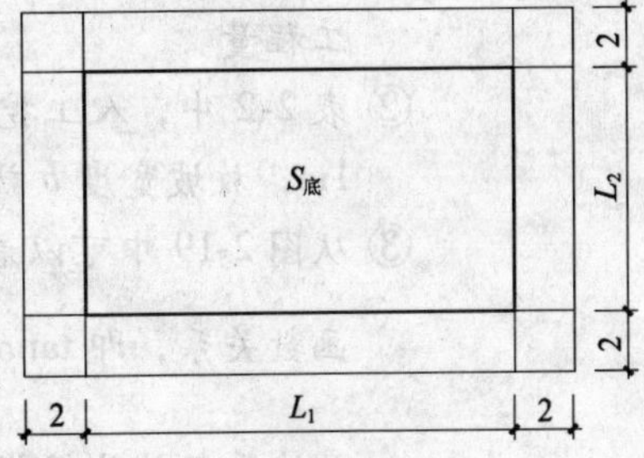

图 2-18 平整场地计算公式示意图（单位：m）

（2）也可根据当地预算定额中的有关规定计算工程量，如北京市定额中平整场地的工程量，按建筑首层建筑面积（地下室单层建筑面积大于首层建筑面积时，按地下室最大单层面积）乘以系数 1.4，以 m^2 计算；构筑物按基础底面积乘以 2.0，以 m^2 计算。

（3）建筑场地碾压的工程量，按图示尺寸以 m^2 计算，填土碾压按图示填土厚度以 m^3 计算。

2.3.1.3 挖方项目的有关规定

1. 沟槽、基坑划分

（1）底宽在 3m 以内，长大于底宽 3 倍以上的沟为沟槽。

（2）底面积在 $20m^2$ 以内的坑为基坑。

（3）凡图示沟槽底宽大于 3m、坑底面积大于 $20m^2$、平整场地挖土方厚度大于 30cm，均按挖土方计算。

说明：① 图示沟槽底宽和基坑底面积的长、宽均不含两边工作面的宽度。

② 根据施工图判断沟槽、基坑、挖土方的顺序是：先根据尺寸判断是否为沟槽；若不是沟槽，再判断是否属于基坑；若也不是基坑，就一定是挖土方项目。

2. 放坡系数

开挖基坑、沟槽等，为保持土体稳定，防止塌方，保证施工安全，其边沿或侧壁应留有一定斜度的坡，叫做放坡。土方的放坡坡度以其高度 H 与放坡底宽度 b 之比表示，叫做放坡坡度。

$$放坡坡度 = \frac{H}{b} = 1 : \frac{b}{H} = 1 : K$$

式中 K——放坡系数。

计算挖沟槽、基坑、土方工程量需放坡时，放坡系数按表 2-2 规定取值。

表 2-2　放坡系数表

土壤类别		放坡起点高度/m >	人工挖土	机械挖土	
				在坑内作业	在坑上作业
普通土	一、二类土	1.20	1∶0.5	1∶0.33	1∶0.75
坚 土	三类土	1.50	1∶0.33	1∶0.25	1∶0.67
砂砾坚土	四类土	2.10	1∶0.25	1∶0.10	1∶0.33

注：1. 当沟槽、基坑中土壤类别不同时，其放坡系数分别按各层土壤的放坡高度、放坡系数、土壤厚度加权平均计算。

2. 计算放坡工程量时，在交接处的重复工程量不予扣除。原槽、坑中做基础垫层时，放坡高度从垫层上表面开始计算。

说明：① 放坡起点高度是指各类土超过表 2-2 中的放坡高度时，才能按表中的系数计算放坡工程量。例如，当图 2-19 中土壤为三类土、$H>1.50$m 时才计算放坡工程量。

② 表 2-2 中，人工挖四类土超过 2m 深时，放坡坡度为 1∶0.25，其含义是每挖深 1m，放坡宽度 b 就增加 0.25m。

③ 从图 2-19 中可以看出，放坡宽度 b 与深度 H 和放坡角度 α 之间的关系是正切函数关系，即 $\tan\alpha=\frac{b}{H}$，不同的土壤类别取不同的 α 角度值。所以不难看出，放坡系数就是根据 $\tan\alpha$ 来确定。例如，三类土的 $\tan\alpha=\frac{b}{H}=0.33$。我们用 $\tan\alpha=K$ 来表示放坡系数，故放坡宽度 $b=KH$。

④ 沟槽放坡时，交接处重复工程量不予扣除。

⑤ 原槽、坑做基础垫层时，放坡自垫层上表面开始，如图 2-20 所示。

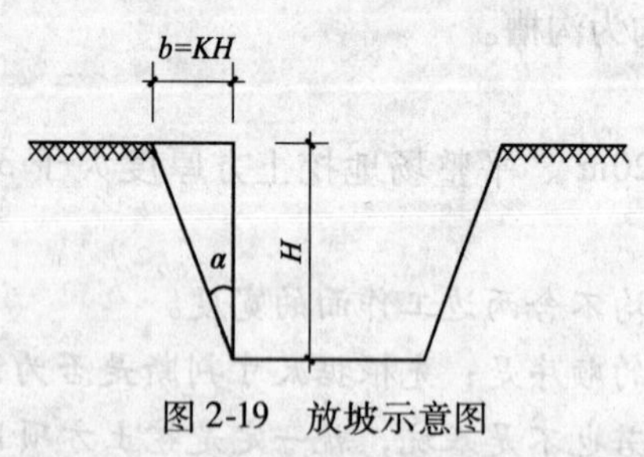

图 2-19　放坡示意图

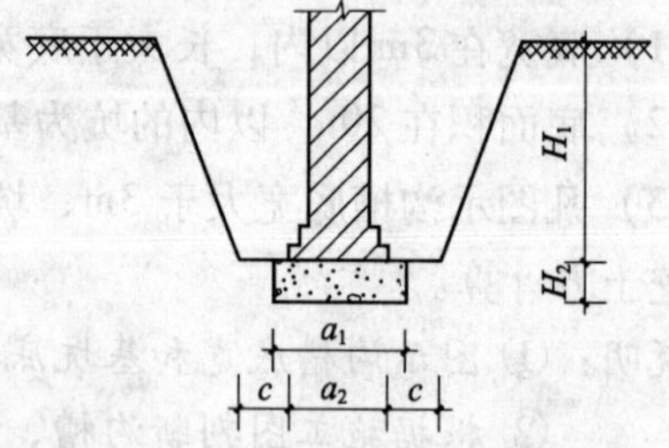

图 2-20　自垫层上表面放坡示意图

3. 支挡土板

挖沟槽、基坑需支挡土板时，其宽度在图示沟槽、基坑底宽的基础上，单面加 10cm，双面加 20cm 计算。挡土板面积按槽、坑垂直支撑面积计算。支挡土板后，不得再计算放坡（图 2-21）。

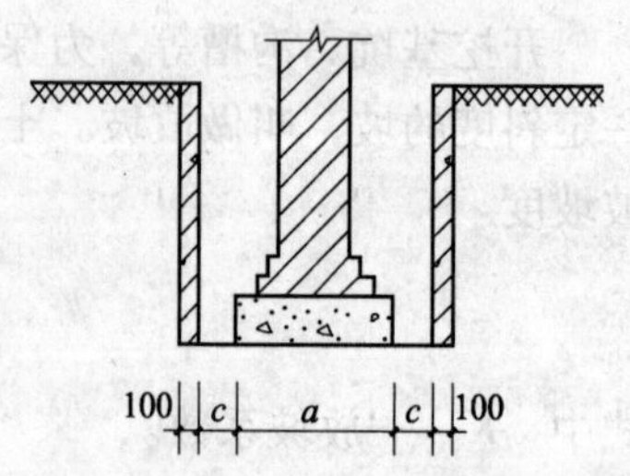

图 2-21　有支撑挡土板沟槽示意图

4. 基础施工所需工作面

基础施工所需工作面按表 2-3 的规定计算。

表 2-3　基础施工所需工作面宽度

基 础 材 料	每边各增加工作面宽度（mm）
砖基础	200
浆砌毛石、条石基础	150
混凝土基础垫层支模板	300
混凝土基础支模板	300
基础垂直面做防水层	800

5. 沟槽长度

挖沟槽长度，外墙按图示中心线长度计算；内墙按图示基础底面之间的净长度计算；内外突出部分（垛、附墙烟囱等）的土方并入沟槽土方工程量内进行计算。

【例 2-3】　根据图 2-22 计算沟槽长度。

【解】　外墙沟槽长(宽 1.0m) = (12 + 6 + 8 + 12) × 2 = 76(m)

内墙沟槽长(宽 0.9m) $=6+12-\left(\frac{1.0}{2}\times2\right)=17$(m)

内墙沟槽长(宽 0.8m) $=8-\frac{1}{2}-\frac{0.9}{2}=7.05$(m)

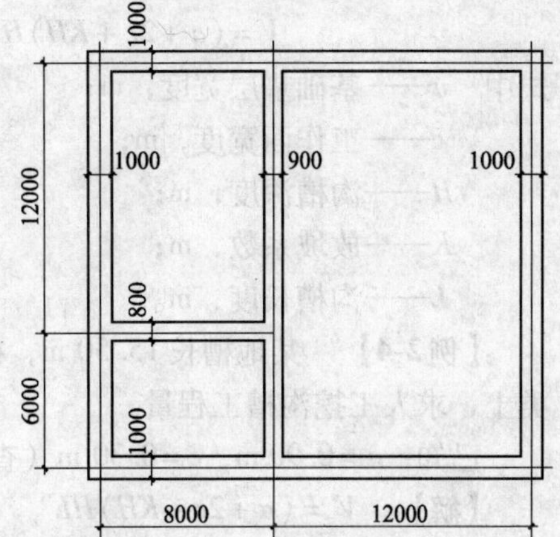

图 2-22　地沟及槽底宽度平面图

6. 人工挖土方深度

人工挖土方深度超过 1.5m 时，按表 2-4 的规定增加工日。

表 2-4　人工挖土方超深增加工日表　　单位：$100m^3$

深 2m 以内	深 4m 以内	深 6 m 以内
5.55 工日	17.60 工日	26.16 工日

7. 挖管道沟槽土方

挖管道沟槽按图示中心线长度计算。沟底宽度，当设计有规定时，按设计规定尺寸计算；当设计无规定时，可按表 2-5 规定的宽度计算。

表 2-5　管道地沟沟底宽度计算表　　单位：m

管径（mm）	铸铁管、钢管、石棉水泥管	混凝土、钢筋混凝土、预应力混凝土管	陶土管
50 ~ 70	0.60	0.80	0.70
100 ~ 200	0.70	0.90	0.80
250 ~ 350	0.80	1.00	0.90
400 ~ 450	1.00	1.30	1.10
500 ~ 600	1.30	1.50	1.40
700 ~ 800	1.60	1.80	—
900 ~ 1000	1.80	2.00	—
1100 ~ 1200	2.00	2.30	—
1300 ~ 1400	2.20	2.60	—

说明：① 按表 2-5 计算管道沟土方工程量时，各种管道及井（不含铸铁给排水管）接口等处需加宽所增加的土方量不另行计算，底面积大于 $20m^2$ 的井类，所增加的工程量并入管沟土方内计算。

② 铺设铸铁给排水管道时，其接口等处土方增加量，可按铸铁给排水管道地沟土方总量的 2.5% 计算。

8. 沟槽、基坑深度

按施工图所示槽、坑底面至室外地坪深度计算；管道地沟按施工图所示沟底至室外地坪深度计算。

2.3.1.4　土方工程量计算

1. 挖沟槽土方

（1）有放坡沟槽（图2-23）

计算公式为：

$$V = (a + 2c + KH)HL$$

式中　a——基础垫层宽度，m；

c——工作面宽度，m；

H——沟槽深度，m；

K——放坡系数，m；

L——沟槽长度，m。

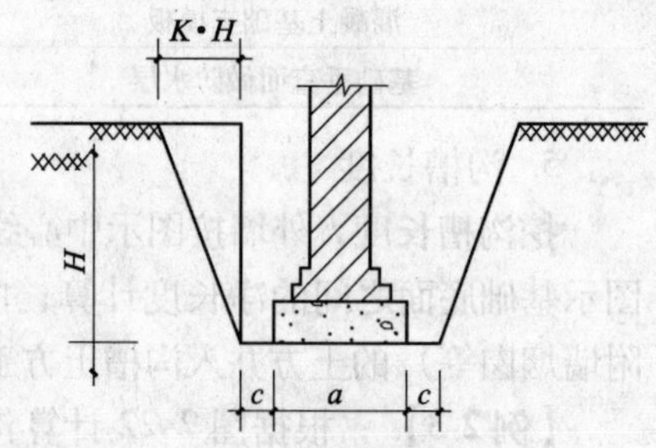

图2-23　有放坡沟槽示意图

【例2-4】　某地槽长15.50 m，槽深1.60 m，混凝土基础垫层宽0.90m，有工作面，三类土，求人工挖沟槽工程量。

已知：$a = 0.90$ m，$c = 0.30$ m（查表2-3），$H = 1.60$ m，$L = 15.50$m，$K = 0.33$（查表2-2）

【解】　$V = (a + 2c + KH)HL$

$= (0.90 + 2 \times 0.30 + 0.33 \times 1.60) \times 1.60 \times 15.50$

$= 2.028 \times 1.60 \times 15.50$

$= 50.29(\text{m}^3)$

（2）支撑挡土板沟槽（图2-21）

计算公式为：

$$V = (a + 2c + 2 \times 0.10)HL$$

（3）有工作面不放坡沟槽（图2-24）

计算公式为：

$$V = (a + 2c)HL$$

（4）无工作面不放坡沟槽（图2-25）

计算公式为：

$$V = aHL$$

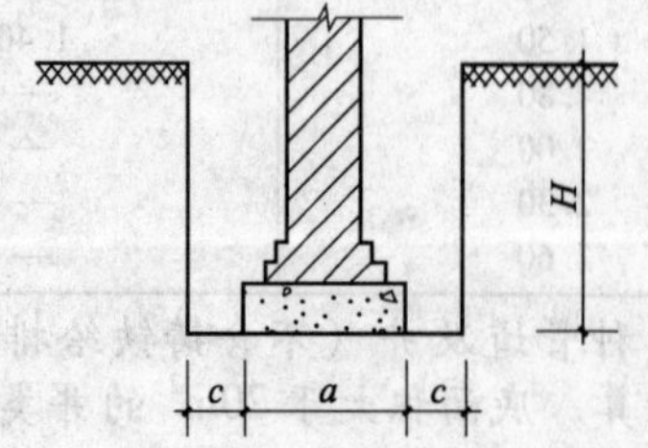

图2-24　有工作面不放坡沟槽示意图

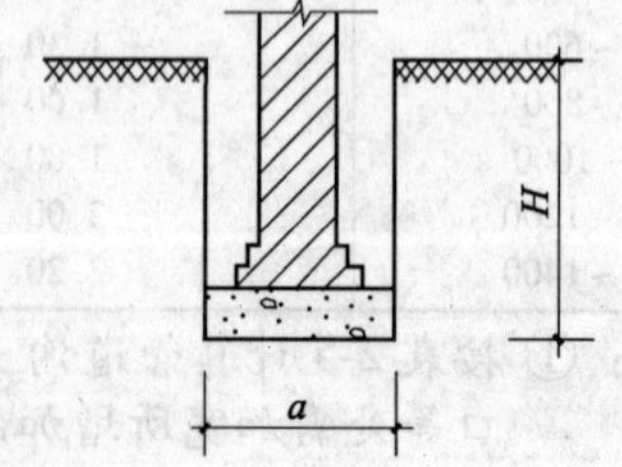

图2-25　无工作面不放坡沟槽示意图

（5）自垫层上表面放坡的沟槽（图2-20）

计算公式为：

$$V=[a_1H_2+(a_2+2c+KH_1)H_1]L$$

【例 2-5】 根据图 2-20，计算 12.8m 长沟槽的土方工程量（三类土）。

已知：$a_1=0.90\text{m}$，$a_2=0.63\text{m}$，$c=0.30\text{m}$，$H_1=1.55\text{m}$，$H_2=0.30\text{m}$，$L=12.80\text{m}$，$K=0.33$（查表 2-2）

【解】 $V=[(0.9\times0.30)+(0.63+2\times0.30+0.33\times1.55)\times1.55]\times12.8$

$=(0.27+2.70)\times12.80$

$=2.97\times12.80$

$=38.02(\text{m}^3)$

2. 基坑土方

（1）矩形不放坡基坑

计算公式为：

$$V=abH$$

（2）矩形放坡基坑（图 2-26）

$$a'=a+2c$$

$$b'=b+2c$$

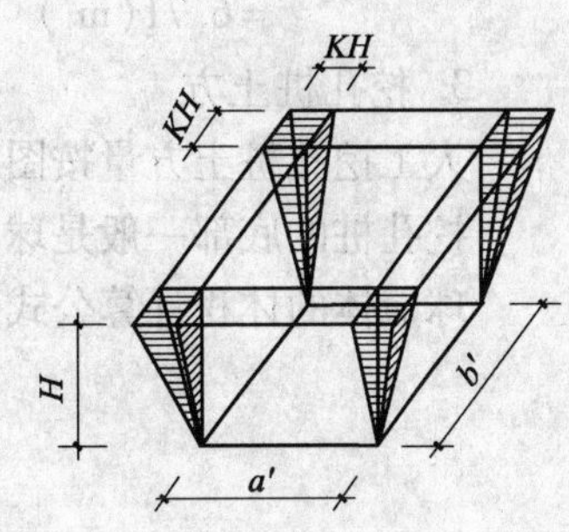

图 2-26 放坡基坑示意图

计算公式为：

$$V=(a+2c+KH)(b+2c+KH)H+\frac{1}{3}K^2H^3$$

式中 a——基础垫层宽度，m；

b——基础垫层长度，m；

c——工作面宽度，m；

H——基坑深度，m；

K——放坡系数。

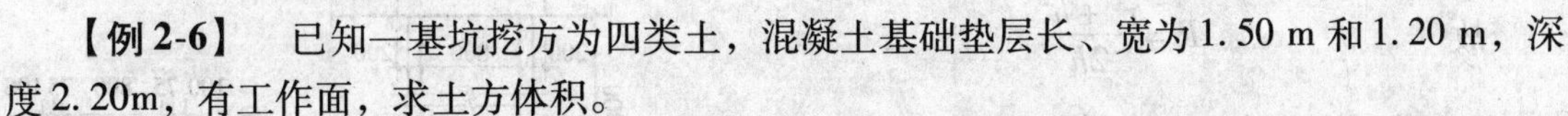

【例 2-6】 已知一基坑挖方为四类土，混凝土基础垫层长、宽为 1.50 m 和 1.20 m，深度 2.20m，有工作面，求土方体积。

已知：$a=1.20\text{ m}$，$b=1.50\text{ m}$，$H=2.20\text{ m}$，$K=0.25$（查表 2-2），$c=0.30$（查表 2-3）

【解】 $V=(1.20+2\times0.30+0.25\times2.20)\times(1.50+2\times0.30+0.25\times2.20)\times2.20+\frac{1}{3}\times0.25^2\times2.20^3$

$=2.35\times2.65\times2.20+0.22$

$=13.92(\text{m}^3)$

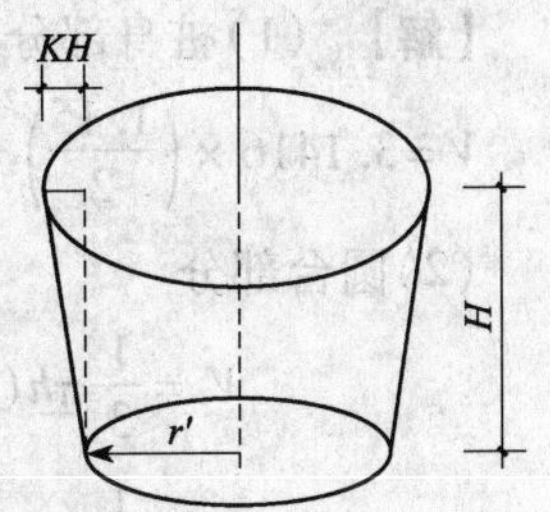

图 2-27 圆形放坡基坑示意图

（3）圆形不放坡基坑

计算公式为：

$$V=\pi r^2H$$

（4）圆形放坡基坑（图 2-27）

计算公式为：

$$V=\frac{1}{3}\pi H[(r')^2+(r'+KH)^2+r'(r'+KH)]$$

式中 r'——坑底半径，$r'=r+c$（c 为工作面宽度），m；

H——坑深度，m；

K——放坡系数。

【例 2-7】 已知一圆形放坡基坑，混凝土基础垫层半径 0.40 m，坑深 1.65 m，二类土，有工作面，求挖方体积。

已知：$c=0.30$ m（查表2-3），$r'=0.40+0.30=0.70$m，$H=1.65$ m，$K=0.50$（查表2-2）

【解】 $V=\frac{1}{3}\times 3.1416\times 1.65\times[0.70^2+(0.70+0.50\times 1.65)^2+0.70\times(0.70+0.50\times 1.65)]$

$=1.728\times(0.49+2.326+1.068)$

$=1.728\times 3.884$

$=6.71(\text{m}^3)$

3. 挖孔桩土方

人工挖孔桩土方量按图示桩断面积乘以设计桩孔中心线深度计算。

挖孔桩的底部一般是球冠体，如图 2-28 所示。

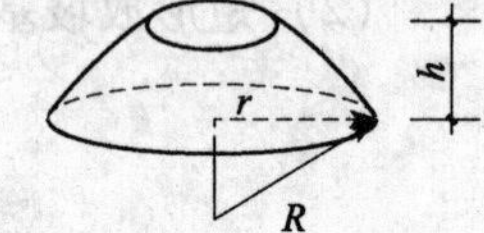

图 2-28 球冠示意图

球冠体的体积计算公式为：

$$V=\pi h^2\left(R-\frac{h}{3}\right)$$

由于施工图中一般只标注球冠半径 r 的尺寸，无圆球半径 R 尺寸，所以需变换一下求 R 的公式。

已知 $r^2=R^2-(R-h)^2$

所以

$$r^2=2Rh-h^2$$

故 $$R=\frac{r^2+h^2}{2h}$$

【例 2-8】 根据图 2-29 中的有关数据和上述计算公式，计算挖孔桩土方工程量。

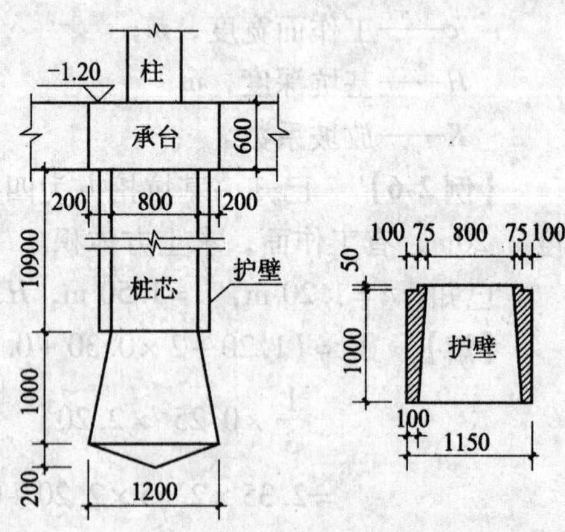

图 2-29 挖孔桩示意图

【解】 (1)桩身部分

$$V=3.1416\times\left(\frac{1.15}{2}\right)^2\times 10.90=11.32(\text{m}^3)$$

(2)圆台部分

$$V=\frac{1}{3}\pi h(r^2+R^2+rR)$$

$$=\frac{1}{3}\times 3.1416\times 1.0\times\left[\left(\frac{0.80}{2}\right)^2+\left(\frac{1.20}{2}\right)^2+\frac{0.80}{2}\times\frac{1.20}{2}\right]$$

$$=1.047\times(0.16+0.36+0.24)$$

$$=1.047\times0.76$$
$$=0.80(\mathrm{m}^3)$$

（3）球冠部分

$$R=\frac{r^2+h^2}{2h}=\frac{\left(\frac{1.20}{2}\right)^2+(0.2)^2}{2\times0.2}=1.0(\mathrm{m})$$

$$V=\pi h^2\left(R-\frac{h}{3}\right)$$
$$=3.1416\times0.20^2\times\left(1.0-\frac{0.20}{3}\right)$$
$$=0.12(\mathrm{m}^3)$$

挖孔桩体积 $=11.32+0.80+0.12=12.24\ (\mathrm{m}^3)$

4. 挖土方

挖土方是指既不属于沟槽、基坑，也不属于平整场地的土方工程，而是指挖方厚度超过计划 ±30cm，按土方平衡竖向布置图进行挖方的工程。

5. 回填土

回填土分夯填和松填，按图示尺寸和下列规定计算：

（1）沟槽、基坑回填土

沟槽、基坑回填体积以挖方体积减去设计室外地坪以下埋设的砌筑物（包括基础垫层、基础等）的体积计算，如图 2-30 所示。

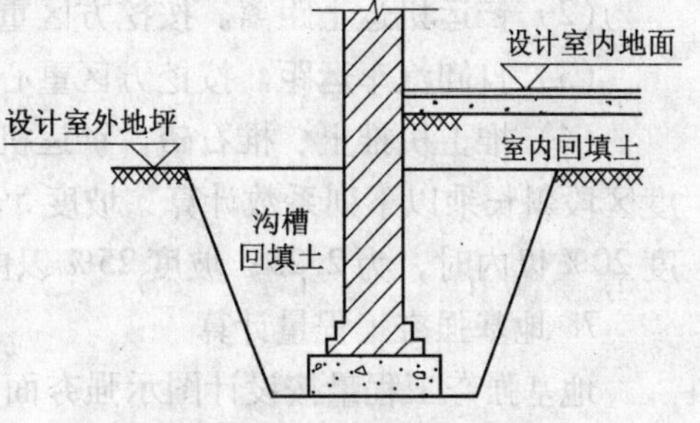

图 2-30　沟槽及室内回填土示意图

计算公式：

V = 挖方体积 − 设计室外地坪以下砌筑物的体积

如图 2-30 所示，在减去沟槽内砌筑的基础体积时，砖基础与砖墙的分界线为设计室内地面，而回填土的分界线在设计室外地坪，所以要注意调整两个分界线之间相差的工程量。所以

回填土体积 = 挖方体积 − 基础垫层体积 − 砖基础体积 + 高出设计室外地坪砖基础体积

（2）房心回填土

房心回填土即室内回填土按主墙之间的面积乘以回填土厚度计算，不扣除墙垛、附墙烟囱所占体积。

计算公式：

V = 室内净面积 ×（设计室内地坪标高 − 设计室外地坪标高 − 地面面层厚度 − 地面垫层厚度）
　= 室内净面积 × 回填土厚度

（3）管道回填土

管道沟槽回填土，以挖方体积减去管道所占体积计算。但管径在 500mm 以下的不扣除管道所占体积；管径超过 500mm 以上时，按表 2-6 的规定扣除管道所占体积。

表 2-6　管道扣除土方体积表　　　　单位：m^3

管道名称	管道直径（mm）					
	501～600	601～800	801～1000	1001～1200	1301～1400	1401～1600
钢管	0.21	0.44	0.71	—	—	—
铸铁管	0.24	0.49	0.77	—	—	—
混凝土管	0.33	0.60	0.92	1.15	1.35	1.55

6. 运土

运土包括余土外运和取土。当回填土方量小于挖方量时，需余土外运；反之，需取土。各地区的预算定额规定，土方的挖、填、运工程量均按自然密实体积计算。

计算公式：

$$运土体积 = 总挖方量 - 总回填土方量$$

式中计算结果为正值时，为余土外运体积；负值时，为取土体积。

土方运距按下列规定计算：

（1）推土机运距。按挖方区重心至回填区重心之间的直线距离计算。

（2）铲运机运土距离。按挖方区重心至卸土区重心加转向距离 45m 计算。

（3）自卸汽车运距。按挖方区重心至填土区（或堆放地点）重心的最短距离计算。

（4）推土机推土、推石碴，铲运机铲运土重车上坡时，如果坡度大于 5%，其运距按坡度区段斜长乘以下列系数计算：坡度 5%～10% 时，为 1.75；坡度 15% 以内时，为 2.0；坡度 20% 以内时，为 2.25；坡度 25% 以内时，为 2.50。

7. 地基强夯工程量计算

地基强夯工程量按设计图示强夯面积，区分夯击能量（如 100t · m 以内、200t · m 以内等）、夯击遍数，以 m^2 计算。

8. 岩石开凿及爆破工程量计算

（1）人工凿岩石，应区别石质，按图示尺寸以 m^3 计算。

（2）爆破岩石（分人工打眼和机械打眼），应区别石质，按图示尺寸以 m^3 计算。其沟槽、基坑的深度、宽度允许超挖量为：次坚石 200mm，特坚石 150mm，超挖部分岩石体积并入岩石挖方量之内计算。

2.3.1.5　排水与降水工程量计算

1. 井点降水项目

井点降水项目区别轻型井点、喷射井点、大口径井点、电渗井点、水平井点，并按不同井管深度列项。井管的安装、拆除工程量以根为单位计算，设备使用按套、天计算。

井点套组成为：轻型井点 50 根一套；喷射井点 30 根为一套；大口径井点 45 根为一套；电渗井点阳极 30 根为一套；水平井点 10 根为一套。井管间距应根据地质条件和施工降水要求，依施工组织设计确定，施工组织设计没有规定时，可按轻型井点管距 0.8～1.6m、喷射井点管距 2～3m 确定。

使用天应以每昼夜 24 小时为一天，使用天数应按施工组织设计规定的使用天数计算。

2. 集水井降水项目

集水井降水项目中，集水井工程量以座为单位计算，抽水机抽水按天数（每昼夜）计算，挖、填排水沟的体积按施工组织设计规定计算，并入挖、填土方工程量内。

2.3.2 桩基础工程

计算桩基础工程量前，应依据工程地质资料中的土层构造和土壤物理、力学性质及每米沉桩时间，鉴别适用不同定额的土质级别（不同于土壤类别）。还要确定施工方法、工艺流程、采用机型、桩和泥浆运距等事项。

1. 打预制桩工程量计算

（1）打预制钢筋混凝土方桩、管桩、板桩的工程量，按设计桩长（包括桩尖、不扣除桩尖虚体积）乘以桩截面面积的体积，以 m^3 计算。管桩的空心体积应扣除。如管桩的空心部分按设计要求灌注混凝土或其他填充材料时，应另列项计算。

（2）送桩工程量，按桩截面面积乘以送桩深度计算，其深度为打桩架底至桩顶面距离，或按自然地坪至桩顶面距离另加 0.5m 计算，如图 2-31 所示。

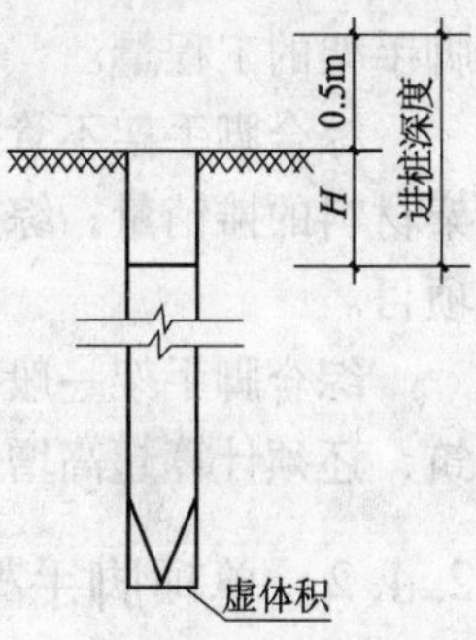

0.5m
进桩深度
H
虚体积

图 2-31 送桩示意图

（3）接桩工程量，电焊接桩按设计接头，以个计算，硫磺胶泥接桩，按桩截面面积以 m^2 计算。

（4）打和拔钢板桩工程量应分别列项，均按钢板桩质量以 t 计算。

（5）打混凝土板桩和钢板桩时，安、拆导向夹具的工程量，按设计图纸规定的水平延长米计算。

2. 静力压预制桩工程量计算

液压静力压桩机压预制钢筋混凝土桩的工程量（包括接桩和送桩工序），按设计桩长乘以桩截面面积，以 m^3 计算。

3. 打孔灌注桩工程量计算

（1）打孔灌注混凝土桩、砂桩、碎石桩的体积，均按设计规定的桩长（包括桩尖，不扣除桩尖虚体积），乘以钢管管箍外径（或混凝土桩尖的最大外径）的截面面积计算。

（2）扩大桩的体积按单桩体积乘以扩大次数计算。

（3）打孔时采用预制混凝土桩尖者，桩尖的制作、运输工程量按钢筋混凝土工程中有关定额项目计算。

4. 钻孔灌注桩工程量计算

（1）长螺旋钻机和潜水钻机钻孔时，钻孔的体积按自然地坪至桩底的长度乘以设计桩截面面积计算。

（2）灌注混凝土的体积，按设计桩长与设计超灌长之和乘以设计桩截面面积计算。

（3）采用潜水钻机钻孔时，泥浆运输的工程量按钻孔体积以 m^3 计算。

5. 水泥搅拌桩工程量计算

水泥搅拌桩的体积，按设计桩长乘以设计桩截面面积计算。

6. 其他项目工程量计算

（1）打孔或钻孔灌注混凝土桩的钢筋笼制作工程量，依设计规定按钢筋质量以 t 计算。

（2）轨道式、走管式、导杆式、筒式柴油打桩机的桩架 90°调面，以次数计算。

2.4 脚手架工程

建筑工程施工中所需搭设的脚手架，应计算工程量。

目前脚手架工程量有两种计算方法，即综合脚手架和单项脚手架，具体采用哪种方法计算，应按本地区预算定额的规定执行。

2.4.1 综合脚手架

为了简化脚手架工程量的计算，很多省、市、自治区在预算定额中以建筑面积作为综合脚手架的工程量。

综合脚手架不管搭设方式如何，一般都综合了砌筑、浇筑、吊装，抹灰等工程所需脚手架材料的摊销量；综合了木制、竹制、钢管脚手架等，但不包括浇灌满堂基础等脚手架的项目。

综合脚手架一般按单层建筑物或多层建筑物的不同檐口高度来计算工程量。若是高层建筑，还须计算超高增加费。

2.4.2 单项脚手架

单项脚手架是根据工程的具体情况按不同的搭设方式搭设的脚手架，一般包括：单排脚手架、双排脚手架、里脚手架、满堂脚手架、悬空脚手架、挑脚手架、防护架、烟囱（水塔）脚手架、电梯井字架、架空运输道等。

单项脚手架的项目应根据批准了的施工组织设计或施工方案确定。如施工方案无规定，应根据预算定额的规定确定。

同样，为了简化计算，一些地区按脚手架垂直或水平投影面积、长度等来计算单项脚手架的工程量。

2.4.2.1 单项脚手架工程量计算一般规则

（1）建筑物外墙脚手架。凡设计室外地坪至檐口（或女儿墙顶面）的砌筑高度≤15m，按单排脚手架计算工程量；砌筑高度＞15m或砌筑高度虽不足15m，但外墙门窗及装饰面积超过外墙面积的60%以上时，均按双排脚手架计算。采用竹制脚手架时，按双排计算。

其中，檐口高度的概念是：建筑物设计室外地坪至檐口滴水的高度。有女儿墙者，算至女儿墙顶面；带挑檐者，算至挑檐下皮。前后檐高度不同时，以较高者为准。同一建筑物檐口高度不同时，应按不同高度分别计算脚手架工程量。

（2）建筑物内墙脚手架。凡设计室内地坪至楼、顶板下表面（或山墙高度的1/2处）的砌筑高度小于或等于3.6m，按里脚手架计算；砌筑高度超过3.6m时，按单排脚手架计算。

（3）石砌墙体，凡砌筑高度超过1.0 m时，按外脚手架计算。

（4）独立砖、石柱，按外脚手架计算。

（5）现浇钢筋混凝土框架柱、梁、墙，均按双排外脚手架计算。

（6）围墙脚手架。凡室外自然地坪至围墙顶面的砌筑高度在3.6m下的，按里脚手架计算；砌筑高度超过3.6m以上时，按单排外脚手架计算。

（7）砌筑贮仓，按双排外脚手架计算。贮水（油）池、大型设备基础，凡地坪高度超过1.2m以上的，均按双排外脚手架计算。

(8) 室内天棚（又称天花板）装饰面层距设计室内地坪在3.6 m以上时，应按满堂脚手架计算。此时墙面装饰工程不再计算脚手架的工程量。

(9) 滑升模板施工的钢筋混凝土烟囱、筒仓等，不另计算脚手架。

(10) 整体满堂钢筋混凝土基础，凡其宽度超过3m时，按其底板面积计算满堂脚手架。

(11) 计算内、外墙脚手架时，均不扣除门、窗洞口，空圈洞口等所占的面积。

2.4.2.2 砌筑脚手架工程量计算

(1) 外脚手架按外墙外边线长度，乘以外墙砌筑高度计算，单位为 m^2。当墙垛、附墙烟囱等突出墙面宽度在24 cm以内时，不计算脚手架；突出墙面宽度超过24cm时，按图示尺寸展开计算，并入外脚手架工程量之内。

(2) 里脚手架按墙面垂直投影面积计算。

(3) 独立柱按图示柱结构外围周长加上3.6 m，乘以砌筑高度计算，单位为 m^2，并套用相应外脚手架定额。

(4) 围墙脚手架，按围墙中心线长度乘以砌筑高度的面积计算，不扣除围墙门洞所占面积，但砌筑独立门柱用的脚手架也不增加。围墙双面抹灰增加的脚手架，按墙面装饰脚手架项目计算。

2.4.2.3 基础脚手架工程量计算

(1) 砌筑高度超过1.2m的管沟墙及基础的脚手架，按砌筑长度乘以砌筑高度的面积计算，套用里脚手架定额项目。

(2) 满堂基础脚手架，指整体满堂钢筋混凝土基础宽度超过3m以上需搭设脚手架者。其工程量按基础底板面积计算。套用满堂脚手架基本层定额项目并乘以0.5计算。

2.4.2.4 现浇钢筋混凝土框架脚手架的工程量计算

(1) 现浇钢筋混凝土柱，按柱的图示截面周长尺寸加上3.6m，乘以柱高计算，单位为 m^2，并套用外脚手架定额。

(2) 现浇钢筋混凝土梁、墙，按设计室外地坪或楼板上表面至楼板底面之间的高度，乘以梁、墙净长计算，单位为 m^2，并套用相应的双排外脚手架定额。

2.4.2.5 装饰脚手架工程量计算

(1) 室内天棚装饰面距设计室内地坪在3.6m以上时，应计算满堂脚手架（3.6m以下简易脚手架的搭设及拆除已包括在天棚装饰定额项目内）。计算满堂脚手架后，墙面装饰工程则不再计算脚手架。

满堂脚手架按室内主墙间的净水平面积计算，不扣除附墙垛、柱等所占面积。其高度在3.6～5.2m之间时，计算基本层；超过5.2m时，每增加1.2m计算一个增加层；尾数超过0.6m时，按一个增加层计算。计算式表示为：

$$\text{满堂脚手架增加层} = \frac{\text{室内净高度} - 5.2\text{m}}{1.2\text{m}}$$

【例2-9】 若建筑物室内净高分别为下列情况时，满堂脚手架计算如下：

净高4.0m： 仅计算基本层；

净高6.0m： 6.0m－5.2m＝0.8m＞0.6m 计算基本层及1个增加层；

净高 8.0m：　　　8.0m－5.2m＝2×1.2m＋尾数 0.4m　计算基本层及 2 个增加层。

（2）室内净高在 3.6m 以上的顶板勾缝、喷浆、有露明屋架的油漆，应计算悬空脚手架。悬空脚手架按搭设水平投影面积以 m^2 计算。

（3）清水外墙的挑檐、腰线等装饰线工程所需的脚手架，如无外脚手架可利用时，应计算挑脚手架。挑脚手架按搭设长度乘以层数，以延长米计算。

（4）高度越过 3.6m 的墙面装饰不能利用原砌筑脚手架时。可以计算装饰脚手架（3.6m 以下简易脚手架的搭设及拆除已包括在墙面装饰定额项目内）。装饰脚手架按双排脚手架乘以 0.3 计算。

2.4.2.6　其他脚手架工程量计算

（1）水平防护架和垂直防护架是指在脚手架以外单独搭设的，用于车辆通道、人行通道、临街防护和施工与其他物体隔离等的防护架。水平防护架，按实际铺板的水平投影面积，以 m^2 计算。垂直防护架，按自然地坪至最上一层横杆之间的搭设高度，乘以实际搭设长度，以 m^2 计算。

（2）架空运输道是指用于设备基础及构筑物的混凝土浇筑所搭设的，高度在 3m 以内的混凝土运输道。架空运输道，按搭设长度以延长米计算。

（3）烟囱、水塔脚手架，按不同搭设高度计算，单位为座。

（4）电梯井脚手架，按单孔计算，单位为座。

（5）斜道，按不同高度，以座为单位计算。

（6）砌筑贮仓脚手架，不论单筒或贮仓组，均按单筒外边线周长乘以设计室外地坪至贮仓上口之间的高度计算，单位为 m^2。

（7）贮水（油）池脚手架，按外壁周长乘以室外地坪至池壁顶面之间的高度，单位为 m^2。

（8）大型设备基础脚手架，按其外形周长乘以地坪至外形顶面边线之间的高度，单位为 m^2。

（9）建筑物的垂直封闭（指在脚手架外用竹席、纺织布等进行的封闭）工程量，按封闭面的垂直投影面积计算，单位为 m^2。

2.4.2.7　安全网工程量计算

（1）立挂式安全网按网架部分的实挂长度乘以实挂高度计算，单位为 m^2。

（2）挑出式安全网按挑出的水平投影面积计算，单位为 m^2。

2.5　砌筑工程

2.5.1　砌筑工程量计算一般规则

（1）砌体厚度，按如下规定计算：

① 标准砖以 240mm×115mm×53mm 为准，其砌体计算厚度，按表 2-7 计算（图 2-32～图 2-36）。

表 2-7　标准砖砌体计算厚度表

砖数（厚度）	$\frac{1}{4}$	$\frac{1}{2}$	$\frac{3}{4}$	1	1.5	2	2.5	3
计算厚度（mm）	53	115	180	240	365	490	615	740

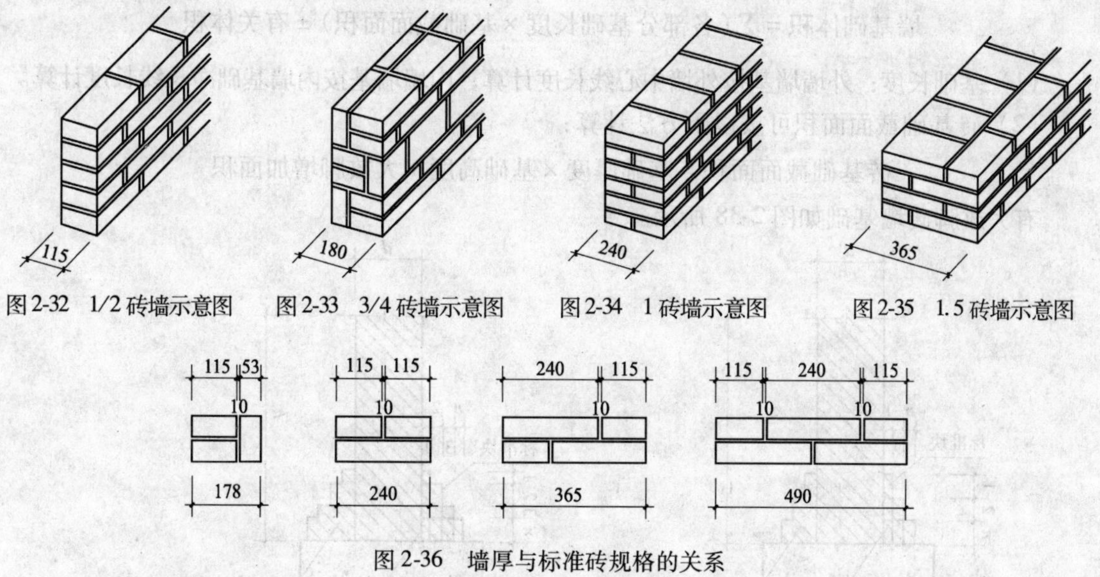

图2-32　1/2砖墙示意图　　图2-33　3/4砖墙示意图　　图2-34　1砖墙示意图　　图2-35　1.5砖墙示意图

图2-36　墙厚与标准砖规格的关系

② 使用非标准砖时，其砌体厚度应按砖实际规格和设计厚度计算。

③ 多孔砖、空心砖按图示厚度计算，不扣除其孔、空心部分体积。

(2) 砌体内必需放置的加固钢筋，应按钢筋混凝土工程中有关定额项目另行计算。

(3) 基础与墙体（柱体）的划分：

① 基础与墙（柱）体使用同一种材料时，以设计室内地面为界（当建筑物有地下室者，以地下室设计室内地面为界），以下为基础，以上为墙（柱）体，如图2-37（a）所示。

② 基础与墙体使用不同材料时，其不同材料分界线位于设计室内地面±300mm以内时，以不同材料为分界线，如图2-37（b）所示；超过±300mm时，以设计室内地面为分界线，如图2-37（c）所示。

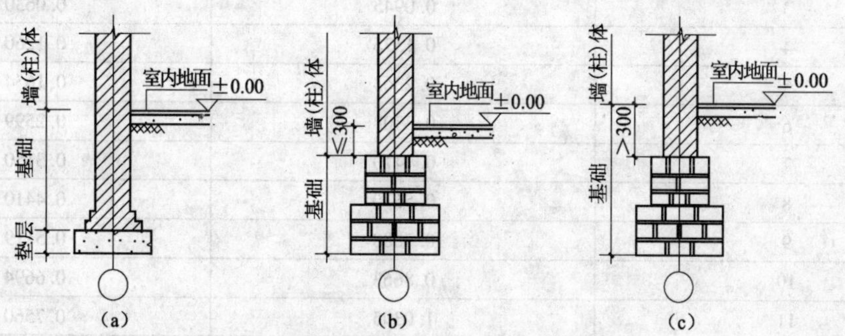

图2-37　基础与墙体（柱体）划分示意图

（a）同一材料基础与墙体（柱体）划分；（b）不同材料基础与墙体（柱体）划分（≤300mm）；（c）不同材料基础与墙体（柱体）划分（>300mm）

③ 砖、石围墙，以设计室外地坪为界线，以下为基础，以上为墙身。

2.5.2　砌筑基础（砖、石）工程量计算

1. 砌筑墙基础的工程量

可按下式计算：

墙基础体积 = ∑(各部分基础长度 × 基础截面面积) ± 有关体积

(1) 基础长度：外墙墙基按外墙中心线长度计算；内墙墙基按内墙基础净长线长度计算。

(2) 砖基础截面面积可按以下方法计算：

砖基础截面面积 = 基础厚度 × 基础高度 + 大放脚增加面积

有大放脚砖墙基础如图2-38所示。

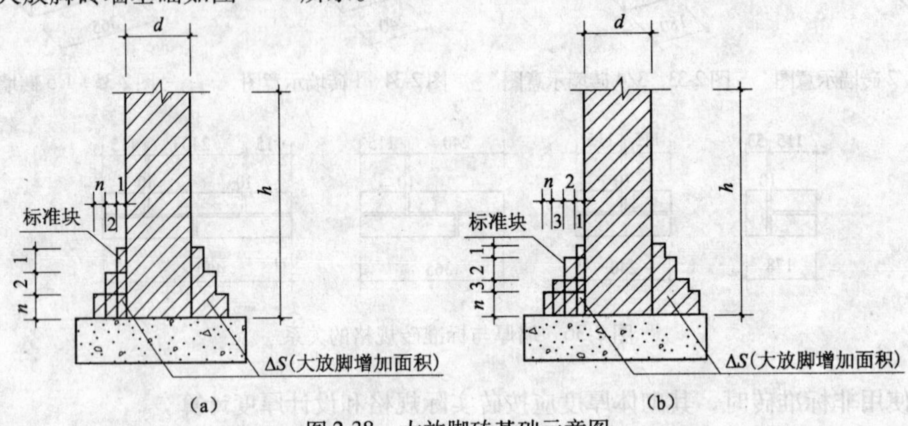

图2-38 大放脚砖基础示意图

(a) 等高式大放脚砖基础；(b) 不等高式大放脚砖基础

等高、不等高式砖基础大放脚增加面积可查表2-8。

表2-8 砖墙基础大放脚面积增加表

放脚层数 n	增加断面积 ΔS (m^2)	
	等高	不等高（奇数层为半层）
1	0.01575	0.0079
2	0.04725	0.0394
3	0.0945	0.0630
4	0.1575	0.1260
5	0.2363	0.1654
6	0.3308	0.2599
7	0.4410	0.3150
8	0.5670	0.4410
9	0.7088	0.5119
10	0.8663	0.6694
11	1.0395	0.7560
12	1.2285	0.9450
13	1.4333	1.0474
14	1.6538	1.2679
15	1.8900	1.3860
16	2.1420	1.6380
17	2.4098	1.7719
18	2.6933	2.0554

注：1. 等高式 $\Delta S = 0.007875n(n+1)$。

2. 不等高式 $\Delta S = 0.007875[n(n+1) - \sum 半层层数值]$。

（3）增、减有关体积的规定如下：

① 应扣除体积：嵌入基础内的钢筋混凝土柱及柱基、梁（包括基础圈梁、过梁、基础梁及梁垫等）所占体积。

② 不扣除体积：基础大放脚 T 形接头处的重叠部分，如图 2-39 所示，嵌入基础的钢筋、铁件、管道、基础防潮层及单个面积在 0.3m^2 以内孔洞所占体积。

③ 不增加体积：靠墙暖气沟的挑檐体积。

④ 应并入体积：附墙垛基础宽出部分体积。砖砌挖孔桩护壁工程量按实砌体积计算。

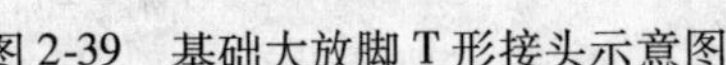

图 2-39　基础大放脚 T 形接头示意图

2. 基础垫层工程量

基础垫层体积 = 垫层宽度 × 垫层厚度 × 垫层长度，以 m^3 为单位。

【例 2-10】　某建筑物基础平面和基础剖面如图 2-40 所示。试计算砌砖基础的工程量。

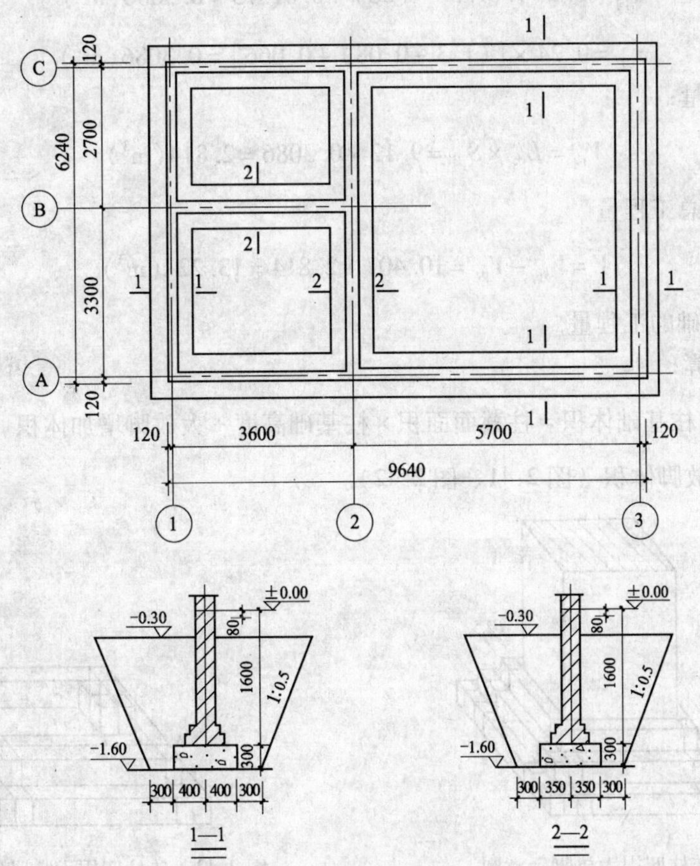

图 2-40　基础平面和基础剖面图

（1）外墙（1—1 剖面）砖基础

外墙砖基础中心线长：

$$L_{外} = (3.6 + 5.7) \times 2 + (3.3 + 2.7) \times 2 = 30.6(\text{m})$$

砖基础截面面积：

$$S_{外}=0.24\times(1.3-0.08)+0.04725=0.3401(\text{m}^2)$$

或
$$S_{外}=0.24\times[(1.3-0.08)+0.197]=0.3401(\text{m}^2)$$

砖基础工程量：

$$V_{外}=L_{外}\times S_{外}=30.6\times0.3401=10.407\ (\text{m}^3)$$

（2）内墙（2—2 剖面）砖基础

② 轴砖基础净长线长：$L=(3.3+2.7)-0.12\times2=5.76(\text{m})$

轴砖基础净长线长：$L=3.6-0.12\times2=3.36(\text{m})$

内墙砖基础总净长线长：$L_{内}=5.76+3.36=9.12(\text{m})$

砖基础截面面积：

$$S_{内}=0.24\times(1.3-0.08)+0.01575=0.3086(\text{m}^2)$$

或
$$S_{外}=0.24\times[(1.3-0.08)+0.066]=0.3086(\text{m}^2)$$

砖基础工程量：

$$V_{内}=L_{内}\times S_{内}=9.12\times0.3086=2.814(\text{m}^3)$$

（3）砖基础总工程量

$$V=V_{外}+V_{内}=10.407+2.814=13.22\ (\text{m}^3)$$

3. 砌筑柱基础的工程量

可按下式计算：

柱基础体积 = 柱截面面积 × 柱基础高度 + 大放脚增加体积

柱四周的大放脚体积（图 2-41、图 2-42）。

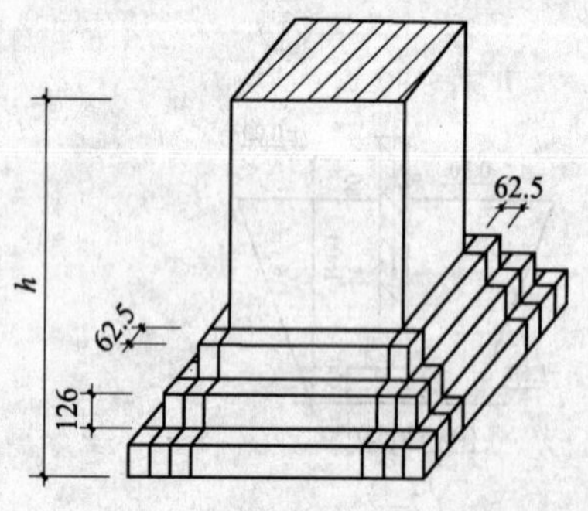

图 2-41　砖柱四周大放脚示意图

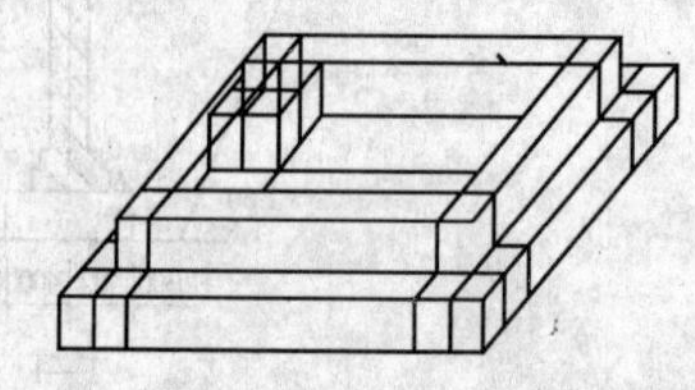
图 2-42　砖柱四周大放脚体积 ΔV 示意图

计算公式：

$$V_{柱基}=abh+\Delta V$$

式中　a——柱断面长，m；

b——柱断面宽，m；

h——柱基高，m；

ΔV——砖柱四周大放脚体积，m^3。可查表2-9。

表2-9　砖柱基四周大放脚体积表 ΔV　　单位：m^3

	0.24×0.24	0.24×0.365	0.365×0.365 0.24×0.49	0.365×0.49 0.24×0.615	0.49×0.49 0.365×0.615	0.49×0.615 0.365×0.74	0.365×0.865 0.615×0.615	0.615×0.74 0.49×0.865	0.74×0.74 0.615×0.865
一	0.010	0.011	0.013	0.015	0.017	0.019	0.021	0.024	0.025
二	0.033	0.038	0.045	0.050	0.056	0.062	0.068	0.074	0.080
三	0.073	0.085	0.097	0.108	0.120	0.132	0.144	0.156	0.167
四	0.135	0.154	0.174	0.194	0.213	0.233	0.253	0.272	0.292
五	0.221	0.251	0.281	0.310	0.340	0.369	0.400	0.428	0.458
六	0.337	0.379	0.421	0.462	0.503	0.545	0.586	0.672	0.669
七	0.487	0.543	0.597	0.653	0.708	0.763	0.818	0.873	0.928
八	0.674	0.745	0.816	0.887	0.957	1.028	1.095	1.170	1.241
九	0.910	0.990	1.078	1.167	1.256	1.344	1.433	1.521	1.61
十	1.173	1.282	1.390	1.498	1.607	1.715	1.823	1.931	2.04

【例2-11】　某工程有5个等高式大放脚砖柱基础，根据下列条件计算砖基础工程量。柱断面：0.365m×0.365m；柱基高：1.85m；大放脚层数：5层。

已知：$a=0.365$m，$b=0.365$m，$h=1.85$m，查表2-9，$\Delta V=0.281m^3$。

【解】

$$\begin{aligned}V_{柱基}&=0.365\times0.365\times1.85+0.281\\&=0.246+0.281\\&=0.527\ (m^3)\end{aligned}$$

5根柱柱基的工程量为　$V=5\times0.527=2.64\ (m^3)$

2.5.3　砌筑墙体和柱工程量计算

1. 一般墙体（标准砖、多孔砖、空心砖）

砖墙工程量一般区分清水墙和混水墙、不同墙厚、砂浆种类及强度等级，分别列项计算。其工程量可按下式计算：

$$墙体体积=\sum（各部分墙长\times墙高\times墙厚）\pm有关体积$$

多数情况下也可按下式计算，较为简便：

$$墙体体积=\sum[（各部分墙长\times墙高-门窗洞口面积）\times墙厚]\pm除门窗洞口外其他有关体积$$

（1）墙的长度

外墙按外墙中心线长度计算，内墙按内墙净长线长度计算。

（2）墙身高度

① 外墙墙身高度。斜（坡）屋面无檐口天棚者算至屋面板底，如图2-43（a）所示；有屋架且室内外均有天棚者，算至屋架下弦底面另加200mm；无天棚者，算至屋架下弦底面另加300mm；出檐宽度超过600mm时，应按实砌高度计算。平屋面有挑檐者，算至挑檐板底，如图2-43（b）所示；平屋面有女儿墙者，算至钢筋混凝土板顶，如图2-43（c)所示。

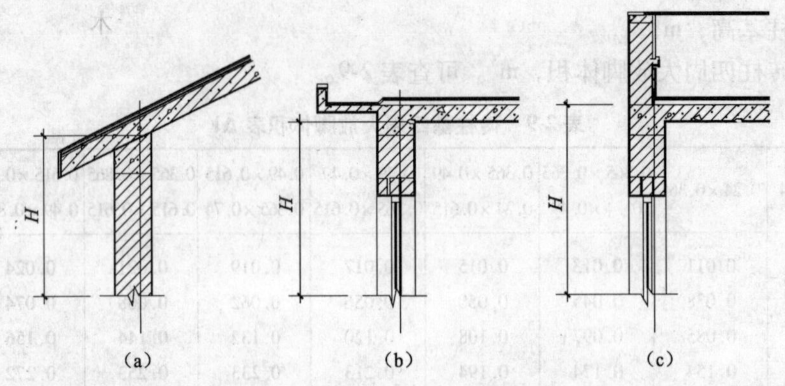

图 2-43　外墙计算高度示意图

② 内墙墙身高度。位于屋架下弦者，其高度算至屋架底；无屋架者，算至天棚底另加 100mm；有钢筋混凝土楼板隔层者，算至板底，如图 2-44（a）所示；有框架梁时，算至梁底，如图 2-44（b）所示。

③ 女儿墙高度。自外墙顶面至图示女儿墙砌筑顶面高度，分别不同墙厚并入外墙计算，如图 2-45 所示。

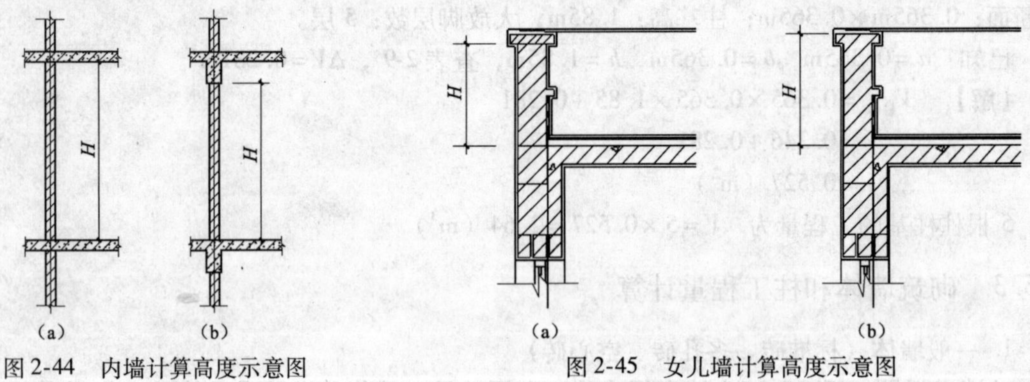

图 2-44　内墙计算高度示意图

图 2-45　女儿墙计算高度示意图

④ 内外山墙墙身高度。按其平均高度计算，如图 2-46 所示。

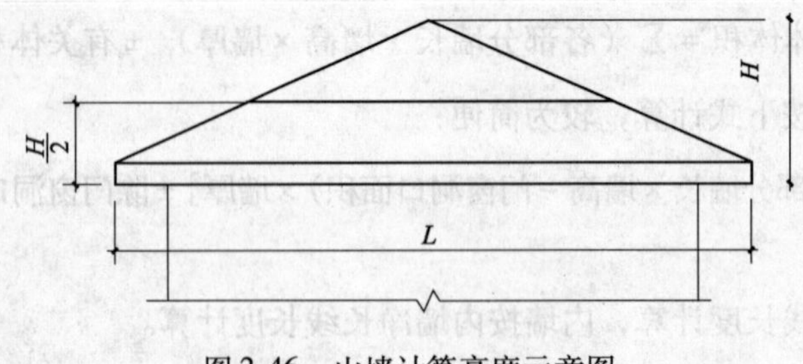

图 2-46　山墙计算高度示意图

（3）增、减有关体积的规定

① 应扣除体积：门窗洞口，过人洞，空圈，嵌入墙身的钢筋混凝土柱、梁（包括过梁、圈梁、挑梁），砖平拱，钢筋砖过梁，暖气包槽，壁龛，内墙板头的体积（图 2-47 ~ 图 2-49）。

② 不扣除体积：梁头、外墙板头、檩头、垫木、木楞头、沿椽木、木砖、门窗走头、砖墙内的加固钢筋、木筋、铁件、钢管及单个面积在 0.3m² 以内的孔洞所占体积（图 2-50、图 2-51）。

③ 不增加体积：凸出墙面的窗台虎头砖、压顶线、山墙泛水、烟囱根、门窗套、三皮砖以内的腰线和挑檐等体积（图 2-52、图 2-57）。

图 2-47　砖平券示意图

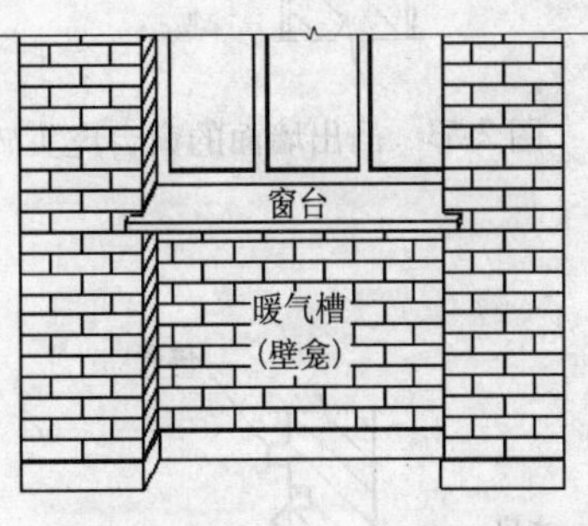

图 2-48　暖气槽（壁龛）示意图

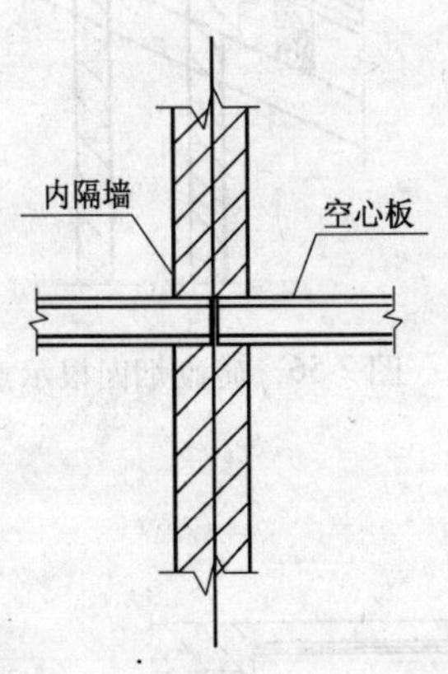

图 2-49　内墙板头示意图

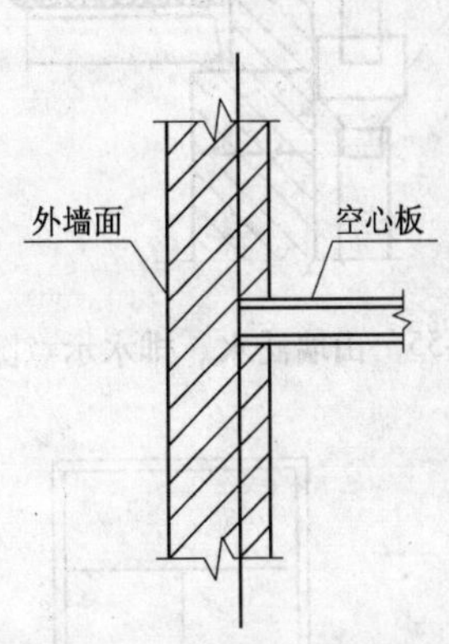

图 2-50　外墙板头示意图

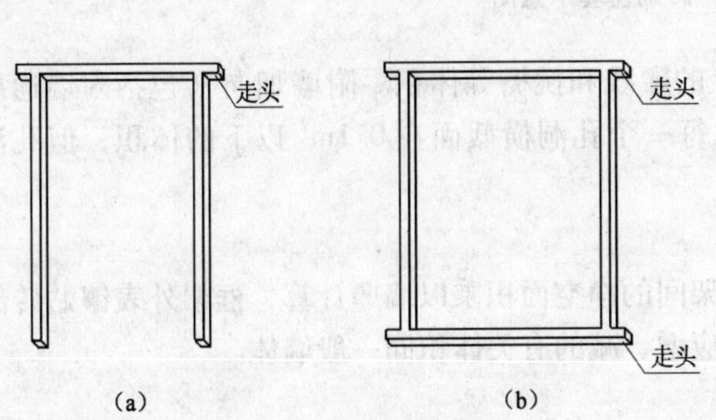

图 2-51　木门窗框走头示意图

（a）木门框走头示意图；（b）木窗框走头示意图

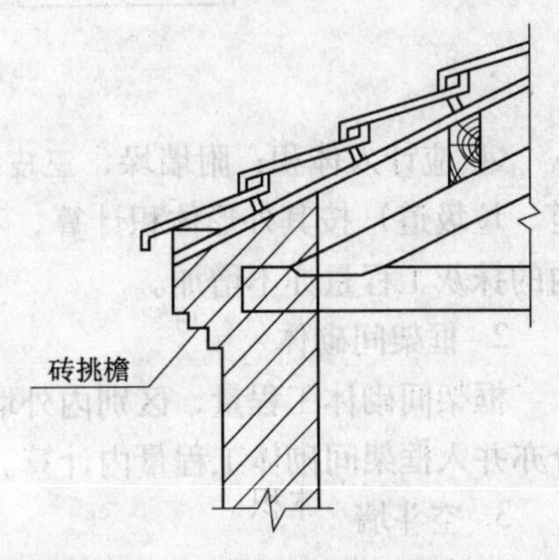

图 2-52　坡屋顶砖挑檐示意图

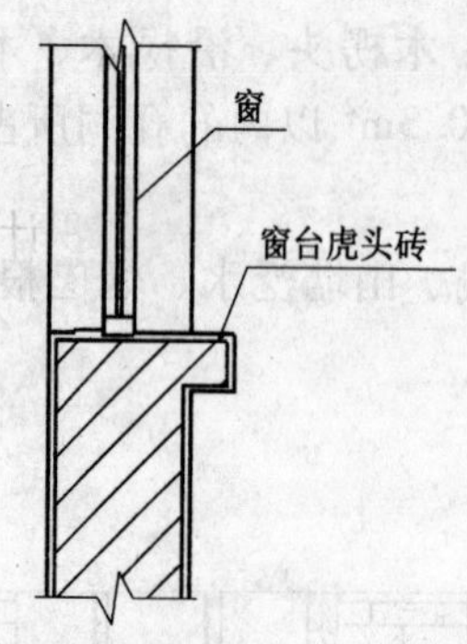

图 2-53　凸出墙面的窗台虎头砖示意图

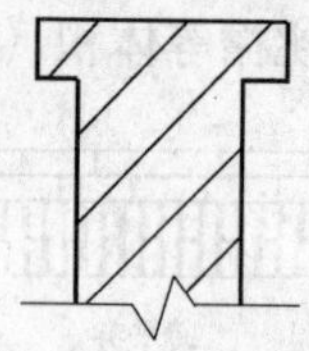

图 2-54　砖压顶示意图

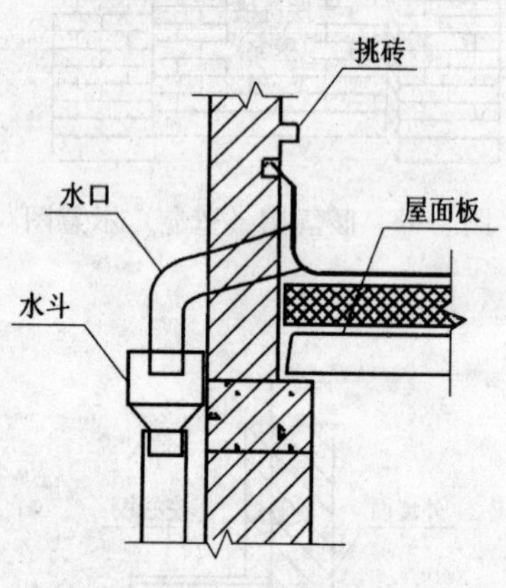

图 2-55　山墙泛水、排水示意图

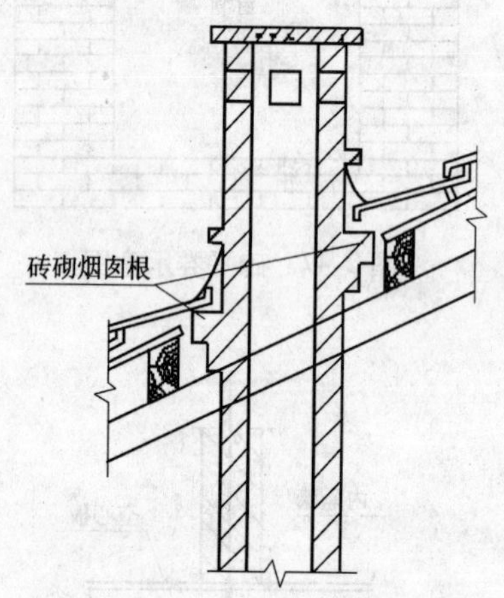

图 2-56　砖砌烟囱根示意图

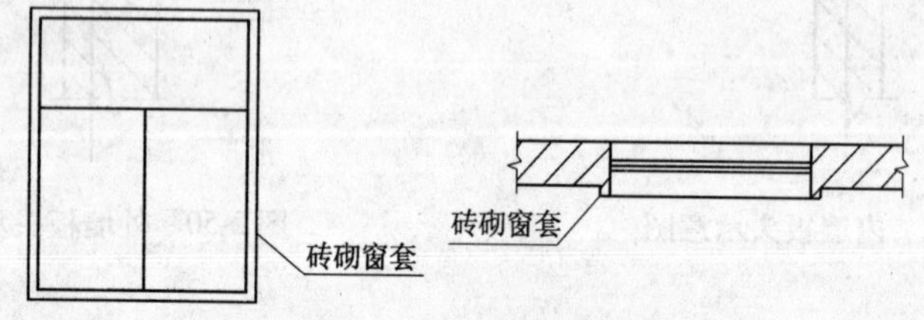

图 2-57　砖砌窗套示意图

④ 应计入体积：附墙垛、三皮砖以上的腰线和挑檐等体积。附墙烟囱（包括附墙通风道、垃圾道）按其外形体积计算，不扣除每一个孔洞横截面在 0.1m^2 以下的体积，但孔洞内的抹灰工程量亦不增加。

2. 框架间砌体

框架间砌体工程量，区别内外墙以框架间的净空面积乘以墙厚计算，框架外表镶贴砖部分亦并入框架间砌体工程量内计算。其余应增、减的有关体积同一般墙体。

3. 空斗墙

空斗墙工程量按外形尺寸的体积计算，墙角、内外墙交接处，门窗洞口立边、窗台砖及屋檐处的实砌部分已包括在定额内，不另行计算。但窗间墙、窗台下、楼板下、梁头下等实砌部分，应另行计算，套零星砌体定额项目。其余有关规定同一般墙体（图 2-58）。

4. 填充墙

填充墙指内填炉渣、炉渣混凝土等的砖墙，工程量按外形尺寸的体积计算，其中实砌部分已包括在定额内，不另计算。其余有关规定同一般墙体。

5. 加气混凝土砌块墙、硅酸盐砌块墙、小型空心砌块墙

这类墙体的工程量，按图示尺寸的体积计算，设计规定需要镶嵌砖砌体部分已包括在定额内，不另计算。其余有关规定同一般墙体。

6. 空花墙

按空花部分外形体积计算，空隙部分不予扣除，其余实砌部分体积另行计算（图 2-59）。

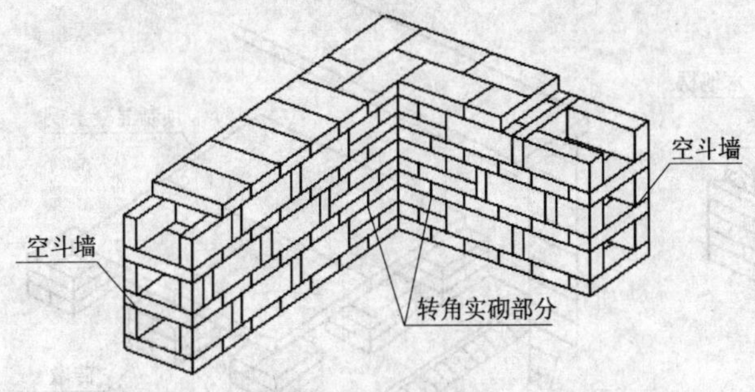

图 2-58　空斗墙转角及实砌部分示意图

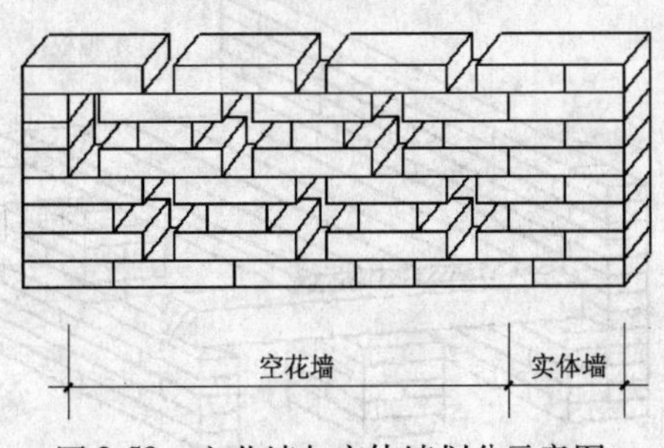

图 2-59　空花墙与实体墙划分示意图

7. 砌围墙

工程量按图示尺寸计算，墙垛和压顶等体积应并入墙身体积内计算。

8. 砌砖柱

工程量区分清水和混水及截面形状（矩形、圆形、半圆形、多边形），以柱截面面积乘以柱高计算，不扣除伸入柱内的梁头体积。

2. 5. 4　其他砖砌体工程量计算

(1) 砖砌锅台、炉灶，不分大小，均按图示外形尺寸的体积计算，不扣除各种空洞的体积。

(2) 砖砌台阶（不包括梯带）按水平投影面积以 m^2 计算（图 2-60）。

(3) 厕所蹲台、水槽腿、灯箱、垃圾箱，台阶挡墙或梯带、花台、花池、地垄墙及支撑地楞的砖墩，房上烟囱，屋面架空隔热层砖墩及毛石墙的门窗立边、窗台虎头砖等实砌体积，均以 m^3 计算，套用零星砌体定额项目（图 2-61 ~ 图 2-65）。

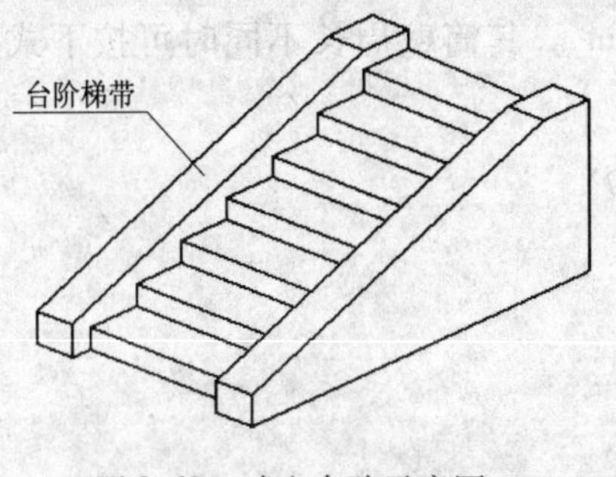

图 2-60　砖砌台阶示意图

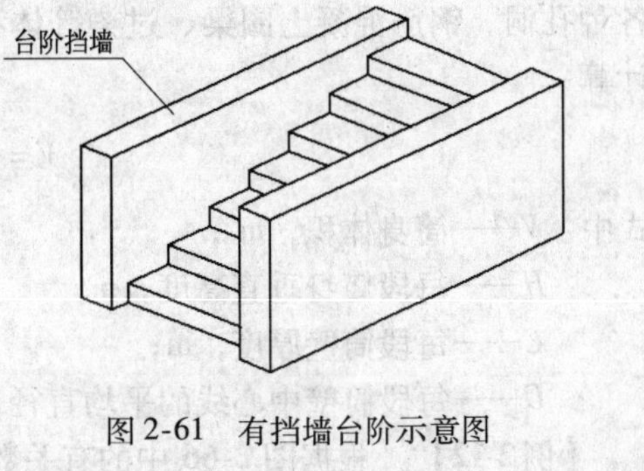

台阶挡墙

图 2-61　有挡墙台阶示意图

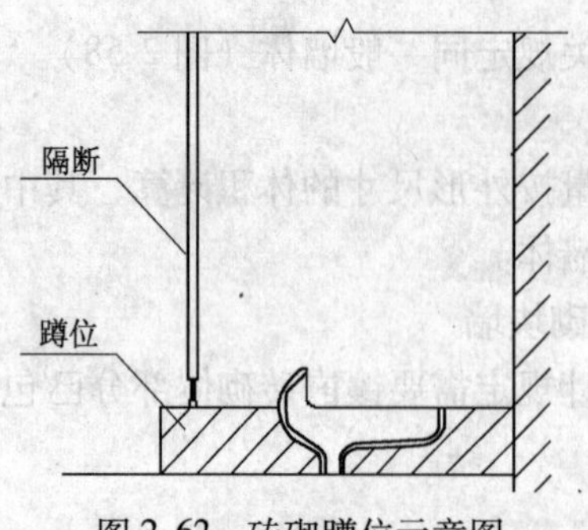

图 2-62　砖砌蹲位示意图

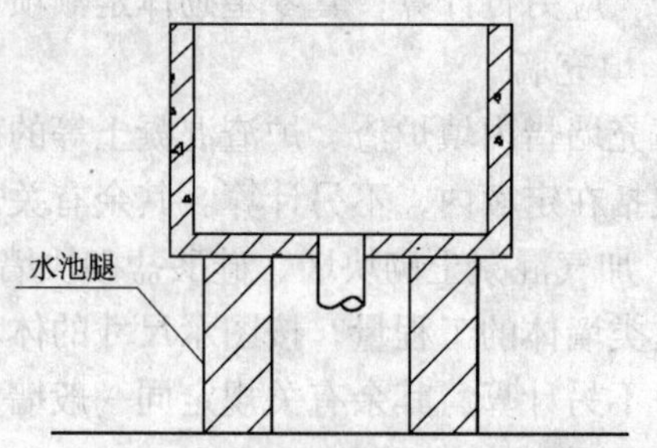

图 2-63　砖砌水池（槽）示意图

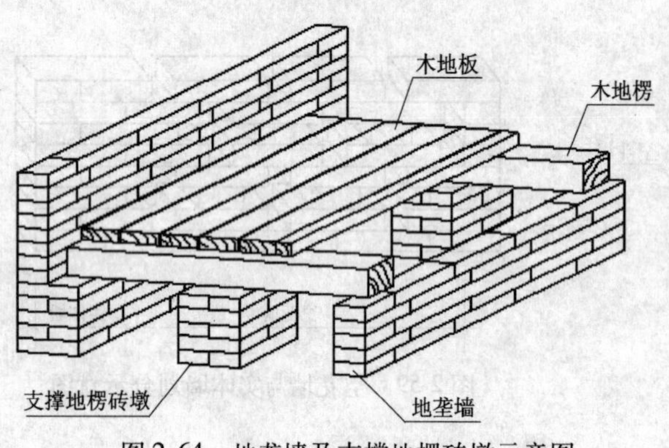

图 2-64　地垄墙及支撑地楞砖墩示意图

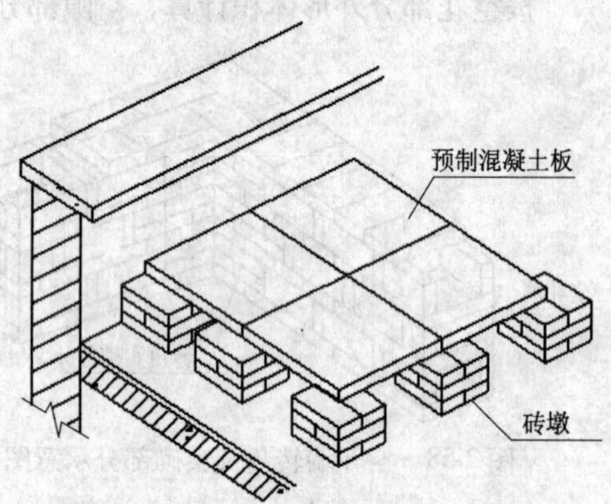

图 2-65　屋面架空隔热层示意图

（4）砌检查井及化粪池不分壁厚均以其体积计算，洞口上的砖平拱等并入砌体体积内计算。

（5）砖砌地沟不分墙基、墙身，其体积合并计算，石砌地沟按其中心线长度以延长米计算。

（6）砖平拱过梁及钢筋砖过梁按图示尺寸以 m^3 计算。如设计无规定时，砖平拱长度按门窗洞口宽度两端共加 100mm 计算；高度当门窗洞门宽小于 1500mm 时为 240mm，大于 1500mm 时为 365mm。钢筋砖过梁长度按门窗洞口宽度两端加 500mm 计算；高度按 440mm 计算。

（7）砖砌挖孔桩护壁工程量按实砌体积计算。

（8）砖烟囱砌体工程量计算：

① 筒身：圆形、方形均按图示筒壁平均中心线周长乘以厚度计算，并扣除筒身中的各种孔洞、钢筋混凝土圈梁、过梁等体积，单位为 m^3。其筒壁周长不同时可按下式分段计算：

$$V = \sum (H \times C \times D)$$

式中　V——筒身体积，m^3；

H——每段筒身垂直高度，m；

C——每段筒壁厚度，m；

D——每段筒壁中心线的平均直径，m。

【例 2-12】　根据图 2-66 中的有关数据和上述公式计算砖砌烟囱和圈梁工程量。

【解】 (1)砖砌烟囱工程量

① 上段

已知：$H_{上}=9.50\ m, C_{上}=0.365m$

所以 $D_{上}=(1.40+1.60+0.365)\times\frac{1}{2}=1.68(m)$

所以 $V_{上}=9.50\times0.365\times3.1416\times1.68=18.30(m^3)$

② 下段

已知：$H_{下}=9.0m, C_{下}=0.490(m)$

所以 $D_{下}=(2.0+1.60+0.365\times2-0.49)\times\frac{1}{2}=1.92(m)$

所以 $V_{下}=9.0\times0.49\times3.1416\times1.92=26.60(m^3)$

所以 $V=18.30+26.60=44.90\ (m^3)$

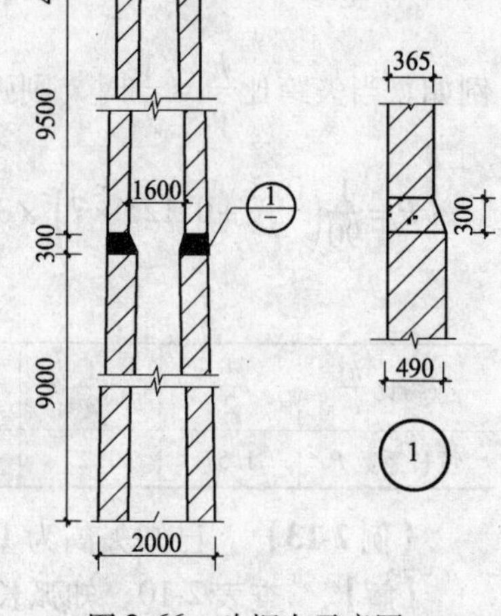

图 2-66 砖烟囱示意图

(2) 混凝土圈梁工程量

① 上部圈梁

$$V_{上}=1.40\times3.1416\times0.4\times0.365=0.64\ (m^3)$$

② 中部圈梁

$$圈梁中心直径=1.6+(0.365\times2+0.49-0.365)/2=1.84(m)$$

$$圈梁截面面积=(0.365+0.49)\times\frac{1}{2}\times0.30=0.128(m^2)$$

$$V_{中}=1.84\times3.1416\times0.128=0.82(m^3)$$

所以 $$V=0.82+0.64=1.46(m^3)$$

② 烟道、烟囱内衬按不同材料，扣除孔洞后，以图示实际体积计算。

③ 烟囱内壁表面隔热层，按筒身内壁并扣除各种孔洞后的面积计算，单位为 m^2；填料按烟囱内衬与筒身之间中心线的平均周长乘以图示筒壁宽度和筒高，并扣除各种孔洞所占体积（但不扣除连接横砖及防沉带的体积），单位为 m^3。

④ 烟道砌体：烟道与炉体的划分以第一道闸门为界，炉体内的烟道部分别列入炉体工程量计算。

烟道拱顶按实际体积计算，如图 2-67 所示。其计算方法有两种：

方法一：按矢跨比计算

计算公式：

$$V=中心线拱跨\times弧长系数\times拱厚\times拱长$$
$$=b\times P\times d\times L$$

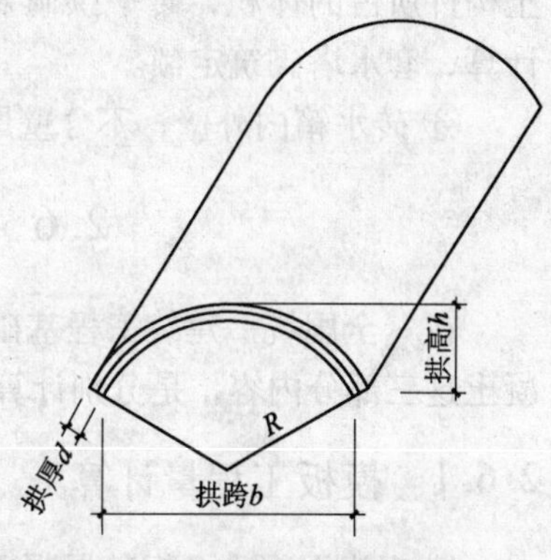

图 2-67 砖烟道拱顶示意图

烟道拱顶弧长系数见表 2-10。表中弧长系数 P 的计算公式为（当 $h=1$ 时）

$$P=\frac{1}{90}\left(\frac{0.5}{b}+0.125b\right)\cdot\pi\cdot\arcsin\left(\frac{b}{1+0.25b^2}\right)$$

例如，当矢跨比$\frac{h}{b}=\frac{1}{7}$时，则弧长系数P为

$$P=\frac{1}{90}\left(\frac{0.5}{7}+0.125\times7\right)\times3.1416\times\arcsin\left(\frac{7}{1+0.25\times7^2}\right)=1.054$$

表 2-10　烟道拱顶弧长系数表

矢跨比$\frac{h}{b}$	$\frac{1}{2}$	$\frac{1}{3}$	$\frac{1}{4}$	$\frac{1}{5}$	$\frac{1}{6}$	$\frac{1}{7}$	$\frac{1}{8}$	$\frac{1}{9}$	$\frac{1}{10}$
弧长系数P	1.57	1.27	1.16	1.10	1.07	1.05	1.04	1.03	1.02

【例 2-13】　已知矢高为 1m，拱跨为 6m，拱厚为 0.15m，拱长 7.8m，求拱顶体积。

【解】　查表 2-10，知弧长系数P为 1.07，得：

$$V=6\times1.07\times0.15\times7.8=7.51(\mathrm{m}^3)$$

方法二：按圆弧长计算

计算公式：

$$V=\text{圆弧长}\times\text{拱厚}\times\text{拱长}=l\times d\times L$$

$$l=R\times\theta$$

【例 2-14】　某烟道拱顶厚 0.18m，半径 4.8m，θ角为 180°，拱长 10m，求拱顶体积。

已知：$d=0.18\mathrm{m}$，$R=4.8\ \mathrm{m}$，$\theta=180°$，$L=10\mathrm{m}$

【解】　$V=4.8\times180\times0.18\times10=27.14\ (\mathrm{m}^3)$

(9) 砖砌水塔：

① 水塔基础与塔身划分：以砖基础扩大部分的顶面为界，界面以上为塔身，以下为基础，如图 2-68 所示，分别套用相应基础砌体定额。

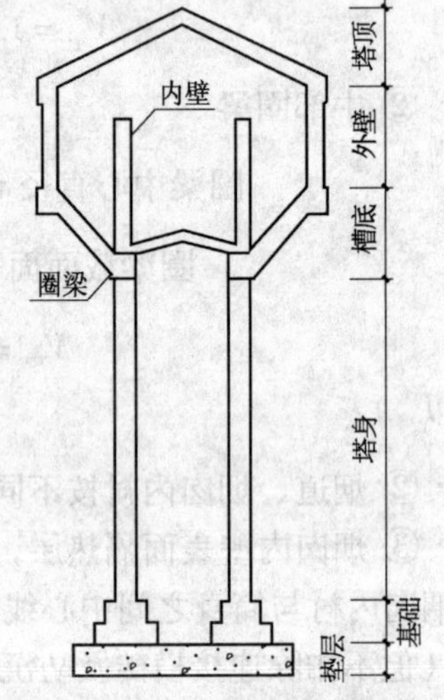

图 2-68　水塔构造划分示意图

② 塔身以图示实砌体积计算，并扣除门窗洞口和混凝土构件所占的体积，砖平拱碹及砖出檐等并入塔身体积内计算，套水塔砌筑定额。

③ 砖水箱内外壁，不分壁厚，均以图示实砌体积计算，套相应的内外砖墙定额。

2.6　混凝土及钢筋混凝土工程

在《全国统一建筑工程基础定额》中，混凝土及钢筋混凝土工程中的模板、钢筋及混凝土这三部分内容，是分别计算其工程量及执行定额的。它们的工程量计算方法如下。

2.6.1　模板工程量计算

1. 现浇混凝土及钢筋混凝土模板

(1) 一般现浇构件。一般现浇构件，如基础、柱、梁、墙、板、挑檐、拦板等，其模

板工程量应按不同构件类别，并区别模板的不同材质（组合钢模板、复合木模板、木模板等）分别列项，均按混凝土与模板接触面的面积，以 m^2 计算。计算中有关的规定如下：

① 支模高度。现浇钢筋混凝土柱、梁、板、墙的支模高度（即室外地坪至板底或楼板面至上一层板底之间的高度）以3.6m以内为准，超过3.6m以上部分，每超过1m另计算一次增加支撑工程量。

② 重叠部分。柱与梁、柱与墙、梁与梁等连接的重叠部分，以及伸入墙内的梁头、板头部分，均不计算模板面积。附墙柱的模板面积，并入墙内工程量计算。

③ 孔洞。现浇钢筋混凝土墙、板上单孔面积在0.3m^2 以内的孔洞面积，不予扣除，洞侧壁模板亦不增加；单孔面积在0.3m^2 以上时，应予扣除，洞侧壁模板面积并入墙、模板工程量之内计算。

④ 构造柱。砌体结构墙体中的构造柱，其外露面均应按图示外露部分计算模板面积，构造柱与墙接触面不计算模板面积（图2-69）。

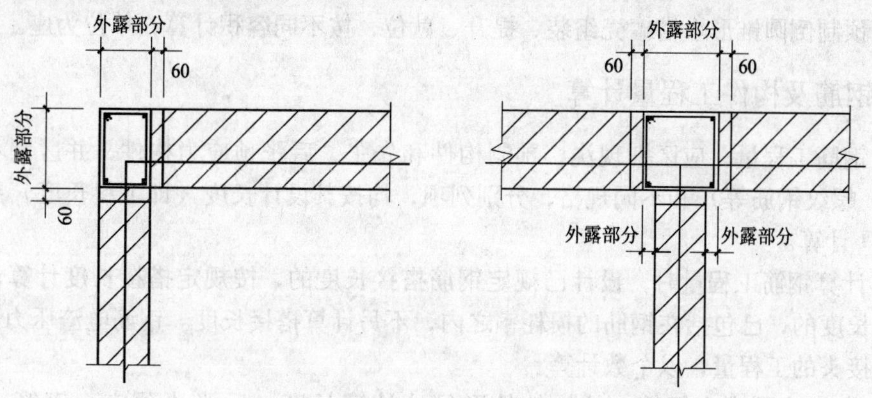

图2-69　构造柱外露部分支模板示意图

（2）现浇钢筋混凝土框架，分别按梁、板、柱、墙的有关规定计算。附墙柱，并入墙内工程量计算。

（3）杯形基础的杯口高度大于杯口大边长度时，套高杯基础模板定额项目（图2-70）。

（4）现浇钢筋混凝土悬挑板（雨篷、阳台）按图示外挑部分尺寸的水平投影面积计算。挑出墙外的牛腿梁及板边模板不另计算。

（5）现浇钢筋混凝土楼梯模板，按图示露明面尺寸的水平投影面积计算，不扣除宽度小于500mm的楼梯井所占面积。楼梯的踏步、踏步板、平台梁等侧面模板，不另计算。

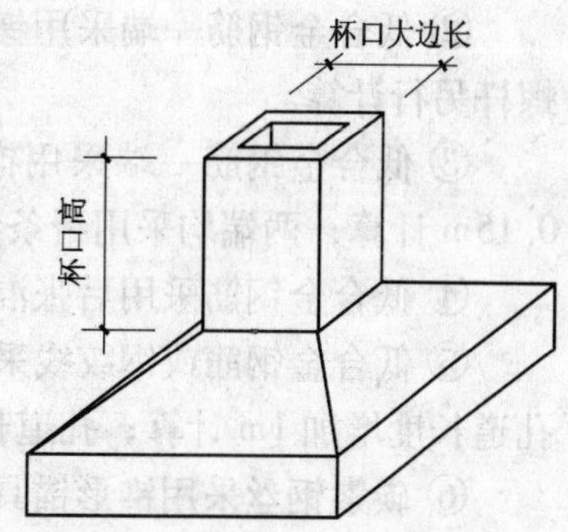

图2-70　高杯基础示意图

（6）混凝土台阶（不包括梯带）的模板，按图示台阶尺寸的水平投影面积计算，台阶端头两侧模板不另计算。

（7）现浇混凝土小型池槽模板按构件外围体积以 m^3 计算，池槽内、外侧及底部的模板不应另计算。

2. 制钢筋混凝土构件模板

（1）一般预制构件，如预制桩、柱、梁、屋架、板、阳台、雨篷、楼梯等，其模板工程量应按不同构件类别，并区别模板的不同材质（组合钢模板、复合木模板、木模板、定型钢模、长线台钢拉模等）分别列项，均按混凝土实体体积，以 m^3 计算。

（2）预制小型池槽的模板，按池槽外围体积，以 m^3 计算。

（3）预制桩尖的模板，按不扣除桩尖虚体积部分的外围体积计算。

3. 构筑物钢筋混凝土模板

（1）一般构筑物工程的模板工程量，应区别现浇和预制及构件类别，分别按前述现浇制混凝土模板的有关规定计算。

（2）大型贮水（油）池和贮仓的模板工程量，应区别其基础、墙（即池壁或仓壁）、板、梁、柱等不同部位，分别按前述有关规定计算，并套用各自相应定额项目。

（3）液压滑升钢模板施工的烟囱、水塔塔身、贮仓等，均按混凝土体积计算，单位为 m^3。

（4）预制倒圆锥形水塔罐壳模板按混凝土体积计算，单位为 m^3。

（5）预制倒圆锥形水塔罐壳组装、提升、就位，按不同容积计算，单位为座。

2.6.2 钢筋及构件工程量计算

（1）钢筋工程量，应区别现浇，预制构件和先张、后张预应力构件，并区别不同钢种（圆钢筋、螺纹钢筋等）和不同规格，分别列项，均按其设计长度（即下料长度）乘以单位质量，以 t 计算。

（2）计算钢筋工程量时，设计已规定钢筋搭接长度的，按规定搭接长度计算；设计未规定搭接长度的，已包括在钢筋的损耗率之内，不另计算搭接长度。钢筋电渣压力焊接、套筒挤压等接头的工程量，以个数计算。

（3）先张法预应力钢筋，按构件外形尺寸计算长度。后张法预应力钢筋，按设计图规定的预应力钢筋预留孔道长度，并区别不同的锚具类型，分别按下列规定计算长度：

① 低合金钢筋两端采用螺杆锚具时，其长度按孔道长度减 0.35m 计算，螺杆另行计算。

② 低合金钢筋一端采用镦头插片，另一端采用螺杆锚具时，其长度按孔道长度计算，螺杆另行计算。

③ 低合金钢筋一端采用镦头插片，另一端采用帮条锚具时，其长度按孔道长度增加 0.15m 计算；两端均采用帮条锚具时，按共增加 0.3m 计算。

④ 低合金钢筋采用后张混凝土自锚时，其长度按孔道长度增加 0.35m 计算。

⑤ 低合金钢筋或钢绞线采用 JM、XM、QM 型锚具，孔道长度在 20m 以内时，其长度按孔道长度增加 1m 计算；孔道长度在 20m 以上时，按增加 1.8m 计算。

⑥ 碳素钢丝采用锥形锚具。孔道长度在 20m 以内时，其长度按孔道长度增加 1m 计算；孔道长度在 20m 以上时，按增加 1.8m 计算。

⑦ 碳素钢丝两端采用镦粗头时，其长度按孔道长度增加 0.35m 计算。

（4）钢筋混凝土构件预埋铁件工程量，按设计图示尺寸，以 t 计算。

【例 2-15】 根据图 2-71，计算 5 根预制柱的预埋件工程量，已知 10mm 厚钢板单位面积质量为 78.5kg/m^2；ϕ12 钢筋单位长度质量为 0.888 kg/m；ϕ18 钢筋单位长度质量为 2.00 kg/m。

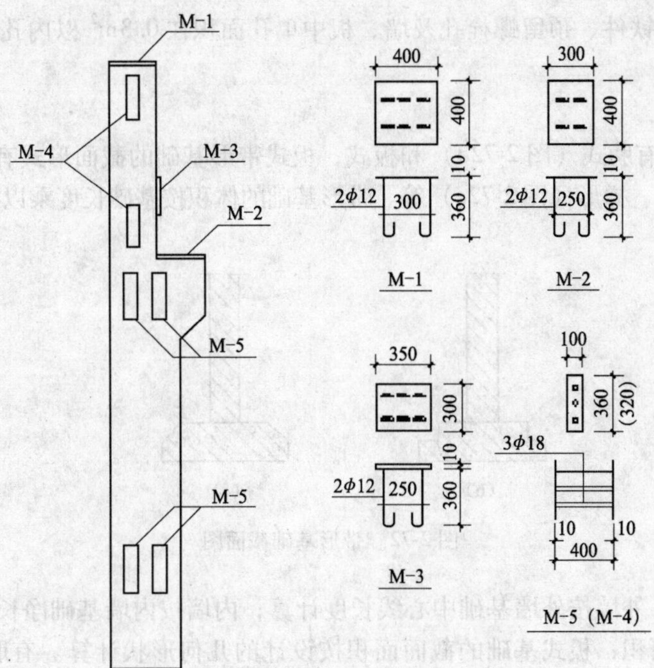

图 2-71　钢筋混凝土预制柱预埋件

【解】

① 每根柱预埋件工程量

M-1：钢板：$0.4\times0.4\times78.5=12.56$(kg)

　　φ12：$2\times(0.30+0.36\times2+12.5\times0.012)\times0.888=2.08$(kg)

M-2：钢板：$0.3\times0.4\times78.5=9.42$(kg)

　　φ12：$2\times(0.25+0.36\times2+12.5\times0.012)\times0.888=1.99$(kg)

M-3：钢板：$0.3\times0.35\times78.5=8.24$(kg)

　　φ12：$2\times(0.25+0.36\times2+12.5\times0.012)\times0.888=1.99$(kg)

M-4：钢板：$2\times0.1\times0.32\times2\times78.5=10.05$(kg)

　　φ18：$2\times3\times0.38\times2.00=4.56$(kg)

M-5：钢板：$4\times0.1\times0.36\times2\times78.5=22.61$(kg)

　　φ18：$4\times3\times0.38\times2.00=9.12$(kg)

小计：82.62 kg

② 5 根柱预埋铁件工程量

$$82.62\times5=413.1\text{kg}=0.413\text{t}$$

（5）施工构造钢筋，如固定预埋螺栓、铁件的支架，固定双层钢筋的铁马凳、垫铁件等，其工程量应按审定的施工组织设计规定计算，分别套用相应的钢筋或铁件定额项目。

2.6.3　混凝土工程量计算

1. 现浇混凝土

现浇混凝土工程量，除另有规定者外。均按图示尺寸的实际体积，以 m³ 计算。不扣除构件内钢筋、预埋铁件、预留螺栓孔及墙、板中单孔面积在 0.3m^2 以内孔洞所占体积。

（1）基础

1）带形基础

带形基础分为有肋式（图 2-72d）和板式，板式带形基础的截面形式有矩形（图 2-72a）、阶梯形（图 2-72b）、梯形（图 2-72c）等。带形基础的体积按基础长度乘以截面面积计算。

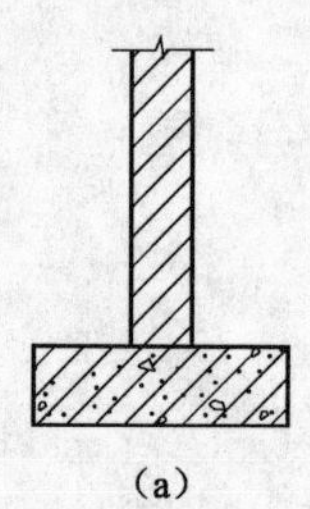
(a)

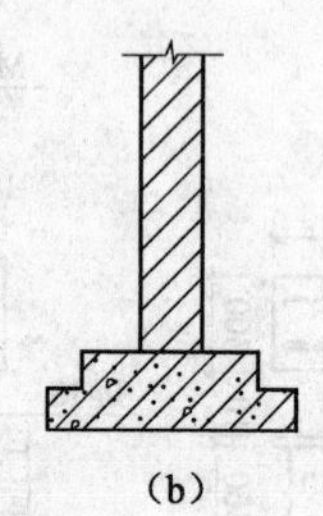
(b)

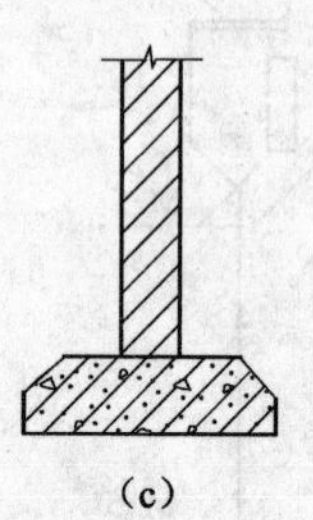
(c)

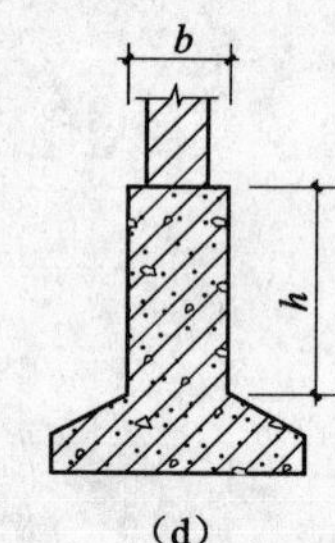

(d)

图 2-72　带形基础截面图

① 基础长度：外墙按外墙基础中心线长度计算；内墙按内墙基础净长线长度计算。

② 基础截面面积：板式基础的截面面积按设计的几何形状计算。有肋带形基础，其肋高宽之比（图 2-72d）$h:b$ 在 4∶1 以内的，按有肋带形基础的几何形状计算；超过 4∶1 时，其基础底板按板式基础计算，以上部分按混凝土墙计算，分别执行各自相应定额。

2）独立基础

其柱与柱基的划分，以柱基础的扩大顶面为分界。柱基按外形有阶梯形独立基础（图 2-73a）和截锥形独立基础（图 2-73b）。独立基础的体积按图示的几何形体分块计算后合并在一起。

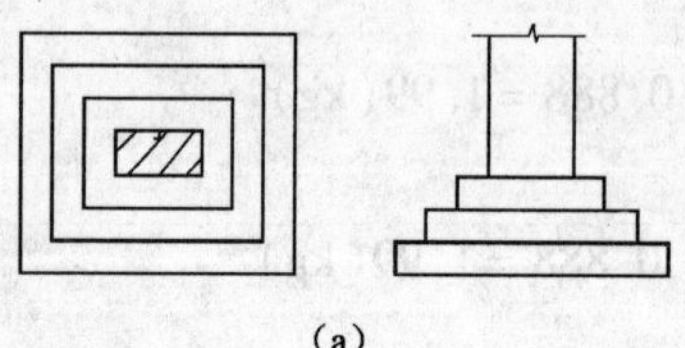
(a)

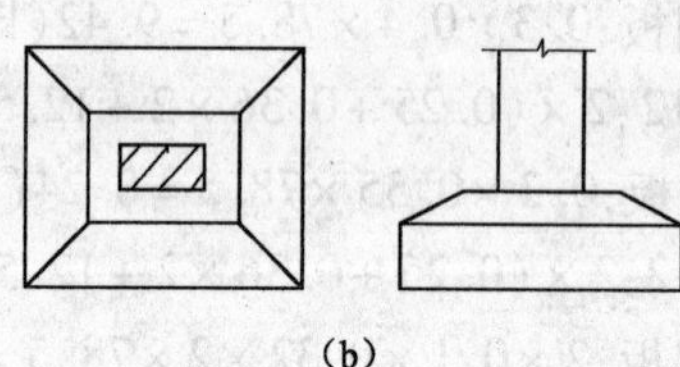
(b)

图 2-73　独立基础示意图

（a）阶梯形独立基础；（b）棱锥形独立基础

3）杯形基础

杯形基础是独立基础的一种，只是留有安装预制钢筋混凝土柱的（图 2-74）杯形基础的体积，按外形体积减去杯口体积后计算。

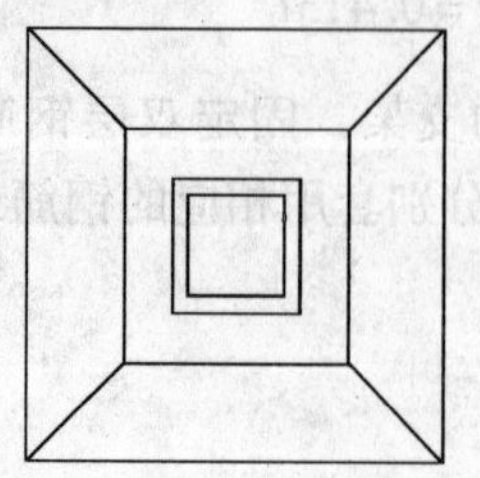

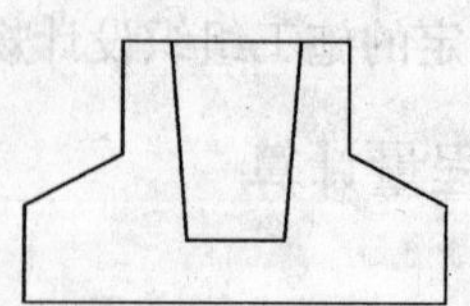

图 2-74　杯形基础示意图

4）满堂基础

分为有梁式和无梁式。有梁式满堂基础也称筏式基础（图2-75a），其工程量包括底板及与底板连在一起的梁的体积。无梁式满堂基础也称为板式基础（图2-75b），其工程量按底板的体积计算，带有边肋时，应将边肋体积并入计算。

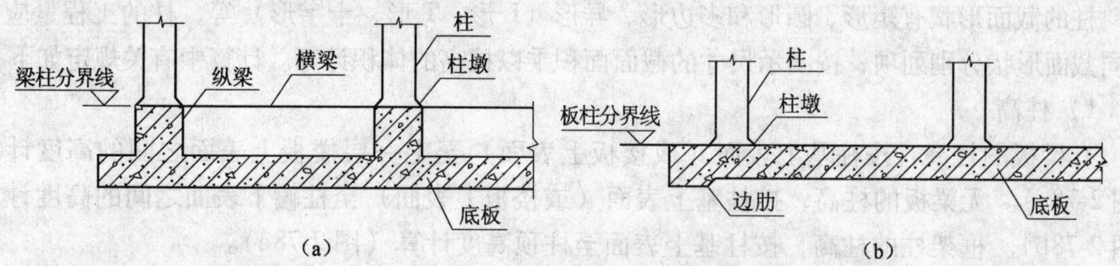

图2-75 满堂基础示意图

5）箱式满堂基础

简称为箱形基础（图2-76），其工程量应分别按无梁式满堂基础（指底板），柱、墙、梁、板的有关规定计算，套各自相应定额项目。

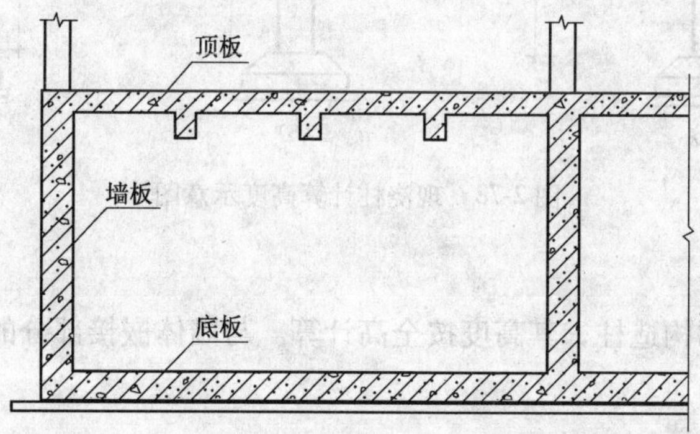

图2-76 箱式满堂基础示意图

6）桩承台基础

可分为独立承台（图2-77a）和带形承台（图2-77b）。其工程量计算与独立基础或带形基础的计算相同，且不扣除嵌入承台的桩头体积，但执行桩承台基础定额项目。

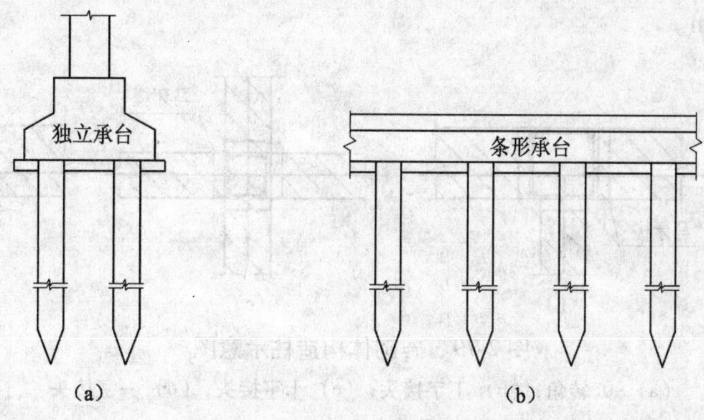

图2-77 桩承台基础示意图

7）设备基础

分为块体式和框架式。块体式设备基础的工程量按图示几何形状计算其体积。框架式设备基础的工程量，应分别按基础、柱、墙、梁、板的有关规定计算，套各自相应的定额项目。

（2）柱

柱的截面形状有矩形、圆形和多边形、异形（L形、T形、十字形）等，柱的工程量应按不同截面形状分别列项，按图示尺寸的截面面积乘以柱高的体积计算。计算中有关规定如下：

1）柱高

有梁板的柱高，按柱基上表面（或楼板上表面）至上一层楼板上表面之间的高度计算（图2-78a）。无梁板的柱高，按柱基上表面（或楼板上表面）至柱帽下表面之间的高度计算（图2-78b）。框架柱的柱高，按柱基上表面至柱顶高度计算（图2-78c）。

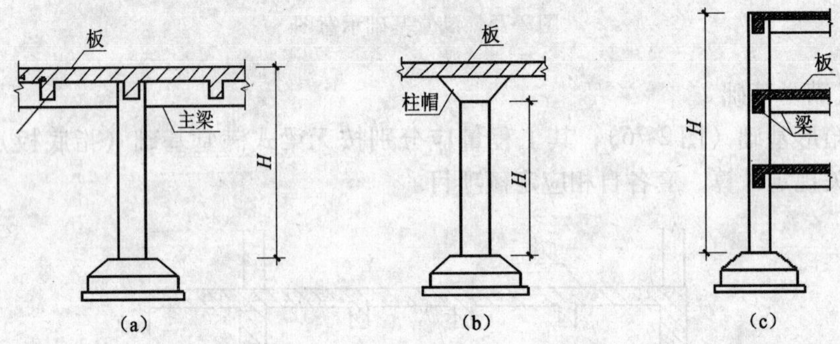

图2-78　现浇柱计算高度示意图

2）构造柱

砌体结构墙体中的构造柱，其高度按全高计算。与墙体嵌接部分的体积并入柱身体积内计算。

构造柱体积计算公式：

当墙厚为240时：

$$V=\text{构造柱高}\times(0.24\times0.24+0.03\times0.24\times\text{马牙槎边数})$$

【例2-16】　根据下列数据计算构造柱体积（图2-79）：90°转角形：墙厚240，柱高12.0m；T形接头：墙厚240，柱高15.0m；十字形接头：墙厚365，柱高18.0m；一字形：墙厚240，柱高9.5m。

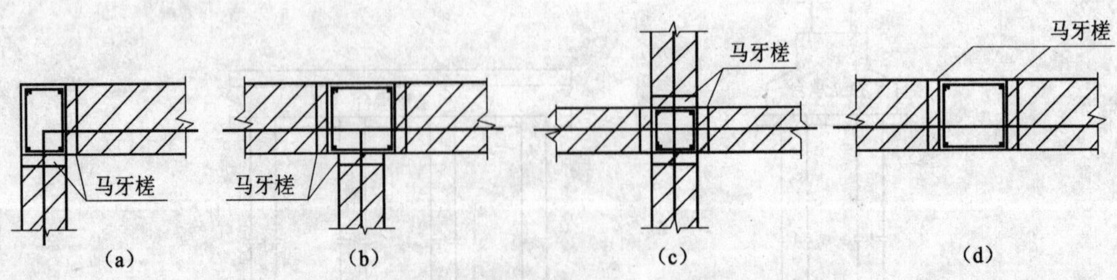

图2-79　砖砌体构造柱示意图

（a）90°转角；（b）丁字接头；（c）十字接头；（d）一字接头

【解】　①90°转角（马牙槎边数=2）

$$V = 12.0 \times (0.24 \times 0.24 + 0.03 \times 0.24 \times 2) = 0.864(m^3)$$

② T 形(马牙槎边数 = 3)

$$V = 15.0 \times (0.24 \times 0.24 + 0.03 \times 0.24 \times 3) = 1.188(m^3)$$

③ 十字形(马牙槎边数 = 4)

$$V = 18.0 \times (0.365 \times 0.365 + 0.03 \times 0.365 \times 4) = 3.186(m^3)$$

④ 一字形(马牙槎边数 = 2)

$$V = 9.5 \times (0.24 \times 0.24 + 0.03 \times 0.24 \times 2) = 0.684(m^3)$$

小计:$0.864 + 1.188 + 3.186 + 0.684 = 5.92(m^3)$

3）牛腿

依附于柱上的牛腿，其体积并入柱身体积内计算。

(3) 梁

梁的种类较多，如矩形梁（包括单梁和连续梁）、异形梁（T 形、工字形、十字形）、弧形梁、拱形梁、圈梁、过梁等。梁的工程量，应区别不同类别分别列项，按图示尺寸的截面面积乘以梁长的体积计算。计算中有关规定如下：

① 梁长。梁与柱交接时,梁长算至柱侧面;主梁与次梁交接时,次梁长算至主梁侧面(图 2-80)。

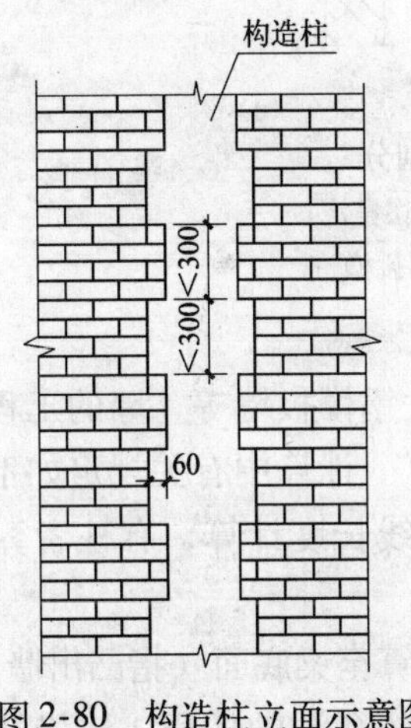

图 2-80　构造柱立面示意图

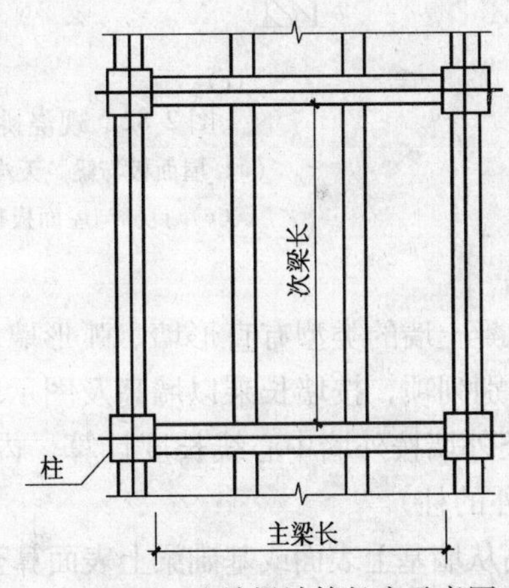

图 2-81　连续梁计算长度示意图

② 伸入墙内的梁头、现浇梁垫的体积，并入梁体积内计算。

③ 圈梁与梁交接时，圈梁体积中应扣除伸入其内的梁的体积。

④ 圈梁与过梁连接时，应分别计算圈梁与过梁的体积，执行各自相应的定额项目。其中过梁长度按门窗洞口宽度两端共加 500mm 计算，其余为圈梁长度。

(4) 板

1）板的分类与计算

有梁板又称为肋形板（图 2-78a）。包括梁式板、井式板、密肋形板，其工程量按板与梁的体积之和计算，执行有梁板定额项目。无梁板是指不带有梁，直接由柱支承的板（图 2-78b），其工程量按板与柱帽的体积之和计算，执行无梁板定额项目。平板是指板间无柱和梁，直接由周边的墙支承的板，其工程量按自身体积计算；执行平板定额项目。各类板自身的体积，按图示面积乘以板厚，以 m^3 计算。各类板伸入墙内的板头，并入板体积内计算。

2）板的分界线

不同类型的板连接时，如无明确的分界线，则以墙的中心线为界。现浇挑檐、天沟与板（包括屋面板、楼板）连接时以外墙外边线为分界线；与圈梁（或其他梁）连接时，以梁外边线为分界线。外墙外边线以外或梁外边线以外为挑檐、天沟（图 2-82）。

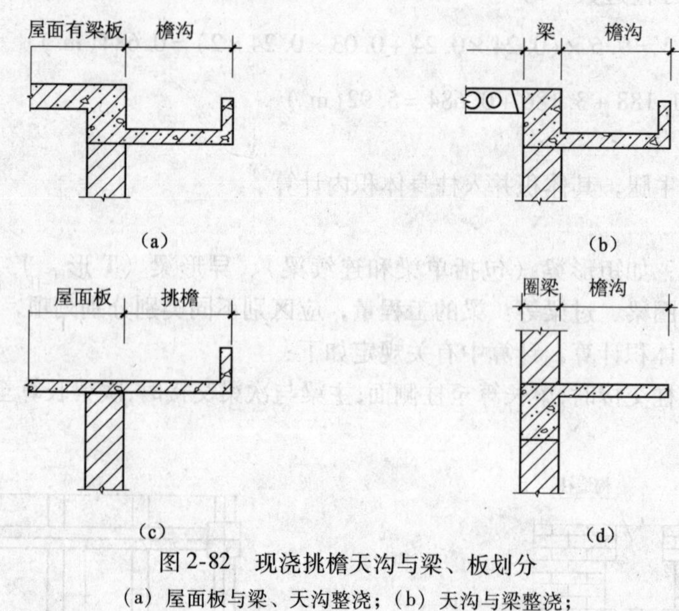

图 2-82　现浇挑檐天沟与梁、板划分

（a）屋面板与梁、天沟整浇；（b）天沟与梁整浇；
（c）挑檐与屋面板整浇；（d）圈梁挑出挑檐

（5）墙

钢筋混凝土墙的类型有直形墙、弧形墙、电梯井壁、大钢模板墙等，墙的工程量应区别不同类型分别列项，按墙长乘以墙高及图示墙厚的体积计算。计算中有关规定如下：

① 墙长外墙按外墙中心线长度计算，内墙按内墙净长线长度计算，有柱者算至柱侧面（指凸出墙外的柱）。

② 墙高从墙基上表面或基础梁上表面算至墙顶，有梁者算至梁底面（指凸出墙外的梁）。

③ 墙体积中应扣除门窗洞口及单孔面积在 $0.3m^2$ 以上的孔洞的体积，墙垛及凸出部分体积并入墙体积内计算。

（6）其他构件

① 整体楼梯（包括直形和弧形）的工程量应分层按其水平投影面积计算，其中包括踏步板、斜梁、休息平台、平台梁及与楼板连接的梁，不扣除宽度小于 500mm 的楼梯井面积，伸入墙内部分不另增加（图 2-83）。楼梯基础、栏板、栏杆和楼梯的支承柱，应另列项目套相应定额计算。

② 阳台、雨篷（指悬挑板）的工程量，均按伸出墙外的水平投影面积计算，伸出墙外的牛腿不另计算，但嵌入墙内的梁应另列项目套用相应定额计算。阳台上的栏板、栏杆也应另列项目计算。带反挑檐的雨篷按展开面积并入雨篷内计算（图 2-84）。

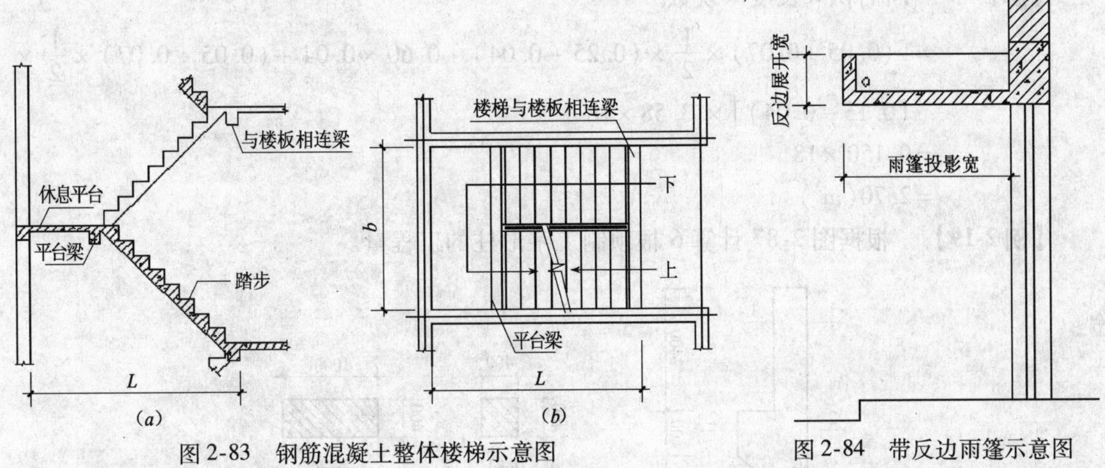

图 2-83　钢筋混凝土整体楼梯示意图　　图 2-84　带反边雨篷示意图

③ 楼梯、阳台的栏杆的工程量按净长度以延长米计算，伸入墙内的长度已综合在定额内。栏板的工程量，按图示尺寸的体积以 m^3 计算，伸入墙内的栏板头的体积应合并计算。此两项计算中，楼梯斜长部分的长度，可按其水平投影长度乘以系数 1.15 计算。

④ 预制板补现浇板缝时（指板缝下口宽度在 2cm 以上者），按平板计算，套相应定额项目。

⑤ 预制钢筋混凝土框架的现浇接头（包括柱、梁接头），按设计规定的截面和长度计算其体积，执行相应定额。

⑥ 其他现浇混凝土构件，如挑檐、天沟、压顶、暖气沟、电缆沟、台阶、小型池槽及其他小型构件（每件体积在 0.05 m^3 以内），其工程量均按图示尺寸的实体积计算，执行各自相应的定额项目。

2. 预制混凝土

（1）一般预制构件混凝土工程量，应区别构件类别分别列项，如桩、柱、梁、屋架、板、楼梯、雨篷、阳台等，均按图示尺寸实体体积以 m^3 计算，不扣除构件内钢筋、铁件及面积在 300mm×300mm 以内的孔洞所占体积，但空心构件（如空心板）应扣除空心体积。

【例 2-17】　根据图 2-85 计算 20 块 Y-KB336-4 预应力空心板的工程量，板长为 3.28m。

【解】　V = 空心板净面积 × 板长 × 块数

$$= \left[0.12\times(0.37+0.59)\times\frac{1}{2}-3.1416\times\left(\frac{0.076}{2}\right)^{2}6\right]\times3.28\times20$$

$$=(0.0696-0.0272)\times3.28\times20$$

$$=0.0424\times3.28\times20$$

$$=2.78(m^3)$$

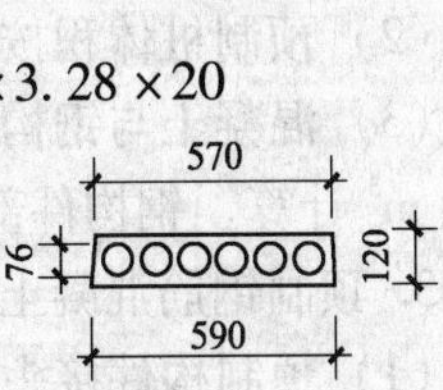

570
76　120
590

图 2-85　Y-KB336-4 预应力空心板

【例 2-18】　根据图 2-86 计算 18 块预制天沟板的工程量。

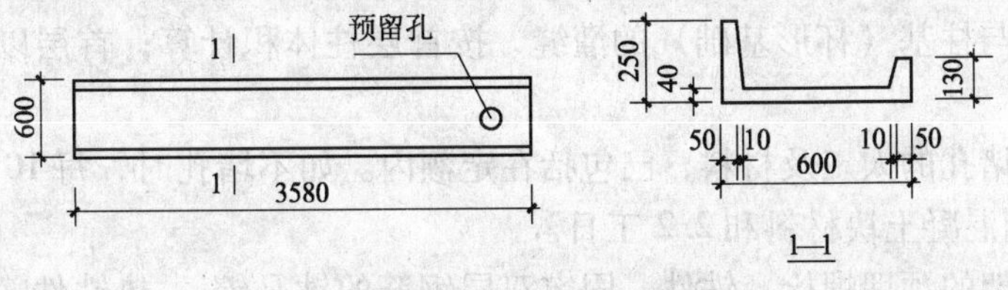

图 2-86　预制天沟板

【解】 V = 断面积 × 长度 × 块数

$$= [(0.05 + 0.07) \times \frac{1}{2} \times (0.25 - 0.04) + 0.60 \times 0.04 + (0.05 + 0.07) \times \frac{1}{2} \times (0.13 - 0.04)] \times 3.58 \times 18$$

$$= 0.150 \times 18$$

$$= 2.70(\text{m}^3)$$

【例 2-19】 根据图 2-87 计算 6 根顶制工字形柱的工程量。

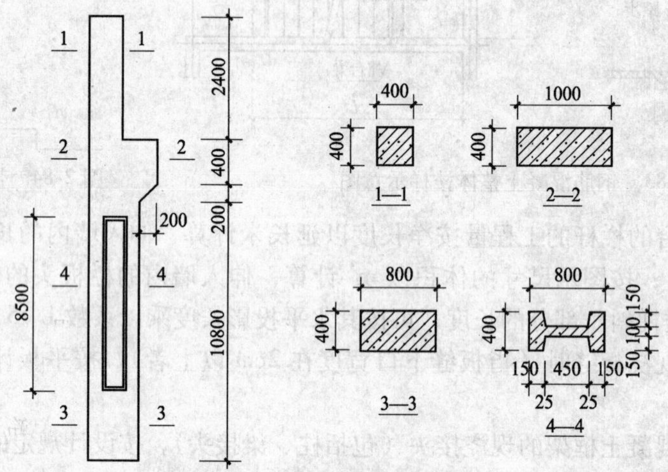

图 2-87 预制工字形柱

【解】 V =(上柱体积 + 牛腿部分体积 + 下柱外形体积 − 工字形槽口体积) × 根数

$$= \{(0.40 \times 0.40 \times 2.40) + [0.40 \times (1.0 + 0.80) \times \frac{1}{2} \times 0.20 + 0.40 \times 1.0 \times 0.40] + (10.8 \times 0.80 \times 0.40) - \frac{1}{2} \times (8.5 \times 0.50 + 8.45 \times 0.45) \times 0.15 \times 2\} \times 6$$

$$= (0.384 + 0.232 + 3.456 - 1.208) \times 6$$

$$= 2.864 \times 6$$

$$= 17.18(\text{m}^3)$$

(2) 预制桩体积按全长（包括桩尖）乘以桩截面面积计算，空心桩应扣除空心体积。

(3) 混凝土与钢构件组合的构件（如预制柱上有钢牛腿），其混凝土部分按构件实体体积以 m^3 计算，钢构件部分按质量以 t 计算，分别套相应的定额项目。

3. 预制钢筋混凝土构件接头灌缝

(1) 预制构件接头灌缝，包括构件坐浆、灌缝、堵板孔、塞板梁缝等工作内容，按预制钢筋混凝土构件的实体体积，以 m^3 计算。

(2) 预制柱与柱基（杯形基础）的灌缝，按首层柱体积计算；首层以上柱灌缝按各层柱体积计算。

(3) 空心板堵孔的人工及材料，已包括在定额内。如不堵孔时，每 10m^3 空心板体积应扣除 0.23m^3 预制混凝土块材料和 2.2 工日。

(4) 固定支架的预埋螺栓、铁件，固定双层钢筋的铁马镫 、垫铁件，按市定的施工组织设计规定计算，套用相应定额项目。

4. 构筑物混凝土

（1）构筑物混凝土工程量除另有规定者外，均按图示尺寸的实体体积，以 m^3 计算。应扣除门窗洞口及单孔面积在 0.3m^2 以上的孔洞所占体积。

（2）贮水池工程量计算中，池底不分平底、锥底、坡底，均按池底项目计算；壁基梁，池壁不分圆形壁和矩形壁，均按池壁项目计算；其他项目均按现浇混凝土的相应项目计算。

以上所介绍的是在全国基础定额中，分别计算模板、钢筋及混凝土这三部分工程量的计算方法。而在很多地区的预算定额中，为了减小预算工作量，将它们进行了综合。有的地区将模板工程综合在混凝土工程中，其混凝土和钢筋的工程量计算规则与全国基础定额基本相同，此不赘述。有的地区将这三部分内容全部综合在一起而采用综合定额，此时仅需计算混凝土的工程量便可求得模板、钢筋及混凝土的各种消耗量。其混凝土工程量的计算规则与全国基础定额也基本相同。但对于构件中的钢筋和预埋铁件的用量，当设计与定额不同时，则应进行其用量的增减调整。调整的方法如下：

钢筋（铁件）设计用量 = 钢筋（铁件）净用量 ×（1 + 损耗率）

钢筋（铁件）净用量 = 按图纸计算的钢筋（铁件）用量 + 图纸未注明的施工构造用钢筋（铁件）用量

一般现浇、预制构件中的普通钢筋损耗率为 2%，后张法预应力钢筋和钢绞线为 13%，预应力钢丝和钢丝束为 9%，其他预应力钢筋为 6%，铁件损耗率为 1%。

钢筋（铁件）定额用量 = Σ[分项工程量 × 相应项目钢筋（铁件）定额消耗量]

钢筋（铁件）调整量 = 钢筋（铁件）设计用量 − 钢筋（铁件）定额用量

上式结果为正数，则需增加其用量并按定额规定计算应增加的费用；反之则减少用量及费用。

2.7 构件制作运输及安装工程

2.7.1 金属结构制作工程

金属结构制作工程中项目的分类为：钢柱制作，钢屋架、钢托架制作，钢吊车梁、钢制动梁制作，钢吊车轨道制作，钢支撑、钢檩条、钢墙架制作，钢平台、钢梯子、钢栏杆制作，钢漏斗、H 型钢制作，球节点钢网架制作。

1. 金属结构制作工程量计算方法

金属结构制作工程量，均按图示钢材尺寸的重量，以 t 计算。不扣除孔眼、切边的重量，所需焊条、铆钉、螺栓等重量，已包括在定额内不另计算。某些部件的具体计算方法如下：

（1）钢板重量。在计算不规则或多边形重量时，其面积均按矩形面积计算，即以钢板最长边长度乘以与其垂直的最大宽度计算，或以其最长对角线长度乘以最大宽度计算。如图 2-88（a）所示钢板面积 $S = 0.45 \times 0.30 = 0.135$（$m^2$），图 2-88（b）所示钢

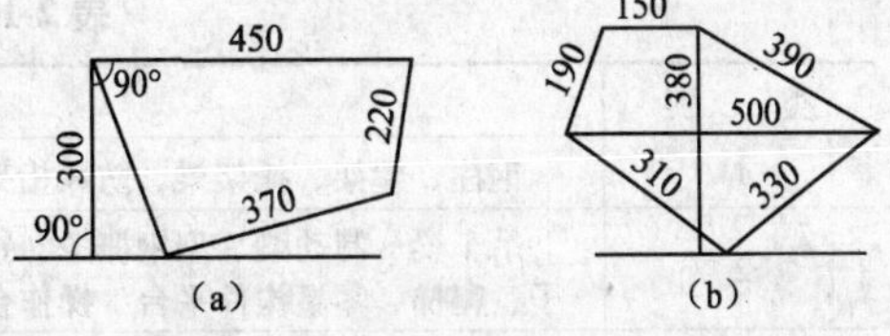

图 2-88　钢板面积计算示意图

板面积 $S=0.50\times0.38=0.19$（m^2）。

（2）型钢重量。各种型钢，如圆钢、方钢、扁钢、角钢、槽钢、工字钢等，其重量可按图示长度乘以型钢每米单位重量计算。

（3）实腹柱、吊车梁、H型钢重量。其中腹板及翼板宽度按图示尺寸每边增加25mm计算，其余按图示尺寸计算。

（4）钢漏斗重量。矩形漏斗按图示分片，圆形漏斗按图示展开尺寸，并依钢板宽度分段计算。每段均以其上口长度（圆形以分段展开上口长度）乘以钢板宽度，按矩形面积计算。依附于漏斗的型钢并入漏斗重量内计算。

（5）轨道制作工程量，只计算轨道本身的重量，不包括轨道垫板、压板、斜垫、夹板及连接角钢等的重量。

（6）铁栏杆制作，仅适用于工业厂房中平台、操作台的钢栏杆。民用建筑中铁栏杆等按定额中其他章节的有关项目计算。

2. 金属结构制作工程量计算范围

（1）制动梁的制作工程量包括制动梁、制动桁架、制动板的重量；钢墙架包括墙架柱、墙架梁及连接拉杆的重量；钢柱包括依附于柱上的牛腿及悬臂梁的重量。

（2）钢吊车轨道制作工程量。只计算轨道本身重量，不包括轨道垫板、压板、斜垫、夹板及连接角钢等重量。

（3）钢栏杆制作，仅适用于工业厂房中平台、操作台的钢栏杆。民用建筑中铁栏杆等按楼地面工程中有关项目计算。

2.7.2　构件运输及安装工程

1. 构件运输工程量计算

（1）构件运输分类

构件运输定额按构件的类型和外形尺寸划分类别。预制混凝土构件分为六类（表2-11）；金属结构构件分为三类（表2-12）。

表2-11　预制混凝土构件分类表

类　别	项　　目
1	4m以内空心板、实心板
2	6m以内的桩、屋面板、工业楼板、进深梁、基础梁、吊车梁、楼梯休息板、楼梯段、阳台板
3	6m以上至14m的梁、板、柱、桩，各类屋架、桁架、托架（14m以上另行处理）
4	天窗架、挡风架、侧板、端壁板、天窗上下档、门框及单件体积在0.1m^3以内小构件
5	装配式内、外墙板、大楼板、厕所板
6	隔墙板（高层用）

表2-12　金属结构件分类表

类　别	项　　目
1	钢柱、屋架、托架梁、防风桁架
2	吊车梁、制动梁、型钢檩条、钢支撑、上下档、钢拉杆、栏杆、盖板、垃圾出灰门、倒灰门、篦子、爬梯、零星构件平台、操作台、走道休息台、扶梯、钢吊车梯台、烟囱紧固箍
3	墙架、挡风架、天窗架、组合檩条、轻型屋架、滚动支架、悬挂支架、管道支架

（2）构件运距界限

预制混凝土构件的最大运输距离为 50km 以内，钢结构构件的最大运输距离为 20km 以内；超过时另行补充。

加气混凝土板（块）、硅酸盐块运输每立方米折合钢筋混凝土构件体积 0.4m^3，按一类构件运输计算。

（3）构件运输工程量计算

1）预制混凝土构件

预制混凝土构件运输的工程量，应区别构件类别和不同运距分别列项，均按构件图示尺寸的实际体积计算，并考虑运输堆放损耗率。即：

构件运输工程量 = 按图示尺寸计算的实体积 ×（1 + 运输堆放损耗率）

式中，构件实体积的计算与前述“混凝土及钢筋混凝土工程”中预制混凝土的工程量计算相同。构件运输堆放损耗率：预制混凝土屋架、桁架、托架及长度在 9m 以上的梁、板、柱不计算损耗率；预制混凝土桩为 0.4%；其余各类预制构成件为 0.8%。

2）金属结构构件

金属结构构件运输的工程量，应区别构件类别和不同运距分别列项，均按构件图示尺寸的钢材质量以 t 计算。其计算方法与前述“金属结构制作工程”中的工程量计算相同。

3）加气混凝土板（块）、硅酸盐块

运输工程量每 1m^3 折合成 0.4m^3 的钢筋混凝土构件体积，并按表 2-11 中一类构件运输计算。

2. 构件安装工程量计算

（1）预制混凝土构件安装

预制混凝土构件安装工程中项目的分类为：柱安装、框架安装、吊车梁安装、梁安装、屋架安装、天窗架、天窗端壁安装、板安装等。

各类预制混凝土构件安装的工程量，均按构件图示尺寸的实体积计算，并考虑安装损耗率。即：

构件安装工程量 = 按图示尺寸计算的实体积 ×（1 + 安装损耗率）

式中，构件实体积的计算同前。安装损耗率：预制混凝土屋架、桁架、托架及长度在 9m 以上的梁、板、柱不计算损耗率，其余各类预制构件为 0.5%。工程量计算中，有关规定如下：

① 预制钢筋混凝土柱安装，不分矩形柱、工字形柱、空腹柱、双肢柱、空心柱、管道支架等，均按柱安装项目计算。

② 预制钢筋混凝土多节柱安装，首节柱按柱安装计算，第二节及第二节以上按柱接柱计算。

③ 由预制钢筋混凝土柱、梁通过焊接而形成的框架结构，其柱安装按框架柱计算，梁安装按框架梁计算；通过节点浇筑形成的框架，按连体框架梁、柱项目计算。

④ 组合屋架是指上弦为钢筋混凝土、下弦为型钢的屋架。计算安装工程量时，以混凝土部分的实体积计算，钢杆件部分不另计算。

预制混凝土构件安装时的接头灌缝的内容，按前述“混凝土及钢筋混凝土工程”中的有关项目另行计算，不包括在构件安装项目的定额中。

（2）金属结构构件安装

金属结构构件安装工程中项目的分类为：钢柱安装，钢吊车梁安装，钢屋架拼装，钢屋架安装，钢网架拼装安装，钢天窗架拼装安装，钢托架梁安装，钢桁架（挡风桁架、墙架）安装，钢檩条安装，钢屋架支撑、柱间支撑安装，钢平台、操作台、扶梯安装。

各类金属结构构件安装的工程量，均按构件图示尺寸的钢材质量以 t 计算。其计算与前述“金属结构制作工程”中的工程量计算相同。钢构件安装时所需螺栓、电焊条等质量不另计算，已包括在定额内。

2.8 门窗及木结构工程

2.8.1 木门窗工程量计算

1. 木门窗种类

木门窗的类型多种多样。在全国基础定额中，木门分为普通木门和厂库房大门、特种门两大类。普通木门又分类为镶板门（图 2-89a）、胶合板门（图 2-89c）、半截玻璃门（图 2-89b）、自由门、连窗门等；厂库房大门、特种门又分类为木板大门、钢木大门、钢木折叠门、冷藏库门和冷藏冻结间门、防火门、保温门、变电室门。普通木窗的类型划分为普通平开窗（包括单层玻璃窗、一玻一纱窗、双玻内外开带纱窗）、木百叶窗、天窗（旋转窗）、推拉传递窗、圆形和半圆形玻璃窗。以上各门窗中，普通木门和普通木窗，均按框制作、框安装、扇制作、扇安装分列项目；厂库房大门按扇制作、扇安装分列项目；特种门按门框制作安装、门扇制作安装分列项目，以便于在不同情况下选用相应定额项目。

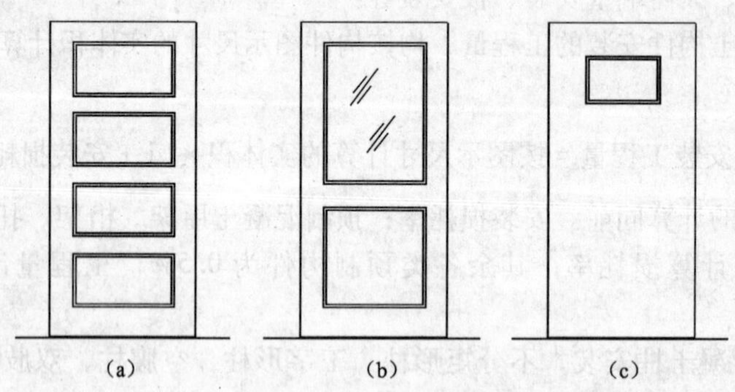

图 2-89 普通木门示意图

（a）镶板门；（b）半截玻璃门；（c）胶合板门

2. 木门窗工程量计算规定

（1）各类木门、窗的制作、安装工程量，均按图示门、窗洞口尺寸的面积，以 m^2 计算。

（2）普通窗上部带有半圆窗的工程量，应分别按半圆窗和普通窗列项计算。其分界线以普通窗和半圆窗之间的横框上裁口线为界线（图 2-90）。

（3）门、窗的盖口条、贴脸、披水条的工程量，按图示尺寸以延长米计算，执行各自相应定额项目。

（4）门窗扇包镀锌铁皮的工程量，按门、窗洞口面积以 m^2 计算；门窗框包镀锌铁皮、钉橡皮条、钉毛毡的工程量，按图示门窗洞口尺寸，以延长米计算。

（5）木门窗在现场外制作或外购成品木门窗时，门窗运输的工程量应区别不同运距（最大运距20km以内）分别列项，按框外围面积以 m^2 计算，执行相应定额项目。

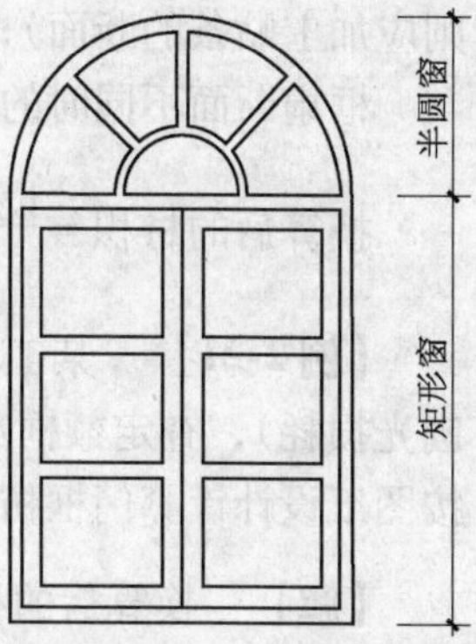

半圆窗

矩形窗

图2-90　带半圆窗示意图

2.8.2　套用定额的规定

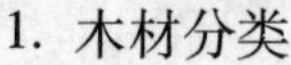

1. 木材分类

（1）木材木种分类

全国统一建筑工程基础定额将木材分为以下四类：

一类：红松、水桐木、樟子松。

二类：白松（方杉、冷杉）、杉木、杨木、柳木、椴木。

三类：青松、黄花松、秋子木、马尾松、东北榆木、柏木、苦楝木、梓木、黄菠萝、椿木、楠木、柚木、樟木。

四类：栎木（柞木）、檀木、色木、槐木、荔木、麻栗木（麻栎、青杠）、桦木、荷木、水曲柳、华北榆木。

（2）板、枋材规格分类

表2-13　板、枋材规格分类表

项　目	按宽度尺寸比例分类	按板材厚度、枋材宽与厚乘积分类				
板材	宽≥3×厚度	名称	薄板	中板	厚板	特厚板
		厚度(mm)	<18	19~35	36~65	≥66
枋材	宽<3×厚度	名称	小枋	中枋	大枋	特大枋
		宽×厚(cm^2)	<54	55~100	101~225	≥226

2. 门窗框扇断面的确定及换算

（1）框扇断面的确定

定额中所注明的木材断面或厚度均以毛料为准。如设计图纸注明的断面或厚度为净料时，应增加刨光损耗；板、枋材单面刨光时增加3mm；两面刨光增加5mm；圆木每立方米材积按增加0.5m^3 计算。

【例2-20】　根据图2-91中门框断面的净尺寸计算含刨光损耗的毛断面。

【解】　门框毛断面 $=(9.5+0.5)\times(4.2+0.3)=45(cm^2)$

门扇毛断面 $=(9.5+0.5)\times(4.0+0.5)=45(cm^2)$

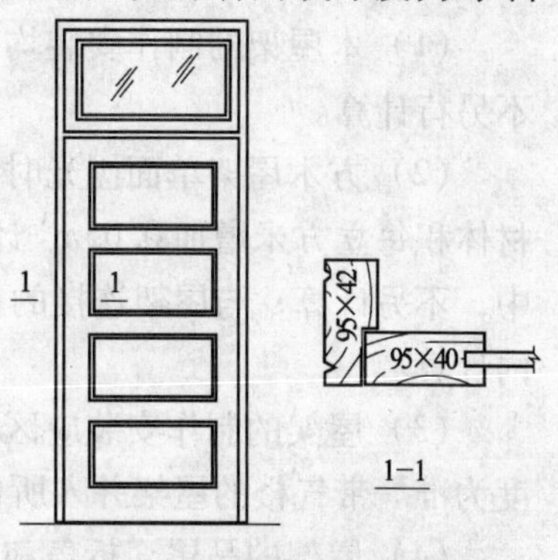

图2-91　木门断面示意图

（2）框扇断面的换算

当图纸设计的木门窗框扇断面与定额规定不同时，应按比例换算。框断面以边框断面为准（如框裁口为钉条，则应加上贴条的断面)；扇断面以立梃断面为准。

框扇断面不同时的定额材积换算公式为：

$$换算后的材积=\frac{设计断面（加刨光损耗）}{定额断面}\times 定额材积$$

【例 2-21】 某工程的单层镶板门的设计断面为 60mm × 115 mm（净尺寸，换算时应加刨光损耗），查定额框断面 60mm × 100 mm（毛料），定额枋材用量为 2.037 $m^3/100m^2$，试按图纸设计计算门框枋材耗用量。

【解】 $$换算后的材积=\frac{设计断面}{定额断面}\times 定额材积$$

$$=\frac{63\times 120}{60\times 100}\times 2.037$$

$$=2.567\ (m^3/100m^2)$$

2.8.3 金属门窗工程量计算

金属门窗工程中项目的分类为：铝合金门窗制作兼安装，铝合金不锈钢门窗安装，采用板组角钢门窗安装，塑料门窗安装，钢门窗安装等。应分别列项计算其工程量。

(1) 各类型金属门窗的工程量，均按图示门窗洞口尺寸的面积，以 m^2 计算。

(2) 卷闸门安装工程量，洞口面积按高度增加 600mm 乘以门实际宽度的面积，以 m^2 计算。卷闸门上电动装置安装以套计算，活动小门安装以个计算（图 2-92）。

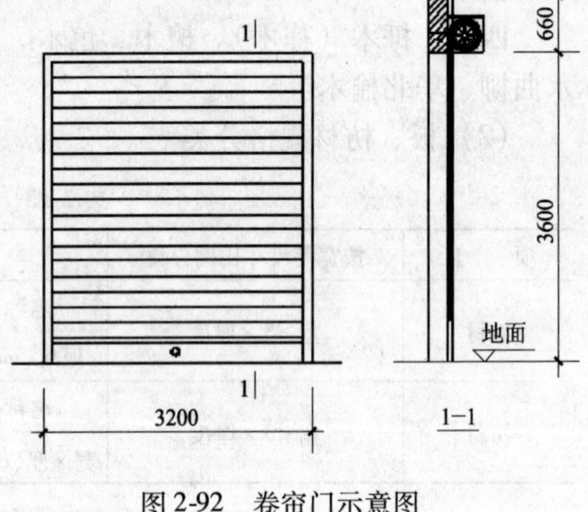

图 2-92 卷帘门示意图

(3) 不锈钢片包门框，按框外表面面积以 m^2 计算；采用板组角钢门窗附框安装，按延长米计算。

【例 2-22】 根据图 2-92 所示尺寸计算卷闸门的工程量。

【解】 $S=3.20\times(3.60+0.60)$

$=3.20\times 4.20$

$=13.44(m^2)$

2.8.4 木屋架

(1) 木屋架的制作安装均按设计断面竣工木料的体积计算，其后备长度及配制损耗均不另行计算。

(2) 方木屋架单面刨光时增加 3mm，两面刨光时增加 5mm；圆木屋架按屋架刨光时木材体积每立方米增加 0.05m^3 计算。附属于屋架的夹板、垫木等已并入相应的屋架制作项目中，不另计算；与屋架连接的挑檐木（附木）、木支撑等，其工程量并入屋架竣工木料体积内计算。

(3) 屋架的制作安装应区别不同跨度。其跨度应以屋架上下弦杆的中心线交点之间长度为准。带气楼的屋架并入所依附屋架的体积内计算。

(4) 屋架的马尾、折角和正交部分半屋架，应并入与其相连接屋架的体积内计算。

(5) 钢木屋架区分圆、方木，按竣工木料的体积计算，单位为 m^3。

(6) 圆木屋架连接的挑檐木、支撑等如为方木时，其方木部分应乘以系数 1.7，折合成圆木并入屋架竣工木料内。单独的方木挑檐，按矩形檩木计算。

2.9 楼地面、屋面及防水工程

2.9.1 地面垫层工程量计算

地面垫层是指承受并传递地面荷载于基土上的构造层。地面垫层的材料有灰土、三合土、碎砖、碎石、炉（矿）渣、炉（矿）渣混凝土、混凝土、钢筋混凝土等。其中钢筋混凝土垫层按混凝土垫层项目执行，其钢筋部分按钢筋混凝土工程中的相应项目及规定计算。

地面垫层的工程量按室内主墙间净空面积乘以设计厚度的体积，以 m^3 计算。应扣除凸出地面的构筑物、设备基础、室内铁道、地沟等所占体积，不扣除柱、垛、间壁墙、附墙烟囱及面积在 $0.3m^2$ 以内的孔洞所占体积。

2.9.2 面层、找平层工程量计算

1. 楼地面整体面层

楼地面整体面层的材料有水泥砂浆、水磨石、水泥豆石浆等。

楼地面整体面层的工程量。按室内主墙间净空面积，以 m^2 计算。应扣除凸出地面的构筑物、设备基础、室内铁道、地沟等所占面积。不扣除柱、垛、间壁墙、附墙烟囱及面积在 $0.3m^2$ 以内的孔洞所占面积，但门洞、空圈、暖气包槽、壁龛的开口部分的面积亦不增加。面层定额项目中不包括踢脚板的内容。

2. 楼地找面平层

楼地面找平层是指在地面垫层上、楼板上或填充层（楼地面隔热层）上起整平、找坡或加强作用的构造层。楼地面找平层的材料有水泥砂浆和细石混凝土。楼地面找平层的工程量与楼地面整体面层相同。

说明：(1) 整体面层包括水泥砂浆、水磨石、水泥豆石等。

(2) 找平层包括水泥砂浆、细石混凝土等。

(3) 不扣除柱、垛、间壁墙等所占面积；不增加门洞、空圈、暖气包槽、壁龛的开口部分，各种面积经过正负抵消后就能确定定额用量，这是编制定额时采用的综合计算方法。

【例 2-23】 根据图 2-93，计算该建筑物的室内地面面层工程量。

【解】 室内地面面积 = 建筑面积 - 墙结构面积

$$
\begin{aligned}
&= 9.24 \times 6.24 - [(9+6) \times 2 + 6 - 0.24 + 5.1 - 0.24] \times 0.24 \\
&= 57.66 - 40.62 \times 0.24 \\
&= 57.66 - 9.75 \\
&= 47.91(m^2)
\end{aligned}
$$

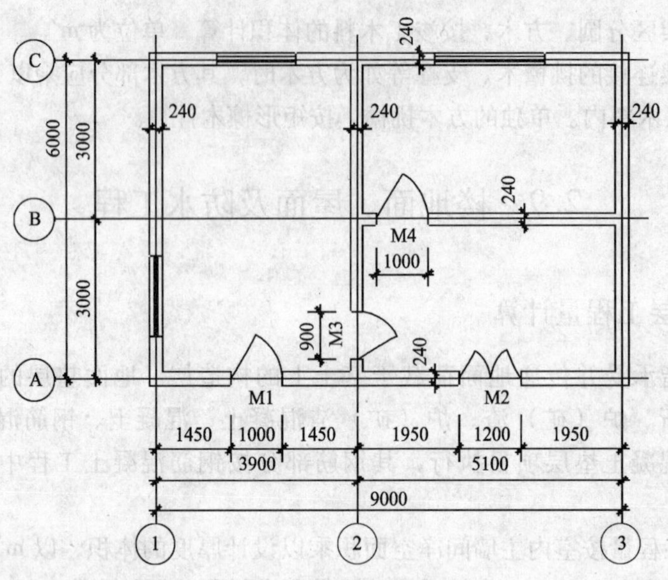

图 2-93　某建筑平面图

3. 楼地面块料面层

楼地面块料面层的材料种类很多，如大理石、花岗岩、汉白玉、预制水磨石块、彩釉砖、缸砖、陶瓷锦砖、塑料板、橡胶板、木地板、防静电活动地板等。计算中应根据不同材料分别列项。

楼地面块料面层的工程量按图示尺寸的实铺面积，以平方米计算。门洞、空圈、暖气包槽和壁龛的开口部分的面积，并入相应的面层工程量内计算。面层定额项目中不包括踢脚板的内容。

【例 2-24】　根据图 2-93 中的尺寸，计算该建筑物室内花岗岩地面的工程量。

【解】　花岗岩地面面积 = 室内地面面积 + 门洞开口部分面积

$= 47.91 + (1.0 + 1.2 + 0.9 + 1.0) \times 0.24$

$= 47.91 + 0.98$

$= 48.89(\text{m}^2)$

4. 楼梯面层

楼梯面层按其水平投影面积计算，其中包括踏步、休息平台以及宽度小于 500mm 的楼梯井的面积，但定额项目中不包括斜踢脚板、楼梯侧面及板底抹灰，应另列项目按相应定额计算。

5. 台阶面层

台阶面层按其水平投影面积计算，台阶与平台的分界线应以最上一层踏步外沿加 300mm 计算，面层中不包括牵边、侧面装饰，台阶砌筑或混凝土及其垫层也应另列项目按相应定额计算。

【例 2-25】　根据图 2-94 所示的尺寸，计算花岗岩台阶面层的工程量。

【解】　花岗岩台阶面层 = 台阶中心线长 × 台阶宽

$= [(0.30 \times 2 + 2.1) + (0.30 + 1.0) \times 2] \times (0.30 \times 2)$

$= 5.30 \times 0.60$

$= 3.18(\text{m}^2)$

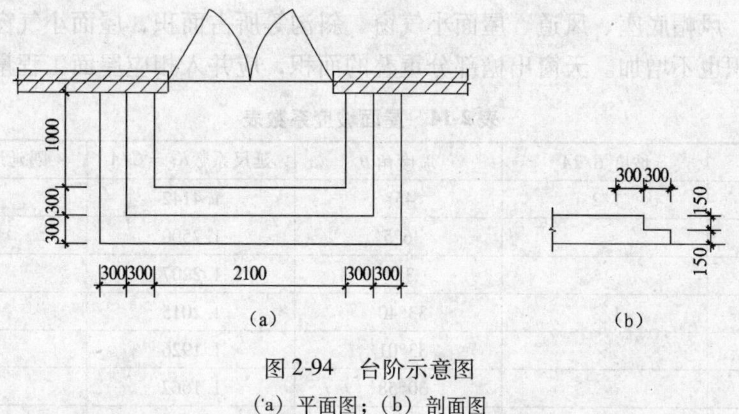

图 2-94　台阶示意图

(a) 平面图；(b) 剖面图

2.9.3　其他项目工程量计算

(1) 踢脚板（水泥砂浆、水磨石及块料等）的工程量，均按延长米计算，不扣除门洞口、空圈的长度，但门洞口、空圈、垛、附墙烟囱等侧壁长度亦不增加。

(2) 防滑坡道面层、散水的工程量，均按图示尺寸的面积，以 m^2 计算。其中散水的定额项目中包括了混凝土浇筑、面层抹灰压实等全部内容，计算中应扣除台阶和防滑坡道等所占面积，但不扣除附墙垛所占面积。即：

散水面积 =（外墙外边线周长 + 散水宽度 ×4 − 台阶、防滑坡道所占长度）× 散水宽度

(3) 明沟的工程量，按图示尺寸以延长米计算，其定额项目中包括了土方、混凝土垫层、明沟砌砖或浇筑混凝土、水泥砂浆面层等全部内容。

(4) 楼梯踏步的防滑条（如金属条、金钢砂条等），按楼梯踏步两端距离减去 300mm，以延长米计算（图 2-95）。

(5) 栏杆或栏板、扶手定额项目适用于楼梯、走廊、回廊及其他装饰性栏杆或栏板。扶手的材料有铝合金管、不锈钢管、钢管、塑料、硬木等，扶手下栏杆或栏板的材料也有铝合金栏杆、不锈钢栏杆、型钢栏杆、有机玻璃栏板等多种（不包括钢筋混凝土材料），计算中应加以区分。

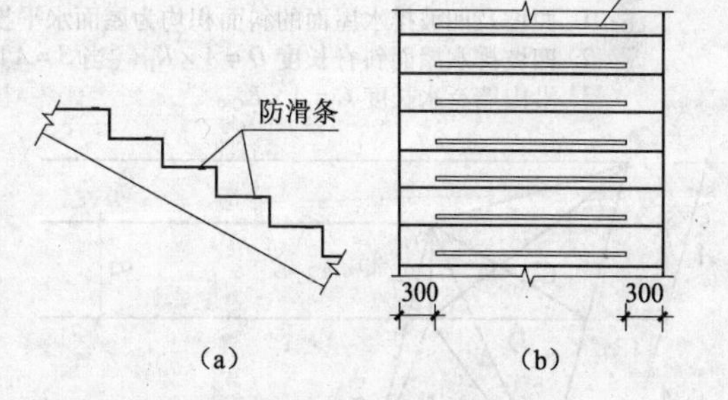

图 2-95　台阶防滑条示意图

(a) 侧立面图；(b) 平面图

栏杆或栏板及扶手的工程量，按图示尺寸以延长米计算，但其中扶手弯头的工程量按个数计算。

2.9.4　屋面及防水工程量计算

1. 屋面工程量计算

(1) 瓦屋面、金属压型板屋面

瓦屋面（包括水泥瓦、黏土瓦、石棉瓦等）及金属压型板屋面的工程量（包括挑檐部分），均按图示尺寸的屋面水平投影面积乘以屋面坡度延尺系数（表 2-14），以 m^2 计算。不

扣除房上烟囱、风帽底座、风道、屋面小气窗、斜沟等所占面积，屋面小气窗的出檐部分与屋面重叠的面积也不增加。天窗出檐部分重叠的面积，应并入相应屋面工程量内计算。

表 2-14　屋面坡度系数表

坡度 B/A	坡度 $B/2A$	坡度角 θ	延尺系数 $K_C=C/A$	隅延尺系数 $K_D=D/A$
1	1/2	45°	1.4142	1.7321
0.75		36°5′	1.2500	1.6008
0.70		35°	1.2207	1.5779
0.666	1/3	33°40′	1.2015	1.5620
0.65		33°01′	1.1926	1.5564
0.60		30°58′	1.1662	1.5362
0.577		30°	1.1547	1.5270
0.55		28°49′	1.1413	1.5170
0.50	1/4	26°34′	1.1180	1.5000
0.45		24°14′	1.0966	1.4839
0.40	1/5	21°48′	1.0770	1.4697
0.35		19°17′	1.0594	1.4569
0.30		16°42′	1.0440	1.4457
0.25		14°02′	1.0308	1.4362
0.20	1/10	11°19′	1.0198	1.4221
0.15		8°32′	1.0112	1.4221
0.125		7°8′	1.0078	1.4191
0.100	1/20	5°42′	1.0050	1.4177
0.083		4°45′	1.0035	1.4166
0.066	1/30	3°49′	1.0022	1.4157

注：1. 两坡及四坡排水屋面的斜面积均为屋面水平投影面积乘以延尺系数 K_C。
2. 四坡排水屋面斜脊长度 $D=A\times K_D$（当 $S=A$ 时）。
3. 沿山墙泛水长度 $C=A\times K_C$。

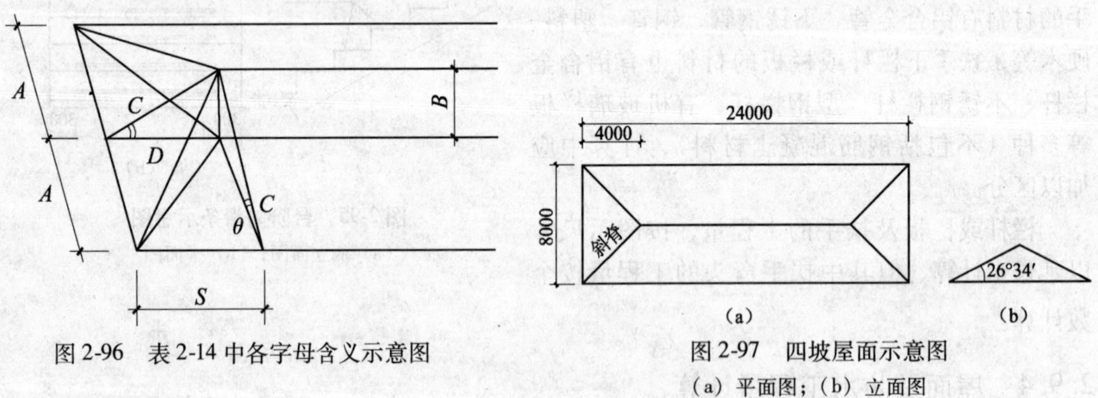

图 2-96　表 2-14 中各字母含义示意图

图 2-97　四坡屋面示意图
（a）平面图；（b）立面图

【例 2-26】　根据图 2-97 的图示尺寸，计算四坡排水屋面工程量。

【解】　屋面工程量 = 水平面积 × 延尺系数 K_C，查表 2-14

$$屋面工程量 = 8.0\times24.0\times1.118 = 214.66\ (m^2)$$

【例 2-27】　根据图 2-97 中的有关数据，计算四角斜脊的长度。

【解】 屋面斜脊长＝跨长×0.5×隅延尺系数 K_D×4 根，查表 2-14

屋面斜脊长＝8.0×0.5×1.50×4＝24.0（m）

【例 2-28】 根据图 2-98 的图示尺寸，计算六坡（正六边形）屋面的斜面面积。

【解】 屋面斜面面积＝水平面积×延尺系数 K_C，查表 2-14

$$屋面斜面面积 = \frac{3}{2} \times \sqrt{3} \times (2.0)^2 \times 1.1547$$
$$= 10.39 \times 1.1547$$
$$= 12.00\ (m^2)$$

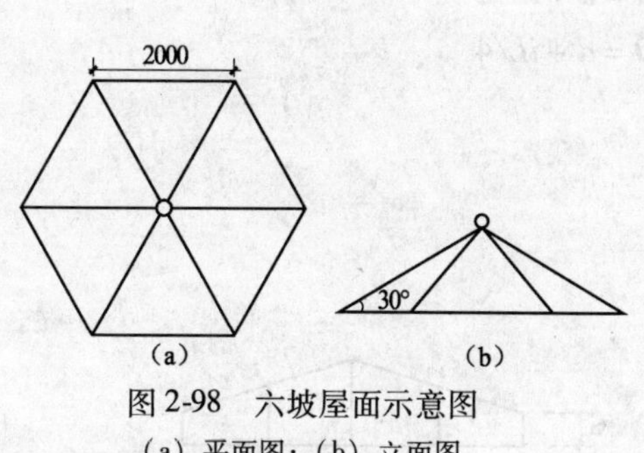

图 2-98 六坡屋面示意图

（a）平面图；（b）立面图

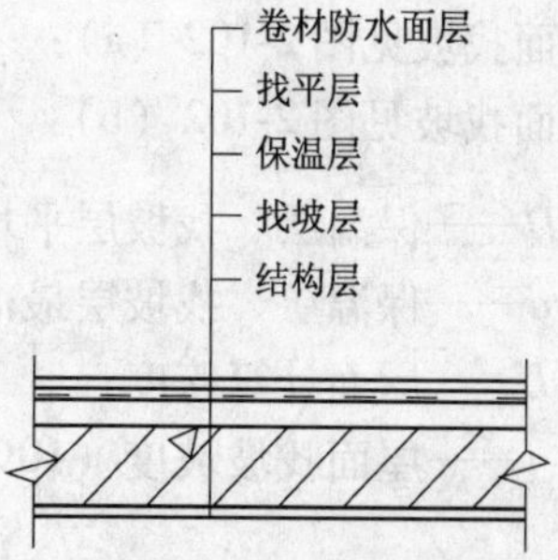

图 2-99 卷材防水屋面基本构造图

（2）卷材屋面

卷材防水屋面的基本构造如图 2-99 所示，如设隔汽层时，则在结构层上须加做找平层和隔汽层。

1）卷材屋面面层

卷材屋面面层的材料通常有油毡屋面和高分子卷材屋面。坡屋顶的卷材屋面工程量，按图示尺寸的屋面水平投影面积乘以屋面坡度延尺系数（表 2-14），以 m^2 计算。平屋顶的工程量，按图示尺寸的屋面水平投影面积计算，由于屋面找坡（坡度在 10% 以内）引起的尺寸增加已考虑在定额内。计算中有关规定如下：

① 不扣除房上烟囱、风帽底座、风道、斜沟等所占面积，其根部弯起部分面积也不另计算。

② 屋面的女儿墙、伸缩缝和天窗等处弯起部分的面积，按图示尺寸计算，并入屋面工程量内。如图纸无规定时，伸缩缝、女儿墙的弯起高度可按 250mm 计算，天窗处弯起高度可按 500mm 计算（图 2-100、图 2-101）。

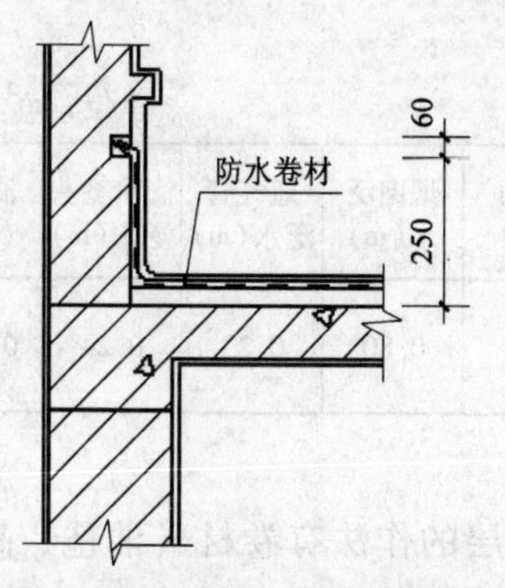

图 2-100 屋面女儿墙防水卷材弯起示意图

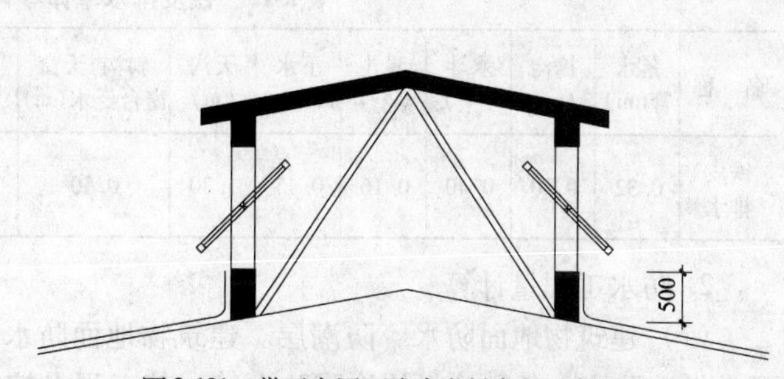

图 2-101 带天窗屋面防水卷材弯起示意图

③ 卷材屋面的附加层，接缝、收头、找平层的嵌缝，冷底子油已计入定额内，不另计算。

2）屋面找平层

屋面抹水泥砂浆找平层的工程量与卷材屋面面层相同。

3）屋面保温层、找坡层

屋面保温层、找坡层的材料有泡沫混凝土块，沥青珍珠岩块、水泥蛭石块，现浇水泥珍珠岩、现浇水泥蛭石、干铺珍珠岩、蛭石等。屋面保温层、找坡层的工程量，按图示尺寸的面积乘以平均厚度，以 m^3 计算。不扣除房上烟囱，风帽底座，风道、斜沟、水斗等所占体积。其平均厚度可按下式计算：

单面找坡见图 2-102（a）： $D = d + iL/2$

双面找坡见图 2-102（b）： $D = d + iL/4$

式中 D——保温层、找坡层平均厚度；

d——保温层、找坡层最薄处厚度；

L——屋面计算跨度；

i——屋面找坡坡度（10% 以内）。

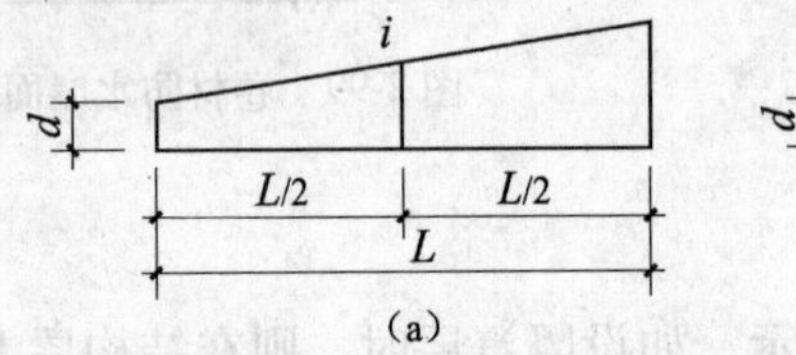

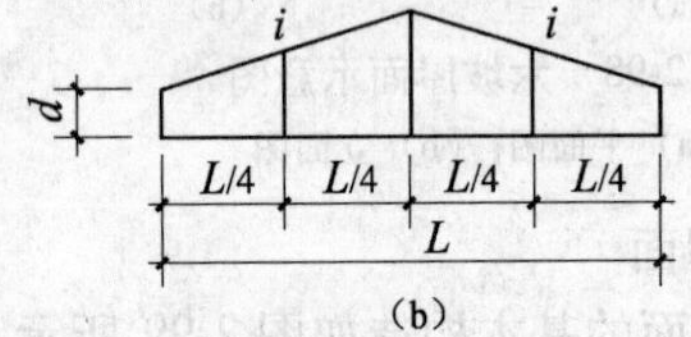

图 2-102　屋面保温层厚度示意图

（3）涂膜屋面

涂膜屋面的材料通常有塑料油膏、聚氨酯涂膜、防水砂浆等。涂膜屋面的工程量计算与卷材屋面相同。涂膜屋面的油膏嵌缝、玻璃布盖缝、屋面分格缝，另列项目以延长米计算。

（4）屋面排水

① 铁皮排水工程量按图示尺寸以展开面积计算，如图纸没有注明尺寸时，可按表计算。铁皮的咬口和搭接等已计入定额项目中，不另计算。

② 铸铁、玻璃钢水落管的工程量，区别不同直径按图示尺寸以延长米计算，如图纸未注明尺寸时，其长度由水斗下口或檐沟底面算至设计室外地坪标高处。雨水口、水斗、弯头、短管均以个数计算。

表 2-15　铁皮排水单体零件折算表　　　　单位：m^2

名　称	落水管(m)	檐沟(m)	水斗(个)	漏斗(个)	下水口(个)	天沟(m)	斜沟、天窗窗台泛水(m)	天窗侧面泛水(m)	烟囱泛水(m)	通气管泛水(m)	滴水檐头泛水(m)	滴水(m)
铁皮排水	0.32	0.30	0.40	0.16	0.45	1.30	0.50	0.70	0.80	0.22	0.24	0.11

2. 防水工程量计算

（1）建筑物地面防水、防潮层。建筑物地面防水、防潮层的作法有卷材（油毡、高分子卷材）防水、各种涂料的涂膜防水等。其工程量按室内主墙间的净空面积，以 m^2 计算。

应扣除凸出地面的构筑物、设备基础等所占面积，不扣除柱、垛、间壁墙、附墙烟囱及 $0.3m^2$ 以内孔洞所占面积。地面与墙面连接处，高度在500mm以内者按展开面积计算，并入地面工程量内；超过500mm时，按立面防水层计算。

（2）地下防水层。构筑物及建筑物地下室防水层（包括室内、室外）的做法与地面防水层基本相同，其工程量按实铺面积计算，但不扣除 $0.3m^2$ 以内的孔洞面积。平面与立面交接处的防水层，其上卷高度超过500mm时，按立面防水层计算。

（3）墙基防潮层。建筑物墙基防潮层一般采用掺防水粉的防水砂浆。其工程量按墙基长度乘以宽度的面积计算，墙基长度外墙按中心线长度、内墙按净长线长度计算。

【例2-29】 根据前面图2-93的有关数据，计算墙基水泥砂浆防潮层工程量（墙厚均为240mm）。

【解】 墙基防潮层工程量 =（外墙中线长 + 内墙净长）× 墙厚

$$=[(6.0+9.0)\times 2+6.0-0.24+5.1-0.24]\times 0.24$$
$$=40.62\times 0.24$$
$$=9.75(m^2)$$

（4）防水卷材的附加层、接缝、收头、冷底子油等已计入定额项目内，不另计算。

3. 变形缝工程量计算

变形缝的填缝是指用油浸麻丝、玛琋脂等填塞缝内，或铺设、预埋止水带等。内墙面及天棚用木板，地面用硬橡胶板或铁皮，外墙面及屋顶用铁皮遮盖变形缝。缝的工程量分别按图示尺寸以延长米计算，执行各自相应定额。

2.10 防腐、保温、隔热工程

2.10.1 耐酸、防腐工程量计算

耐酸防腐工程中项目的分类为：整体面层（又划分为耐酸防腐砂浆、混凝土、胶泥面层，玻璃钢面层，软聚氯乙烯塑料地面），隔离层（沥青胶泥及卷材、玻璃布），平面砌块料面层，池、沟、槽砌块料，耐酸防腐涂料。其中整体面层、隔离层项目适用于平面、立面的耐酸防腐工程，且包括池、沟、槽。砌块料面层以平面砌为准，若砌立面者按平面砌相应项目乘以定额规定的系数即可。

（1）耐酸防腐项目的工程量应区分不同材料种类及其厚度，按图示尺寸的实铺面积，以 m^2 计算。应扣除凸出地面的构筑物、设备基础、$0.3m^2$ 以上的孔洞等所占面积。墙垛等凸出墙面部分按展开面积计算，并入墙面工程量之内。

（2）踢脚板的工程量，按实铺长度乘以高度，以 m^2 计算，应扣除门洞所占面积，并相应增加其侧壁的展开面积。

（3）平面砌筑双层耐酸块料时，按单层面积乘以系数2计算。

（4）防腐卷材的接缝、附加层、收头等人工材料。已计入定额内，不另计算。

2.10.2 保温、隔热工程量计算

保温隔热层的材料有沥青贴软木、聚苯乙烯泡沫板、珍珠岩板、砌加气混凝土板、沥青

玻璃棉、稻壳板等。

（1）工程量计算一般规定：保温隔热层的工程量应区别不同材料，除另有规定者外，均按图示实铺厚度的体积，以 m^3 计算。其厚度按隔热材料的净厚度计算，不包括胶结材料的厚度。

（2）天棚保温隔热层的工程量，按围护结构墙体间的净面积乘以图示厚度的体积计算，不扣除柱、垛所占的体积。柱帽的保温隔热层按图示尺寸计算其体积，并入天棚工程量内。

（3）楼地面隔热层的工程量，亦按围护结构墙体间的净面积乘以图示厚度的体积计算，不扣除柱、垛、台所占体积。

（4）墙体保温隔热层的工程量，其长度外墙按隔热层中心线长、内墙按隔热层净长线长，并乘以图示尺寸的高度及厚度计算其体积。应扣除冷藏门洞口和管道穿墙洞口所占的体积。门洞口侧壁周围的隔热部分，按图示隔热层尺寸计算其体积，并入墙面的隔热层工程量内。

（5）柱包保温隔热层的工程量，按图示柱的隔热层中心线的展开长度，乘以图示尺寸高度及厚度的体积计算。

（6）池槽隔热层的工程量。池壁按墙面项目计算，池底按地面项目计算，分别按图示池槽隔热层的长、宽及厚度尺寸计算其体积。

（7）门洞口侧壁周围的隔热部分，按图示隔热层尺寸计算，单位为 m^3，并入墙面的保温隔热工程量内。

（8）柱帽保温隔热层按图示保温隔热层体积计算，并入天棚保温隔热层工程量内。

2.11 装饰工程

2.11.1 抹灰、镶贴块料面层工程量计算

抹灰工程种类繁多，按工程材料及做法划分有一般抹灰（石灰砂浆、水泥砂浆、混合砂浆和其他砂浆）、装饰抹灰（水刷石、干粘石、斩假石、水磨石、拉条灰、甩毛灰）；按抹灰的部位划分有内墙、外墙、独立柱、天棚等；此外，同种材料、同一部位的抹灰，也因抹灰基层的不同（砖墙、混凝土墙、轻质墙等），其定额各不相同。而镶贴块料面层的材料更是多种多样，有大理石、花岗石、汉白玉、预制水磨石、凸凹假麻石、陶瓷锦砖、釉面砖、金属面砖等，且其定额也区分镶贴部位和基层。所以，计算工程量时，必须区别不同情况分别列项计算。

1. 内墙一般抹灰

（1）内墙面抹灰

内墙面抹灰的工程量，按抹灰长度乘以高度的面积，以 m^2 计算。计算中有关规定如下：

① 内墙面抹灰长度。以主墙间的图示净长尺寸计算。

② 内墙面抹灰高度。无墙裙的，按室内地面或楼面至天棚底面之间距离计算，如图2-103（a）所示。

有墙裙的，按墙裙顶至天棚底面之间距离计算（图2-103b）。有吊顶天棚者，按室内地面、楼面或墙裙顶至天棚底面另加100mm计算（图2-103c）。

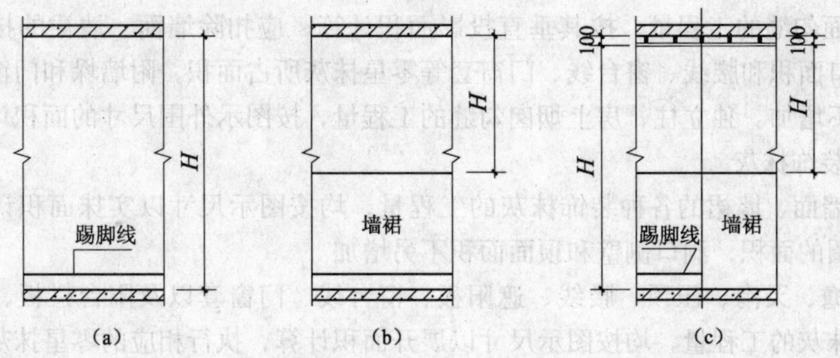

图 2-103　内墙抹灰高度示意图

③ 应增减面积。应扣除门窗洞口和空圈所占的面积，不扣除踢脚板、挂镜线、0.3m^2以内的孔洞、构件与墙交接处（如伸入墙内梁头）的面积。洞口侧壁和顶面面积也不增加。墙垛、附墙烟囱和凸出墙面的柱的侧壁，及凸出墙面的梁底面的抹灰，应按展开面积计算，并入墙面工程量内。

（2）内墙裙抹灰

内墙裙抹灰的工程量，按主墙间的图示净长尺寸乘以墙裙高度的面积计算，其应增减的面积同内墙面抹灰。

2. 外墙一般抹灰

（1）外墙面抹灰。外墙面抹灰的工程量，按外墙边线长度乘以高度的面积，以 m^2 计算。计算中有关规定如下：

① 外墙面抹灰高度：平屋顶有挑檐者，算至挑檐板底面。有女儿墙者，算至女儿墙压顶底面。有檐口天棚者，算至檐口天棚底面。无檐口天棚者，算至屋面板底面。

② 应增减面积：应扣除门窗洞口、空圈、大于0.3m^2孔洞和外墙裙所占面积，洞口侧壁和顶面面积也不增加。附墙垛、柱的侧面抹灰面积，并入墙面工程量内。外墙的挑檐、天沟、压顶、腰线、遮阳板、窗台线、门窗套以及栏板、栏杆、扶手等的抹灰，另列项目按相应定额计算。

（2）外墙裙、窗间墙抹灰。外墙裙抹灰的工程量，按外墙外边线长度乘以图示墙裙高度的面积计算，其应增减的面积同外墙面抹灰。窗间墙抹灰按图示尺寸的垂直投影面积计算，执行外墙面抹灰定额项目。

（3）挑檐，天沟，压顶，腰线，遮阳板，窗台线，门窗套等横、竖线条抹灰，若展开宽度在300mm 以内者，其工程量按延长米计算，执行装饰线条定额项目；若展开宽度超过300mm 以上时，按图示尺寸以展开面积计算，执行零星抹灰定额项目。

（4）阳台栏板、栏杆（包括立柱、扶手或压顶等）抹灰的工程量按栏板、栏杆水平中心线长度乘以高度（由阳台面至栏板、栏杆顶面）的立面垂直投影面积，乘以系数 2.2 计算，执行零星抹灰定额项目。

（5）阳台底面抹灰的工程量，按其水平投影面积计算，并入相应天棚抹灰工程量内。阳台如带悬臂梁者，其工程量乘以系数 1.3。

（6）雨篷底面或顶面抹灰，应区别不同材料分别按其水平投影面积计算，并入相应天棚抹灰工程量内。雨篷顶面带反沿或反梁者，其工程量乘以系数 1.2；底面带悬臂梁者，其工程量乘以系数 1.2。雨篷周边根据其做法，按相应装饰线条或零星抹灰定额项目计算。

（7）墙面勾缝的工程量，按其垂直投影面积计算，应扣除墙面、墙裙的抹灰面积，不扣除门窗洞口面积和腰线、窗台线、门窗套等零星抹灰所占面积，附墙垛和门窗洞口侧面的勾缝面积亦不增加。独立柱、房上烟囱勾缝的工程量，按图示外围尺寸的面积计算。

3. 外墙装饰抹灰

（1）外墙面、墙裙的各种装饰抹灰的工程量，均按图示尺寸以实抹面积计算。应扣除窗洞口、空圈的面积，洞口侧壁和顶面面积不另增加。

（2）挑檐、天沟、压顶、腰线、遮阳板、窗台线、门窗套以及阳台栏板、栏杆、雨篷周边等装饰抹灰的工程量，均按图示尺寸以展开面积计算，执行相应的零星抹灰定额项目。

4. 内、外墙镶贴块料面层

（1）内、外墙面和墙裙的各种镶贴块料面层的工程量，均按图示尺寸以实贴面积计算。

（2）挑檐、天沟、压顶、腰线、遮阳板、窗台线、门窗套以及阳台栏板、栏杆、雨篷周边等镶贴块料面层的工程量，均按图示尺寸以实贴面积计算。执行相应的零星定额项目。

（3）墙裙的高度以1500mm以内为准，超过1500 mm时按墙面计算，高度低于300 mm以内时，按踢脚板计算。

5. 独立柱

独立柱的一般抹灰、装饰抹灰、镶贴块料面层的工程量，均按柱结构断面尺寸的周长乘以柱高度的面积，以 m^2 计算，执行各自相应定额项目。

6. 天棚抹灰

（1）一般天棚抹灰的工程量，按主墙间的净空面积计算，不扣除间壁墙、墙垛、柱、附墙烟囱、检查口和管道所占的面积。

（2）带梁天棚的梁两侧抹灰工程面积，并入天棚抹灰工程量内。密肋梁和井字梁的天棚抹灰面积，亦按展开面积计算。

（3）天棚中的折线、圆弧形线、拱形线、高低灯槽等艺术形式的抹灰，均按展开面积计算。

（4）檐口天棚的抹灰面积，并入相应的天棚抹灰工程量。

（5）天棚抹灰如带有装饰线时，区别三道线以内或五道线以内，分别按延长米计算，线角的道数以一个突出的棱角为一道线（图2-104）。

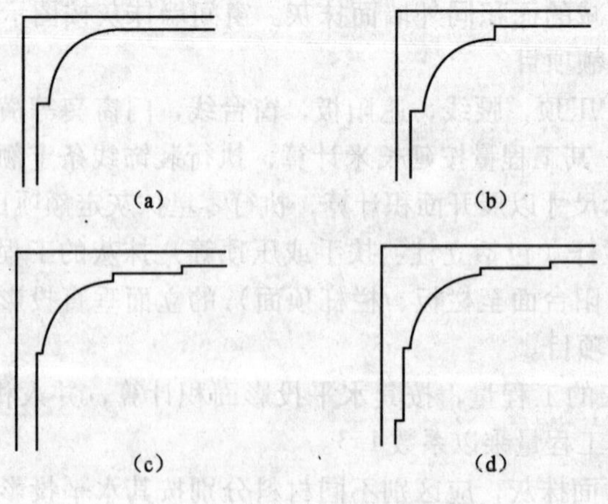

图2-104　天棚装饰线示意图

(a) 一道线；(b) 二道线；(c) 三道线；(d) 四道线

2.11.2 木（或其他材料）装饰工程量计算

1. 墙面装饰

墙面装饰的材料种类很多。其龙骨基层的材料有木龙骨、轻钢龙骨、型钢龙骨和铝合金龙骨等，饰面材料有胶合板、纤维板、塑料板、石膏板、铝合金装饰板、镜面玻璃、镭射玻璃等。计算工程量时，必须区别不同材料分别列项计算。

（1）墙面、墙裙、隔墙的龙骨基层和饰面的工程量，均按图示尺寸长度乘以高度的实铺面积，以 m^2 计算，应扣除门窗洞口面积，并相应增加洞口侧壁面积。

（2）半玻璃隔墙是指上部为玻璃隔墙，下部为砖墙或其他隔墙者，应分别按各自定额项目计算。其中玻璃隔墙的工程量，按下横档底面至上横档顶面之间的高度，乘以两边立梃外边线之间长度的面积，以 m^2 计算。

（3）浴厕木隔断的工程量，按下横档底面至上横档顶面之间高度，乘以图示长度的面积计算，门扇面积并入隔断面积内计算。

（4）铝合金、轻钢装饰隔墙、玻璃幕墙的工程量，均按四周框外围面积计算。

（5）其他项目：

① 硬木窗台板、筒子板按实铺面积，以 m^2 计算。

② 气罩按边框外围尺寸的垂直投影面积计算。

③ 窗帘盒、明装式铝合金窗帘轨按图示尺寸以延长米计算，图纸未注明尺寸时，可按窗洞口宽度两边共加 300mm 计算。

④ 木装饰条、金属装饰条、石膏条等，按实钉长度，以延长米计算。

2. 独立柱装饰

独立柱柱面装饰的工程量，按柱外围装饰面尺寸周长乘以柱高度的面积，以 m^2 计算。

3. 天棚装饰

天棚装饰的材料，其龙骨有对剖圆木楞、方木楞、轻钢龙骨、铝合金龙骨，面层有木板条、胶合板、刨花木屑板、塑料板、宝丽板、石膏板、铝合金板等。计算工程量时应区别不同材料分别列项。

（1）各种吊顶天棚龙骨的工程量，按主墙间净空面积计算，不扣除间壁墙、墙垛、柱、附墙烟囱、检查口和管道所占面积。但天棚中的折线、迭落等圆弧形、高低灯槽等面积也不展开计算。

（2）天棚装饰面层的工程量，按主墙间的实铺面积计算，不扣除间壁墙、墙垛、附墙烟囱、检查口和管道所占面积，应扣除独立柱以及与天棚相连的窗帘盒所占面积。天棚中的折线、迭落等圆弧形、拱形、高低灯槽及其他艺术形式的面层，均按展开面积计算。

2.11.3 油漆、涂料、裱糊工程量计算

（1）楼地面、天棚面、墙面、柱面、梁面等的喷（刷）涂料、抹灰面油漆（表 2-16 中除外）及墙面裱糊（贴装饰纸或布）的工程量，均可直接采用楼地面、天棚、墙、柱、梁面等装饰工程相应的工程量，查取各自的定额项目。

表 2-16 抹灰面油漆、涂料工程量系数表

项目名称	系数	工程量计算方法
槽形底板、混凝土折板	1.30	长×宽
有梁板	1.10	
密肋、井字梁底板	1.50	
混凝土平板式楼梯底	1.30	水平投影面积

(2) 木材面、金属面油漆和各类板面的油漆、涂料的工程量，根据不同油漆种类和刷油部位分别列项，并按不同规定计算工程量后（一般为其制作工程量），乘以规定的系数，再查取相应的定额项目。工程量计算方法及系数的部分示例如表 2-17 ~ 表 2-24 所示。

表 2-17 木门工程量计算

项目名称	系数	工程量计算方法
单层木门	1.00	按单面洞口面积（m^2）
双层木门（一玻一纱）	1.36	
单层全玻门	0.83	
木百叶门	1.25	
厂库房大门	1.10	

表 2-18 单层木窗工程量系数表

项目名称	系数	工程量计算方法
槽形底板、混凝土折板	1.30	长×宽
有梁板	1.10	
密肋、井字梁底板	1.50	
混凝土平板式楼梯底	1.30	水平投影面积

表 2-19 木扶手（不带托板）工程量系数表

项目名称	系数	工程量计算方法
木扶手（不带托板）	1.00	按延长米计算
木扶手（带托板）	2.60	
窗帘盒	2.04	
封檐板、顺水板	1.74	
挂衣板、黑板框	0.52	
“生活园地”框、挂镜线、窗帘棍	0.35	

表 2-20 其他木材面工程量系数表

项目名称	系数	工程量计算方法
木板、纤维板、胶合板、天棚、檐口	1.00	长×宽
清水板条天棚、檐口	1.07	
木方格吊顶天棚	1.20	

续表

项目名称	系数	工程量计算方法
吸声板、墙面、天棚面	0.87	长×宽
鱼磷板墙	2.48	
木护墙、墙裙	0.91	
窗台板、筒子板、盖板	0.82	
暖气罩	1.28	
屋面板（带檩条）	1.11	斜长×宽
木间壁、木隔断	1.90	单面外围面积
玻璃间壁露明墙筋	1.65	
木栅栏、木栏杆（带扶手）	1.82	
木屋架	1.79	跨度(长)×中高×$\frac{1}{2}$
衣柜、壁柜	0.91	投影面积（不展开）
零星木装修	0.87	展开面积

表 2-21　木地板工程量系数表

项目名称	系数	工程量计算方法
木地板、木踢脚线	1.00	长×宽
木楼梯（不包括底面）	2.30	水平投影面积

表 2-22　单层钢门窗工程量系数表

项目名称	系数	工程量计算方法
单层钢门窗	1.00	洞口面积
双层（一玻一纱）钢门窗	1.48	
钢百叶门窗	2.74	
半截百叶钢门	2.22	
满钢门或包铁皮门	1.63	
钢折叠门	2.30	框（扇）外围面积
射线防护门	2.96	
厂库房平开、推拉门	1.70	
铁丝网大门	0.81	
间壁	1.85	长×宽
平板屋面	0.74	斜长×宽
瓦垄板屋面	0.89	斜长×宽
排水、伸缩缝盖板	0.78	展开面积
吸气罩	1.63	水平投影面积

表 2-23　其他金属面工程量系数表

项 目 名 称	系 数	工程量计算方法
钢屋架、天窗架、挡风架、屋架梁、支撑、檩条	1.00	按重量计算
墙架（空腹式）	0.50	
墙架（格板式）	0.82	
钢柱、吊车梁、花式梁柱、空花构件	0.63	
操作台、走台、制动梁钢梁车挡	0.71	
钢栅栏门、栏杆、窗栅	1.71	
钢爬梯	1.18	
轻型屋架	1.42	
踏步式钢扶梯	1.05	
零星铁件	1.32	

表 2-24　平板屋面涂刷磷化、锌黄底漆工程量系数表

项 目 名 称	系 数	工程量计算方法
平板屋面 瓦垄板屋面	1.00 1.20	斜长×宽
排水、伸缩缝盖板	1.05	展开面积
吸气罩	2.20	水平投影面积
包镀锌铁皮门	2.20	洞口面积

2.12　建筑工程垂直运输及建筑物超高增加人工、机械费

建筑工程施工中的垂直运输机械费，并未包括在各分部分项工程定额中的机械费用，因此需单独计取此部分费用。

2.12.1　建筑物垂直运输

建筑物垂直运输机械台班用量及机械费，根据垂直运输机械的不同（卷扬机、塔式起重机），并区分建筑物的不同用途（住宅、教学及办公用房、医院及宾馆、影剧院、商场、科研用房及其他、单层厂房、多层厂房等）、不同结构类型（混合结构、现浇框架、全装配、其他结构）和不同檐高（20m 以内、30m 以内……），按建筑面积以 m^2 计算。建筑面积按本书 2.2 节中所述规定计算。计算中其他有关规定如下：

（1）檐高是指设计室外地坪至檐口的高度，突出主体建筑屋顶的电梯间、水箱间等不计入檐口高度之内。

（2）同一建筑物多种用途或多种结构，按不同用途或结构类型分别计算其建筑面积。

（3）檐高 3.6m 以内的单层建筑物，不计算垂直运输机械费。

2.12.2　构筑物垂直运输

构筑物垂直运输机械台班用量及机械费，以座为单位计算。超过定额规定高度时，再按

每增高1m定额项目计算。增高不足1m时，亦按1m计算。

2.12.3 建筑物超高人工、机械降效费

建筑物超高工程是指建筑物檐高在20m（或层数6层）以上的工程。当建筑物超高时，应当另计算其超高增加费，包括人工、机械降效费和施工用水加压的水泵台班费两项。

人工、机械降效的内容包括：由于建筑物超高造成的工人上下班降低工效、上楼工作前休息及自然休息增加的时间；垂直运输影响的时间；由于人工降效引起的机械降效。

在全国基础定额中，人工、机械降效费的计算，是区别不同檐高（或层数），按规定内容中的全部人工费、机械费分别乘以相应的降效系数计取的。各项降效系数中包括的内容指建筑物基础以上的全部工程项目，但不包括垂直运输、各类构件的水平运输及各项脚手架项目。

2.12.4 降效系数（表2-25）

表2-25 建筑物超高人工、机械降效定额摘录

工作内容：1. 工人上下班降低工效，上楼工作前休息及自然休息增加的时间。
2. 垂直运输影响的时间。
3. 由于人工降效引起的机械降效。

定额编号		14-1	14-2	14-3	14-4
项　目	降效率	檐高（层数）			
		30m（7~10）以内	40m（11~13）以内	50m（14~16）以内	60m（17~19）以内
人工降效	%	3.33	6.00	9.00	13.33
吊装机械降效	%	7.67	15.00	22.20	34.00
其他机械降效	%	3.33	6.00	9.00	13.33

（1）各项降效系数中包括的内容指建筑物基础以上的全部工程项目，但不包括垂直运输各类构件的水平运输及各项脚手架。

（2）人工降效按规定内容中的全部人工费乘以定额系数计算。

（3）吊装机械降效按吊装项目中的全部机械费乘以定额系数计算。

（4）其他机械降效按除吊装机械外的全部机械费乘以定额系数计算。

2.12.5 建筑物超高加压水泵台班费

建筑物施工用水加压所增加的水泵台班及费用。区别不同檐高（或层数），按建筑面积以m^2计取费用。

（1）本规定适用于建筑物檐口高20m（层数6层）以上的工程。

（2）檐高是指设计室外地坪至檐口的高度。突出主体建筑屋顶的电梯间、水箱间等不计入檐高之内。

（3）同一建筑物高度不同时，按不同高度的建筑面积，分别按相应项目计算。

表 2-26　建筑物超高加压水泵台班定额摘录

工作内容：包括由于水压不足所发生的加压用水泵台班。

计量单位：$100m^2$

定额编号		14-11	14-12	14-13	14-14
项　目	单位	檐高（层数）			
		30m（7～10）以内	40m（11～13）以内	50m（14～16）以内	60m（17～19）以内
基价	元	87.87	134.12	259.88	301.17
加压用水泵	台班	1.14	1.74	2.14	2.48
加压用水泵停滞	台班	1.14	1.74	2.14	2.48

在某些省、市的预算定额中，建筑物超高增加费的定额是将人工、机械降效及加压水泵费的内容综合在一起的，其计算是区别不同檐高（或层数）及结构类型，按建筑面积计取费用。

本章小结

本章通过图表及例题演算，对建筑工程中各种工程量的概念及计算进行了讲解。其内容重点包括：一些计算工程量的规定和规则；建筑面积计算规则；土方工程与桩基础工程计算规则与工程量计算；地基处理与防护工程量的计算；砌筑工程、混凝土及钢筋混凝土工程量计算规则与计算；脚手架工程、构件制作运输及安装工程量计算；门窗及木结构工程量计算规则及其计算；屋面、防水、保温及防腐工程工程量的计算规则及计算；装饰工程等工程量的计算；建筑工程垂直运输及建筑物超高增加人工、机械降效费以及建筑物超高加压水泵台班费等。

思 考 题

1. 何谓工程量、建筑面积？建筑面积计算包括哪些内容？

2. 土方工程的计算原则是什么？包括哪些内容？土方工程量计算是否要考虑垫层支模所需的工作面？

3. 简述脚手架工程量的两种计算方法（即综合脚手架和单项脚手架法），两者有何不同？

4. 砌筑工程中，工程量的计算都包括哪些方面？实心砖墙的工程量计算应扣除哪些体积，不扣除哪些体积？

5. 混凝土及钢筋混凝土工程中，模板工程量、钢筋工程量及混凝土工程量的计算，哪个更难以把握，为什么？

6. 金属构件的计算中，不规则钢板以其外接矩形面积乘以厚度以质量计算，如何理解和计算外接矩形面积？

7. 斜屋面的卷材防水工程量如何计算？设计未注明尺寸时，屋面排水管的长度如何确定？

8. 屋面涂膜防水的找平层是否应另外列项目？

9. 预制隔热板屋面应列哪些项目计算工程量？

10. 建筑物超高加压水泵台班费如何计算？

第3章 工程量清单的计算与编制

【本章提要】 本章通过例题讲解，对工程量清单的计算与编制进行介绍。主要内容包括：工程量清单概念及编制原则；工程量清单的种类划分及编制工程量清单的条件；工程量清单的编制标准、编制依据及工程量清单的基本内容；工程量清单计算与编制。包括场地整平、基础土方工程、护坡工程、独立钢筋混凝土基础工程、钢筋混凝土柱工程、钢筋混凝土梁工程及钢筋混凝土楼板工程等工程量清单的计算与编制；措施清单计算与编制以及其他项目清单的编制。包括通用措施项目清单、降水工程量清单、脚手架工程量清单计算与编制等。

【关键词】 工程量清单 编制标准 措施清单

工程量清单的计算与编制，是在市场经济条件下，运用工程量清单计价方式，核算出构成建筑品“生产者成本”和“购买者价格”，达成交易行为及合同价款的基础和前提，是做好工程量清单计价的一项基础工作。

3.1 工程量清单概念及编制原则

3.1.1 工程量清单

工程量清单是依据建设工程施工图纸、《建设工程工程量清单计价规范》所规定的工程量计算规则、建设工程业主的施工技术指导书而计算编制的。它是拟建工程的分部分项工程项目、措施项目、其他项目等分项工程基本组成部分的明细清单，包括分部分项工程量清单、措施项目工程量清单、其他项目清单。工程量清单是工程计价的依据，是工程项目招标投标文件的组成部分。

3.1.1.1 工程量清单的形成

一项工程建设项目是由若干项子工程项目组成的，每项子工程项目又由若干个单位工程组成，每项单位工程由若干个分部工程组成，每个分部工程由若干分项工程组成，每个分项工程由基本组成部分构成，这些基本组成部分就是分项工程量清单。分项工程量的基本组成部分，称为基本子工程量。

例如，一项住宅小区工程建设项目，有住宅工程项目、学校工程项目、医院工程项目、商店工程项目、采暖工程项目、送变电工程项目、电信工程项目等。在每项工程项目中，要有若干单位工程，如住宅工程项目中，有若干栋住宅，每一栋住宅就是一项单位工程。每一栋住宅要由若干分部分项工程组成，如一栋住宅单位工程，有基础土方分部工程：包括基础土方、基础护坡、基础降水、基础处理等分项工程。主体结构分部工程，包括混凝土基础、柱、墙、楼板、楼梯、顶板等分项工程。而每一项分项工程，由它的基本组成部分构成。如独立钢筋混凝土基础分项工程，由基础垫层混凝土量、基础垫层混凝土边模板量、基础混凝土量、基础混凝土四周模板量、基础钢筋量等构成。构成方式如图3-1所示。

单位工程	分部分项工程量（主要子工程量）	分部分项工程量基本组成部分（基本子工程量）	构成基本子工程量的工艺工序

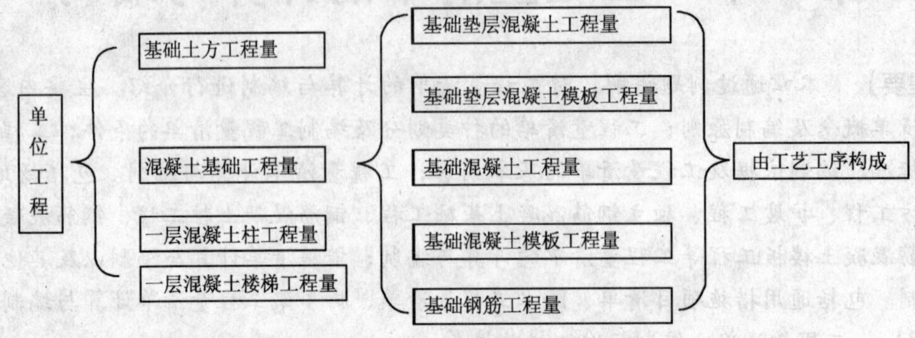

图 3-1　钢筋混凝土基础工程量清单构成图

图 3-1 中独立钢筋混凝土基础分项工程量的五项基本组成部分，排列在一起就形成了独立钢筋混凝土基础分项工程量清单。

依据施工图纸、国家制定的施工技术标准和施工工艺技术方案及工程量计算规则，将计算出独立钢筋混凝土基础分项工程量的五项基本组成部分的数量，填写到工程量清单计价表中，就是所编制的工程量清单，见表 3-1。

表 3-1　独立钢筋混凝土基础工程量清单计价表

序号	项目编码	项目名称	项目特征描述	计量单位	工程量	金额（元）	
						单价	合价
1	010401002	独立混凝土基础	独立混凝土基础	m^3	29.58		
1-1	010401002001	基础垫层	基础垫层混凝土 C20	m^3	4.1		
1-2	010401002002	基础垫层混凝土边模板	基础垫层混凝土边木模板	m^2	10.24		
1-3	010401002003	基础混凝土	基础混凝土 C25	m^3	25.48		
1-4	010401002004	基础混凝土模板	基础混凝土木模板	m^2	87.36		
1-5	010401002005	基础钢筋	基础钢筋　10～25	kg	2393.28		
	合计						

3.1.1.2　工程量清单编码的确定

参照我国《建设工程工程量清单计价规范》规定，工程量清单编码采用十二位阿拉伯数码表示，一至九位为统一编码，其中一、二位为附录顺序码，三、四位为专业工程顺序码，五、六位为分部顺序码，七、八、九位为分项工程项目名称顺序码，十至十二位为清单项目名称顺序码。结合国际通用工程量清单构成的内涵，采用十二位编码工程量清单。例如：表 3-1 中，独立钢筋混凝土基础分项工程前九位编码是 010401002，在分项工程九位编码后加三位数编码，便是构成独立钢筋混凝土基础分项工程量的基本组成部分，即 010401002001、010401002002、010401002003、010401002004、010401002005，此书中工程量清单编码仅供参考。

在国际工程中，工程量清单的计算与编制，均以标准工程为单位，而主要子工程量（分项工程量）的基本组成部分就构成了工程量清单。

从计算实物工程量及在施工过程中工程量的组成部分来看，某些分项工程量的基本组成部分，在一定的施工条件下，在工程量清单中又单独作为一项工程量来计取。例如，门窗制作中刷漆，是构成门窗分项工程量的一个基本组成部分，可以列为工程量清单中的一项。但在门窗维护工程施工中，刷漆又需要独立成为工程量进行计算和取费。因此，单位工程主要子工程量（分项工程量）的基本组成部分，可称为基本子工程量。基本子工程量的概念就是最基础的工程量，是由工艺工序的物化活动工作量组成的。

由于工程量清单是以单位工程为单位，以主要子工程量（分项工程量）为基础，由分项工程量基本组成部分即基本子工程量来组成。所以，将构成分项工程量的基本组成部分按部位计算出来，并将名称、规格描述清楚，然后，按照单位工程、专业、分项工程，部位等汇编在一起，就形成了工程量清单。

3.1.2 编制工程量清单的基本原则

3.1.2.1 实事求是

计算编制工程量清单是工程施工承包、发包商双方进行市场经济交易行为的依据。也是用来计算建筑产品“生产者成本”和“购买者价格”并形成合同价款的依据。所以，在计算编制工程量清单过程中，必须要做到实事求是。一定要按照规范中规定的工程量计算规则和设计施工图纸，以及发包方所提供的施工技术指导书等合同文件，准确无误地计算编制工程量清单。

实事求是是计算编制工程量清单的基本准则，也是考核工程量清单计价（定价）核算人员（核算师）素质水平的一项重要标准。在中国香港和英国等一些地区和国家，如果工料测量师所计算编制的工程量清单，出现了与施工图纸或承包方提供的施工技术指导书不符的情况，并因此给工程施工造成损失，在索赔时，工料测量师要承担索赔的部分费用。尽管这些费用通过择业投保，可以由保险公司支付，但是个人的择业信誉会降低，将影响到个人择业空间及择业资质的确认。这也是市场经济条件下，专业人员的择业自我考核。所以，计算编制工程量清单一定要坚持实事求是的原则。

3.1.2.2 与实际条件相匹配

在市场经济情况下，工程量清单的计算编制，是建设工程项目施工承包、发包形成经济交易行为，进行工程施工计价（定价）的一种方式方法。在工程量清单计算与编制工作中，必须要与施工工艺、技术方案等客观条件相匹配。例如，计算编制工程量清单必须要对施工图纸及现场情况充分了解，以企业拥有的工程施工工艺技术方案和企业定额资源为依据，才能计算编制出完整的工程量清单，体现出工程量清单计价核算出“生产者成本”报价和“购买者价格”招标标底的作用。所以，计算编制工程量清单必须坚持与实际客观条件相匹配的原则，而不能借用其他企业的施工技术方案或资源，闭门造车来计算和编制。

工程量清单既是企业构成建筑品“生产者成本”和“购买者价格”及合同价款的依据，又是组织、指导、核算建设工程施工物化活动实施的依据。如果计算不准，无法完成工程实体，会造成浪费和拖延工期，因此，编制工程量清单，须坚持实事求是和与实际客观条件相匹配的原则，是编制工程量清单基本准则。

3.2 工程量清单的种类及计算条件

3.2.1 工程量清单的划分

工程量清单按规范划分共有三类：

1. 建设工程实体工程量清单

以建设工程项目施工图纸所注明的尺寸为准，按工程量计算规则计算分项工程量的基本子工程量，为建设工程项目实体的工程量清单。即规范中分部分项工程量清单，一般习惯称为建设工程实体工程量清单。

2. 非工程实体工程量清单

非工程实体工程量清单是指，为建设工程项目实体服务为目的，间接用于或共用于多项分项工程实体形成的物化活动，由此形成的工程量清单，为非建设工程实体的非永久性工程量清单。在规范中称为措施项目工程量清单，这种工程量清单除名称外，其内容、表格与计算方式、与分部分项工程量清单基本相同。

3. 其他项目清单

在规范中，其他项目清单，是在建设工程项目实施中必须要发生的事物性行为项目费用。其中有些项目可能也具有工程量属性，但是又同时具有独立项目属性，不能计入分部分项工程量清单和措施项目工程量清单中。例如，工程定位放线项目，招标方由于工程需求，委托投标方的非正式工程实体的工程项目，因不能列入分部分项和措施项目清单中计算，故此列在其他项目清单中计价。

3.2.2 计算编制工程量清单的条件

工程量清单的计算编制依据，是原建设部制定颁布的《建设工程工程量清单计价规范》及工程量计算规则。此外，还必须要明确和具有如下条件，才能完整而准确地编制工程量清单计算。

（1）单位工程及分部分项工程的施工图纸必须完整，设计技术文件与相关规范、标准要齐全。

（2）要认真掌握《建设工程工程量清单计价规范》的要点。

（3）要具备地质勘探资料。

（4）施工现场高程方格网测绘图。

（5）场地周边的道路、水、气、电信等资料。

（6）现场地区的气象资料。

（7）现场周边的河流、防洪、排污及环保资料。

（8）客户（业主）对建设工程实施的施工技术指导书。

（9）建设工程特定工艺要求技术文件。

（10）材料和设备的采购意向书。

（11）工程量清单计价（定价）与所采取的招标投标方式。

（12）场地周边的民族习惯。

（13）计算编制工程量清单人员现场调查记录。

（14）属招标方项目外的工程项目部分需要投标方给予配合的项目。

（15）地区省级政府所规定的法定上缴费用文件。

（16）依据设计图纸技术要求和业主施工技术指导书，所编制的建设工程施工技术组织设计和施工工艺技术方案。

以上16项条件是计算编制建设工程工程量清单及其他项目清单所应具备的基本条件。只有具备了上述相对应的基本条件，才能全面、完整、贴近实际地计算编制工程量清单，及核算出构成建筑品的"生产者成本"计价、报价和"购买者价格"招标标底，进而保证建设项目招标投标、评标及投资的透明度，并有利于保证施工质量和确定合理的施工合同价款。

3.3 工程量清单的编制标准、依据与内容

3.3.1 工程量清单编制标准

在编制工程量清单时，必须清楚工程项目结构，将分项工程量的基本组成部分的基本子工程量计算出来，从构成基本子工程量的工艺工序中计算出耗用的人工量、材料量、机械台班使用量。然后，通过发包商及市场价即可计算出构成建筑品"购买者价格"标底，承包商则可核算出构成建筑品"生产者成本"的投标报价。这样发包商和承包商在进行合同价款谈判时，才有可能达成合理的合同价款协议。

编制工程量清单要做到四个统一：

（1）编制工程量清单要做到与建设工程施工工艺程序相统一，即以工程施工工艺程序进行编制，以利于建设工程施工与核算的有序实施。

（2）编制工程量清单要与施工图纸相统一，即按各专业图纸和图纸工艺程序进行编制，可以防止漏项及保证工程量清单的准确计算。

（3）编制工程量清单要与设计概算相统一，即和设计概算子目相对应，可以防止漏项，并便于同设计概算进行比较和审核。

（4）编制工程量清单编码要与《建设工程工程量清单计价规范》中清单编码一致，以便于数据化评标、实现电子信息化管理。

3.3.2 工程量清单的编制依据

（1）《建设工程工程量清单计价规范》。

（2）国家或省级、行业建设主管部门颁发的计价依据和办法。

（3）建设工程设计文件。

（4）与建设工程项目有关的标准、规范、技术资料。

（5）招标文件及其补充文件、答疑纪要。

（6）施工现场情况、工程特点及施工方案。

（7）其他相关资料。

3.3.3 工程量清单的基本内容

1. 工程量清单基本组成部分

《建设工程工程量清单计价规范》中规定，建设工程的工程量清单是由建设工程的分部分项工程量清单、措施项目清单、其他项目清单、规费项目清单、税金项目清单组成。

2. 分部分项工程量清单的内容

由于各类工程专业不同，分项工程量的基本组成部分划分各有不同，原则上应根据工程量定义和项目特征及实际情况确定。即根据工程项目实体的构成，以具有独立功能和独立空间位置的单位量及各工程专业特性编制工程量清单。

规范界定和实践应用证明，明确工程量的内涵非常重要。按照国际上各国通用模式，工程量清单的计算编制，是根据工程量内涵确定工程量清单的基本组成部分。参见附录案例，根据世贸组织发给各国采集建筑品价格的工程量清单样本，以及香港某公司在内地某酒店装饰工程样本，可了解计算编制工程量清单的表格方式和具体做法。

3. 措施项目清单的内容

《建设工程工程量清单计价规范》中措施项目，是指为完成工程项目施工，发生于该工程施工准备和施工过程中的技术、生活、安全、环境保护等方面的非工程实体项目。将工程施工中采用技术措施产生的分项工程量及基本组成部分的基本子工程量，均单独列为措施项目（工程量）清单计算。从构成工程量清单相对可比性分析的角度来看，这是一种较好的方法。从分项工程量清单的综合价和综合单价来认识，由技术措施所产生的工程量有如下两种不同情况：

（1）凡是独立服务于一项分项工程量的技术措施所产生的非工程实体的基本子工程量应列在所服务的分项工程量基本组成部分的基本子工程量中计算，以便构成完整的分项工程量清单。例如混凝土基础，混凝土柱、梁、墙、楼梯、楼板等所用的模板和紧固件与支架等，均应列在上述分项工程量清单中计算。凡是独立和直接作用于一项分项工程量的基本组成部分的基本子工程量，均应列在所服务的分项工程量清单中计算。这样在计价中，才能准确计算出构成分项工程量完整的工艺综合总价和工艺综合单价。

（2）凡是间接服务于建设工程实体的技术措施所产生的工程量，以及服务于多项分部分项工程量的技术措施所产生的工程量，均应单独列为措施项目（工程量）清单计算。例如，基础的挡土墙、地下降水、基础坑换土及强夯、室外脚手架、塔吊和垂直提升机等。由于服务于单位工程和多项分部分项工程量的措施项目所产生的工程量，无法计算到所服务的各个分项工程量清单中，因此将其列为措施项目（工程量）清单单独计算，有益计价和核算。

4. 其他项目清单的内容

根据工程建设标准的高低、工程的复杂程度、工程的工期长短、工程的组成内容、工程的准备条件、发包人对工程管理要求等都直接影响其他项目清单内容，《建设工程工程量清单计价规范》中列出内容包括暂列金额、暂估价、计日工、总包服务费，可根据工程实际情况进行补充。

5. 规费项目清单的内容

根据原建设部、财政部《关于印发〈建筑安装工程费用组成〉的通知》（建标〔2003〕206号）的规定，规费包括工程排污费、工程定额测定费、社会保障费、住房公积金、危险作业意外伤害保险。规费作为政府管理部门规定必须缴纳的费用，由施工企业根据省级政府或省级有关权力部门的规定进行缴纳。

6. 税金项目清单的内容

根据原建设部、财政部《关于印发〈建筑安装工程费用组成〉的通知》(建标〔2003〕206号）的规定，目前国家税法规定应计入建筑安装工程造价内的税种包括营业税、城市建设维护税和教育费附加。如果，国家税法发生变化或地方政府及税务部门依据职权对税种进行了调整，应对税金项目清单进行相应调整。

3.4 工程量清单计算与编制

工程量清单一般由招标人（企业）或委托具有计算编制工程量清单能力的中介咨询企业进行编制。每个建设工程项目只能按《建设工程工程量清单计价规范》计算编制一式工程量清单，不得提供或编制两个以上工程量清单。在组合编制时应按四个统一原则进行工程量清单的编制，以便于施工中应用。一个标准的单位工程工程量清单，应由分部分项工程量清单、措施项目（工程量）清单、其他项目清单、规费项目清单、税金项目清单和单位工程费汇总表组成。

3.4.1 工程量清单计算与编制原则

（1）计算原始数据与设计图纸保持一致。

（2）按照建筑工程施工质量验收规范分项工程划分的规定，建设工程工程量清单的名称划分应该与规范保持一致。

（3）工程量清单编码的确定，应该依据《建设工程工程量清单计价规范》第二页术语2.0.2的规定。

（4）工程量清单计算与编制方式，要与施工工艺相统一。

（5）工程量清单的计算与编制方式，须保证有利于分项工程量成本考核，并有利于指导与控制施工成本。

3.4.2 场地整平工程量清单计算与编制

3.4.2.1 应具备的条件

计算编制场地整平工程量清单应具备如下三项条件：

（1）必须要有场地方格网高程测量报告。

（2）必须要有建筑物室外地平标高设计图。

（3）必须要有场地基准标高的坐标点。

以上三个条件是计算和编制场地整平工程量清单的基础条件。

3.4.2.2 场地整平工程量清单的计算

依据设计的建筑物室外地坪标高和场地方格网高程测量报告，计算场地各部位多余土方量和缺土量，以及外运土方量（或需往内运土方量）和场地内移土平整量。

【例3-1】 场地长250m，宽120m，总占地面积30000m^2，按建筑物室外图纸地面标高与方格网坐标测算，东部局部凸高，逐步向西走低。东部多余土方量为1400m^3，西部局部缺土方量为250m³。

【解】 需外运土方量 = 1400 − 250 = 1150（m³）

场内移土方量 = 250（m³）

3.4.2.3 场地整平工程量清单编制

【例3-1】的平整场地工程量清单表如表3-2所示。

表3-2 平整场地工程量清单（计价）表

序号	项目编码	项目名称	项目特征描述	计量单位	工程量	金额（元）	
						单价	合价
1	010101001	平整场地	一类土，土方就地挖填找平	m²	30000		
1-1	010101001001	外运土方量	一类土，运距2km	m³	1150		
1-2	010101001002	场内移土	一类土，推平压实	m³	250		
			小计				

3.4.3 基础土方工程量清单的计算与编制

建筑基础土方工程和设备基础土方工程的工程量清单计算与编制有两种方式方法，但是都必须具备下列条件进行计算和编制。

3.4.3.1 应具备的条件

（1）单位工程基础施工图纸。

（2）业主提供的施工技术意向指导书（施工技术方案）。

（3）施工场地周边建筑及现场环境观察记录。

（4）施工场地地下隐蔽工程和隐蔽物资料。

（5）场地地质勘探资料报告。

（6）场地地区地质水文资料。

以上六项条件是计算编制土方工程量清单应具备的基本条件。

3.4.3.2 基础土方工程量清单的计算

基础土方工程量清单计算方法有两种：

第一种：基础土方工程量是按设计基础图纸平面尺寸，以基础垫层底面积乘以挖土深度计算。基础土方工程量清单中，工作面扩宽和放坡土方量，由施工承包方所采取的施工工艺技术方案决定，施工承包方计算土方量时，将工作面和放坡土方增量，折算在土方单价中考虑。这是工程量清单计价规范中的计算规则。

第二种：依据业主的施工技术意向指导书，结合现场条件和地下隐蔽工程与隐蔽物资料，以及地质勘探资料，制定出土方挖掘施工技术方案。例如，根据工程项目周边建筑物的现场条件、土壤类别、地质条件及基础深度、不同的护坡方式、工期要求等不同的各项因素，本着有利工程施工安全和降低成本的原则，制订符合实际的施工技术方案，并根据施工技术方案进行基础土方工程量的计算，由此确定出不同的土方开挖量，从中找出经济合理的计算方案。

1. 基础土方工程量的计算

设定基础为满堂红基础，基础平面尺寸宽 $a = 16$m，长 $b = 40$m，基础深度 $h = 2$m，场地土质为一类土，采用机械挖土，放坡系数 $K=0.33$，每边各增加工作面宽度为 $c=0.3\text{m}$。

挖土方量 $V=(a+2c+k\times h)\times(b+2c+k\times h)\times h+(1/3)\times k^2\times h^3$

故 $V=(16+2\times0.3+0.33\times2)\times(40+2\times0.3+0.33\times2)\times2+(1/3)\times0.33^2\times2^3$

$=1424.59(\text{m}^3)$

2. 基础回填与夯实土方工程的计算

在计算基础土方分项工程量清单时，除计算出挖土方工程量外，还包括基础回填和夯实土方工程量的计算。因此，依据满堂红基础的施工图纸，将满堂红混凝土基础所占的体积计算出来，然后与挖出的土方工程量相减，得出的差数就是所回填和夯实的土方工程量。现设定所计算出满堂红基础体积为 1012.60m^3。

基础回填和夯实土方工程量 $=1424.59-1012.60=411.99$（m^3）

根据现场条件可堆积土方量 $=400\text{m}^3$，运距为 40m

所以运出土方量 $=1424.59-400=1024.59$（m^3）　运距 1.5km

从场外回运土方量 $=411.99-400=11.99$（m^3）　运距 1.5km

3.4.3.3 基础土方工程量清单的编制

按照上述计算得出的基础土方分项工程量的各项基本组成部分数据，及工程量清单计价表要求，编制表 3-3。

表 3-3 基础土方工程量清单（计价）表

序号	项目编码	项目名称	项目特征描述	计量单位	工程量	金额（元）	
						单价	合价
1	010101003	基础土方	一类土 深度 2m	m^3	1424.59		
1-1	010101003001	外运土方量	运距 1.5km	m^3	1024.59		
1-2	010101003002	场内积土方量	运距 40m	m^3	400		
1-3	010101003003	回运土方量	运距 1.5km	m^3	11.99		
1-4	010101003004	回填夯实土方量	一类土	m^3	411.99		
	小计						

3.4.4 护坡工程量清单计算与编制

3.4.4.1 应具备的条件

（1）护坡工程施工技术方案，业主技术指导书。

（2）地质资料报告。

（3）现场勘测记录。

护坡工程属于规范中措施项目（工程量）清单，它间接为基础工程施工服务，在工程施工图内没有护坡工程的施工图纸。护坡工程是根据工程施工现场条件和施工企业拥有的施工技术，以及所采取的施工技术方案来决定，故称为施工技术措施项目。

护坡工程所采取的方式方法很多，要根据开挖基础槽的深度和土质、周边建筑物的不同，以防护开挖基础槽壁不倒、保证基槽内施工安全和周边建筑物或道路基础不下沉为目的，确定护坡方法。目前由于高层建筑的兴起，护坡工程在工程项目中就显得更加突出和重要。

护坡工程量清单的计算与编制，要根据护坡施工措施技术方案中所设计的施工技术措施图纸进行。每一项工程的护坡施工技术措施方案，都是根据各项工程的具体条件、通过计算进行编制，各项工程的条件不同，所设计编制的技术措施方案也不相同。护坡工程的工程量清单必须依据工程项目的技术措施方案进行计算和编制。

3.4.4.2 护坡工程量清单计算

【例3-2】 某工程基础深度8m，基础槽宽17m，基础槽宽长42m，采用锚杆支护护坡方案。

【解】 按护坡支护设计方案：

锚杆孔径 $\phi200$，深度为2m。

钢筋笼直径160mm，水平间距2m，垂直间距2m，钢筋笼钢筋直径 $\phi12$。

支护喷射混凝土，采用豆石混凝土C20，混凝土厚度80mm，

支护钢筋网的钢筋直径为 $\phi10$，间距200mm，$\phi10$ 理论重量 =0.617kg/m

支护喷射混凝土量 $=(42+17)\times8\times0.08\times2=75.52(m^3)$

支护钢筋质量 $=(8/0.2)\times(42+17)\times2\times2\times0.617=5824(kg)$

垂直方向锚杆数量 $=8/2+1=5$(个)

水平方向锚杆数量 $=(42+17)\times2/2=59$(个)

锚杆数量合计 $=5\times59=295$(个)

锚杆豆石混凝土量 $=3.14\times0.1^2\times2\times295=18.53(m^3)$

锚杆开孔土方量 $=18.53m^3$

锚杆钢筋笼每个重量21.2kg

总重量 $=21.2\times295=6254(kg)$

以上是按锚杆喷射混凝土支护施工技术方案，计算出支护分项工程量的各项基本组成部分工艺数据。

3.4.4.3 护坡工程量清单编制

按照上述计算数据，依据规范所制定措施项目工程量清单计价表要求，编制护坡工程量清单表，如表3-4所示。

表3-4 护坡工程量清单（计价）表

序号	项目编码	项目名称	项目特征描述	计量单位	工程量	金额（元）	
						单价	合价
1	010203004	锚杆支护	锚杆支护混凝土工程量	m^3	18.53		
1-1	010203004001	锚杆豆石混凝土	锚杆豆石混凝土C20	m^3	18.53		
1-2	010203004002	锚杆钢筋	锚杆钢筋 $\phi12$，长2m	kg	6254		
1-3	010203004003	锚杆开孔土方	锚杆开孔土方，深2m，一类土	m^3	18.53		
1-4	010203004004	支护混凝土	支护混凝土C20，厚80mm	m^3	75.52		
1-5	010203004005	支护钢筋网	支护钢筋网 $\phi10$，间距200mm，护壁高8m，周长118m	kg	5824		

3.4.5 独立钢筋混凝土基础工程量清单计算与编制

3.4.5.1 应具备的条件

（1）独立钢筋混凝土基础施工图纸。

（2）独立钢筋混凝土基础施工工艺技术方案。

之所以要求具备独立钢筋混凝土基础施工工艺技术方案，是需要依据方案所确定的模板，计算和编制工程量清单。

3.4.5.2 独立钢筋混凝土基础工程量清单计算

依据设计图纸尺寸及工程量计算规则，计算独立钢筋混凝土基础工程量清单如下：

按图纸所示共计16个基础。

1. 基础垫层混凝土体积计算

基础垫层图纸尺寸，厚 =0.1m，长 × 宽 =1.6m ×1.6m

$$基础垫层混凝土体积 = 1.6 \times 1.6 \times 0.1 \times 16 = 4.10(m^3)$$

2. 基础垫层边模板面积计算

基础垫层混凝土四周边模板尺寸：宽 =0.1m；四边长：1.6 ×4 =6.4m

$$基础垫层混凝土四周边模板总面积 = 6.4 \times 0.1 \times 16 = 10.24(m^2)$$

3. 基础混凝土体积计算

图纸尺寸见图3-2。

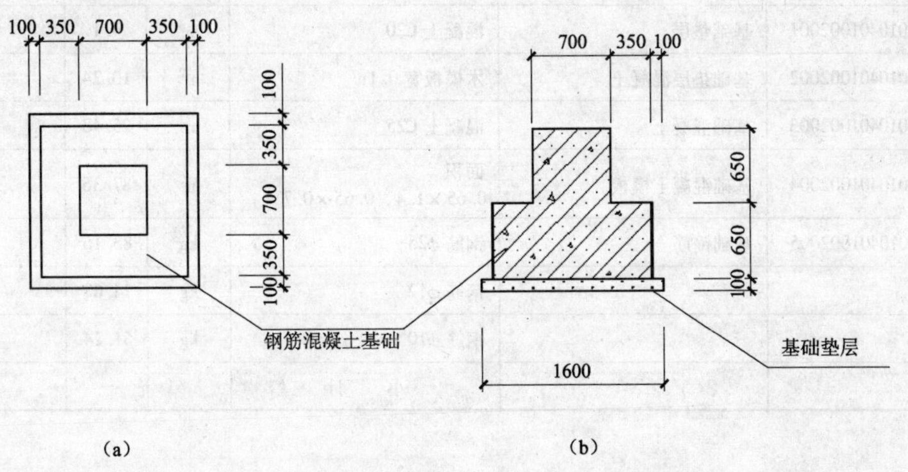

图3-2 混凝土基础图

（a）基础平面图；（b）剖面图

第一基台尺寸：高0.65m，长宽各1.4m

第二基台尺寸：高0.65m，长宽各0.7m

$$基础混凝土体积 = 1.4 \times 1.4 \times 0.65 \times 16 + 0.7 \times 0.7 \times 0.65 \times 16 = 25.48(m^3)$$

4. 基础混凝土模板面积计算

第一基台四周尺寸：高0.65m，长宽各1.4m

第二基台四周尺寸：高 0.65m，长宽各 0.7m

基础混凝土四周模板面积 $=1.4\times4\times0.65\times16+0.7\times4\times0.65\times16=87.36(m^2)$

5. 基础钢筋计算

根据图纸尺寸，计算如下：

基础主筋 $=\phi25$，长 =21.6m，重量 =83.16kg

基础底筋 $=\phi12$，长 =28m，重量 =14.68kg

基础箍筋 $=\phi10$，长 =84m，重量 =51.24kg

合计重量 =149.08kg

以上的基础垫层混凝土、基础垫层混凝土边模板、基础混凝土、基础混凝土四周模板、基础混凝土钢筋五项所计算的数据，是钢筋混凝土基础分项工程量的基本组成部分，编写在一起是钢筋混凝土基础分项工程量清单。

3.4.5.3 独立钢筋混凝土基础工程量清单编制

依据上述所计算出的混凝土基础的各项基本组成部分工艺数据，及工程量清单计价表要求，编制表 3-5。

表 3-5 独立钢筋混凝土基础工程量清单（计价）表

序号	项目编码	项目名称	项目特征描述	计量单位	工程量	金额（元）	
						单价	合价
1	010401002	独立钢筋混凝土基础		m^3	29.58		
1-1	010401002001	基础垫层	混凝土 C20	m^3	4.1		
1-2	010401002002	基础垫层混凝土	木模板宽 0.1m	m^2	10.24		
1-3	010401002003	基础混凝土	混凝土 C25	m^3	25.48		
1-4	010401002004	基础混凝土模板	面积 0.65×1.4，0.65×0.7	m^2	87.36		
1-5	010401002005	基础钢筋	钢筋 $\phi25$	kg	83.16		
			钢筋 $\phi12$	kg	14.68		
			钢筋 $\phi10$	kg	51.24		
			小　计				

3.4.6 钢筋混凝土柱工程量清单计算与编制

3.4.6.1 应具备的条件

（1）混凝土柱施工图纸。

（2）混凝土柱施工工艺技术方案。

3.4.6.2 钢筋混凝土柱工程量清单的计算

1. 钢筋混凝土柱混凝土体积计算

计算钢筋混凝土柱的混凝土体积时，要依据混凝土柱的不同规格分别计算。现设一层混凝土柱有两种，柱 1：0.7m×0.7m，高度为 3.6m，共计 12 个；柱 2：0.5m×0.5m，高度为

3.6m，共计10个。

求柱混凝土体积：

柱1：$0.7 \times 0.7 \times 3.6 \times 12 = 21.17$（$m^3$）

柱2：$0.5 \times 0.5 \times 3.6 \times 10 = 9$（$m^3$）

2. 钢筋混凝土柱四周模板面积计算

柱1：$0.7 \times 4 \times 3.6 \times 12 = 120.96$（$m^2$）

柱2：$0.5 \times 4 \times 3.6 \times 10 = 72$（$m^2$）

3. 钢筋混凝土柱钢筋量计算

按图纸尺寸计算如下：

柱1：主筋$\phi 25$，16根，高度3.6m，计算质量为：268.52kg。

柱2：主筋$\phi 20$，12根，高度3.6m，计算质量为：135.65kg。

柱1：箍筋$\phi 8$，18根，0.65×0.65，计算质量为：229.13kg。

柱2：箍筋$\phi 8$，18根，0.45×0.45，计算质量为：126.98kg。

箍筋合计量为：356.11kg。

3.4.6.3 钢筋混凝土柱工程量清单编制

按照工程量清单计价表，编制钢筋混凝土柱工程量清单，如表3-6所示。

表3-6 钢筋混凝土柱工程量清单（计价）表

序号	项目编码	项目名称	项目特征描述	计量单位	工程量	金额（元）	
						单价	合价
1	010402001	钢筋混凝土柱	C25，第一层	m^3	30.17		
1-1	010402001001	柱混凝土	混凝土C25，0.7×0.7	m^3	21.17		
			混凝土C25，0.5×0.5	m^3	9		
1-2	010402001002	柱混凝土模板	柱混凝土模板面积 0.7×3.6	m^2	120.96		
			0.5×3.6	m^2	72		
1-3	010402001003	柱钢筋	钢筋$\phi 25$	kg	268.52		
			钢筋$\phi 20$	kg	135.65		
			钢筋$\phi 8$	kg	356.11		
			小　计				

3.4.7 钢筋混凝土梁工程量清单计算与编制

3.4.7.1 应具备的条件

（1）钢筋混凝土梁施工图纸。

（2）钢筋混凝土梁施工工艺技术方案。

3.4.7.2 钢筋混凝土梁工程量清单的计算

按设定的施工图纸，第一层，有柱间纵梁和横梁两种，柱截面面积为$0.6m \times 0.6m$。

柱间纵梁L-1：为$0.5m \times 0.35m$，共14跨，轴距为6m。

柱间横梁 L-2：为 0.6m×0.40m，共 8 跨，轴距为 8m。如图 3-3 所示：

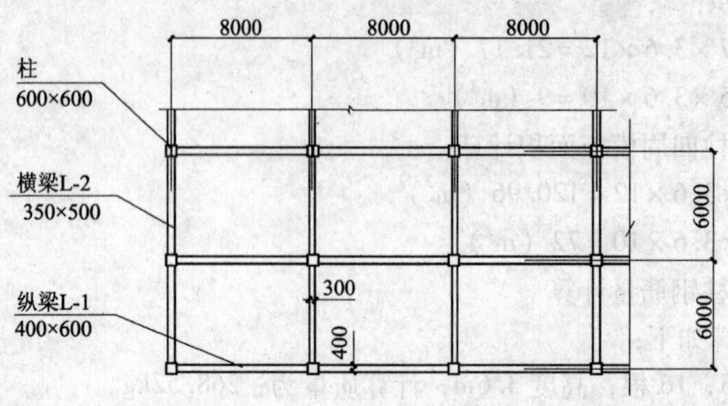

图 3-3　梁平面布置图

1. 钢筋混凝土梁混凝土体积计算

$$纵梁混凝土体积 = 0.5 \times 0.35 \times (6 - 0.60) \times 14 = 13.23(m^3)$$

$$横梁混凝土体积 = 0.6 \times 0.4 \times (8 - 0.6) \times 8 = 14.21(m^3)$$

2. 钢筋混凝土梁四周模板面积计算

钢筋混凝土梁两侧和底部需要模板成型，计算如下：

$$纵梁模板面积 = (0.5 \times 2 + 0.35) \times (6 - 0.6) \times 14 = 102.06(m^2)$$

$$横梁模板面积 = (0.6 \times 2 + 0.4) \times (8 - 0.6) \times 8 = 94.72(m^2)$$

在梁混凝土体积和模板面积各项计算中，式中按照（6 −0.6），（8 −0.6）计算的原因是：计算梁的体积和模板面积中不应该包括混凝土柱所占的体积，轴距是柱中心到中心的尺寸，所以需要从轴距尺寸中减去混凝土柱所占的尺寸。模板的紧固件和支架，在清单计价中归入模板中计取。

3. 钢筋混凝土梁钢筋计算

按施工图纸尺寸：

纵梁 L-1：主筋为：ϕ14，ϕ18 两种螺纹钢，箍筋为 ϕ6 圆钢

横梁 L-2：主筋为：ϕ14，ϕ20 两种螺纹钢，箍筋为 ϕ6 圆钢

根据施工图纸尺寸及工程量计算规则，计算如下：

纵梁 L-1：主筋为：ϕ14 螺纹钢，合计质量 =406.56kg

ϕ18 螺纹钢，合计质量 =868.00kg

箍筋为 ϕ6 圆钢。合计质量 =244.81kg

横梁 L-2：主筋为：ϕ14 螺纹钢，合计质量 =387.20kg

ϕ20 螺纹钢，合计质量 =784.00kg

箍筋为 ϕ6 圆钢。合计质量 =165.52kg

计算梁的主筋长度应包括伸入柱子的部分，钢筋计算还应该包括加强箍筋。

以上是梁的混凝土体积量、模板量、钢筋量的计算，都属于钢筋混凝土梁分项工程量的基本组成部分，汇编在一起为钢筋混凝土梁分项工程量清单。

3.4.7.3　钢筋混凝土梁工程量清单编制

按照工程量清单计价表，编制钢筋混凝土梁工程量清单，如表3-7所示。

表3-7　钢筋混凝土基础梁工程量清单（计价）表

序号	项目编码	项目名称	项目特征描述	计量单位	工程量	金额（元）	
						单价	合价
1	010403002	钢筋混凝土基础梁	钢筋混凝土梁 C25	m^3	27.44		
1-1	010403002001	混凝土梁	L-1 梁混凝土 C25，0.5m×0.35m	m^3	13.23		
			L-2 梁混凝土 C25，0.6m×0.4m	m^3	14.21		
1-2	010403002002	混凝土梁模板	L-1 梁混凝土木模板面积，0.5m×0.35m	m^2	102.06		
			L-2 梁混凝土木模板面积，0.6m×0.4m	m^2	94.72		
1-3	010403002003	梁钢筋	L-1 梁钢筋　$\phi14$	kg	406.56		
			$\phi18$	kg	868.00		
			$\phi6$	kg	244.81		
			L-2 梁钢筋　$\phi14$	kg	387.20		
			$\phi18$	kg	784.00		
			$\phi6$	kg	165.52		
			小　计				

3.4.8　钢筋混凝土楼板工程量清单计算与编制

3.4.8.1　应具备的条件

（1）钢筋混凝土楼板施工图纸。

（2）钢筋混凝土楼板施工工艺技术方案。

3.4.8.2　钢筋混凝土楼板工程量清单的计算

1. 钢筋混凝土楼板混凝土体积计算

设楼板施工图尺寸为：混凝土C25，每间3×6（m），楼板厚度0.12m，层高3m，共计30间。

$$楼板混凝土体积=3\times6\times0.12\times30=64.8(m^3)$$

2. 钢筋混凝土楼板模板面积计算

混凝土楼板只有下部需用模板成型，故需用模板量计算如下：

$$混凝土楼板模板量=3\times6\times30=540(m^3)$$

注意，混凝土楼板模板紧固件和支架，在模板计价中计取。

3. 楼板钢筋计算

按施工图纸设计尺寸，楼板横向钢筋为：$\phi8$，纵向钢筋为：$\phi10$ 两种，间距为0.15m，梁宽0.35m。

楼板钢筋：横向 $\phi8=977.63$kg

纵向 $\phi10=5873.93$kg

以上楼板混凝土体积量、模板量、钢筋量是混凝土楼板分项工程量的基本组成部分，编制在一起为钢筋混凝土楼板工程量清单。

3.4.8.3 混凝土楼板工程量清单编制

按照工程量清单计价表要求，编制混凝土楼板工程量清单，如表3-8所示。

表3-8 钢筋混凝土楼板工程量清单（计价）表

序号	项目编码	项目名称	项目特征描述	计量单位	工程量	金额（元）	
						单价	合价
1	010405001	钢筋混凝土楼板	钢筋混凝土楼板C25，第一层，层高3m	m^3	64.8		
1-1	010405001001	楼板混凝土	楼板混凝土，C25，3m×6m×0.12m	m^3	64.8		
1-2	010405001002	楼板混凝土模板	楼板混凝土木模板面积	m^2	540		
1-3	010405001003	楼板钢筋	钢筋 $\phi10$	kg	5873.93		
			钢筋 $\phi8$	kg	977.63		
			小计				

3.4.9 建筑装修工程二次结构砌筑隔墙工程量清单计算与编制

3.4.9.1 应具备的条件

（1）二次结构设计施工图纸。

（2）二次结构施工工艺技术方案及交底文件。

3.4.9.2 二次结构砌筑隔墙工程量清单计算

某一工程二次结构陶粒混凝土砌块砌筑隔墙，墙长＝7.55m，墙高＝2.7m，墙厚＝0.15m，按建筑工程构造要求，中间设C20混凝土构造柱，柱高＝2.7m，柱宽＝0.15m，柱长＝0.2m，构造柱立筋 $4\phi12$，箍筋 $\phi6@200$，在2.2m高处设C20混凝土现浇带，厚＝0.1m，宽＝0.15m，通长配筋 $2\phi10$，拉筋 $\phi6@200$，墙两端设置墙压筋，$\phi6.5$，拉筋 $\phi6@200$，伸入墙内0.7m，间距0.4m，0.6m，通长墙压筋 $2\phi6.5$，拉筋 $\phi6@200$，间距0.4m，0.6m。施工图如图3-4所示：

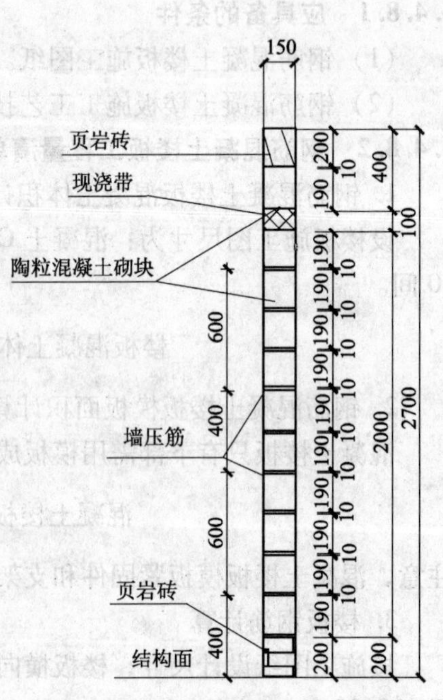

图3-4 二次结构陶粒砌块墙详图

（1）砌块墙工程量计算：

砌块墙体积 $=7.55\times2.7\times0.15=3.16(m^3)$

（2）砌块墙陶粒混凝土砌块计算

陶粒混凝土砌块体积 $=(7.55-0.2)\times(2.0+0.2)\times0.15=2.43(m^3)$

（3）砌块墙页岩砖计算：

$$页岩砖体积=(7.55-0.2)\times(0.2+0.2)\times0.15=0.44(m^3)$$

（4）砌块墙混凝土基本子工程量计算

$$构造柱体积=2.7\times0.2\times0.15=0.08(m^3)$$

$$现浇带体积=(7.55-0.2)\times0.1\times0.15=0.11(m^3)$$

$$混凝土体积小计=0.08+0.11=0.19(m^3)$$

（5）砌块墙钢筋基本子工程量计算

现浇带和构造柱钢筋 = 49.45kg

墙压筋 = 22.91kg

钢筋小计 = 49.45 + 22.91 = 72.36(kg)

（6）砌块墙砌筑砂浆基本子工程量 = 0.41m^3

（7）砌块墙模板基本子工程量 = 5.18m^2

3.4.9.3 砌筑隔墙工程量清单编制

按照工程量清单计价表要求，编制混凝土楼板工程量清单，如表 3-9 所示。

表 3-9 砌块墙工程量清单（计价）表

序号	项目编码	项目名称	项目特征描述	计量单位	工程量	金额（元）	
						单价	合价
1	010304001	砌块墙		m^3	3.16		
1-1	010304001001	陶粒混凝土砌块	陶粒混凝土砌块	m^3	2.43		
1-2	010304001002	页岩砖	MU15，页岩砖 240mm × 115mm × 53mm，墙体厚度 240mm	m^3	0.44		
1-3	010304001003	混凝土，C20	混凝土，C20	m^3	0.19		
1-4	010304001004	钢筋	螺纹钢 Q325，14	kg	72.36		
1-5	010304001005	砌筑砂浆	M7.5 混合砂浆	m^3	0.41		
1-6	010304001006	模板	木模板	m^2	5.18		

分部分项工程量清单的划分，在《建设工程工程量清单计价规范》中已经明确说明，将分项工程量基本组成部分的基本子工程量，按工程部位计算出来，并将项目名称、项目特征描述清楚，然后，按单位工程、专业、分部分项工程汇编在一起，就是工程量清单。需要强调的是，在编制工程量清单时，一定要做到按部位进行计算。例如混凝土柱子，同是一项分项工程量，由于其部位、层数不同，他们之间的计价费用也不同。为了实事求是地体现出各个部位分项工程量的计价费用，方便施工过程中的成本核算和进度款的划分、申报、支付计算，工程量清单一定要以部位划分来计算和编制。

3.5 措施清单计算与编制

按照规范规定，分部分项工程量清单计价表和措施项目清单计价表中，将建设工程实体工程量和措施项目工程量分开计算，这是完善工程量清单计价的一项进步。为了工程实体分项工程量计价和成本考核的完整性，凡是直接单一作用于工程实体而形成的分项工程量，均应列入分项工程量基本组成部分的基本工程量清单中计算。凡是独立服务于单位工程施工和多项分项工程实体的工程量，均列为措施项目工程量清单单独计算和编制。

《建设工程工程量清单计价规范》(以下简称《规范》) 中将通用措施项目与专业工程措施项目分列。通用措施项目清单根据建设工程项目的实际情况列项，可按《规范》表 3.3.1 选择列项。各专业工程的专用措施项目清单可按《规范》附录中规定的项目选择列项，并根据工程实际进行选择，同时，当出现《规范》中未列的措施项目时，可根据实际情况进行补充。

3.5.1 通用措施项目

表 3-10 通用措施项目一览表

序　号	项　目　名　称
1	安全文明施工（含环境保护、文明施工、安全施工、临时设施）
2	夜间施工
3	二次搬运
4	冬雨季施工
5	大型机械设备进出场及安拆
6	施工排水
7	施工降水
8	地上、地下设施，建筑物的临时保护设施
9	已完工程及设备保护

构成工程实体的分部分项工程量清单和措施项目工程量清单，均应该遵照工程量计算规则及施工图尺寸计算和编制。

3.5.2 降水工程量清单计算与编制

3.5.2.1 应具备的条件

（1）施工技术组织设计的施工总平面图。

（2）施工场地地下水文资料。

（3）地下水抽出后排放点。

3.5.2.2 降水工程施工的几种作法

1. 基础底坑排降水法

基础底坑排降水法，是在基础坑底部接近地下水位的情况下，所采取的一种排降水方法。具体做法：在基础开挖到底部时，在基础坑四个角或分段于工作面部位，挖出 0.8m × 0.6m ×1m（深）的积水坑。并于边缘工作面开挖出坡向积水坑倾斜的顺水沟，使基础槽底部渗出的水流入积水坑，然后由潜水泵抽排到坑外，使基础坑底部施工不受渗水影响。参见图 3-5。

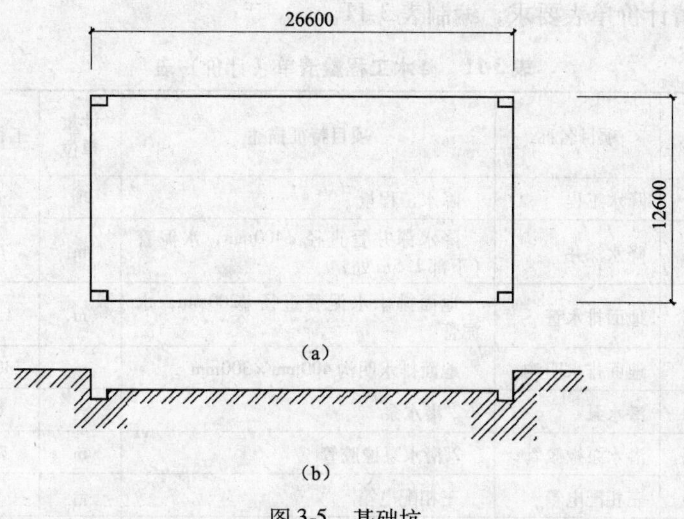

图 3-5　基础坑
(a) 基础坑平面图；(b) 基础坑断面图

2. 管井降水法和深井降水法

管井降水法和深井降水法的名称不同，但是采用的方式和道理基本相同，其差别在于井的深度和管的直径与材料不同。

具体做法是：为了把地下水降到开挖基础坑以下，根据开挖基础坑的深度及地下水位的高度，在开挖基础坑四周，选择使用适当口径的钢管。

管井降水法一般为2″管，在管的下部 1～1.5m 长度内，钻出 $\phi10$ 小孔夯于地下。其深度根据基础坑底面积的不同而不同，一般要低于基础底面 3～4m。选用的管径和布管根数要根据地下水量的来确定，一般均以排列方式布置水管。然后用抽水泵将地下水抽出，达到降水的目的。

深井降水法的做法，原则上与管井降水法一样，只是将管径增大，一般为 $\phi400$mm 左右，材料以选用水泥管居多。做法一般采用钻孔方式，钻孔完成后，将水泥管放入钻孔内的合适深度，然后将潜水泵潜于井内抽水，达到降水目的。

3.5.2.3　降水工程量清单的计算

设为深井降水法，按深井降水施工技术方案设计图计算

降水井深度为 12m，采用直径 400mm 水泥管，共计六口井

设计深井管直径 $\phi400$mm，水泥降水管 = 12 × 6 = 72（m）

采用 2″潜水泵共六台，2″潜水泵橡胶管 = 13 × 6 = 78（m）

三相配电箱开关一套

潜水泵电源线（防水橡胶线）200m

16 平方电源线，总长 150m

地面排水管采用直径 $\phi200$mm，水泥管和明沟 400mm × 300mm

排水水泥管直径 $\phi200$mm，合计 150m

明排水沟合计 300m。

3.5.2.4　降水工程量清单的编制

以上是按降水施工技术方案施工图计算出降水工程量的基本组成部分，即降水工程量清

单。按照工程量清计价单表要求，编制表3-11。

表3-11 降水工程量清单（计价）表

序号	项目编码	项目名称	项目特征描述	计量单位	工程量	金额（元）	
						单价	合价
1	010101007	降水工程	降水工程量	项	1		
1-1	010101007001	降水深井	降水深井管直径 ϕ400mm，水泥管（下部1.5m处）	m	72		
1-2	010101007002	地面排水管	地面排水水泥管直径 ϕ200mm，水泥管	m	150		
1-3	010101007003	地面排水明沟	地面排水明沟400mm×300mm	m	300		
1-4	010101007004	潜水泵	2″潜水泵	台	6		
1-5	010101007005	潜水泵橡胶管	2″潜水泵橡胶管	m	78		
1-6	010101007006	三相配电箱	三相配电箱	台	1		
1-7	010101007007	潜水泵电源线	潜水泵电源线防水橡胶线	m	200		
1-8	010101007008	电源线	16平方电源线	m	150		

3.5.3 脚手架工程量清单计算与编制

脚手架是建设工程施工普遍采用的一种方法。凡是高于地面2m以上的工程施工都必须搭设脚手架才能完成。

3.5.3.1 脚手架搭设方式及其类型

脚手架的搭设：由于高度及承重不同，其搭设的结构与种类也不同，例如外墙脚手架，有单排方式、双排方式两种。目前，由于技术进步，又出现了一种悬挂式双排脚手架。在室内抹灰、刷漆、安装电器设备等施工中，均采用马镫式脚手架。此外，采用搭设安全网、临时作业棚等方式时，均以脚手架为骨架。所以脚手架在建设工程施工中，是一项必不可少的服务于工程施工的手段。

脚手架主要有如下几种类型：

（1）单排单片式脚手架，多用于外墙施工。

（2）单排框架式脚手架，多用于临时作业棚、安全防护网支架、临时提升机吊架等。

（3）双排式脚手架，多作为高层建筑外墙、桥墩等外脚手架。

（4）马镫式脚手架，多用于室内粉刷、抹灰、安装墙面和屋顶设备施工。

3.5.3.2 脚手架工程量计算

1. 应具备的条件

脚手架工程量的计算，是依据所服务的项目及施工工艺技术方案来计算的。每个项目的高度、位置、承重等情况都不相同，设计脚手架结构方式也不相同。因此，计算脚手架工程量，必须要参照施工技术方案、图纸及脚手架搭设施工技术标准。

2. 脚手架工程量计算方法

脚手架工程量是以构成脚手架的平方米为单位进行计算。计算时分为单排脚手架和双排脚手架两种情况，并按照如下方法划分：

（1）外墙脚手架。有两种，一种单排式，一种双排式，按施工技术方案确定采用哪种方式，以耗用的脚手架钢管量、跳板量、紧固卡件，作为基本组成部分计算。

（2）室内作业要根据各专业及分项工程需要搭设马镫式脚手架，马镫式脚手架按双排脚手架计算，依据侧面积平方米数计算出的工程量，直接计入分项工程量清单。

（3）墙外悬挂式脚手架。按双排脚手架计算，依据侧面积平方米数计算工程量，并考虑耗用的脚手架钢管、跳板、连接卡扣等。

（4）用于设备安装等搭设的脚手架，分为两种情况：如果服务于多项分项工程，按搭设结构、侧面积平方米数量，以及耗用的脚手架钢管、跳板、紧固卡等作为计价依据，单独列为措施项目工程量清单计算；如果只服务于一项分项工程，应列入所服务的分项工程量清单计算。

（5）施工现场搭设的临时作业棚、安全防护网支架、防护栏杆。根据施工技术方案，除双排架外，一般均按照单排式脚手架计算工程量，并以所耗用脚手架钢管和紧固卡扣等，作为计价依据进行计算。

3. 脚手架工程量计算例题

【例 3-3】 设一栋楼房檐高 34m，平面结构尺寸 = 20m × 26m，外墙采用双排脚手架，脚手架立杆间距 1.5m，大横杆步距 1.3m，双排脚手架宽 1.05m，加剪刀撑，剪刀撑尺寸 11.3m × 15.3m，脚手架高出屋顶 2m，挑出墙 0.45m，如图 3-6 所示。

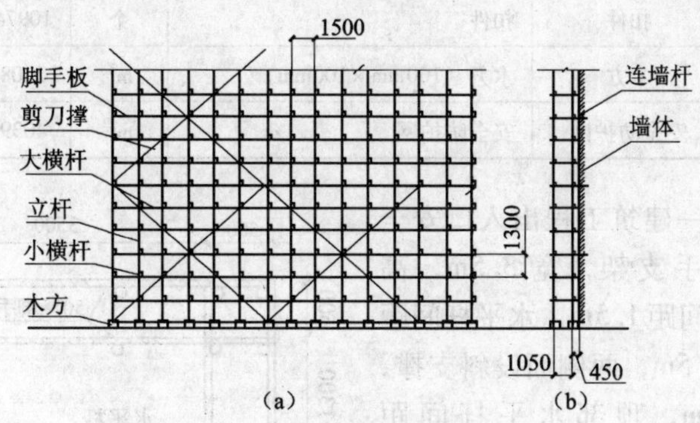

图 3-6 双排脚手架

（a）双排脚手架正立面图；（b）双排脚手架侧立面图

（1）脚手架工程量计算

① 脚手架面积 = [（34 + 2）×（20 + 3）+（34 + 2）×（26 + 3）] × 2 = 3744（m^2）

② 杆件数量计算

立杆跨数 = [（23 + 29）× 2 ÷ 1.5] = 70（跨）

立杆钢管数量 = 36 ×（70 + 4）× 2 = 5328（m）

大横杆步数 =（36 ÷ 1.3）+ 1 = 29（步）

大横杆钢管数量 =（23 + 29）× 2 × 29 × 2 = 6032（m）

小横杆钢管数量 =（1.05 + 0.45）×（70 × 29）= 3045（m）

连墙杆件数量 = 2 × 10 × 24 = 480（m）

剪刀撑钢管数量 =（11.7 + 10.14）× 12 × 5 = 1310（m）

杆件数量小计 = 5328 + 6032 + 3045 + 480 + 1310 = 16195（m）

③ 脚手板（50×250×4000）合计：260 块

④ 扣件数量

十字卡扣合计 =8120 个，

旋转卡扣合计 =960 个，

对接卡扣合计 =1894 个，

扣件数量小计 =8120 +1894 +960 =10974（个）

⑤ 木垫板（100mm×100mm）合计 =(23 +29)×2×2×0.1×0.1 =2.08(m^3)

⑥ 安全防护网面积 =4039（m^2）

（2）脚手架工程量清单编制（表 3-12）

表 3-12　脚手架工程量清单（计价）表

序号	项目编码	项目名称	项目特征描述	计量单位	工程量	金额（元）	
						单价	合价
1	100404003	外墙双排脚手架	外墙双排脚手架	m^2	3744		
1-1	100404003001	钢管	钢管 $\phi48\times3.5$	m	16195		
1-2	100404003002	脚手板	脚手板 4.0m×0.25m×0.05m	块	260		
1-3	100404003003	扣件	扣件	个	10974		
1-4	100404003004	木方	木方（100mm×100mm）	m^3	2.08		
1-5	100404003005	安全防护网	安全防护网	m^2	4039		

【例 3-4】　设一建筑工程出入口安全防护通道，采用脚手支架，宽 3.5m，高 3.9m，长 4.5m 立杆间距 1.5m，水平杆间距 1.3m，小横杆间距 1.5m，两侧面设斜支撑，顶部横杆间距 1.5m，顶部水平杆间距 1.16m，顶部两边设小斜杆，两侧面加顶面铺设安全网，顶面设双层防护木板，防护木板厚 =50mm，宽 =250mm，长 =3500mm，如图 3-7 所示。

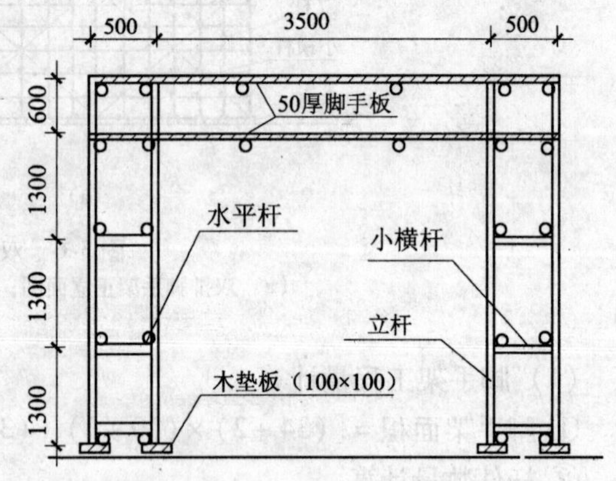

图 3-7　首层安全出入口立面图

（1）出入口安全防护通道工程量计算

安全防护通道工程量按双排脚手架计算，即两侧面积加顶面积。

① 安全防护通道工程量面积 =4.5×3.9×2 +4.5×3.5 =50.85（m^2）

② 杆件数量计算

$$侧面立杆数量 =(3.9+0.6)\times(4.5\div1.5+1)\times2\times2=72(m)$$

$$侧面水平杆数量 =4.5\times(3.9\div1.3+1)\times2\times2=90(m)$$

$$侧面小横杆数量 =0.5\times(3.9\div1.3)\times2=3(m)$$

$$侧面斜支撑杆数量 =(6+7)\times2=26(m)$$

$$顶面大横杆数量 = (3.5 + 0.5 + 0.5) \times (4.5 \div 1.5 + 1) \times 2 = 36(m)$$

$$顶面顺杆数量 = 4.5 \times (3.5 \div 1.16 - 1) \times 2 = 18(m)$$

$$顶面小斜杆数量 = 1 \times (4.5 \div 1.5 + 1) \times 2 = 8(m)$$

$$杆件数量小计 = 72 + 90 + 3 + 26 + 36 + 18 + 8 = 253(m)$$

③ 扣件合计 =80 个

④ 顶部双层防护脚手板面积 $=4.5\times3.5\times2=31.50$ （m^2）

⑤ 木垫板（100×100） $=4.5\times4\times0.1\times0.1=0.18$ （m^3）

⑥ 安全网面积 $=4.5\times4.5\times2\times2=81$ （m^2）

（2）安全防护通道工程量清单编制（表 3-13）

表 3-13　安全通道防护网工程量清单（计价）表

序号	项目编码	项目名称	项目特征描述	计量单位	工程量	金额（元）	
						单价	合价
1	100404004	安全出入口通道	安全出入口通道，高 3.9m，宽 3.5m，长 4.5m	m^2	50.85		
1-1	100404004001	钢管	钢管 ϕ48×3.5mm	m	253		
1-2	100404004002	扣件	扣件	个	80		
1-3	100404004003	防护脚手板	防护脚手板（4.0m×0.25m×0.05m）	m^2	31.5		
1-4	100404004004	木方	木方（100mm×100mm）	m^3	0.18		
1-5	100404004005	安全网	安全网	m^2	81		

以上两例脚手架工程量清单的计算与编制。属于单位工程施工中服务于多项分项工程施工情况，按照《建设工程工程量清单计价规范》的规定，均属于措施项目工程量清单，本文措施项目清单计价表中项目编码仅供参考。

上述计算工程量清单例题，有的是构成工程实体的分部分项工程量清单，有的是服务于工程实体的措施项目工程量清单。两种工程量清单的计算方法原则上相同，所有基本子工程量的计算都是依据施工图纸。尽管构成工程实体的图纸是设计院设计而非施工方案所做，但是，两种图纸都是在施工中应该遵循的，在核算计价中，都以施工图纸核算工程量。分部分项工程量清单、措施项目工程量清单中可以计算工程量的项目，都以同样的方法计算工程量清单。

3.6　其他项目清单的编制

建设工程分部分项工程量清单和措施项目工程量清单如前所述。根据国家有关规定，上缴国家部门的规费与税金，列在单位工程费汇总表中计取。除此之外还有其他项目费用，列在“其他项目清单”中计算。

根据《建设工程工程量计价规范》中其他项目清单计价表的格式和所规定内容，对“其他项目清单”解释如表 3-14 所示。

表3-14 其他项目清单一览表

序　号	项 目 名 称
1	暂列金额
2	暂估价：包括材料暂估单价、专业工程暂估价
3	计日工
4	总承包服务费

3.6.1 “其他项目清单”中招标方部分

“其他项目清单”计价表中的招标方部分，是招标方为了建设工程项目实施，需要投标方配合在招标中（委托）完成的项目。例如，暂列金额、暂估价。招标人部分的金额可按估算金额确定。

3.6.1.1 暂列金额

按《建设工程工程量清单计价规范》2.0.6的规定，暂列金额是招标人在工程量清单中暂定并包括在合同价款中的一笔款项。用于施工合同签订时尚未确定或者不可预见的所需材料、设备、服务的采购，施工中可能发生的工程变更、合同约定调整因素出现时的工程价款调整以及发生的索赔、现场签证确认的费用。

（1）暂列金额的性质。包括在合同价之内，但并不直接属于承包人所有，而是由发包人暂定并掌握使用的一笔款项。

（2）暂列金额的用途。由发包人用于在施工合同协议签订时，尚未确定或者不可预见的所需材料、设备、服务的采购，以及施工过程中合同约定的可能发生的工程变更、合同约定调整因素出现时的工程价款调整以及发生的索赔、现场签证确认的费用。

暂列金额是招标方在工程实施中的不可预见费，它包括设计变更及工期长导致的材料价格风险费等。在未施工前，任何人都不可能事先编制出设计变更增减工程量的项目，以及次年材料上涨的费用金额。因此招标方，只需在其他项目清单中列出暂列金额项目即可。在投标方的其他项目中，根据工程情况，投标方可按招标方意向书和工期作出相关项目费用金额。

3.6.1.2 暂估价

按《建设工程工程量清单计价规范》2.0.7的规定，暂估价是招标人在工程量清单中提供的用于支付必然发生但暂时不能确定价格的材料的单价以及专业工程的金额。

《建设工程工程量清单计价规范》4.1.7还规定，招标人在工程量清单中提供了暂估价的材料和专业工程属于依法必须招标的，由承包人和招标人共同通过招标确定材料单价与专业工程分包价；若材料不属于依法必须招标的，经发、承包双方协商确认单价后计价；若专业工程不属于依法必须招标的，由发包人、总承包人与分包人按有关计价依据进行计价。

对于招标方确定的主要材料供应商，招标方要就主要材料购买费、材料单价编制主要材料价格表，其中包括材料编码、材料名称、材料型号和材质、计量单位和供货方式。主要材料价格表应该列入招标意向书，提供给投标方，作为工程量清单计价依据。按照规范要求，在报价中应将主要材料购置与现场接货价格，作出统一汇总表，作为评标和合同价款谈判的依据。

在招标阶段预见肯定发生，只是因为标准不明确或者需要专业承包人完成，暂时又无法确定具体价格时采用的价格形式。采用这种形式，即与国家发改委、财政部、原建设部等九部委发布的施工合同通用条款中的定义一致，同时又对施工招标阶段中一些无法确定价格的材料、设备或专业工程分包提出了具体操作性的解决办法。

3.6.2 “其他项目清单”中投标方部分

遵照构成工程量清单综合单价的原则，分部分项工程量清单、措施项目工程量清单没有涵盖的内容及建设工程实体所发生的一切项目费用，都应列在其他项目清单投标部分中。例如投标方的投标部分费用、办理开工报告的费用、工程定位放线的费用、源于招标意向书和工期的材料价款风险费、工程施工保险费用等。凡是属于建设工程实体施工投标方所付出的费用，不能计入分部分项工程量清单和措施项目（工程量）清单计取的，都应计入其他项目清单中。

计算编制其他项目清单，必须对建设工程实施具有总体统筹能力及全方位的专业知识，熟知招标方提供的工程实施意向书等文件资料，对招标方的建设工程实施总体方案、招标投标意向书、招标方工程前期准备工作实施计划以及完成情况、建设工程场地与相关对外建设工程施工所发生的事务性行为活动等，都要掌握并能够进行预见性分析。因此，拥有综合实施能力、丰富施工技术与管理知识，是编制好其他项目清单的前提条件。

投标人部分包括总承包服务费和计日工。投标人部分总承包服务费应根据招标人提出要求所发生的费用确定，计日工项目费用应根据“计日工计价表”确定。

1. 总承包服务费

按《建设工程工程量清单计价规范》2.0.9 的规定，总承包服务费是总包人为配合协调发包人进行的工程分包自行采购的设备、材料等进行管理、服务，以及施工现场管理、竣工资料汇总整理等服务所需的费用。

在建设工程招标投标时，招标方依据建设工程的专业特性及施工的需要，列出必须分包的项目，由总承包商统筹管理。总承包商按招标方列出的分包项目，编制出总承包的分包服务管理费，并填入到相应的金额栏中。招标方所做的估价不填入表中，而是在所编制的招标控制价和在合同洽谈中确定。

依据发包商建设工程的配套需要，工程配套的界区外服务项目中需要总承包商完成的部分，例如界区外的排水、防洪、排污、界区外加固维护等项目，应列在招标方部分中。招标方的招标控制价，不能列到招标方的其他项目清单表的金额栏中，只需列入项目的工程量清单，投标方部分按工程量清单计价的综合单价计算填写。

2. 计日工

按《建设工程工程量清单计价规范》2.0.8 条的规定，计日工是在施工过程中，完成发包人提出的施工图纸以外的零星项目或工作，按合同中约定的综合单价计算。

计日工是为了解决现场发生的零星项目，一般是指合同约定之外的或者因变更而产生的、工程量清单中没有相应项目的额外工作。计日工以完成零星作业所消耗的人工工时、材料用量、施工机械台班进行计量，计日工的数量按完成发包人发出的计日工指令的数量确定。计日工单价由投标人通过投标报价的计日工表中填报的适用项目的单价确定。

本章小结

我国《建设工程工程量清单计价规范》(GB 50500—2008) 从工程造价的实际需要出发，增加和修订了相关的工程量清单的具体操作条款，包括工程量清单的编制，将措施项目中的各专业工程的措施项目调整到了各专业工程的附录中，并完善了工程量清单表格，使“08 规范”更加贴近工程造价管理的需要。本章通过图表和例题，对工程量清单进行讲解。其主要内容包括：工程量清单概念及编制原则，工程量清单的种类及计算条件，工程量清单的编制标准和依据与内容，工程量清单计算与编制，措施清单计算与编制，其他项目清单的编制及国家法规规定的各项规费的编制等。

思 考 题

1. 我国实行工程量清单计价的背景与意义是什么?
2. 工程量清单与传统工程定额有什么区别?
3. 工程量清单的编制标准和依据有哪些?
4. 简述工程量清单的基本内容和编制方法?
5. 工程量清单的构成包括哪些方面?
6. 降水工程施工的几种方法，工程量清单如何编制?

第 4 章　工程量清单计价

【本章提要】　本章通过图表及例题演示，对工程量清单计价进行讲解。其主要内容包括：工程量清单计价的概念；工程量清单计价条件、工程量清单计价的规定、工程量清单计价方法，包括方案法和定额法；工程量清单计价中管理费的内容、管理费划定原则和管理费计算方法；工程量清单计价中利润的计算。企业利润产生的基础条件，工程量清单综合价中五项费用的关系，工程量清单报价中利润的测算；措施项目工程量清单计价构成，措施项目工程量清单计价的核算，以及安全文明施工费的计价；其他费用计算、规费项目清单计价、税金的计算与补充说明。

【关键词】　清单计价　管理费　综合价　措施项目　规费

4.1　工程量清单计价概述

工程量清单计价，是建设工程发包商与承包商进行建设工程招标投标时，通过特定的方法，计算出构成建筑产品“生产者成本”和“购买者价格”的一种方式方法。

工程量清单计价是指由招标人将拟建工程的全部项目和内容列出，对项目的性质进行描述说明，并根据国家统一的工程量计算原则提供工程量清单，投标人依据工程量清单和市场价格信息自主报价的计价方式。

工程量清单计价是投标人完成由招标人提供的工程量清单所需的全部费用，包括分部分项工程费、措施项目费、其他项目费、规费和税金。

4.1.1　工程量清单计价的背景

1949 年新中国成立以来，为了消除生产关系与生产力的矛盾，决定实行生产资料全民所有制的国家计划经济管理模式，依据全国人民生产、生活需求，实行有计划、有组织的统筹社会生产经济活动，使构成社会生产经营经济活动的企业、部门以及所有生产者都以主人翁的地位，作用于自己的生产活动中。也就是每个人所从事的社会生产力活动，都是在干着自己的事，花着自己的钱。为了把自己的事情办好，把自己的钱花好，花钱要有依据，办事要有计划。由此，在实践经验数据基础上，形成了我国建筑行业实行了近五十年的《全国统一建设安装工程施工预算定额》。

《全国统一建设安装工程施工预算定额》在我国五十多年的计划经济生产经营活动中，对促进国家建设工程发展、保证合理投资，起到了社会经济价值作用。但是预算定额一般 5 ~7 年修改更换一次，使用周期过长，存在着滞后于企业科学与技术发展的弊病。即在《全国统一建设安装工程施工预算定额》统筹计价下，所计算出的建设工程施工预算费用，体现不出施工企业生产力（生产者成本）水平的变动。所以在一定程度上，使企业领导者忽视了对企业施工技术的作用。久而久之，统一预算定额计价管理模式阻碍了企业和社会的科技发展。尤其在我国实行市场经济以来，统一预算定额计价管理模式与市场经济管理模式不适应。计划经济的产品生产和销售，均由国家统筹安排，其产品的生产成本在总的统筹计划条件下，全部由国家确定。体现不出在商品社会经济中，企业产品的“生产者成本”和市场“购买者价格”的客观性。特别在现在全球经济时代背景条件下，计划经济管理模式很难融入当今高科技快速发展的全球商品化市场经济中。所以，国家政府以发展国家经济、提高综合国力和人民生活水平为宗旨，提出了向市场经济转化，与国际接轨，增强国家发展实力的改革开放决策。实行工程量清单计价方法的改革就是其中一项举措，这一改革的生成，使建设工程科学化管理得到快速发展。

4.1.2 工程量清单计价的作用

（1）通过工程量清单计价，建设工程发包商可以核算出建筑产品的“购买者价格”，即招标标底，建设工程承包商可以核算出建筑产品的“生产者成本”，即投标报价。使双方拥有了招标、投标交易行为的依据。

（2）建设工程发包商和所有工程施工承包商，都以同一个工程量清单为依据进行计价，分别核算出招标标底和投标报价，由此可以体现出公平、公正的市场竞争。

（3）工程量清单计价的核心是核算生产者成本，从工程施工造价的源头，为建设工程施工的成本统筹计划、成本控制与实际成本考核，以及为工程施工实现程序化、数据化、标准化、规范性成本管理创造了基础条件。

（4）以工程量清单为基础，在招标投标中所形成的合同价款的人工、材料、机械台班等量与价，是指导组织建设工程施工不可缺少的基础数据，对建设工程实体施工质量，具有保证作用。

（5）通过工程量清单计价，是形成公平、公正市场竞争机制，使企业在市场经济竞争中，认识市场、认识需求、认识自我、不断改进，促进施工企业持续发展，因此，实行工程量清单计价，不仅是一种方式方法，而是科学技术发展的必然。

4.1.3 实行工程量清单计价的意义

1. 实行工程量清单计价，是工程造价深化改革的产物

长期以来，我国发承包计价、定价以工程预算定额作为主要依据。1992 年为了适应建设市场改革的要求，针对工程预算定额编制和使用中存在的问题，提出了“控制量、指导价、竞争费”的改革措施，工程造价管理由静态管理模式逐步转变为动态管理模式。其中对工程预算定额改革的主要思路和原则是：将工程预算定额中的人工、材料、机械的消耗量和相应的单价分离，人、材、机的消耗量是国家根据有关规范、标准以及社会的平均水平来确定，指导价就是要逐步走向市场形成价格，这一措施对在我国实行社会主义市场经济初期起到了积极的作用。但随着建设市场化进程的发展，这种做法仍然难以改变工程预算定额中国家指令性的状况，难以满足招标投标和评标的要求。因为，控制的量是反映的社会平均消耗水平，不能准确地反映各个企业的实际消耗量，不能全面地体现企业技术装备水平、管理水平和劳动生产率，还不能充分体现市场公平竞争，工程量清单计价将改革以工程预算定额的计价模式。

2. 实行工程量清单计价，是规范建设市场秩序，适应社会主义经济发展的需要

工程造价是工程建设的核心内容，也是建设市场运行的核心内容，建设市场上存在许多不规范行为，大多与工程造价有关。过去工程预算定额在工程发包与承包工程计价中调节双

方利益、反映市场价格等方面滞后，特别是在公开、公平竞争方面，缺乏合理完善的机制，甚至出现了一些漏洞。实现建设市场的良性发展，除了法律法规和行政监管以外，发挥市场规律中“竞争和价格”的作用是治本之策。工程量清单计价是市场形成工程造价的主要形式，工程量清单计价是有利于发挥企业自主报价的能力，实现政府定价到市场定价的转变；有利于规范业主在招标中的行为，有效改变招标单位在招标中盲目压价的行为，从而真正体现公开、公平、公正的原则，反映市场经济规律。

3. 实行工程量清单计价，是促进建设市场有序竞争和企业健康发展的需要

工程量清单计价招标投标中，由于清单是招标文件的组成部分，招标单位必须编制出准确的工程量清单，并承担相应的风险。由于工程量清单是公开的，将避免工程招标中弄虚作假、暗箱操作等不规范行为。承包企业采用工程量清单报价，必须通过对单位工程成本、利润进行分析、统筹考虑、精心选择施工方案，并根据企业的定额合理确定人工、材料、施工机械等要素的投入与配置，优化组合，合理控制现场费用和施工技术措施费用，确定投标价。改变过去过分依赖国家发布定额的状况，企业根据自身的条件编制出自己的企业定额。

工程量清单计价的实行，有利于规范建设市场计价行为，规范建设市场秩序，促进建设市场有序竞争；有利于控制建设项目投资，合理利用资源，促进技术进步，提高劳动生产率；有利于提高造价工程师的素质，使其必须具备懂技术、懂经济、懂法律、善管理等全面发展的复合人才。

4. 实行工程量清单计价，有利于我国工程造价政府管理职能的转变

按照政府部门真正履行起“经济调节、市场监管、社会管理和公共服务”职能的要求，政府对工程造价管理的模式要相应改变，将推行政府宏观调控、企业自主报价、市场竞争形成价格、社会全面监督的工程造价管理思路。实行工程量清单计价，将会有利于我国工程造价管理政府职能的转变；由过去政府控制的指令性定额转变为制定适应市场经济规律需要的工程量清单计价方法，由过去行政直接干预转变为对工程造价依法监督，有效地强化政府对工程造价的宏观调控。

5. 实行工程量清单计价，是适应我国加入世界贸易组织（WTO），融入世界大市场的需要

随着我国改革开放的进一步加快，中国经济日益融入全球市场，特别是我国加入世界贸易组织（WTO）后，行业壁垒下降，建设市场将进一步对外开放。国外的企业以及投资的项目越来越多地进入国内市场，我国企业走出国门在海外投资和经营的项目也在增加。为了适应这种对外开放建设市场的形势，就必须与国际通行的计价方法相适应。为建设市场主体创造一个与国际惯例接轨的市场竞争环境，工程量清单计价是国际通行的计价做法。在我国实行工程量清单计价，有利于提高国内建设各方主体参与国际化竞争的能力，有利于提高工程建设的管理水平。

4.2 工程量清单计价的核算

工程项目都是由若干个单位工程组成，单位工程由若干个分部工程组成，分部工程由若干分项工程组成，分项工程则由其基本组成部分——基本子工程量组成，基本子工程量取决于工艺工序，通过构成基本子工程量所需要的人工量、材料量、机械台班量和市场价计算，

得到工程量清单计价中人工费、材料费、机械台班费三项费用，加上管理费和利润构成工程量清单计价。

4.2.1 工程量清单计价方法

工程量清单计价已经是国际上大多数国家和地区所普遍采用的、核算建设工程造价费用的一种方法，其基本方法有如下两种：

4.2.1.1 方案法

依据施工工艺技术方案中的工艺数据，核算工程量实体所耗用的人工量、材料实用量、材料工艺损耗量、辅助材料耗用量和使用机械设备台班量，作为核算工程量清单计价各项费用的依据。方案法在英国、中国香港等一些国家和地区普遍采用。

4.2.1.2 定额法

以构成基本子工程量的施工工艺技术定额，作为核算工程量清单中各项基本子工程量所耗用的人工量、材料量、机械台班使用量和各项费用计算的依据，这一方法在美国等一些国家比较通用。

上述两种方法，从操作上看有所区别，从构成两种方法的内涵来认识，方案法和定额法是一个统一体。方案法是定额法的前身，定额法是方案法的数据化总结。在具体应用上，方案法比定额法更加贴近实际，但是花费时间比较长。定额法贴近实际方面比方案法略有差距，但是比较省时间。在企业各项定额比较完善和作业人员工艺技术经验比较丰富的情况下，采用定额法结合适当方案法进行测算修正，基本能达到方案法的水平。所以定额法会具有更好的发展、完善和应用前景。

采用定额法进行工程量清单计价核算，施工企业必须拥有能够体现企业施工技术实力和管理水平的各项企业定额和岗位作业标准。这样，通过企业定额和市场价相结合的方法计算工程量清单，就能够比较合理地核算出企业构成建筑品的“生产者成本”费用。与采用方案法相比，采用定额法进行工程量清单计价的作业人员，要求所掌握的施工技术含量可略少一些。但是必须要掌握施工技术工艺数据资源，否则难以达到与不断更新发展的施工技术工艺相匹配的实际要求。

进行工程量清单计价，在应用上述两种基本方法的基础上，通过累计核算，可以形成分项工程量清单综合单价。在市场价等条件基本相同的情况下，基于快速计价与报价的需要，某些工程项目的工程量清单计价，可采用分项工程量清单综合单价法进行计价。采用分项工程量清单综合单价法计价，必须具备如下的前提条件，即：拥有采用方案法或定额法得出的工艺人工量、材料量、使用机械台班量及管理费等基础数据。

4.2.2 工程量清单计价需要的条件

根据工程量清单计价的客观需求，施工承包商为了通过清单计价核算出建筑品的“生产者成本”计价与报价，必须要掌握或具备如下条件：

（1）业主的施工技术指导书。

（2）招标文件所要求的工程施工合同工期。

（3）招标文件中所要求的工程量清单计价方式方法。

（4）业主在招标文件中，对工程材料，设备采购意向指导书。

（5）业主在招标文件中所制定的材料、设备采供计价方式。

（6）业主在招标文件中对设计变更现场洽商的索赔计价方式。

（7）业主对材料涨价风险和工程施工担保的意向条款。

（8）现场地质勘探资料报告。

（9）现场周边建筑物状况及地质水文资料。

（10）现场地区环保规定及河流、道路、电信状况。

（11）场地三通一平及场地高程方格网测量记录报告。

（12）现场观察记录。

（13）地下隐蔽物资料。

（14）依据上述资料，所编制的工程项目单位工程分项工程量清单施工工艺技术方案。

（15）施工企业必须要拥有企业标准施工技术资源。

（16）采用定额法进行工程量清单计价，必须要用企业各项基础性定额。

（17）国家颁布的施工技术标准和施工质量验收标准。

4.2.3 工程量清单计价的规定

4.2.3.1 工程量清单计价一般规定

《建设工程工程量清单计价规范》（GB 50500—2008）规定了工程量清单计价从招标控制价的编制、投标报价、合同价款约定、工程计量与价款支付、索赔与现场签证、工程价款调整到工程竣工结算办理及工程造价计价争议处理等的全部内容。

《建设工程工程量清单计价规范》（以下简称《规范》）4.1.1 条规定，采用工程量清单计价，建设工程造价由分部分项工程费、措施项目费、其他项目费、规费和税金组成。本条规定了采用工程量清单计价工程造价的组成内容。《规范》4.1.2 条规定，分部分项工程量清单应采用综合单价计价。本条规定了分部分项工程量清单应采用的计价方式。根据《建筑工程施工发包与承包计价管理办法》（建设部令第 107 号）第五条规定：工程计价方法包括工料单价法和综合单价法。本条规定工程量清单计价应采用综合单价法。采用综合单价法进行工程量清单计价时，综合单价包括除规费和税金以外的全部费用。

4.2.3.2 工程量清单计价招标控制价的规定

《规范》4.2.1 条规定，国有资金投资的工程建设项目应实行工程量清单招标，并应编制招标控制价。招标控制价超过批准的概算时，招标人应将其报原概算审批部门审核。投标人的投标报价高于招标控制价的，其投标应予以拒绝。本条规定了国有资金投资的工程建设项目，编制和使用招标控制价的原则。

《规范》4.2.2 条规定，招标控制价应由具有编制能力的招标人，或受其委托具有相应资质的工程造价咨询人编制。本条规定招标控制价应由招标人负责编制，但当招标人不具备编制招标控制价的能力时，则应委托具有相应工程造价咨询资质的工程造价咨询人编制。

4.2.3.3 工程量清单计价投标价的规定

《规范》4.3.1 条规定：除本规范强制性规定外，投标价由投标人自主确定，但不得低于成本。投标价应由投标人或受其委托具有相应资质的工程造价咨询人编制。本条规定了投标报价的确定原则。规定了投标报价编制和确定的最基本特征是投标人自主报价，它是市场竞争形成价格的体现。

4.2.3.4　工程量清单计价竣工结算价的规定

《规范》4.8.1条规定：工程完工后，发、承包双方应在合同约定时间内办理工程竣工结算，本条规定了竣工结算的办理原则。

《规范》4.8.2条规定：工程竣工结算由承包人或受其委托具有相应资质的工程造价咨询人编制，由发包人或受其委托具有相应资质的工程造价咨询人核对。本条规定了竣工结算由承包人编制，发包人核对。实行总承包的工程，由总承包人对竣工结算的编制负总责。

《规范》4.8.4条规定：分部分项工程费应依据双方确认的工程量、合同约定的综合单价计算；如发生调整的，以发、承包双方确认调整的综合单价计算。本条规定了办理竣工结算时，分部分项工程费的计价原则：

（1）工程量应依据发、承包双方确认的工程量计算。

（2）综合单价应依据合同约定的单价计算；如发生了调整的，以发、承包双方确认调整后的综合单价计算。

4.2.4　工程量清单计价方案法

以下通过具体案例说明：

【例4-1】　某招标文件中提供的基础土方分项工程量清单如表4-1所示，用方案法进行工程量清单计价。

表4-1　基础土方工程量清单计价表

序号	项目编码	项目名称	项目特征	计量单位	工程量	金额（元）	
						单价	合价
1	010101003	基础土方	20×32×3（一类土）	m^3	1920		
1-1	010101003001	挖土方	一类土	m^3	1920		
1-2	010101003002	外运土方	运距2km	m^3	1920		
1-3	010101003003	回运土方	运距2km	m^3	182.88		
1-4	010101003004	回填土方	夯实20cm	m^3	182.88		
1-5	010101003005	临时电源线	1000W透光器2个；三相开关配电箱1套	m	120		
	小计						

首先，依据工程量清单提供的各项基本子工程数量、项目名称及图纸与现场条件等资料，编制基础土方工程量清单施工工艺技术方案。

此工程基础土方工程量为1920m^3，基坑宽20m，长32m，深3m，根据现场条件和工程特点，挖土采用铲斗容量为0.6m^3液压挖土机，配10t自卸汽车运土，回填土方采用铲斗容量为0.6m^3装载机和10t自卸汽车运土，运距2km，因路面不好，外运土时速为20km，返回时速为22km，由于只能夜间施工，需配照明设施。

1. 基础土方工程量清单人工量、材料量、机械台班计算

基础土方工程量由挖、装土方工程量，外运土方工程量，回运土方工程量，回填夯实土方工程量四项组成。使用机械是挖土机、运载汽车、装载机、夯实机以及人工运土工具。按挖运土方技术方案，计算基础土方工程量清单所耗用的人工量、材料量、机械台班等工艺数

据如下：

（1）根据开挖土方工程量和现场条件，以及施工进度计划和挖土机工艺技术功率参数，计算 1920m^3 挖方需用挖土机台班：

挖土机工艺技术功率参数：挖斗容量为 0.6m^3，按 180°回转计算，每分钟挖土次数 = 2.6 次，根据现场和夜间施工条件，以及挖土机启动、检查、移位、修边、集土等工艺因素，系数取 0.85，每分钟挖土次数 = 2.6 × 0.85 = 2.2 次，选配一台挖土机，每台班按 8h 计算。

求：每分钟挖装土方 = 0.6 × 2.2 = 1.32（m^3/min）

求：单斗挖土机台班产量 = 8 × 60 × 1.32 = 633.60（m^3/台班）

求：需挖土机台班 = 1920 ÷ 633.6 = 3.03（台班）

（2）依据挖土机挖装土方计算外运土方的汽车台班：

汽车的额定装载量为 10t，根据夜间作业和路况条件，系数取 0.8，确定装载量 = 10 × 0.8 = 8t，外运土时速 20km，返回时速 22km。运距 2km，依据材料重量表，一类土为 1600kg/m^3。

求：一台车一次装土量 = 8 ÷ 1.6 = 5（m^3/车）

求：装满一台车需时间 = 5 ÷ 1.32 = 3.79（min/车）

求：一台车外运土方往返时间 = 60 ÷ 20 × 2 + 60 ÷ 22 × 2 = 11.45（min/车）

求：一台车装、运往返时间 = 3.79 + 11.45 = 15.24（min/车）

求：一辆汽车台班产量 = 5 ×（60 × 8 ÷ 15.24）= 157.48（m^3/台班）

求：配合挖土机所需外运土方汽车数量 = 挖土机台班产量 ÷ 汽车台班产量

= 633.6 ÷ 157.48 = 4.02（台）

选配 4 辆自卸汽车。

（3）采用挖土机开挖基槽，需要进行清理槽底和修边，每台班挖土机配两名清槽人员，需用人工 = 2 × 3.03 = 6.06（工日）。

综上计算，挖、运土方需用机械台班为：

挖装 1920m^3 土方工程量需容量 0.6m^3 挖土机 3.03 台班

外运 1920m^3 土方工程量需 10t 自卸汽车 = 4 × 3.03 = 12.12（台班）

挖、运土方需用人工为：6.06 工日。

（4）根据工程量清单，需回运土方 182.88m^3，按从原外运土方堆集点回运，运距一样，路线一样，汽车一样，装载机工艺技术功率为每斗 0.6m^3，每分钟装土次数为 4.5 次。求装运 182.88m^3 土方工程量所需汽车台班和装载机台班：

求：装载机一分钟装土量 = 0.6 × 4.5 = 2.7（m^3/min）

求：装满一台车的时间 = 5 ÷ 2.7 = 1.85（min/车）

求：一台车装、运一次往返时间 = 1.85 + 11.45 = 13.3（min/车）

求：一个汽车台班回运土方量 = 5 ×（8 × 60 ÷ 13.3）= 180.45（m^3）

求：回运土方量，需用的汽车台班量 = 182.88 ÷ 180.45 = 1.01（台班）

根据上述计算数据，回运 182.88m^3 土方，需用汽车台班 1.01 台班，同时所配合的装载机台班也是 1.01 台班，从合理使用机械考虑，选用两辆汽车运土，各 0.5 台班，一台装载机 0.5 台班，可节省装载机 0.5 台班。

综上计算，装、回运土方需用机械台班为：

装 182.88m^3 土方工程量需容量 0.6m^3 装载机为 0.5 台班

外运 182.88m^3 土方工程量需 10t 自卸汽车台班为 $2\times0.5=1$（台班）

（5）根据工程量清单，回填土和打夯工程量 182.88m^3，需用人工手推车运土，运土距离平均 20m，采用机械打夯。

查手推车运土劳动定额，每个工日运土方 8.5m^3。工作内容包括：装卸土，清理道路，铺移及拆除道板，车辆小修，注油和洗刷等全过程作业。查机械打夯劳动定额，每个工日打夯 12.4m^3 土方。打夯机台班产量 12.4m^3，工作内容包括：碎土、平土、找平、泼水、打夯等全过程作业。

求：运回填土工日 $=182.88\div8.5=21.53$（工日）

求：夯实工日 $=182.88\div12.4=14.75$（工日）

求：夯实机械台班 $=182.88\div12.4=14.75$（台班）

综上计算，回填土和夯实需用打夯机台班为：14.75 台班

$$回填土和夯实需用人工工日=21.53+14.75=36.28(工日)$$

（6）根据夜间施工。要设置临时电源线 120m，安装两台 1000W 透光器，一个三相开关配电箱，三根直径为 120～100mm、长 6m 木电线杆。

查埋设与拆除临设木电线杆劳动定额，每根 0.35 工日，敷设与拆除临设电源线劳动定额，每米 0.03 工日，安装与拆除一台透光器劳动定额 0.322 工日，安装与拆除一套三相开关配电箱的劳动定额 0.75 工日。

求：立、拆三根临设木电线杆工日 $=0.35\times3=1.05$（工日）

求：敷设与拆除临设 120m 电源线工日 $=0.03\times120=3.6$（工日）

求：安、拆两台 1000W 透光器工日 $=0.32\times2=0.64$（工日）

求：安、拆一套三相开关配电箱工日 $=0.75\times1=0.75$（工日）

施工中照明维护工日为 6 个工日。

综上计算，临时电源工日为 $=1.05+3.6+0.64+0.75+6=12.04$（工日）

2. 基础土方工程量清单人工费、材料费、使用机械台班费计算

依据上述所计算的人工量、材料量、使用机具台班量，参照所掌握的市场价，核算基础土方工程量清单计价中人工费、材料费、机械台班使用费等工艺成本费用。

具体的计算方法如下：

（1）挖掘与装车 1920m^3 土方

清土人工为 6.06 个工日，市场价人工单价为 35 元，

$$人工费=35\times6=212.10(元)$$

0.6m^3 挖土机为 3.03 台班，市场价台班费单价为 911.24 元，

$$机械费=911.24\times3.03=2761.06(元)$$

（2）外运 1920m^3 土方

10t 自卸汽车为 12.12 台班，市场价台班费单价为 971.66 元，

$$机械费=971.66\times12.12=11776.52\ (元)。$$

(3) 回运 182.88m^3 土方

0.6m^3 装载机为 0.5 台班，市场价台班费单价为 606.8 元，

$$机械费1 = 606.8 \times 0.5 = 303.40(元)$$

10t 自卸汽车为 1.0 台班，市场价台班费单价为 971.66 元，

$$机械费2 = 971.66 \times 1 = 971.66(元)$$

$$机械费 = 303.40 + 971.66 = 1275.06(元)$$

(4) 回填夯实 182.88m^3 土方

回填夯实土方 = 36.28 个工日，市场价人工费单价为 35 元，

$$人工费 = 35 \times 36.28 = 1269.80(元)$$

夯实机为 14.75 台班，市场价台班费单价为 36.18 元，

$$机械费 = 36.18 \times 14.75 = 533.66(元)$$

手推车折旧摊销费，即材料费 = 210 元

(5) 临时电源线 120m，两个透光器，一个三相开关配电箱，

临电人工为 = 12.04 工日，市场价人工费单价为 45 元，

$$人工费 = 45 \times 12.04 = 541.8(元)$$

木电线杆直径 120 ~ 100mm，长 6m，三根，摊销费为每根 9 元，

$$合计 = 9 \times 3 = 27(元)$$

外用架空电线长 120m，折旧摊销费合计 80 元

两台 1000W 透光器，折旧摊销费与电费合计 = 460 元

三相开关配电箱一套，折旧摊销费合计 35 元

$$材料费 = 27 + 80 + 460 + 35 = 602(元)$$

以上是 1920m^3 基础土方工程量清单人工、材料、使用机械台班量、价的计算。然后按工程量清单综合价构成汇总表，详见表 4-2。

表 4-2 基础土方工程量清单综合价汇总表

序号	项目编码	项目名称	单位	数量	综合价组成（元）					综合价（元）
					人工费	材料费	机械费	管理费	利润	
1	010101003	基础土方	m^3	1920	2023.70	812	16346.90			19182.60
1-1	010101003001	挖装土方	m^3	1920	212.10		2761.66			2973.76
1-2	010101003002	外运土方	m^3	1920			11776.52			11776.52
1-3	010101003003	回运土方	m^3	182.88			1275.06			1275.06
1-4	010101003004	回填夯实土方	m^3	182.88	1269.80	210	533.66			2013.46
1-5	010101003005	电源线	m	120	541.80	602				1143.8

通过基础土方工程量清单综合价汇总表得知，合计人工费为2023.70元，材料费为812元，机械台班费为16346.90元。管理费、利润在下面章节讲述，这里暂不考虑，因此，综合价为19182.60元，单价为：

$$19182.60 \div 1920 = 9.99(\text{元}/m^3)$$

以此，计算出基础土方工程量清单计价表，见表4-3。

表4-3 基础土方工程量清单计价表

序号	项目编码	项目名称	项目特征	计量单位	工程量	金额（元）	
						单价	合价
1	010101003	基础土方	20×32×3（一类土）	m^3	1920	9.99	19182.60
1-1	010101003001	挖土方	一类土	m^3	1920	1.55	2973.76
1-2	010101003002	外运土方	运距2km	m^3	1920	6.13	11776.52
1-3	010101003003	回运土方	运距2km	m^3	182.88	6.97	1275.06
1-4	010101003004	回填土方	夯实20cm	m^3	182.88	11.01	2013.46
1-5	010101003005	临时电源线	临时电源线120m，1000W透光器两个，三相开关配电箱一套	项	1	9.53	1143.80

以上是1920m^3基础土方工程量清单计价，运用方案法计算人工费、材料费、使用机械台班费的计算过程。

注意，在上述计算过程中所采用的企业劳动定额数据、各项市场价费用数据，均为假设条件，不能作为正式计价计算的依据。

4.2.5 工程量清单计价定额法

4.2.5.1 定额法进行工程量清单计价的条件

工程量清单计价目的，是为了核算建筑品的成本报价，所以要求企业必须建立或拥有体现其成本实力的企业定额，如此才能通过工程量清单结合市场价计算，核算出企业建筑产品的成本报价。

企业定额包括的项目如下：

（1）企业各专业工序工艺劳定额。

（2）企业所掌握和应用的施工机械设备工艺技术功率参数定额。

（3）国家和企业各项材料配合比标准（定额）。

（4）企业所使用各项材料的工艺损耗定额。

（5）国家所制定的各项生产施工工艺技术标准（定额）。

（6）企业工程量清单施工辅助材料工艺消耗定额。

（7）企业各项工程量清单——基本子工程量施工工艺技术定额。

（8）企业工程量施工工艺工期定额。

以上八项定额是企业建筑品生产施工的基本技术数据资源，它包括了各项分项工程量清单的材料量、人工量和使用机械设备台班量等数据。运用企业定额进行工程量清单计价，可直接核算出分项工程量清单各基本子工程量所耗用的人工量、材料量、使用机械台班量。

4.2.5.2 运用定额法进行工程量清单计价的方法

【例4-2】 某招标文件中提供的独立混凝土基础分项工程量清单，如表4-4所示。用定额法进行工程量清单计价。

表4-4 独立混凝土基础分项工程量清单计价表

序号	项目编码	项目名称	项目特征	计量单位	工程量	金额（元）	
						单价	合价
1	010401002	独立钢筋混凝土基础		m^3	29.58		
1-1	010401002001	基础垫层混凝土 C20	混凝土 C20	m^3	4.1		
1-2	010401002002	基础垫层混凝土模板面积	宽 0.1m	m^2	10.24		
1-3	010401002003	基础	混凝土 C25	m^3	25.48		
1-4	010401002004	基础混凝土模板	面积 0.65×1.4 0.65×0.7	m^2	87.36		
1-5	010401002005	基础钢筋	$\phi25$	kg	1330.56		
			$\phi12$	kg	243.88		
			$\phi10$	kg	818.84		

本工程为10个独立柱基础29.85m^3，根据现场条件，采用商品混凝土，汽车输送泵浇筑，模板采用组合钢模板。根据企业定额计算独立混凝土基础工程量清单所耗用的人工量、材料量、机械台班和计价等。

（1）4.1m^3C20混凝土基础垫层耗用人工量、材料量、使用机械台班量的计算与计价

查企业定额，C20混凝土垫层工艺技术定额（商品混凝土），每浇筑1m^3混凝土耗用综合人工为0.50工日，商品混凝土为1.012m^3，使用汽车输送泵台班为0.008台班。

求：人工量$=0.5\times4.1=2.05$(工日)

材料量$=1.012\times4.1=4.15(m^3)$

使用机械台班量$=0.008\times4.1=0.03$(台班)

求人工量、材料量、使用机械台班量的计价：

市场价：人工费单价=35元，C20商品混凝土单价=250元，汽车输送泵车台班费单价=2100元

求：人工费$=35\times2.05=71.75$(元)

材料费$=250\times4.15=1037.50$(元)

机械费$=2100\times0.03=63.00$(元)

（2）10.24m^2垫层模板的人工量、材料量的计算与计价

查企业定额，1m^2垫层混凝土模板耗用人工日为0.128工，模板耗用量1.06m^2

求：人工量$=0.128\times10.24=1.31$(工日)

材料量$=1.06\times10.24=10.85(m^2)$

市场价：人工费单价为36元，模板租赁费每日每平方米为0.65元，垫层模板使用周期为4天

求：人工费 = 36 × 1. 31 = 47. 16（元）

材料费 = 模板租赁费 = 10. 85 × 0. 65 × 4 = 28. 21（元）

（3）25. 48m^3 基础混凝土人工量、材料量、使用机械台班量的计算与计价

查企业定额，每 1m^3 基础混凝土，耗用人工量为 0. 49 工日，混凝土耗用量为 0. 99m^3，使用汽车输送泵台班为 0. 008 台班。

求：人工量 = 0. 49 × 25. 48 = 12. 49（工日）

材料量 = 0. 99 × 25. 48 = 25. 23（m^3）

机械台班 = 0. 008 × 25. 48 = 0. 20（台班）

市场价：人工费单价为 35 元，C25 商品混凝土每立方米为 300 元，汽车输送混凝土泵台班费为 2100 元

求：人工费 = 35 × 12. 49 = 437. 15（元）

材料费 = 300 × 25. 23 = 7569. 00（元）

机械费 = 2100 × 0. 20 = 420. 00（元）

（4）87. 36m^2 基础混凝土模板耗用人工量、租用周转材料量、使用机械台班量的计算与计价。

查企业定额，基础混凝土模板每平方米，安、拆人工量为 0. 262 工日，每平方米租用模板耗用量为 1. 06m^2，采用组合钢模板。

求：人工量 = 0. 262 × 87. 36 = 22. 89（工日）

租用模板量 = 1. 06 × 87. 36 = 92. 60（m^2）

市场价：人工费单价为 36 元，租用模板每平方米一天 0. 99 元，其中包括卡扣和支架用费。模板使用周期为 5 天

求：人工费 = 36 × 22. 89 = 824. 04（元）

材料费 = 模板租赁费 = 0. 99 × 92. 60 × 5 = 458. 37（元）

（5）基础钢筋人工量、材料量、使用机械台班量的计算与计价

本企业每 1t 钢筋的工艺技术定额如表 4-5 所示。

表 4-5　每 1t 钢筋的工艺技术定额

项　目			单　位	独 立 基 础		
				钢筋直径（mm）		
				≤ϕ12	≤ϕ16	>ϕ16
制作	人工	机械制作工日	工日	2. 23	1. 89	1. 77
		部分机械制作工日	工日	2. 89	2. 46	2. 3
	机械	切断机台班	台班	0. 505	0. 25	0. 2
		弯曲机台班	台班	0. 65	0. 51	0. 32
绑扎	人工	绑扎工日	工日	2. 53	2. 11	1. 82
	辅材	辅助材料费	元	3. 8	3. 11	2. 66

查企业定额，基础钢筋耗用人工量、材料量、使用机械台班量定额如下：

钢筋采用部分机械制作与现场绑扎

求：人工量

ϕ12 以下 =(2.89+2.53)×(0.244+0.819)=5.76(工日)

ϕ25 =(2.3+1.82)×1.33=5.48(工日)

人工量 =5.76+5.48=11.24(工日)

求：机械台班量

ϕ12 以下钢筋切断机械台班 =0.505×(0.244+0.819)=0.54(台班)

ϕ12 以钢筋弯曲机械台班 =0.65×(0.244+0.819)=0.69(台班)

ϕ25 钢筋切断机械台班 =0.20×1.33=0.27(台班)

ϕ25 钢筋弯曲机械台班 =0.32×1.33=0.43(台班)

市场价：人工费单价为 38 元，ϕ10 钢筋每吨 3540 元，ϕ12 钢筋每吨 3500 元，ϕ25 钢筋每吨 3400 元，切断机台班费为 80.1 元，弯曲机台班费为 120.6 元

求：人工费 =38×11.24=427.12（元）

主材费 =3.54×818.84+3.5×243.88+3.4×1330.56=8276.17(元)

辅助材料费 =0.0038×(818.84+243.88)+0.00266×1330.56=7.58(元)

材料费 =8276.17+7.58=8283.75(元)

切断机台班费 =80.1×(0.54+0.27)=64.56(元)

弯曲机台班费 =120.6×(0.69+0.43)=135.07(元)

机械费 =64.56+135.07=199.63(元)

（6）编制混凝土基础分项工程量清单综合价汇总表

以上是 29.58m^3 独立混凝土基础工程量清单人工、材料、使用机械台班量、价的计算。然后按工程量清单综合价构成汇总表，详见表 4-6。

表 4-6　混凝土基础分项工程量清单综合价汇总表

序号	项目编码	项目名称	计量单位	工程数量	综合价组成（元）					综合价（元）
					人工费	材料费	机械费	管理费	利润	
1	010401002	独立混凝土基础	m^3	29.58	1807.22	17376.83	682.63			19866.68
1-1	010401002001	基础垫层混凝土 C20	m^3	4.1	71.75	1037.50	63.00			1172.25
1-2	010401002002	垫层模板	m^2	10.24	47.16	28.21				75.37
1-3	010401002003	基础混凝土 C25	m^3	25.48	437.15	7569.00	420.00			8426.15
1-4	010401002004	基础模板	m^2	87.36	824.04	458.37				1282.41
1-5	010401002005	基础钢筋	kg	2393.28	427.12	8283.75	199.63			8910.50

将混凝土基础分项工程量清单综合价汇总表中，人工费为 1807.22 元、材料费为 17376.83 元、机械费为 682.63 元，由于管理费、利润在下面章节讲述，这里暂不考虑，因此，综合价为 19866.68 元，单价为 19866.68 ÷ 29.58 = 671.63（元/m^3），以此，计算出混凝土基础工程量清单计价表，见表 4-7。

表 4-7 独立混凝土基础工程量清单计价表

序号	项目编码	项目名称	项目特征	计量单位	工程量	金额（元）	
						单价	合价
1	010401002	独立混凝土基础		m^3	29.58	671.63	19866.68
1-1	010401002001	基础垫层混凝土 C20	混凝土 C20	m^3	4.1	285.91	1172.25
1-2	010401002002	垫层模板		m^2	10.24	7.36	75.37
1-3	010401002003	基础	混凝土 C25	m^3	25.48	330.70	8426.15
1-4	010401002004	基础模板		m^2	87.36	14.68	1282.41
1-5	010401002005	基础钢筋		kg	2393.28	3.72	8910.50

以上是混凝土基础分项工程量清单计价中人、材、机部分费用的计算。

建设工程工程量清单的计价、核算，必须要做到以量计价，即一切费用的计算，必须首先计算出所耗用的量，才能进行计价。

4.3 工程量清单计价中管理费的计算

4.3.1 管理费的内容

我国制定颁布的《建设工程工程量清单计价规范》中，管理费是指建筑安装企业组织施工生产和经营管理所需费用，包括工程分部分项工程和措施项目工程量清单所发生的费用，均作为管理费列在相应的工程量清单中计取。内容包括：

（1）管理人员工资。是指管理人员的基本工资、工资性补贴、职工福利费、劳动保护费等。

（2）办公费。是指企业管理办公用的文具、纸张、账表、印刷、邮电、书报、会议、水电、烧水和集体取暖（包括现场临时宿舍取暖）用煤等费用。

（3）差旅交通费。是指职工因公出差、调动工作的差旅费、住勤补助费，市内交通费和误餐补助费，职工探亲路费，劳动力招募费，职工离退休、退职一次性路费，工伤人员就医路费，工地转移费以及管理部门使用的交通工具的油料、燃料、养路费及牌照费。

（4）固定资产使用费。是指管理和试验部门及附属生产单位使用的属于固定资产的房屋、设备仪器等的折旧、大修、维修或租赁费。

（5）工具用具使用费。是指管理使用的不属于固定资产的生产工具、器具、家具、交通工具和检验、试验、测绘、消防用具等的购置、维修和摊销费。

（6）劳动保险费。是指由企业支付离退休职工的易地安家补助费、职工退职金、六个月以上的病假人员工资、职工死亡丧葬补助费、抚恤费、按规定支付给离休干部的各项经费。

（7）工会经费。是指企业按职工工资总额计提的工会经费。

（8）职工教育经费。是指企业为职工学习先进技术和提高文化水平，按职工工资总额计提的费用。

（9）财产保险费。是指施工管理用财产、车辆保险。

（10）财务费。是指企业为筹集资金而发生的各种费用。

（11）税金。是指企业按规定缴纳的房产税、车船使用税、土地使用税、印花税等。

（12）其他。包括技术转让费、技术开发费、业务招待费、绿化费、广告费、公证费、法律顾问费、审计费、咨询费等。

【例4-3】 一项钢筋混凝土基础工程共六个基础，合计钢筋混凝土工程量为11.18m^3，通过计算需用混凝土11.41m^3，ϕ22螺纹钢筋660kg，ϕ14螺纹钢筋240kg，ϕ10圆钢110kg，基础模板24.2m^2，ϕ22螺栓24根，长800mm等材料。在完成上述六个钢筋混凝土基础的11.18m^3工程量中，除施工物化活动发生的人工量、材料量、使用机械台班量之外，还需间接地做如下各项非物化活动：

（1）编制钢筋混凝土基础施工工艺技术方案和工艺技术交底文件。

（2）编制施工进度计划。

（3）下达施工计划，组织人力配备，施工技术指导，施工机械调配等。

（4）编制材料统筹计划、采购计划，签订采购订货合同，供货运输、入库验收、材料质量检验、保管出库等。

（5）检查施工质量、现场安全检查、竣工质量验收等。

（6）施工资料的整理和验收等。

（7）各项财务费用等。

上述七项作业内容，均属完成钢筋混凝土基础所必须发生的非物化活动，即管理费的计取内容。

采用工程量清单计价，不分企业管理费和现场经费，管理费均按工程量清单所发生的非物化活动计取。此法全面反映了企业的真实运营成本，便于从工程量清单管理费用中了解企业管理水平。

4.3.2 管理费划定原则

在工程量清单计价中，凡是直接和间接服务于工程量清单形成的非物化活动发生的费用，均列为工程量清单计价中的管理费。例如，大型设备和大批材料的开箱检验，应按照工程量计取。但是材料、设备的采购人员费用，属于管理运作过程中产生的费用，可以列为管理费计取，也可按材料设备采购成本，在材料、设备的采购成本中计取。至于采取何种方式计算，由招标人在招标文件中明确，投标方按招标文件进行计算。

4.3.3 管理费计算方法

在工程量清单中，为了将工程量形成的所有非物化活动，准确计入工程量清单管理费中，国际上通用的方法是，将所有服务于工程量形成的非物化活动，按其形成的程序编制出实施作业时间计划书。就是我们通常所称的工作计划，它的编制要达到以小时计算的细化程度。同时，执行作业要按工作日志的方式，即每项作业成果都要按专业项目列出编码和时间，作为考核计划执行情况的依据。因此，工程量清单中的管理费，须按构成工程量清单的作业计划书中的工作日计算。

另外，对原统一预算定额计价的费用定额中的企业管理费和现场经费，在工程量清单计价中，应按管理费或规费与其他费用计取。

4.3.3.1　管理费计取

（1）干勤人员工资附加费和服务人员的津贴，应包括在工资中计取；职工福利费属于企业自身的企业行为，不应在建设工程工程量清单中计取；管理费中工作人员包括管理人员、辅助服务人员、现场保安人员。

（2）公司办公人员的文具、纸张、电话通信资料、书籍、办公设备，水、电及暖通等，按作用于工程实体情况，分别在分部分项工程、措施项目工程量清单的管理费和其他项目中计取。

（3）市内交通费、自有交通工具的燃料费、养路费、高速公路通行费、职工探亲路费、离退休职工一次性路费、住勤补助费、误餐补助费等费用。在市场经济条件下，施工企业的资产结构、职工与企业的生产关系已经不是全民生产关系，建设工程工程量清单计价中不计取此项费用。应在企业与应聘人员的合同中体现。职工因公出差、工地转移费以及管理部门使用的交通工具的油料、燃料、养路费及牌照费，在建设工程工程量清单计价中计取。

（4）企业非生产用固定资产的折旧和修理费，在市场经济条件下，建设工程施工投标企业的非生产固定资产属于投标企业的自身资产，其折旧费和修理费不应列在建设工程工程量清单计价中计取，应在投标企业所取得的利润中自行支付。

（5）工作人员的劳动保护用品费用，应列在各项工程量清单的管理费中计取。凡是公司管理人员参与了建设工程的管理作业部分，在所发生的相对工程量清单管理费中计取。

（6）企业为业务经营的合理需要所支付的招待费，在相应的工程量清单管理费中计取。

（7）投标企业的固定资产税、土地使用税、车船使用费，属投标企业自身资产应缴纳的税金，应由投标企业自行承担。但是如果发生作用于建设工程实施的应用部分，如，车、船的使用按台班费、土地使用费列入管理费。

（8）建筑工程的一切保险费用，包括公共责任保险、火灾保险、地震保险、合同公证等应列在管理费中计取。企业经济担保、董事会活动属企业自身行为，其费用不应在工程量清单计价中计取。其中，工程投标费用应列到其他项目中计取。

（9）企业中的党委宣传费用、工会经费、共青团经费、民兵训练等，属于国家规定费用，但是在一些民营的建设工程承包企业中，没有党组织、工会、共青团、民兵组织机构的，应按职工工资总额计提工会经费，计入管理费。

4.3.3.2　具体计算方法

管理费的计算主要有两种方法：

1. 公式计算法

$$管理费 = 计算基数 \times 管理费率$$

2. 费用分析法

根据管理费组成，结合工程管理作业内容，确定各项费用后，再累计求合计算。

$$管理费 = 管理人员工资 + 办公费 + 交通费 + 固定资产使用费 + 保险费 + 税金 + 财务费用 + 其他费用等$$

4.4　工程量清单计价中利润的计算

在市场经济中，商品的生产成本应包括生产者的成本利润，利润的多少是由社会需求决定，无法用一个固定的百分率确定。因此，工程量清单计价中的企业利润计算，不能像计划经济那样以人工费或总价的百分率固定下来。作为承包建设工程的施工企业，不可能亏本来从事建设工程的生产活动，必须尽力争取利润的最大化。由此可见，市场经济发展的核心问题，就是生产者利润。计算生产者利润，必须要明确利润产生的条件以及计算的规律。

4.4.1　企业利润产生的基础条件

在市场经济中，企业利润来源于市场需求以及需求者的经济承受能力。也就是说，任何产品，如果没有市场对它的需求，或者需求者不具备相应的经济承受能力，企业不但无法获得利润，就连产品的生产成本也无法收回。特别是建筑产品，由于它自身的特点，把握市场需求就显得尤为重要。

企业产品的利润，还源于企业对产品生产中科学、技术和现代管理的投入。通过人们的智能、技能等资源，创造出科技含量比较高的产品，去满足市场需求，这也是形成产品利润的基础之一。

人类社会是人们基于共同的生存需求所形成的互补互助的有机体，其中企业、机构、部门和家庭，共同以各种方式进行产品生产及生活活动。每一个人在社会活动中，在获得自己生存需求的同时，也在为社会出力。所以，社会中每一个产品的生产活动都是在企业与企业、人与人的有机配合中形成的，每个人要在考虑个人所得利润的同时，尽量满足对方应得的利润。

4.4.2　工程量清单综合价中五项费用的关系

在建筑工程中，工程量清单综合价的五项费用指人工费、材料费、机械使用费、管理费和利润，其中前四项是构成工程量的工艺综合成本。在建设项目建设过程中，五项费用各有自己的独立属性，它们之间又互相关联。施工技术水平提高，材料损耗量就减少，材料量降低，企业利润会得到提高；施工管理水平提高，管理费降低，劳动生产力提高，人工费减少，企业利润提高；先进机械技术水平提高，机械使用费提高，劳动力减少，人工费降低，企业利润得到提高。

利用工程量清单综合价五项费用的关系测算其比例，就可测算出企业的施工技术、装备和管理水平，以及在各项工程量中可能获得的利润。为此，各地区和企业应当建立建设工程工程量市场价五项费用综合信息系统。即各地招标评标部门和施工企业可以将企业以往工程量清单计价的五项费用积累统计，建立起自我考核体系，并报工程量计价行业组织或招标办，作为建立地区性工程量五项费用信息系统的资源。由招标部门结合中标合同价向市场发布，作为测算各项工程量清单计价报价和标底与利润计算的依据。同时以此作为考核依据，确定各施工企业参与建筑市场的资质水平，测算企业进入市场报价和利润计算的依据。

4.4.3 工程量清单报价中利润的测算

在工程量清单计价中，进行利润核算，应依据招标机构发布的市场工程量中标合同价和五项费用比例，测算出工程量五项费用值。

【例4-4】 某市场招标机构发布的独立钢筋混凝土基础，市场成交合同价为423.21元。其中五项费用的平均比例分别为：人工费占8.15%；材料费占75.49%；机械费占3.10%；管理费占6.04%；利润占7.22%。由此可以计算出独立钢筋混凝土基础工程的五项费用市场价格：

$$人工费=0.0815\times423.21=34.49(元)$$

$$材料费=0.7549\times423.21=319.48(元)$$

$$机械费=0.031\times423.21=13.12(元)$$

$$管理费=0.0604\times423.21=25.56(元)$$

$$利润=0.0722\times423.21=30.56(元)$$

其中　市场价工艺成本和工艺运营成本＝人工费＋材料费＋机械费＋管理费＝392.65（元）

然后，依据企业定额或方案法，计算出独立钢筋混凝土基础工程量的企业实际成本价。其中，由企业定额可知：

人工费为36.99元；

材料费为327.85元；

机械费为12.48元；

管理费为30.20元。

所以企业实际工程量综合单价的工艺成本和工艺运营成本

＝人工费＋材料费＋机械费＋管理费

＝36.99＋327.85＋12.48＋30.20＝407.52（元）

通过市场工程量成交合同价和企业实际工程量成本，可以核算出企业此项工程量可赢得的利润值为：

市场工程量成交价－企业实际成本＝423.21－407.52＝15.69（元）

通过以上计算，可以找出企业的优势和不足，如表4-8所示，它证明了企业工程量成本利润主要取决于企业管理水平，包括人才素质、管理资源的现代化及管理机制，以及企业作业技能、智能的先进性，它包括熟练的操作技术与精确先进的施工工艺技术数据。

表4-8　企业工程量成本表　　单位：元

	人工费	材料费	机械费	管理费	合计
市场价成本	34.49	319.48	13.12	25.56	392.65
企业价成本	36.99	327.85	12.48	30.20	407.52
市场价－企业成本价	－2.50	－8.35	0.63	－4.64	－14.87
差距原因	企业技能水平低	企业材料利用率低，损耗率高，管理差	企业机械利用率一般，技术水平一般	管理资源不足，缺乏复合管理人才	企业成本费用高于市场成本价

4.5 措施项目工程量清单计价

4.5.1 措施项目工程量清单计价构成

我国制定颁布的《建设工程工程量清单计价规范》中，措施费是指为完成工程项目施工，发生于该工程施工前和施工过程中非工程实体项目的费用。包括内容：

（1）环境保护费。是指施工现场为达到环保部门要求所需要的各项费用。

（2）文明施工费。是指施工现场文明施工所需要的各项费用。

（3）安全施工费。是指施工现场安全施工所需要的各项费用。

（4）临时设施费。是指施工企业为进行建筑工程施工所必须搭设的生活和生产用的临时建筑物、构筑物和其他临时设施费用等。

临时设施包括：临时宿舍、文化福利及公用事业房屋与构筑物，仓库、办公室、加工厂以及规定范围内道路、水、电、管线等临时设施和小型临时设施。

临时设施费用包括：临时设施的搭设、维修、拆除费或摊销费。

（5）夜间施工费。是指因夜间施工所发生的夜班补助费、夜间施工降效、夜间施工照明设备摊销及照明用电等费用。

（6）二次搬运费。是指因施工场地狭小（施工用地面积小于首层建筑面积的三倍时）等特殊情况而发生的二次搬运费用。

（7）冬雨季施工费。指在冬雨季施工期间，雨季防洪采取防洪措施或冬季施工采取防寒保温措施所增加的费用。

（8）大型机械设备进出场及安拆费。是指机械整体或分体自停放场地运至施工现场或由一个施工地点运至另一个施工地点，所发生的机械进出场运输及转移费用及机械在施工现场进行安装、拆卸所需的人工费、材料费、机械费、试运转费和安装所需的辅助设施的费用。

（9）施工排水、降水费。是指为确保工程在正常条件下施工，采取各种排水、降水措施所发生的各种费用。

（10）地上地下设施、建筑物的临时保护设施费。是指工程施工前，对原有地上、地下设施和建筑物进行安全保护所采取的措施费用。

（11）已完工程及设备保护费。是指竣工验收前，对已完工程及设备进行保护所需费用。

（12）各专业工程措施费：

① 混凝土、钢筋混凝土模板及支架费。是指混凝土施工过程中需要的各种钢模板、木模板、支架等的支、拆、运输费用及模板、支架的摊销（或租赁）费用。

② 脚手架费。是指施工需要的各种脚手架搭、拆、运输费用及脚手架的摊销（或租赁）费用。

4.5.2 措施项目工程量清单计价的核算

我国制定颁布的《建设工程工程量清单计价规范》中，规定措施项目费的计价原则是：编制招标控制价时，措施项目应按招标文件中提供的措施项目清单确定，措施项目采用分部分项工程综合单价形式进行计价的工程量，应按措施项目清单中的工程量，并按《规范》

第4.2.3条的规定确定综合单价；以“项”为单位的方式计价的，按《规范》4.2.3条规定计价，包括除规费、税金以外的全部费用。措施项目费中的安全文明施工费应当按照国家或省级、行业建设主管部门的规定标准计价。

在招标文件中所提供的措施项目工程量清单，是由业主编制计算，作为招标标底的依据。措施项目工程量清单是措施方法的产物，而工程施工的措施方法很多，投标人可根据工程实际情况结合施工组织设计，对招标人所列的措施项目进行增补。投标报价中，投标企业措施项目费应根据招标文件中的措施项目清单及投标时拟定的施工组织设计或施工方案，可以依据企业自身所拥有的施工技术资源、施工装备、技术水平和采用的施工方法，在保证工程施工质量和工期要求的原则下，联系实际地提出自己的措施实施技术方案，并根据方案计算措施项目工程量清单，作为对招标措施项目工程量清单进行核算的依据。

企业在投标措施项目实施技术方案中，必须对措施工艺技术数据和措施图纸加以说明，并且核算措施项目工程量清单。包括人工量、材料量、使用机械台班量，然后与招标方提供的措施项目工程量清单核算出费用对比。经对比证明企业措施方案确有经济性、可行性与工期效益的优势。然后便可按企业措施项目工程量清单计价核算出成本报价及五项费用，并按招标方提供的措施项目工程量清单，计算措施项目综合总价，进行报价。

措施项目费的计算包括：

（1）措施项目的内容应依据招标人提供的措施项目清单和投标人投标时拟定的施工组织设计或施工方案。

（2）措施项目费的计价方式应根据招标文件的规定，可以计算工程量的措施清单项目采用综合单价方式报价，其余的措施清单项目采用以“项”为计量单位的方式报价。

（3）措施项目费由投标人自主确定，但其中安全文明施工费应按国家或省级、行业建设主管部门的规定确定。

措施项目工程量清单，在建设工程施工招标投标中是一项最具有竞争性的部分，它是建设工程施工企业施工技术资源与管理水平的窗口。例如，现场的临建措施项目，如作业棚、仓库、休息室、办公室、临建宿舍、围墙、配电室、配电盘、临时道路、消防以及文明施工设施和标语牌、安全警示标牌等，都应按工程的建筑规模形成企业标准性措施项目。即按构成工程量的数据和内容，进行安装、修建、维修、拆除、运输的成本人工、材料、使用机械台班等数据的计算确认，形成企业标准措施项目费用定额，以利于企业措施项目成本利润的计算和快速报价。

关于措施项目工程量清单中的管理费计算方法和内容，应和分部分项工程量清单计算管理费一样，凡是构成措施项目工程量清单的直接和间接发生的服务性费用，均列在措施项目工程量清单中计取。

关于措施项目工程量利润计算，应与招标方提供的措施项目工程量清单的人工量、材料量、使用机械台班量及管理费对比估价。如果证明在总价费用上有突出优势，可适当地提高措施项目工程量清单计价的利润率，但是必须优先考虑中标希望值问题。

我国制定颁布的《建设工程工程量清单计价规范》中第4.8.5条规定了办理竣工结算时，措施项目费的计价原则。措施项目费应依据合同约定的项目和金额计算，明确采用综合单价计价的措施项目，应依据发、承包双方确认的工程量和综合单价计算；明确采用“项”计价的措施项目，应依据合同约定的措施项目和金额或发、承包双方确认调整后的措施项目费金额计算，如发生调整的，以发、承包双方确认调整的金额计算；措施项目费中的安全文明施工费应按照国家或省级、行业建设主管部门的规定计算。施工过程中，国家或省级、行业建设主管部门对安全文明施工费进行了调整的，措施项目费中的安全文明施工费应作相应调整。

在《建设工程工程量清单计价规范》4.1.4 条中规定，措施项目清单计价应根据拟建工程的施工组织设计，可以计算工程量的措施项目，应按分部分项工程量清单的方式采用综合单价计价；其余的措施项目可以“项”为单位的方式计价，应包括除规费、税金外的全部费用。

为此，规范中给出了两个措施项目计价表，如表 4-9、表 4-10 所示。

表 4-9　措施项目清单与计价（一）

序号	项目编码	项 目 名 称	计算基础	规费（%）	金额（元）
1		安全文明施工（含环境保护、文明施工、安全施工、临时设施）			
2		夜间施工			
3		二次搬运			
4		冬雨季施工			
5		大型机械设备进出场及安拆			
6		施工排水			
7		施工降水			
8		地上、地下设施，建筑物的临时保护设施			
9		已完工程及设备保护			
10		各专业措施项目			
合计					

注：本表适用于以“项”计价的措施项目。

表 4-10　措施项目清单与计价（二）

序号	项 目 名 称	项目特征描述	计量单位	工程量	金额（元）综合单价	金额（元）合价
1	安全文明施工（含环境保护、文明施工、安全施工、临时设施）					
2	夜间施工					
3	二次搬运					
4	冬雨季施工					
5	大型机械设备进出场及安拆					
6	施工排水					
7	施工降水					
8	地上、地下设施，建筑物的临时保护设施					
9	已完工程及设备保护					
10	各专业措施项目					
合计						

注：本表适用于以综合单价形式计价的措施项目。

本规范定义的综合单价是未包括规费和税金。因此，不论是分部分项工程量清单项目的综合单价，还是采用分部分项工程量清单方式计价的措施项目综合单价，均未包括规费和税金，同理，以“项”为计量单位进行计价的措施项目价格也未包括规费和税金，除此以外的费用均包括在相应的措施项目价格中。

4.5.3 安全文明施工费的计价

在《建设工程工程量清单计价规范》4.1.5条中规定，措施项目清单中的安全文明施工费应按照国家或省级、行业建设主管部门的规定计价，不得作为竞争性费用。

根据《中华人民共和国建筑法》、《中华人民共和国安全生产法》、《中华人民共和国安全生产管理条例》、《安全生产许可证条例》等法律、法规的规定，2005年，建设部办公厅印发了《关于印发〈建筑工程安全保护、文明施工措施费及使用管理规定〉的通知》（建办〔2005〕89号），将安全文明施工费纳入国家强制性管理范围，规定“投标方安全保护、文明施工措施费的报价，不得低于依据工程所在地工程造价管理机构测定费率计算所需费用总额的90%”。2006年，财政部、国家安全生产管理总局印发《高危行业企业安全生产费用财务管理暂行办法》中第八条规定：“建筑业企业提取的安全费用列入工程造价，在竞标时，不得删减。”因此，规范中规定的措施项目清单中安全文明施工费应按照国家或省级建设行政主管部门或行业建设主管部门的规定费用标准计价，招标人不得要求投标人对该项费用进行优惠，投标人也不得将该项费用参与市场竞争。

根据原建设部颁布的《建筑工程安全保护、文明施工措施费及使用管理规定》，安全防护、文明施工措施费用，是指按照国家现行的建筑施工安全、施工现场环境与卫生标准和有关规定，购置和更新施工安全防护用具及设施、改善安全生产条件和作业环境所需要的费用。安全防护、文明施工措施项目清单详见下表。

表4-11　建设工程安全防护、文明施工措施项目清单

类别	项目名称	具体要求
文明施工与环境保护	安全警示标志牌	在易发伤亡事故（或危险）处设置明显的、符合国家标准要求的安全警示标志牌
	现场围挡	（1）现场采用封闭围挡，高度不小于1.8m； （2）围挡材料可采用彩色、定型钢板，砖、混凝土砌块等墙体
	五板一图	在进门处悬挂工程概况、管理人员名单及监督电话、安全生产、文明施工、消防保卫五板；施工现场总平面图
	企业标志	现场出入的大门应设有本企业标志或企业标志
	场容场貌	（1）道路畅通； （2）排水沟、排水设施通畅； （3）工地地面硬化处理； （4）绿化
	材料堆放	（1）材料、构件、料具等堆放时，悬挂有名称、品种、规格等标牌； （2）水泥和其他易飞扬细颗粒建筑材料应密闭存放或采取覆盖等措施； （3）易燃、易爆和有毒有害物品分类存放
	现场防火	消防器材配置合理，符合消防要求
	垃圾清运	施工现场应设置密闭式垃圾站，施工垃圾、生活垃圾应分类存放。施工垃圾必须采用相应容器或管道运输

续表

<table>
<tr><th>类别</th><th colspan="2">项 目 名 称</th><th>具 体 要 求</th></tr>
<tr><td rowspan="4">临时设施</td><td colspan="2">现场办公生活设施</td><td>（1）施工现场办公、生活区与作业区分开设置，保持安全距离；
（2）工地办公室、现场宿舍、食堂、厕所、饮水、休息场所符合卫生和安全要求</td></tr>
<tr><td rowspan="3">施工现场临时用电</td><td>配电线路</td><td>（1）按照TN-S系统要求配备五芯电缆、四芯电缆和三芯电缆；
（2）按要求架设临时用电线路的电杆、横担、瓷夹、瓷瓶等，或电缆埋地的地沟；
（3）对靠近施工现场的外电线路，设置木质、塑料等绝缘体的防护设施</td></tr>
<tr><td>配电箱开关箱</td><td>（1）按三级配电要求，配备总配电箱、分配电箱、开关箱三类标准电箱。开关箱应符合一机、一箱、一闸、一漏。三类电箱中的各类电器应是合格品；
（2）按两级保护的要求，选取符合容量要求和质量合格的总配电箱和开关箱中的漏电保护器</td></tr>
<tr><td>接地保护装置</td><td>施工现场保护零线的重复接地应不少于三处</td></tr>
<tr><td rowspan="7">安全施工</td><td rowspan="7">邻边洞口交叉高处作业防护</td><td>楼板、屋面、阳台等邻边防护</td><td>用密目式安全立网全封闭，作业层另加两边防护栏杆和18cm高的踢脚板</td></tr>
<tr><td>通道口防护</td><td>设防护棚，防护棚应为不小于5cm厚的木板或两道相距50cm的竹笆。两侧应沿栏杆架用密目式安全网封闭</td></tr>
<tr><td>预留洞口防护</td><td>用木板全封闭；短边超过1.5m长的洞口，除封闭外四周还应设有防护栏杆</td></tr>
<tr><td>电梯井口防护</td><td>设置定型化、工具化、标准化的防护门；在电梯井内每隔两层（不大于10m）设置一道安全平网</td></tr>
<tr><td>楼梯边防护</td><td>设1.2m高的定型化、工具化、标准化的防护栏杆，18cm高的踢脚板</td></tr>
<tr><td>垂直方向交叉作业防护</td><td>设置防护隔离棚或其他设施</td></tr>
<tr><td>高空作业防护</td><td>有悬挂安全带的悬索或其他设施；有操作平台；有上下的梯子或其他形式的通道</td></tr>
<tr><td rowspan="5">其他（由各地自定）</td><td></td><td></td><td></td></tr>
<tr><td></td><td></td><td></td></tr>
<tr><td></td><td></td><td></td></tr>
<tr><td></td><td></td><td></td></tr>
<tr><td></td><td></td><td></td></tr>
</table>

注：本表所列建筑工程安全防护、文明施工措施项目，是依据现行法律法规及标准规范确定。如修订法律法规和标准规范，本表所列项目应按照修订后的法律法规和标准规范进行调整。

建筑工程安全防护、文明施工措施费用是由文明施工费、环境保护费、临时设施费、安全施工费组成。建设单位、咨询单位在编制招标文件时，应当依据工程所在地工程造价管理机构测定的相应费率，合理确定工程安全防护、文明施工措施费。投标方应当根据现行标准规范，结合工程特点、工期进度和作业环境要求，在施工组织设计文件中制定相应的安全防护、文明施工措施，并按照招标文件要求结合自身的施工技术水平、管理水平对工程安全防护、文明施工措施项目单独报价。投标方安全防护、文明施工措施的报价，不得低于依据工程所在地工程造价管理机构测定费率计算所需费用总额的90%。各地区将依据有关法律法规及市场价格变动情况适时调整费率表并及时公布。

北京市建设工程造价管理处，根据北京市的实际情况，按照现行计价办法，发布了

《建筑工程安全防护、文明施工措施费用及使用管理规定》的通知（京建施〔2005〕802号），对实行工程量清单计价的工程，措施项目清单中所列安全防护、文明施工措施费用，应当不低于表4-12中规定的费率计取的费用。

表4-12　安全防护、文明施工措施费用费率表

序　号	项　目			计费基数	费率（%）
1	建筑工程	建筑面积	50000m² 以外	分部分项清单费用合计	2.4830
			50000m² 以内		2.81
			20000m² 以内		3.30
2	装饰工程				2.19
3	安装工程				2.70
4	市政工程	道路、桥梁			3.63
		管道			3.30
5	绿化工程				0.69
6	庭园工程				2.64

对房屋进行整体拆除的工程，安全防护、文明施工措施费用计算。不得低于表4-13规定费率计算所需费用总额的90%。

表4-13　人工拆除

类　　别	费用名称	计费基数	费率（%）
平　　房	综合费率	人工费	6.7
	其中：环境保护费		1
	文明施工费		1.2
	安全施工费		1
	临时设施费		3.5
楼　房	综合费率	人工费	5.7
	其中：环境保护费		0.9
	文明施工费		1
	安全施工费		0.8
	临时设施费		3

表4-14　机械拆除

类　　别	费用名称	计费基数	费率（%）
平　　房	综合费率	人工费	2.3
	其中：环境保护费		0.35
	文明施工费		0.4
	安全施工费		0.35
	临时设施费		1.2

续表

类　别	费 用 名 称	计 费 基 数	费率（%）
楼　房	综合费率	人工费	2.05
	其中：环境保护费		0.3
	文明施工费		0.35
	安全施工费		0.3
	临时设施费		1

依据上表计算的安全防护、文明施工措施费不包括由于施工中特殊原因发生的如防护棚、防噪声设施等措施费用以及因施工场地狭小发生的租用临时用地的费用及相关交通费。若发生上述费用，应当另行计算，并列入安全防护、文明施工措施费。

为贯彻执行《绿色施工管理规程》(DB 11/513—2008)(以下简称《规程》）的规定及《关于在全市建设工程推行绿色施工的通知》(京建施〔2008〕651 号）文件精神，落实绿色施工要求内容，促进北京地区环境保护建设，2009 年北京市建设工程造价管理处，发布了《关于调整临时设施费费率的通知》(京造定〔2009〕4 号)。对执行北京市建设委员会颁发的《关于转发〈建筑工程安全防护、文明施工措施费用及使用管理规定〉的通知》(京建施〔2005〕802 号）文件的工程，其安全、文明施工措施费应单独列项，并分别按照该文件中附表一、附表二的相应费率乘以 1.10 系数计算。

4.6　其他项目清单计价

4.6.1　其他项目费用的构成

不管采用何种合同形式，其理想的标准是，一份建设工程施工合同的价格就是其最终的竣工结算价格，或者至少两者应尽可能接近，而工程建设自身的规律决定，设计需要根据工程进展不断地进行优化和调整，发包人的需求可能会随工程建设进展出现变化，工程建设过程还存在其他诸多不确定性因素。消除这些因素必然会影响合同价格的调整，暂列金额正是因应这类不可避免的价格调整而设立，以便合理确定工程造价的控制目标。

我国制定颁布的《建设工程工程量清单计价规范》中，其他项目费是指暂列金额、暂估价、计日工、总承包服务费等估价金额总和。包括：人工费、材料费、机械使用费、管理费、利润及风险费。其他项目清单由招标人部分、投标人部分两部分内容组成。

4.6.1.1　招标人部分

包括暂列金额、暂估价两项内容。

在《建设工程工程量清单计价规范》2.0.6 条中，暂列金额是招标人在工程量清单中暂定并包括在合同价款中的一笔款项。用于施工合同签订时尚未确定或者不可预见的所需材料、设备、服务的采购，施工中可能发生的工程变更、合同约定调整因素出现时的工程价款调整以及发生的索赔、现场签证确认等的费用。

暂列金额的定义是非常明确的，只有按照合同约定程序实际发生后，才能成为中标人的应得金额，纳入合同结算价款中。扣除实际发生金额后的暂列金额余额仍属于招标人所有

（见《规范》第4.8.6条第6款规定）。设立暂列金额并不能保证合同结算价格就不会再出现超过合同价格的情况，是否超出合同价格完全取决于工程量清单编制人员对暂列金额预测的准确性，以及工程建设过程是否出现了其他事先未预测到的事件。

但暂时不能确定价格的材料以及需另行发包的专业工程金额。其类似于FIDIC合同条款中的Prime Cost Items暂估价，是指招标阶段直至签订合同协议时，招标人在招标文件中提供的用于支付必然要发生，在招标阶段预见肯定要发生，只是因为标准不明确或者需要由专业承包人完成，暂时无法确定其价格或金额。

一般而言，为方便合同管理和计价，需要纳入分部分项工程量清单项目综合单价中的暂估价则最好只是材料费，以方便投标人组价。以“项”为计量单位给出的专业工程暂估价一般应是综合暂估价，应当包括除规费、税金以外的管理费、利润等。

4.6.1.2　投标人部分

包括总包服务费、计日工项目费两项内容。零星工作项目要表明各类人工、材料、机械的消耗量。

总承包服务费是为了解决招标人在法律、法规允许的条件下进行专业工程发包以及自行采购供应材料、设备时，要求总承包人对发包的专业工程提供协调和配合服务（如分包人使用总包人的脚手架、水电接剥等）；对供应的材料、设备提供收、发和保管服务以及对施工现场进行统一管理；对竣工资料进行统一汇总整理等发生并向总承包人支付的费用。招标人应当预计该项费用并按投标人的投标报价向投标人支付该项费用。

计日工是为了解决现场发生的零星工作的计价而设立的。国际上常见的标准合同条款中，大多数都设立了计日工（Daywork）计价机制。计日工以完成零星工作所消耗的人工工时、材料数量、机械台班进行计量，并按照计日工表中填报的适用项目的单价进行计价支付。计日工适用的所谓零星工作一般是指合同约定之外的或者因变更而产生的、工程量清单中没有相应项目的额外工作，尤其是那些时间不允许事先商定价格的额外工作。计日工为额外工作和变更的计价提供了一个方便快捷的途径。

4.6.2　其他项目清单计价的计算

在编制招标控制价、投标报价、竣工结算时，计算其他项目费的要求是不一样的。因此，针对工程实施过程中不同阶段计价的特点，规定其他项目清单的计价原则。

4.6.2.1　编制招标控制价

在编制招标控制价时，《建设工程工程量清单计价规范》4.2.6条规定，其他项目费应按下列规定计价：

1. 暂列金额应根据工程特点，按有关计价规定估算

为保证工程施工建设的顺利实施，应对施工过程中可能出现的各种不确定因素对工程造价的影响，在招标控制价中需估算一笔暂列金额。暂列金额可根据工程的复杂程度、设计深度、工程环境条件（包括地质、水文、气候条件等）进行估算，一般可按分部分项工程费的10%～15%作为参考。

2. 暂估价中的材料单价应根据工程造价信息或参照市场价格估算，暂估价中的专业工程金额应分不同专业，按有关计价规定估算

暂估价包括材料暂估价和专业工程暂估价。编制招标控制价时，材料暂估单价应按工程

造价管理机构发布的工程造价信息中的材料单价计算，工程造价信息未发布的材料单价，其单价参考市场价格估算。

在《建设工程工程量清单计价规范》4.1.7条中，规定招标人在工程量清单中提供了暂估价的材料和专业工程属于依法必须招标的，由承包人和招标人共同通过招标确定材料单价与专业工程分包价。若材料不属于依法必须招标的，经发、承包双方协商确认单价后计价。若专业工程不属于依法必须招标的，由发包人、总承包人与分包人按有关计价依据进行计价。

3. 计日工应根据工程特点和有关计价依据计算

计日工包括计日工人工、材料和施工机械。在编制招标控制价时，对计日工中的人工单价和施工机械台班单价应按省级、行业建设主管部门或其授权的工程造价管理机构公布的单价计算；材料应按工程造价管理机构发布的工程造价信息中的材料单价计算，工程造价信息未发布材料单价的材料，其价格应按市场调查确定的单价计算。

4. 总承包服务费应根据招标文件列出的内容和要求估算

编制招标控制价时，总承包服务费应按照省级或行业建设主管部门的规定计算，《规范》在条文说明中列出的标准仅供参考：

（1）招标人仅要求对分包的专业工程进行总承包管理和协调时，按分包的专业工程估算造价的1.5%计算。

（2）招标人要求对分包的专业工程进行总承包管理和协调，并同时要求提供配合服务时，根据招标文件列出的配合服务内容和提出的要求，按分包的专业工程估算造价的3%～5%计算。

（3）招标人自行供应材料的，按招标人供应材料价值的1%计算。

4.6.2.2 编制投标报价

在编制投标报价时，《建设工程工程量清单计价规范》4.3.6条规定，其他项目费应按下列规定报价：

（1）暂列金额应按招标人在其他项目清单中列出的金额填写；投标人应按照其他项目清单中列出的金额填写暂列金额，不得变动。

（2）材料暂估价应按招标人在其他项目清单中列出的单价计入综合单价；专业工程暂估价应按招标人在其他项目清单中列出的金额填写。投标人不得变动和更改暂估价。暂估价中的材料必须按照暂估单价计入综合单价，专业工程暂估价必须按照其他项目清单中列出的金额填写。

（3）计日工按招标人在其他项目清单中列出的项目和数量，自主确定综合单价并计算计日工费用。计日工投标人应按照招标人在其他项目清单列出的项目和估算的数量，确定各项综合单价并计算费用。

（4）总承包服务费根据招标文件中列出的内容和提出的要求自主确定。总承包服务费应依据招标人在招标文件中列出的分包专业工程内容和供应材料、设备情况，按照招标人提出的协调、配合与服务要求和施工现场管理需要，由投标人自主确定。

4.6.2.3 竣工结算

在办理竣工结算时，在《建设工程工程量清单计价规范》4.8.6条规定，其他项目费应按下列规定报价：

（1）计日工应按发包人实际签证确认的事项计算。承包人计日工的费用应按发包人实际签证确认的数量和合同约定的相应项目综合单价计算。

（2）暂估价中的材料单价应按发、承包双方最终确认价在综合单价中调整；专业工程暂估价应按中标价或发包人、承包人与分包人最终确认价计算。

若暂估价中的材料是招标采购的，其材料单价按中标价在综合单价中调整。若暂估价中的材料为非招标采购的，其单价按发、承包双方最终确认的材料单价在综合单价中调整。

若暂估价中的专业工程是招标分包的，其专业工程分包费按中标价计算。若暂估价中的专业工程为非招标分包的，其专业工程分包费按发、承包双方与分包人最终结算确认的金额计算。

（3）总承包服务费应依据合同约定金额计算，如发生调整的，以发、承包双方确认调整的金额计算。总承包服务费应依据合同约定的金额计算，发、承包双方依据合同约定对总承包服务费进行了调整，应按调整后的金额计算。

（4）索赔费用应依据发、承包双方确认的索赔事项和金额计算。索赔事件产生的费用在办理竣工结算时应在其他项目费中反映。索赔费用的金额应依据发、承包双方确认的索赔事项和金额计算。

（5）现场签证费用应依据发、承包双方签证资料确认的金额计算。现场签证发生的费用在办理竣工结算时应在其他项目费中反映。现场签证费用金额依据发、承包双方签证确认的金额计算。

（6）暂列金额应减去工程价款调整与索赔、现场签证金额计算，如有余额归发包人。合同价款中的暂列金额在用于各项价款调整、索赔与现场签证后，若有余额，则余额归发包人，若出现差额，则由发包人补足并反映在相应项目的工程价款中。

4.6.3 分项工程量清单计价中漏项漏量的处理方法

投标方在核算分部分项工程量清单时，必须在核算计价的同时，对应图纸逐一核算单位工程量。如果发现工程量清单上出现数量差异或存在漏量问题，处理方法有两种。

第一种方法是将所核算出的工程量漏量数量和计算依据提供给招标方，取得招标方认可并接到认可通知后，按通知的增加量合并计算费用，然后进行报价。

第二种方法是通过审核发现工程量清单中确有漏量问题，但是不告知招标方，仍以招标文件提供的工程量清单单位量计算，待合同签订后形成合同价款，再于施工前进行追加。即在进入施工实施前向招标方提出工程量清单漏量问题，这时，由招标方确认增加的工程单位量。在计算计价方面，新增加的工程量必须经过重新计算后，才能制订采购计划、订货，以及进行运输和方案的编制。由于新增加的部分批量小，运费和管理费必然增高，因此，漏项工程单位量的计价均比原合同款中形成的工程量清单综合单价要高。这样，投标方会赢得比较理想的利润值。

由此可以看出，分部分项工程量清单的计算与编制，是一项至关建设工程施工总造价的关键性基础工作。如果不认真对待，出现漏项、漏量，就会给投资方造成严重损失。

4.6.4 国际上其他费的计算

从《建设工程工程量清单计价规范》（GB 50500—2008）中表-12 所列出的内容来看，

其他项目工程量清单的内容在国际上，这类清单属于一般性开支和初始费用的范围，又称为开办费。根据世贸组织发给世界各国采集建筑品价格指导书，一般性开支和初始费用包括以下内容：

（1）建筑工程一切保险费用，包括分共责任损害保险（公共责任保险）、承包商责任保险、火灾保险、地震保险，以及标准建筑合同启事的一切保险费用。

（2）所有启事和公告的取得与设置、必要许可的获得的相关费用的支付以及其他所有必须缴纳的地方税种和法定费用。

（3）定线工作，包括给分包商的定线指导，以及注册检验员的费用。

（4）临时电力供应以及相关的连接及使用费用。

（5）临时供水设备及相关的安装及使用费用。

（6）临时电话设备及相关的安装和运行费。

（7）临时设备及相关费用。

（8）临时办公室、工人临时住所、原材料和工具的储藏设施，以及工程结束时清除它们的工作。

（9）安装与维护一些施工质量和安装的工作标志板，及完工后的清除工作。

（10）为保护工地或安全起见设置的篱笆或临时屏障。

（11）临时脚手架和栈桥。

（12）标准合同通常所需的银行担保或履约保证金提供。

（13）施工过程中和工程结束后垃圾的清除。

（14）清扫建筑物内部和外部、清除污渍到监督员满意的程度。

（15）保护其他财产免遭损坏。

（16）主要部门的管理费分配。

（17）其他服务于工程项目的费用，包括施工详图的提供，施工人员所需的办公设施（包括电话、采暖等），临时道路和硬面停车场，依照有关法律关于工作条件的规定所采取的措施。

（18）承包商利润。

其他项目清单计价的费用计算，包括服务管理型项目、标准常规型项目及工程量物化活动型项目三种类型。具体计算方法和内容如下：

1. 服务管理型项目

服务管理型项目包括建设工程项目施工投标费用、工程定位放线费、总承包服务费、设计技术交底费、竣工资料整理费、工程竣工验收交工费等。上述费用除总承包服务外，均按预计发生的作业工作日计算。总承包服务费的计算，应依据分包方专业施工工艺进度服务管理和使用总承包的施工机械设备条件加以量化计算。

2. 标准常规型项目

这类项目包括各种保险费、公证费、施工开工报告费及招标方所进行的常规零星工作等，均按常规程序所发生的费用计算。凡是属于直接和间接作用于建设工程实体的物化活动，不论大小均应按变更签证方式进行办理，然后按合同规定计取。

3. 物化活动型项目

指一些物化活动项目，例如甲方委托乙方临建办公室、车库、生活用水、停车场等，均按构成工程量清单计价方式和内容计取。

这类项目清单的编制，应以类似投标方编制临建措施工程项目的方式计算，并且要做出招标方的标底价。这类项目可以以工程量清单方式列在招标方其他项目栏中，不应列到招标方“其他项目清单”的金额栏中。投标方则按工程量清单综合单价方式进行计算，然后填写到其他项目清单投标方的金额栏中，作为投标报价和洽谈的依据。

4.7 规费项目清单计价

4.7.1 建设工程工量清单计价规费构成

建筑工程项目的建设是个人、集体及国家的一种效益性社会活动。为了社会全方位有机运行，依据社会整体发展的客观需求，在个人、集体及国家在社会活动中取得利益的同时，国家要求企业以法规形式为社会相关部门提供公益性法定费用，建设工程工量清单计价中的规费。

在《建设工程工程量清单计价规范》中，规费列在工程量清单计价汇总表中计取，这种做法比国际上通用的工程量清单定价做法先进了一步。将无可比性的规费从清单中分离出来，并将具有可比性的人、材、机和管理费归入分部分项工程量清单、措施项目工程量和其他项目清单中，就能更加清晰地明确工程量清单计价的可比性，为评标和合同洽谈创造了方便快捷的条件。

我国制定颁布的《建设工程工程量清单计价规范》中，规费是指是指政府和有关权力部门规定必须缴纳的费用，简称规费。规费项目包括：

（1）工程排污费。是指施工现场按规定缴纳的工程排污费。

（2）工程定额测定费。是指按规定支付工程造价（定额）管理部门的定额测定费。

（3）社会保障费：

① 养老保险统筹基金。是指企业按规定标准向社会保障部门为职工缴纳的基本养老保险费。

② 失业保险费。是指企业按照国家规定标准向社会保障主管部门为职工缴纳的失业保险费。

③ 医疗保险费。是指企业按照规定标准向社会保障主管部门为职工缴纳的基本医疗保险费。

（4）住房公积金。是指企业按规定标准为职工缴纳的住房公积金。

（5）危险作业意外伤害保险。是指按照建筑法规定，企业为从事危险作业的建筑安装施工人员支付的意外伤害保险费。

（6）其他。

4.7.2 规费计算的原则和依据

4.7.2.1 国家有关规定

1. 工程排污费

《中华人民共和国水污染防治法》第二十四条规定：直接向水体排放污染物的企业事业单位和个体工商户，应当按照排放水污染物的种类、数量和排污费征收标准缴纳排污费。

2. 养老保险费

《中华人民共和国劳动法》第七十二条规定：用人单位和劳动者必须依法参加社会保险，缴纳社会保险费。为此，国务院《关于建立统一的企业职工基本养老保险制度的决定》（国发〔1997〕26号）第三条规定：企业缴纳基本养老保险费（以下简称企业缴费）的比例，一般不得超过企业工资总额的20%（包括划入个人账户的部分），具体比例由省、自治区、直辖市人民政府确定。少数省、自治区、直辖市因为离退休人数较多，养老保险负担过重，确需超过企业工资总额的20%的，应报劳动部、财政部审批。个人缴纳基本养老保险费（以下简称个人缴费）的比例，1997年不得低于本人缴费工资的4%，1998年起每两年提高1个百分点，最终达到本人缴费工资的8%。有条件的地区和工资增加较快的年份，个人缴费比例提高的速度应适当加快。

3. 失业保险费

《失业保险条例》（国务院令第258号）第六条规定：城镇企业事业单位按照本单位工资总额的2%缴纳失业保险费。城镇企业事业单位职工按照本人工资的1%缴纳失业保险费。城镇企业事业单位招用的农民合同制工人本人不缴纳失业保险费。

4. 医疗保险费

国务院《关于建立城镇职工基本医疗保险制度的决定》（国发〔1998〕44号）第二条规定：基本医疗保险费由用人单位和职工个人共同缴纳。用人单位缴费应控制在职工工资总额的6%左右，职工一般为本人工资收入的2%。随着经济发展，用人单位和职工缴费率可作相应调整。

5. 住房公积金

《住房公积金管理条例》（国务院令第262号）第十八条规定：职工和单位住房公积金的缴存比例均不得低于职工上一年度月平均工资的5%；有条件的城市，可以适当提高缴存比例。具体缴存比例由住房公积金管理委员会拟订，给本级人民政府审核后，报省、自治区、直辖市人民政府批准。

6. 危险作业意外伤害保险

《中华人民共和国建筑法》第四十八条规定：建筑施工企业必须为从事危险作业的职工办理意外伤害保险，支付保险费。

7. 工伤保险费

《工伤保险条例》（国务院令第375号）第十条规定：用人单位应按时缴纳工伤保险费。职工个人不缴纳工伤保险费。

4.7.2.2 北京市有关规定

1. 住房公积金

《北京市实施〈住房公积金管理条例〉若干规定》（北京市人民政府第164号令）、《北京住房公积金缴存管理办法》（京房公积金管委会〔2006〕2号）、《关于2008住房公积金年度住房公积金缴存有关问题的通知》（京房公积金管委会〔2008〕1号）。

2. 基本医疗保险基金

《北京市基本医疗保险规定》（北京市人民政府第158号令）。

3. 基本养老保险费

《北京市基本养老保险规定》（北京市人民政府第183号令）、《关于贯彻实施〈北京市基本养老保险规定〉有关问题的通知》(京劳社养发〔2007〕29号)。

4. 失业保险基金

《北京市失业保险规定》(北京市人民政府第190号令)。

5. 工伤保险基金

《北京市实施〈工伤保险条例〉办法》(北京市人民政府第140号令)、《关于做好北京市建筑业农民工参加工伤保险工作的通知》(京劳社工发〔2006〕138号)。

6. 残疾人就业保障金

《北京市人民政府关于印发〈北京市残疾人就业保障金征缴管理办法〉的通知》(京政发〔2006〕18号)。

7. 生育保险

《北京市企业职工生育保险规定》(北京市人民政府第154号令)。

以上是北京市建设委员会针对《建设工程工程量清单计价规范》而确定的规费项目。规费是国家政府为社会公益事业制定的法规性费用，是具有法律效力的公益性费用，必须由省一级人民政府常务委员会通过和确定。省以下各级人民政府如有提议，必须提请省人民政府常务委员会通过，才能得以确认规费地位。

由上述法律、行政法规以及国务院文件可见，规费和税金是由国家或省级、行业建设行政主管部门依据国家有关法律、法规以及省级政府或省级有关权力部门的规定确定。

随着我国改革开放的深入进行，国家财富的迅速增长，党和政府把提高人民的生活水准，提供人民社会保障作为重要的政策随着《中华人民共和国劳动合同法》的发布实施，一些城市对农民工也开办了综合保险。养老保险、医疗保险、失业保险、工伤保险、危险作业意外伤害保险等社会保障体制的逐步完善，以及劳动主管部门对违法企业劳动监察的加强，都对建筑施工企业的成本支出产生了重大影响。

4.7.3 规费的计算

规费的计算，在每一项所规定的规费文件中，都有明确的说明，在发包方编制投标控制价以及发承包双方签订施工合同、投标报价、竣工结算时，应按照国家或省级、行业建设主管部门对规费和税金的计取标准计算，不得作为竞争性费用。故可以按各项法规和规定的计算方式、要求计取，但是其费用内容和计取标准都不是发、承包人能自主确定的，更不是由市场竞争决定的。

计算的程序是，待分部分项工程量清单、措施项目工程量清单和其他项目清单计价的计算全部结束后，再按各项规费的规定进行计算，计取各项规费。规费的计取要作出规费计算表，然后汇总起来填入到工程量清单计价汇总表内。

为适应建筑市场发展的需要，根据北京市人民政府和有关部门关于规费计取的有关规定，结合实际情况，对预算定额中规费的计算方法及相应费用、费率进行调整。见《关于调整2001年〈北京市建设工程预算定额〉规费计算方法的有关规定》(京造定〔2009〕6号)。

在京造定〔2009〕6号文件中，规定规费的计算方法：

规费 = 人工费 × 费率。规费费率详见规费表（表4-15）。

人工费包括按定额计算的市场人工费和其他人工费之和。

规费应单独列项，只计取税金。

表 4-15　规费表

定额编号	项目		计费基数	费率（%）
5-1	建筑工程		人工费	24.09
5-2	市政工程			26.50
5-3	庭院、绿化工程			20.19
5-4	地铁工程	土建、轨道工程		22.89
5-5		通信、信号、供电、机电、人防工程		27.18

注：装饰、安装、构筑物、钢结构、独立土石方、地下降水、桩基础、仿古工程执行建筑工程费率。

上述计算的规费包括：

（1）本企业在职职工和聘用农民工上缴的费用。

（2）本市行政区域内从事建设项目施工的建筑业企业农民工的工伤保险费用。

按上述方法计算规费后，原预算定额中有关内容做相应调整：

（1）定额人工费单价中不再包括养老保险和医疗保险费。

（2）现场经费中不再包括项目经理部工作人员工资中养老保险和医疗保险费。调整后的现场经费费率详见现场经费表（表 4-16）。

表 4-16　现场经费表

定额编号	项目				计费基数	费率（%）
1-15	建筑工程	单层建筑	檐高	16m 以上	直接费	4.08
1-16				16m 以下		3.64
1-17		住宅		25m 以上		4.25
1-18				25m 以下		3.90
1-19		公共建筑		25m 以上		4.69
1-20				25m 以下		4.17
1-21	装饰工程				人工费	24.71
1-22	构筑物		高度	10m 以上	直接费	4.00
1-23				10m 以下		3.39
1-24	钢结构					1.73
1-25	独立土石方、地下降水工程					3.12
1-26	桩基础					3.47
1-27	仿古建筑					4.25
1-28	安装工程	住宅	檐高	25m 以上	人工费	28.52
1-29				25m 以下		22.81
1-30		公共建筑		25m 以上		32.32
1-31				25m 以下		25.67
1-32		其他				29.47
1-33	市政工程	道路			直接费	4.59
1-34		桥梁				4.42

续表

定额编号	项目			计费基数	费率（%）
1-35	市政工程	给水		直接费	3.12
1-36		排水			4.34
1-37		燃气、热力			3.64
1-38	绿化工程			人工费	13.31
1-39	庭园工程			直接费	3.56
1-6	地铁工程	土建工程	区间	直接费	4.04
1-7			车站		3.33
1-8		轨道工程			2.34
1-9		通信、信号工程		人工费	29.47
1-10		人防、机电工程			

（3）企业管理费中不再包括社会保障等费用。调整后的企业管理费费率详见企业管理费表（表4-17）。

表4-17　企业管理费表

定额编号	项目				计费基数	费率（%）
2-1	建筑工程	单层建筑			直接费	4.06
2-2		住宅	檐高	25m 以下		4.01
2-3				25m 以上		4.38
2-4		公共建筑		25m 以下		4.08
2-5				45m 以下		4.87
2-6				45m 以上		5.24
2-7	装饰工程				人工费	35.10
2-8	构筑物	混凝土烟囱、水塔、筒仓及 500m^3 以上水池			直接费	4.51
2-9		其他				3.73
2-10	钢结构					1.73
2-11	独立土石方、地下降水工程					2.87
2-12	桩基础					2.80
2-13	仿古建筑					4.23
2-14	安装工程	住宅	檐高	25m 以下	人工费	34.32
2-15				25m 以上		38.97
2-16		公共建筑		25m 以下		37.47
2-17				45m 以下		43.69
2-18				45m 以上		48.33
2-19		其他				42.11
2-20	市政工程	道路			直接费	4.38
2-21		桥梁				4.08

续表

定额编号	项目			计费基数	费率（%）
2-22	市政工程	给水		直接费	3.37
2-23		排水			4.16
2-24		燃气、热力			3.73
2-25	绿化工程			人工费	13.39
2-26	庭园工程			直接费	3.58
2-1	地铁工程	土建工程	区间	直接费	3.69
2-2			车站		3.91
2-3		轨道工程			2.15
2-4		通信、信号工程		人工费	42.11
2-5		人防、机电工程			

4.8 税金的计算与补充说明

4.8.1 税金的计算

税金是指国家税法规定的应计入建筑安装工程造价内的营业税、城市维护建设税及教育费附加等。有关税金的计算本文不作具体说明。原则上，凡是发生于建设工程项目实体的所有费用，均是计算税金的对象。建设工程施工的税金项目，必须按照国家的统一规定计算。

税金是国家按照税法预先规定的标准，强制地、无偿地要求纳税人缴纳的费用。它们都是工程造价的组成部分，但是其费用内容和计取标准都不是发、承包人能自主确定的，更不是由市场竞争决定的。

上述建设工程施工一般性开支与初始费用的项目内容，概括了建设工程实体所构成工程量清单之外的所有开支费用。这是我们认识和掌握工程施工中一般性开支和初始费用的参考资料，也是世界各国在建设工程施工中具有共性的一般性开支和初始费用的项目内容。不过，其中有一些费用项目要依据各国的法规，以及建设工程实施的相关项目费用来决定。例如各种保险费，不同的国家规定也不同，有的国家是强制性地必须投保，有的国家是松散性的可投可不投。又如在我国的《建设工程工程量清单计价规范》中，将表 1 中的临时设施项目和安全、文明措施项目规定在措施项目工程量清单计价（定价）中计取。将管理费和利润列放入到各项工程量清单中计取，将规费和税金列到单位工程费汇总表中计取，另外的费用列到其他项目清单中计取。依据我国《建设工程工程量清单计价规范》，我国是采用工程量清单计价方式，来体现承包商构成建筑品“生产者成本”的投标报价及发包商构成建筑品“购买者价格”标底。这与国际上一单综合报价方式是有所区别的，我国的工程量清单计价方式有利于核对分项工程量清单综合单价、措施项目工程量清单综合单价，有利于其他项目清单价的竞争可比性。

作为构成建筑品“生产者成本”和“购买者价格”的工程量清单，应该体现出如下作用：

（1）能够体现出建设工程实体全部基本子工程量和所有费用。

（2）做到一切工程计价有依据、有数据，实现市场经济下的公平、公正竞争。

（3）做到工程量清单计价生成的合同价款与施工实践相统一，有益于建设工程施工优质高效运行。

（4）能够体现出工程施工技术在建设工程施工中的主导作用和竞争性。从而促进企业和社会的科学与技术经济发展。

4.8.2 工程量清单计价的补充说明

4.8.2.1 单位工程造价的内容

工程量清单计价方式的实行，使建设工程的单位工程造价构成方式和内容也随之发生了改变。依据工程量清单计价的计算程序和方式，构成建设工程单位工程造价费用的结构如图4-1所示。

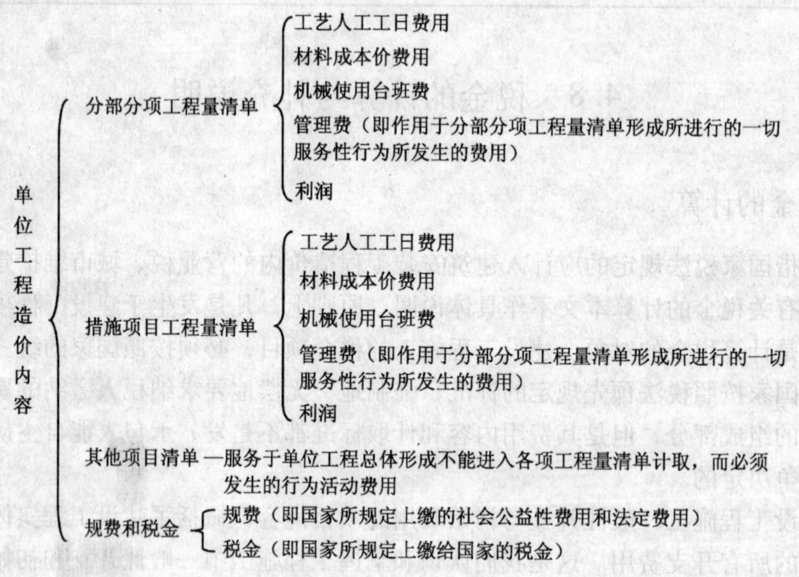

图4-1 建设工程单位工程造价费用结构

4.8.2.2 工程项目报价

实行工程量清单计价的单位工程报价，必须按《建设工程工程量清单计价规范》所规定的表格进行报价，具体内容如下：

（1）分部分项工程量清单与计价表。

（2）措施项目工程量清单与计价表（一）、（二）。

（3）其他项目清单与计价汇总表。

（4）规费、税金项目清单与计价表。

（5）单位工程投标报价汇总表。

（6）分部分项工程量清单综合单价分析表。

（7）措施项目工程量清单综合单价分析表。

（8）单项工程投标报价汇总表。

（9）工程项目投标报价汇总表。

（10）投标总价。

（11）工程量清单封面。

以上是我国工程量清单计价投标报价需填写的 11 项表格，它仅仅是工程量清单计价方式下的投标报价方式。但是如何能够实现期望的投标报价，是投标企业最关注的问题。为此，在投标报价前应做好如下几项投标报价决策。

第一，通过工程量清单计价工程量市场价信息，测算出企业在各项工程量市场价中的实力位置，确定可承受的成本利润值，再进行投标报价。

第二，测算出企业构成工程量综合价与市场价的差距，改进完善企业施工技术和管理结构。在确保中标不亏损基础上，采用低成本投标报价。

第三，把握建设工程项目特殊技术要求和投资商对建筑品的心理期望值，发挥企业优势，采取幸运投标法。

4.8.2.3 工程量清单综合单价

工程量清单计价（定价）方法的目的，就是以分项工程量为单位，将形成分项工程量实体所发生的一切费用核算出来，反映到工程量清单计价表中，是以工程量综合单价和合计总价来表示。

在国际上，单项工程量清单的综合价应包括以下内容：

（1）材料或设备的订购（所需费用）。

（2）材料或设备的出厂验收检验（费用）。

（3）材料或设备的运输（费用）。

（4）材料或设备的入库验收检验，及相关材料设备的检测和试验保管发放（费用）。

（5）工程量实施技术方案编制（费用）。

（6）工程量实施相关的措施项目（为工程量形成的临建项目等费用）。

（7）工程量实施方案的构成运行，即工程量物化活动实施的人、材、机量化（费用）。

（8）工程量实施过程中的质量检验和复检（费用）。

（9）工程量完成的最终试测和终检（费用）。

（10）工程资料的整理和验收（费用）。

（11）施工前期和过程中相关作业人员的开支费用。

（12）工程量构成过程中管理人员办公用品设备及相关税金、差旅费与工资（费用）。

（13）建设工程形成为建筑品的生产者成本利润。

（14）对建设工程所构成建筑品，国家依法规定的相关上缴费用，即规费。

（15）构成建筑品国家所规定的税金。

以上 15 项涵盖了建设工程量清单综合价的全部内容。清单计价的目的，是将形成建设工程实体的各项工程量的一切费用，包括国家所规定的上缴费用和生产者成本利润，全部通过工程量清单计价方式核算出来。虽然各国所采用的表格形式各有不同，但是总体的目标是一致的。所以，对于同一个建设工程项目，只能编制出一式的工程量清单，使工程量清单计价达到公开、公平、公正，并且符合实际。

根据我国的实际情况，制定出的工程量清单计价表格形式，即分部分项工程量清单、措施项目清单、其他项目清单和单位工程费汇总表（其中规费和税金在单位工程费汇总表中计取）。

从编制工程量清单和工程量清单计价、评标和洽谈合同的角度看，是实际而可行的。

4.8.2.4 计算编制工程量清单责任人

计算编制工程量清单的责任人为建设项目投资企业法人或法人代表。因工程量清单出现失误和漏项所造成的索赔，均由建设项目投资企业法人承担。但是，建设项目投资企业的法人，很少有能够自己计算编制工程量清单者，故此需要聘请工程量计价核算师。特别是房地产发包商，都拥有本企业的核算师，以备自行编制工程量清单。

一些建设工程发包商，不具备计算编制工程量清单及工程量清单计价的基础资源，需委托专业的工程咨询企业进行工程量清单的编制。受委托计算编制工程量清单的企业，依照委托合同条款向委托企业一方承担合同责任。工程量清单计算编制完成后，由委托方按合同审核确定。建设项目投资商按《工程建设项目施工招标投标办法》，发布建设工程项目工程量清单计价招标投标文件。招标投标的工程量清单只能由一家计算编制一式，不得出现两个以上，但是可以有补充部分。

经过招标投标，形成了合同及合同价款并进行建设工程施工后，若发现工程量清单计算编制出现失误和漏项，并因此造成了施工损失，将由建设工程项目投资发包企业，向施工承包方按施工承包合同条款承担责任。受委托计算编制工程量清单的企业，可作为建设工程项目投资发包企业一方的人员，参加处理失误和漏项的工程量清单核对事宜，但不作为第三方参与。如果由此造成索赔，与受委托计算编制工程量清单企业无关，而由建设工程项目投资商向承包商承担索赔。受委托计算编制工程量清单企业，按与投资商所签订的合同条款另行处理，不直接介入施工过程中因工程量清单而造成的索赔事宜。

本章小结

我国《建设工程工程量清单计价规范》的内容，涵盖了建设项目从招标投标开始到工程竣工结算的全过程，包括工程量清单招标控制价和投标报价的编制；工程发、承包合同签订时对合同价款的约定；施工过程中工程量的计量与价款支付；索赔与现场签证；工程价款的调整；工程竣工后竣工结算的办理以及工程计价争议的处理等内容。并且根据工程建设计价的难点和特点，对工程施工建设各阶段、各步骤计价的具体做法和要求，都作出了具体而详尽的规定。本章通过图表和例题，对工程量清单进行讲解。其主要内容包括：工程量清单计价的概述，工程量清单计价的核算，工程量清单计价中管理费的计算，工程量清单计价中利润的计算，措施项目工程量清单计价，其他项目清单计价，规费项目清单计价，税金的计算，工程量清单计价的补充说明等。

思考题

1. 工程量清单计价与传统计价模式的区别是什么？
2. 简述工程量清单计价的编制方法？
3. 工程量清单计价的组成包括哪些内容？
4. 工程量清单计价包括哪几个阶段的计价编制？
5. 国际工程量清单计价的费用组成与计算方法是什么？
6. 试比较国际工程与国内工程费用构成方面的区别。

第 5 章　项目决策与设计阶段造价管理

【本章提要】　本章对建设项目决策与设计阶段造价管理工作进行介绍。主要内容包括：投资决策阶段造价管理的主要内容；建设工程项目投资估算的编制；财务评价指标的计算、财务评价基本报表的编制；国民经济评价报表及指标；设计阶段造价管理的主要内容；限额设计；设计概算的编制和审查；施工图预算的编制。

【关键词】　投资估算　财务评价　国民经济评价　设计概算　施工图预算

5.1　投资决策阶段工程造价管理

项目投资决策是选择和决定投资行动方案的过程，是对拟建项目的必要性和可行性进行技术论证，对不同建设方案进行技术经济比较并作出判断和决定的过程。投资决策阶段作为决定工程造价的基础阶段，对工程总体造价的影响可以达到80%~90%。因此，只有不断加强投资决策阶段的可行性研究的深度、精度，合理计算投资估算，才能保证工程造价被控制在合理的范围内，更好地实现投资控制目标。

5.1.1　投资决策阶段造价管理的主要内容

5.1.1.1　投资估算

投资估算是指在项目投资决策过程中，依据现有的资料和特定的方法，对工程项目的投资额进行的估计。它既是项目建设前期编制项目建议书和可行性研究报告的重要组成部分，也是投资决策的重要依据之一。投资估算的准确与否不仅影响到可行性研究工作的质量和经济结果，而且也直接关系到下一阶段设计概算和施工图预算的编制，并对工程项目资金筹措方案也有直接的影响。因此，全面、准确地估算项目的工程造价是可行性研究乃至整个决策阶段工程造价管理的重要任务。

5.1.1.2　环境影响评价

环境影响评价指对规划和建设项目实施后可能对环境造成的影响进行系统性分析、预测和评估，并提出预防或者减轻不良环境影响的对策和措施，是项目评价体系的重要组成部分。评价内容包括：项目建设方案所需要的环境条件研究，影响项目建设环境因素的识别和分析，需要采取的保护对策和措施，以及相关的环境损失和环境效益经济分析。

5.1.1.3　财务评价、国民经济评价

建设工程项目经济评价分为财务评价和国民经济评价。经济评价是项目可行性研究的有机组成部分和重要内容，是项目决策科学化的重要手段，其目的是根据国民经济和社会发展战略和行业、地区发展规划的要求，在做好产品市场需求预测及厂址选择、工艺技术选择等工程技术研究的基础上，计算项目效益和费用，通过多方案比较，对拟建项目的财务可行性和经济合理性进行全面的分析论证，为项目的科学决策提供依据。

1. 财务评价

财务评价是根据国家现行财税制度和价格体系，分析、计算项目直接发生的财务效益和费用，编制财务报表，计算评价指标，考察项目赢利能力、清偿能力以及外汇平衡等财务状况，据以判别项目的财务可行性。

2. 国民经济评价

国民经济评价是从整个国家或社会利益的角度出发，运用影子价格、影子汇率、影子工资和社会折现率等经济参数，对项目的社会经济效果所进行的评价，从社会经济的角度来考察项目的可行性。即根据国民经济长远发展目标和社会需要，衡量投资项目对国家社会经济发展战略目标和社会福利的实际贡献。它是从宏观角度分析、评价投资项目的实际经济效益和社会效益，为项目选择提供合理的基础，以反映国家利益和社会目标，并由项目审批部门据此审定项目的投资计划。因此，国民经济评价是重要的投资决策工具，它能够比较全面和实际地衡量被考察投资项目在整个国民经济和社会中的真实效果，并能促使国家经济资源的有效配置，以发挥最佳的社会经济效益。

5.1.1.4 社会评价

社会评价是分析拟建项目对当地社会的影响和当地社会条件对项目的适应性和可接受程度，据此评价项目的社会可行性。评价时应用社会学、人类学、项目评估学的一些理论和方法，通过系统地调查、收集与项目相关的各种社会因素和社会数据，分析项目实施过程中可能出现的各种社会问题，提出尽量减少或避免项目负面社会影响的建议和措施，以保证项目顺利实施并使项目效果持续发挥。

社会评价的主要内容包括社会影响分析、互适性分析和社会风险分析三个方面：

（1）社会影响分析。内容包括对项目所在地居民收入影响的分析，对居民生活水平和生活质量影响的分析，对居民就业影响的分析，对不同利益群体影响的分析，对弱势群体影响的分析，对文化、教育及卫生影响的分析，对地区基础设施、社会服务容量和城市化进程影响的分析，对少数民族风俗习惯和宗教影响的分析。

（2）互适性分析。内容包括预测项目能否为当地的社会环境、人文条件所容纳，以及当地政府、居民支持项目存在及发展的程度，考察项目与当地社会环境的相互适应关系。

（3）社会风险分析。指对可能影响项目的各种社会因素进行识别和排序，选择影响面大、持续时间长，并容易导致较大矛盾的社会因素进行预测，分析可能出现这种风险的社会环境和条件。

5.1.2 投资估算

投资估算是指在项目的建设规模、产品方案、工艺技术及设备方案、工程方案及项目实施进度等进行研究并基本确定的基础上，估算项目从筹建、施工直至建成投产所需全部建设资金总额，并测算建设期各年资金使用计划的过程。投资估算是拟建项目编制项目建议书、可行性研究报告的重要组成部分，是项目决策的重要依据之一。

5.1.2.1 投资估算的阶段划分及精度要求

由于项目决策阶段的各项工作分为项目建议书阶段、初步可行性研究阶段和可行性研究阶段，所以投资估算工作也相应分为三个阶段。虽然各阶段工作的最终目的都是一致的，研究方法和内容也基本相同，但由于各阶段所具备的条件和掌握的资料不同、研究重点不同、工作深度不同，因而投资估算精度要求也不相同，进而每个阶段投资估算所起的作用也不同；且随着各阶段工作的开展，调查研究不断深入，掌握的资料越来越丰富，投资估算逐步准确，其所起的作用也越来越重要。

1. 项目建议书阶段的投资估算

这一阶段的投资估算是按项目建议书中所初步确定的产品方案、项目建设规模、产品主要生产工艺、企业车间组成、初选建厂地点等，估算出建设工程项目所需要的投资额。该阶段工作比较粗略，投资额的估计一般是通过与已建类似项目的对比得来，投资估算精度的要求为误差控制在 ±30% 以内。此阶段的投资估算可用以判断一个项目是否需要进行下一阶段的工作，是领导部门审批项目建议书及初步选择投资项目的主要依据之一。

2. 初步可行性研究阶段的投资估算

这一阶段是介于项目建议书和详细可行性研究之间的中间阶段，这一阶段的投资估算是在掌握了更详细、更深入的资料条件下，估算出建设工程项目所需的投资额。投资估算精度的要求为误差控制在 ±20% 以内。此阶段投资估算的意义是据以确定是否需进行详细的可行性研究。

3. 详细可行性研究阶段的投资估算

这一阶段是对项目进行全面、详细、深入的技术经济分析论证阶段，这一阶段的投资估算经审查批准之后，便是工程设计任务书中规定的项目投资限额，因此，该阶段研究内容详尽，投资估算的误差率应控制在 ±10% 以内。此阶段的投资估算是进行详细经济评价、决定项目可行性及选择最佳投资方案的主要依据，也是编制设计文件、控制初步设计及概算的主要依据。

5.1.2.2 投资估算的内容及编制依据

1. 投资估算的内容

根据国家规定，从满足工程项目投资计划和投资规模的角度，工程项目投资估算包括固定资产投资估算和流动资金估算两部分内容。

固定资产投资估算的内容按照费用的性质划分，包括建筑安装工程费、设备及工器具购置费、工程建设其他费用、基本预备费、涨价预备费、建设期贷款利息、固定资产投资方向调节税（现免征）等。

根据国家对固定资产投资实行静态控制、动态管理的要求，固定资产投资可分为静态投资和动态投资两部分。其中固定资产投资静态部分包括建筑安装工程费、设备及工器具购置费、工程建设其他费用及基本预备费等内容；固定资产投资动态部分包括涨价预备费、建设期借款利息。

流动资金是指生产经营性项目投产后，用于购买原材料、燃料，支付工资及其他经营费用等所需的周转资金，它是伴随着固定资产投资而发生的长期占用的流动资金投资。而投资估算中的流动资金估算是指铺底流动资金的估算，它等于项目投产后所需流动资金的30%。根据国家现行规定要求，新建、扩建和技术改造项目，必须将项目建成投产后所需的铺底流动资金列入投资计划，铺底流动资金不落实的，国家不予批准立项，银行不予贷款。

2. 投资估算的编制依据

（1）专门机构发布的建设工程造价费用构成、估算指标、概算指标、概预算定额、各类工程造价指数及计算方法，以及其他有关计算工程造价的文件。

（2）专门机构发布的工程建设其他费用计算办法和费用标准，以及政府部门发布的物价指数。

（3）拟建项目的项目特征及工程量，包括拟建项目的类型、规模、建设地点、时间、总体建筑结构、施工方案、主要设备类型、建设标准等。

（4）项目建议书、可行性研究报告（或设计任务书）、建设方案。

（5）设计参数，包括各种建筑面积指标、能源消耗指标等。

（6）现场情况，如地理位置、地质条件、交通、供水、供电条件等。

5.1.2.3　投资估算的计算方法

投资估算采用何种计算方法取决于要求达到的精确度，而精确度的不同，又由项目研究阶段的不同及资料数据的可靠性决定。因此，在项目投资决策阶段，应根据项目的性质、掌握技术经济数据和资料的具体情况，分别选用适当的估算方法。

1. 固定资产静态部分投资估算的计算方法

固定资产静态部分的投资估算，要按某一确定的时间来进行，这个确定的时间一般以开工前一年为基准年，并以这一年的价格为基准进行投资估算。

（1）单位生产能力估算法

指根据类似企业单位产品投资乘以项目设计生产能力计算项目投资的方法。这种方法将项目的建设投资和生产能力看做简单的线性关系，估算十分粗略，一般要求拟建项目和企业的生产能力比较接近，同时，还要适当考虑技术标准和价格方面的影响。在使用这种估算方法时，要注意地方性、配套性、时间性。

（2）生产能力指数法

这种方法是根据已建成的、性质类似的建设项目的投资额和生产能力，及拟建项目的生产能力估算拟建项目的投资额。这种估算方法计算简单、速度快，但要求类似工程的资料可靠、条件相同，否则误差就会增大。

（3）比例估算法

比例估算法是以拟建项目的主要设备费或主体工程费为基数，以其他工程费占主要设备费或主体工程费的百分比为基础估算项目的总投资的方法。这种估算方法简单易行，但精度较低，常用于项目建议书阶段的投资估算。

比例估算法可以分为以下三种：

①以拟建项目的设备费为基数进行估算。即以拟建项目的设备费为基数，根据已建成的同类项目的建筑安装工程费和其他工程费占设备价值的百分比，求出拟建项目建筑安装工程费和其他工程费，再加上拟建项目其他费用，其总和即为拟建项目的投资额。

②以拟建项目的工艺设备投资为基数进行估算。即以拟建项目中的最主要、投资比重较大并与生产能力直接相关的工艺设备的投资（包括运杂费和安装费）为基数，根据同类型已建项目的有关统计资料，计算出拟建项目的各专业工程（总图、土建、暖通、给排水、管道、电气及电信、自控及其他工程费用等）占工艺设备投资的百分比，据以求出各专业工程的投资，然后把各部分投资费用（包括工艺设备投资）相加求和，再加上拟建项目的其他有关费用，即为拟建项目的投资额。

③分项比例估算法。分项比例估算法是将项目的固定资产投资分为设备投资、建筑物与构筑物投资、其他投资三部分，估算时先估算出设备的投资额，然后再按一定比例估出建筑物与构筑物的投资及其他投资，最后将三部分的投资额加在一起，即为拟建项目的投资额。

（4）系数估算法

①朗格系数法。这种方法以主要设备费为基础，乘以适当系数来估算项目的建设费用。这种方法比较简单，但由于没有考虑设备规格及材质的差异，所以精确度不高。

②设备及厂房系数法。这种方法以拟建项目工艺设备投资和厂房土建投资估算为基础，其他专业工程投资参照类似项目的统计资料，与设备关系较大的按设备投资系数计算，与厂房土建关系较大的则按厂房土建投资系数计算，两类投资加起来，再加上拟建项目的其他有关费用，即可得出整个项目的投资。

（5）指标估算法

这种方法是把工程项目划分为建筑工程、设备安装工程、设备购置费及其他基本建设费等费用项目或单位工程，再根据有关部门编制的各种具体的投资估算指标，估算并加总各项费用项目或单位工程投资，在此基础上，再估算工程建设其他费用及预备费，汇总后即可求得工程项目总投资。

估算指标的表示形式较多，如以元/m、元/m^2、元/m^3、元/t、元/（kV·A）等表示。根据这些投资估算指标，乘以工程的面积、体积等，就可求出相应的土建工程、给排水工程、照明工程、采暖工程等各单位工程的投资。

在实际应用指标估算法时，要根据国家的有关规定、投资主管部门或地区颁布的估算指标，并结合工程的具体情况和特点编制，避免盲目地单纯套用。

①单位面积综合指标估算法。该法适用于单项工程的投资估算，包括土建、采暖、通风、空调、电气、动力管道等工程所需费用，这些费用可以汇总成单位面积造价，则单项工程的投资估算计算公式如下：

单项工程投资额=建筑面积×单位面积造价×价格浮动指数±结构和建筑标准部分的价差

②单元指标估算法。该法在实际工作中使用较多，公式如下：

项目投资额=单元指标×民用建筑功能×物价浮动指数

其中，单元指标是指每个估算单位的投资额，如饭店单位客房投资指标、医院每个床位指标等。若为工业项目，采用上式计算时，将“民用建筑功能”换为“生产能力”即可。

（6）资金周转率法

是利用资金周转率来推测投资额的简便方法。拟建项目的资金周转率可以根据已建相似项目的有关数据进行估计，然后再根据拟建项目预计产品的年产量及单价，估算拟建项目的投资额。这种方法比较简单，计算速度快，但精确度较低。

2. 固定资产动态部分投资估算方法

项目的动态投资包括由于价格变动可能增加的投资额即涨价预备费、建设期利息等，如果是涉外项目，还应计算汇率的影响。

（1）涨价预备费的估算。

（2）建设期贷款利息的估算。分为两种情况：

①当贷款在年初一次性贷出且利率固定时，建设期贷款利息按下式计算：

$$I = P(1+i)^n - P$$

式中 P——一次性贷款数额；

i——年利率；

n——计息期；

I——贷款利息。

②当贷款是分年均衡发放时，建设期利息的计算可按当年借款在年中支用考虑，即当年贷款按半年计息，上年贷款按全年计息，计算公式如下：

$$q_j = \left(P_{j-1} + \frac{1}{2}A_j\right)i$$

式中 q_j——建设期第 j 年应计利息；

P_{j-1}——建设期第 $j-1$ 年末贷款累计金额与利息累计金额之和；

A_j——建设期第 j 年的贷款金额；

i——年利率。

（3）汇率变化对涉外项目动态投资的影响及其计算方法。由于涉外项目的投资中包含人民币以外的币种，需要按照相应的汇率把外币投资额换算为人民币投资额，所以汇率变化就会对涉外项目的投资额产生影响。当外币对人民币升值，项目从国外市场购买设备材料所支付的外币金额不变，但换算成人民币的金额增加；从国外借款，所支付的本息外币金额不变，但换算成人民币的金额增加。当外币对人民币贬值，项目从国外市场购买设备材料所需支付的、换算成人民币的金额会减少；从国外借款，所需支付的本息外币，换算成人民币的金额也会减少。因此，估计汇率变化对建设项目投资的影响大小，是通过预测汇率在项目建设期内的变动程度，以估算年份的投资额为基数计算求得。

3. 流动资金的估算

流动资金是指建设项目投产后为维持正常生产经营，用于购买原材料、燃料，支付工资及其他生产经营费用等所必不可少的周转资金，是伴随着固定资产投资而发生的永久性流动投资，它等于项目投产运营后所需全部流动资产扣除流动负债后的余额。在项目决策分析与评价中，流动资产主要考虑应收账款、现金和存货；流动负债主要考虑应付账款。

流动资金的估算一般采用分项详细估算法，项目决策分析与评价的初期或者小型项目可采用扩大指标法。

（1）扩大指标估算法

扩大指标估算法是按照流动资金占某种基数的比率来进行估算流动资金的。一般常用的基数有销售收入、经营成本、总成本费用和固定资产投资等，采用何种基数一般是依照行业习惯而定；所采用的比率则根据经验，或根据现有同类企业的实际资料确定，或按行业、部门给定的参考值确定。扩大指标估算法简便易行，但准确度不高，适用于项目建议书阶段的估算。

①按产值（或销售收入）资金率估算：

流动资金额＝年产值（年销售收入额）×产值（销售收入）资金率

②按经营成本（或总成本）资金率估算。由于经营成本是反映物质、劳动消耗水平和技

术、生产管理水平的综合指标，一些工业项目，尤其是采掘工业项目常用经营成本（或总成本）资金率估算流动资金。

流动资金额 = 年经营成本（年总成本）× 经营成本资金率（总成本资金率）

③按固定资产投资资金率估算。固定资产投资资金率是流动资金占固定资产的百分比。

流动资金额 = 固定资产投资 × 固定资产投资资金率

④按单位产量资金率估算。单位产量资金率是单位产量占用流动资金的数额。

流动资金额 = 年生产能力 × 单位产量资金率

（2）分项详细估算法

分项详细估算法是按各类流动资金分项分别估算，然后加总得到总流动资金需要量，它是国际上通行的流动资金估算方法。在进行估算时，依据周转额与周转速度之间的关系，对构成流动资金的各项流动资产和流动负债分别进行估算。在可行性研究中，为简化计算，仅对现金、应收账款、存货和流动负债四项内容进行估算。计算公式为：

流动资金 = 流动资产 - 流动负债

流动资产 = 现金 + 应收账款 + 存货

流动负债 = 应付账款

流动资金本年增加额 = 本年流动资金 - 上年流动资金

流动资金估算的具体步骤，应首先计算存货、现金、应收账款和应付账款的年周转次数，然后再分别估算占用的资金额。

①周转次数的计算。周转次数是指流动资金在一年内循环的次数。

年周转次数 = 360 ÷ 最低周转天数

应收账款、存货、现金、应付账款的最低周转天数，参照类似企业的平均周转天数并结合项目特点确定，或按部门（行业）规定计算。

②应收账款估算：

应收账款 = 年销售收入/应收账款年周转次数

③存货估算。为简化计算，仅考虑外购原材料、外购燃料、在产品和产成品几项内容，计算公式为：

存货 = 外购原材料 + 外购燃料 + 在产品 + 产成品

外购原材料 = 年外购原材料费用/年原材料周转次数

外购燃料 = 年外购燃料费用/按种类分项年周转次数

在产品 =（年外购原材料、燃料费用 + 年工资福利费 + 年修理费 + 年其他制造费）/在产品年周转次数

产成品 = 年经营成本/产成品年周转次数

④现金估算。指企业生产运营活动中停留于货币形态的那一部分资金。计算公式为：

现金 =（年工资福利费 + 年其他费用）/现金年周转次数

⑤应付账款估算。在可行性研究中，流动负债的估算只考虑应付账款一项。计算公式为：

应付账款 =（年外购原材料 + 年外购燃料）/应付账款年周转次数

5.1.3 财务评价

5.1.3.1 财务评价的概念及内容

财务评价是指在国家现行财税制度和市场价格体系下，分析、计算项目的财务效益与费用，编制财务报表，计算评价指标，并进行财务赢利能力分析和偿债能力分析，以考察拟建项目的获利能力和偿债能力等财务状况，据以判断项目的财务可行性。财务评价是项目经济评价的首要内容之一，对业主的投资决策、金融机构提供贷款和上级主管部门审批项目都起着重要作用。财务评价应在初步确定的建设方案、投资估算和融资方案的基础上进行，财务评价结果又可以反馈到方案设计中，用于方案比选，优化方案设计。

项目在财务上的可行性取决于项目的财务效益和费用的大小，及其在时间上的分布情况。项目赢利能力、清偿能力及外汇平衡等财务状况，是通过编制财务报表及计算相应的评价指标来进行判断的。因此，为判断项目的财务可行性所进行的财务评价应该包括以下基本内容：

1. 识别财务效益和费用

正确识别项目的财务效益和费用，应以项目为界，以项目的直接收入和支出为目标。至于那些由于项目建设和运营所引起的外部效益和费用，只要不是直接由项目获得或开支的，就不是项目的财务效益和费用。项目的财务效益主要表现为生产经营的产品销售收入，项目的财务费用主要表现为建设工程项目总投资、经营成本和税金等各项支出。此外，项目得到的各种补贴、项目寿命期未回收的固定资产余值和流动资金等，也是项目得到的收入，在财务评价中视作效益处理。

2. 计算财务效益和费用

财务效益和费用的计算，要客观、准确，其计算口径要对应一致。计算效益和费用时，项目产出物和投入物价格的选用必须有充分的依据。按国家发展和改革委员会的有关规定，项目财务评价使用财务价格，即以现行价格体系为基础的预测价格，且根据不同情况考虑价格的变动因素。

3. 编制财务报表

在项目财务效益和费用识别与计算的基础上，可着手编制项目的财务报表，包括基本报表和辅助报表。

4. 计算并评价财务评价指标

根据编制出的财务报表，可以计算出各财务评价指标；将计算出的财务评价指标与评价标准或基准值进行对比分析，即可对项目的赢利能力、清偿能力及外汇平衡能力等财务状况作出评价，从而判断项目的财务可行性。

5.1.3.2 财务评价指标体系

建设工程经济效果可采用不同的指标来表达，且任何一种评价指标都是从一定的角度、某一个侧面反映项目的经济效果，总会有一定的局限性。根据不同的标准，建设工程财务分析指标体系可作不同的分类。根据计算项目财务分析指标时是否考虑资金的时间价值，可将常用的财务分析指标分为静态指标和动态指标两类。其中，静态评价指标主要用于技术经济数据不完备和不精确的方案初选阶段，或对寿命期比较短的方案进行评价时；而动态评价指标则用于方案最后决策前的详细可行性研究阶段，或对寿命期较长的方案进行评价时，如图

5-1 所示。根据财务分析内容的不同，可将财务分析评价指标分为赢利能力分析指标、偿债能力指标和财务生存能力指标；其中，赢利能力分析测算项目的财务赢利能力和赢利水平，偿债能力分析测算项目财务主体偿还债务的能力，财务生存能力分析项目是否有足够的净现金流量维持正常运营以实现财务可持续性，如图 5-2 所示。根据评价指标的性质不同，可以分为时间性指标、价值性指标、比率性指标，如图 5-3 所示。

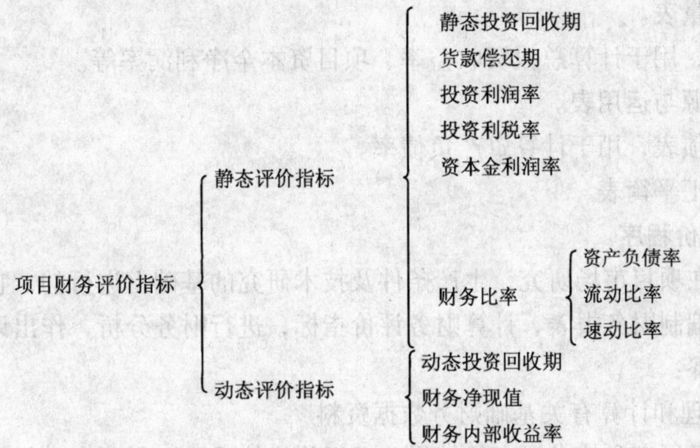

图 5-1　财务评价指标体系（一）按时间价值分类

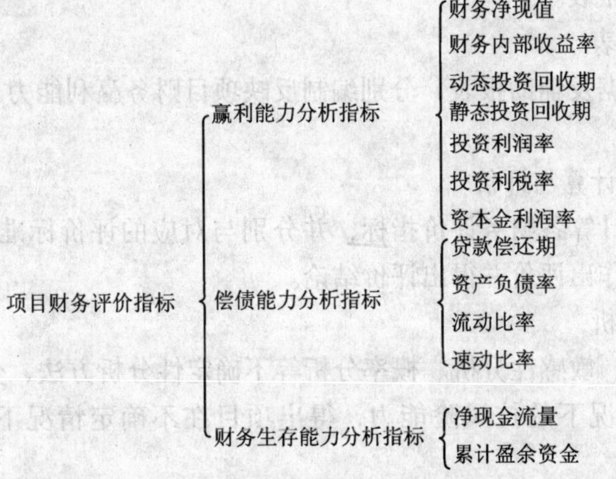

图 5-2　财务评价指标体系（二）按评价内容不同分类

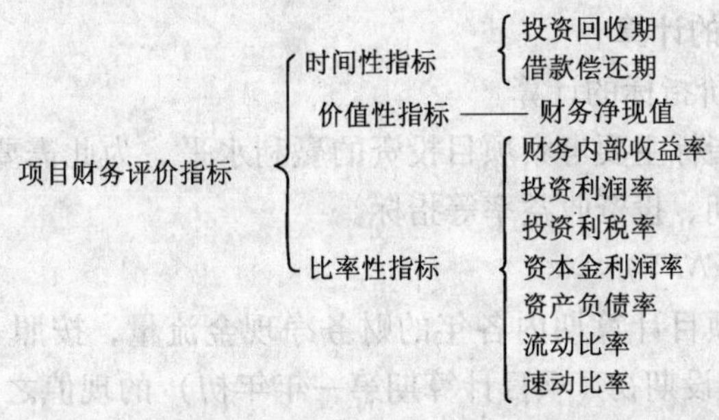

图 5-3　财务评价指标体系（三）按性质不同分类

5.1.3.3 财务评价报表

为分析项目的赢利能力需编制的主要报表有：现金流量表、损益表及相应的辅助报表；为分析项目的清偿能力需编制的主要报表有：资产负债表、资金来源与运用表及相应的辅助报表；对于涉及外贸及影响外汇流量的项目，为考察项目的外汇平衡情况，尚需编制项目的财务外汇平衡表。因此，用于财务分析的基本报表包括以下内容：

（1）现金流量表。

（2）损益表，用于计算总投资收益率、项目资本金净利润率等。

（3）资金来源与运用表。

（4）资产负债表，用于计算资产负债率。

（5）财务外汇平衡表。

5.1.3.4 财务评价程序

财务评价是在项目市场研究、生产条件及技术研究的基础上进行的，它主要利用有关的基础数据，通过编制财务报表，计算财务评价指标，进行财务分析，作出评价结论。其程序包括如下几个步骤：

1. 收集、整理和计算有关基础财务数据资料

根据项目市场研究和技术研究的结果、现行价格体系及财税制度进行财务预测，获得项目投资、销售收入、生产成本、利润、税金及项目计算期等一系列财务基础数据，并将所得的数据编制成辅助财务报表。

2. 编制基本财务报表

由上述财务预测数据及辅助报表，分别编制反映项目财务赢利能力、清偿能力及外汇平衡情况的基本财务报表。

3. 财务评价指标的计算与评价

根据基本财务报表计算各财务评价指标，并分别与对应的评价标准或基准值进行对比，对项目的各项财务状况作出评价并得出评价结论。

4. 进行不确定性分析

通过盈亏平衡分析、敏感性分析、概率分析等不确定性分析方法，分析项目可能面临的风险及项目在不确定情况下的抗风险能力，得出项目在不确定情况下的财务评价结论或建议。

5. 作出项目财务评价的最终结论

根据上述确定性分析和不确定性分析的结果，对项目的财务可行性作出最终结论。

5.1.3.5 财务评价指标的计算

1. 财务赢利能力评价指标的计算

财务赢利能力评价指标主要考察项目投资的赢利水平，为此需要计算财务内部收益率、财务净现值、投资回收期、投资收益率等指标。

（1）财务净现值（*FNPV*）

财务净现值是指把项目计算期内各年的财务净现金流量，按照一个给定的标准折现率（基准收益率）折算到建设期初（项目计算期第一年年初）的现值之和。它是考察项目在其计算期内赢利能力的主要动态评价指标。其表达式为：

$$FNPV = \sum_{t=1}^{n} (CI - CO)_t (1 + i_c)^{-t}$$

式中　$FNPV$——财务净现值；

$(CI-CO)_t$——第 t 年的净现金流量；

n——项目计算期；

i_c——标准折现率。

如果项目建成投产后，各年净现金流量不相等，则财务净现值按照上式计算。

如果项目建成投产后，各年净现金流量相等，均为 A，投资现值为 K_p，则计算公式为：

$$FNPV = A(P/A, i_c, n) - K_p$$

财务净现值反映了项目在满足按设定折现率要求的赢利能力之外，获得的超额赢利的现值。当计算出的财务净现值大于零时，表明项目的赢利能力超过了基准收益率或折现率，从财务角度考虑，项目可接受；当计算出的财务净现值小于零，表明项目赢利能力达不到基准收益率或设定的折现率的水平；当计算出的财务净现值为零时，表明项目赢利能力水平正好等于基准收益率或设定的折现率，此时项目是否可行，要看设定的折现率，若选择的折现率大于银行长期贷款利率，则项目可行；若选择的折现率等于或小于银行长期贷款利率，一般认为项目不可行。

(2) 财务内部收益率（$FIRR$）

财务内部收益率是指项目在整个计算期内各年财务净现金流量的现值之和等于零时的折现率，也就是使项目的财务净现值等于零时的折现率，其表达式为：

$$\sum_{t=1}^{n} (CI - CO)_t (1 + FIRR)^{-t} = 0$$

式中　$FIRR$——财务内部收益率；

其他符号意义同前。

财务内部收益率是反映项目赢利能力一个重要的动态评价指标，可通过财务现金流量表计算。一般情况下，财务内部收益率大于或等于基准收益率时，项目可行。

(3) 投资回收期

投资回收期按照是否考虑资金时间价值，可以分为静态投资回收期和动态投资回收期。

①静态投资回收期

静态投资回收期是指以项目每年的净收益回收项目全部投资所需要的时间，是考察项目财务上投资回收能力的重要指标。这里所说的全部投资既包括固定资产投资，又包括流动资金投资；项目每年的净收益是指税后利润加折旧。

②动态投资回收期

动态投资回收期是指在考虑了资金时间价值的情况下，以项目每年的净收益回收项目全部投资所需要的时间。这个指标主要是为了克服静态投资回收期指标没有考虑资金时间价值的缺点而提出的。

动态投资回收期是在考虑了项目合理收益的基础上收回投资的时间，只要在项目寿命期结束前能够收回投资，就表示项目已经获得了合理的收益。因此，只要动态投资回收期不大于项目寿命期，项目就可行。

（4）投资收益率

投资收益率又称投资效果系数，是指在项目达到设计能力后，其每年的净收益与项目全部投资的比率，是考察项目单位投资赢利能力的静态指标。其表达式如下：

$$投资收益率 = 年净收益/项目全部投资 \times 100\%$$

其中

$$年净收益 = 年销售收入 - 年经营费用 = 年产品销售收入 - (年总成本费用 + 年销售税金及附加 - 折旧)$$

当项目在正常生产年份内各年的收益情况变化幅度较大时，可用年平均净收益替代年净收益，计算投资收益率。

在采用投资收益率对项目进行经济评价时，投资收益率不小于行业平均的投资收益率（或投资者要求的最低收益率），项目即可行。投资收益率指标由于计算口径不同，又可分为投资利润率、投资利税率、资本金利润率等指标。

$$投资利润率 = 利润总额/投资总额$$

$$投资利税率 = (利润总额 + 销售税金及附加)/投资总额$$

$$资本金利润率 = 税后利税/资本金$$

2. 清偿能力评价指标的计算

投资项目的资金构成一般可分为自有资金和借入资金，自有资金可长期使用，而借入资金必须按期偿还。因此，偿还能力分析是财务分析中的一项重要内容。进行偿还能力分析时，应根据项目相关财务报表计算反映偿债能力的指标。

（1）贷款偿还期

为了计算项目的最大偿债能力，可按尽早还款的方法计算。在计算中，贷款利息一般作如下假设：长期借款，当年贷款按半年计息，当年还款按全年计息。假设在建设期借入资金，生产期逐期归还，则：

$$建设期年利息 = (年初借款累计 + 本年借款/2) \times 年利率$$

$$生产期年利息 = 年初借款累计 \times 年利率$$

流动资金借款及其他短期借款按全年计息。贷款偿还期的计算公式与投资回收期公式相似，公式为：

$$贷款偿还期 = 清偿债务年份数 - 1 + \frac{清偿债务当年应付的利息}{当年可用于偿债的资金总额}$$

当计算出的贷款偿还期不大于借款合同规定的期限时，项目可行。另外，贷款偿还期指标适用于需尽快偿还贷款的项目，对于已经约定了偿还借款期限的项目，就不需要计算贷款偿还期指标。

（2）资产负债率

资产负债率反映项目总体偿债能力。这一比率越低，则偿债能力越强。但是资产负债率的高低还反映了项目利用负债资金的程度，因此该指标水平应适当。

$$资产负债率 = 负债总额/资产总额 \times 100\%$$

（3）流动比率

该指标反映企业偿还短期债务的能力。该比率越高，单位流动负债将有更多的流动资产保证，短期偿还能力就越强，但是可能导致流动资产利用率低下，影响项目效益。因此，流动比率一般为2：1较好。

$$流动比率 = 流动资产总额/流动负债总额 \times 100\%$$

（4）速动比率

该指标反映了企业在很短时间内偿还短期债务的能力。速动资产是流动资产中变现最快的部分，流动比率越高，短期偿债能力越强。同样，速动比率过高也会影响资产利用效率，进而影响企业经济效益。因此，速动比率一般为1左右较好。

$$速动比率 = 速动资产总额/流动负债总额 \times 100\%$$

其中

$$速动资产 = 流动资产 - 存货$$

3. 不确定性分析

项目的技术经济分析是一项预计性的工作，在进行经济评价中所采用的数据均有一定的依据，并假定在项目寿命期内是不变的。但在项目实施的整个过程中，有些因素诸如价格、生产能力、投资费用、项目寿命期、所采用的折现率等有可能发生变化，从而使这些因素具有不确定性，并对评价指标的计算产生影响。因此，为了分析不确定因素对经济评价指标的影响，需要进行不确定性分析。

项目不确定性分析就是根据拟建项目的具体情况，分析不确定性因素对评价指标的影响，估计项目可能承担的风险，分析项目在财务和经济上的可靠性，并采取相应的对策，力争把风险降低到最小限度。常用的不确定性分析方法有盈亏平衡分析、敏感性分析及概率分析。

（1）盈亏平衡分析

盈亏平衡分析的目的是寻找盈亏平衡点，据此判断项目风险的大小及项目对风险的承受能力，为投资决策提供科学依据。盈亏平衡点就是赢利与亏损分界点，在这一点，“项目总收益=项目总成本”。由于项目总收益 V 及项目总成本 C 都是产量 Q 的函数，根据 V、C 与 Q 的关系是否呈线性关系，盈亏平衡分析可分为线性盈亏平衡分析和非线性盈亏平衡分析。

盈亏平衡产量表示项目的保本产量，盈亏平衡产量越低，项目保本越容易，项目风险越低；盈亏平衡价格表示项目可接受的最低价格，该价格仅能回收成本，该价格水平越低，表示单位产品成本越低，项目的抗风险能力就越强；盈亏平衡单位产品可变成本表示单位产品可变成本的最高上限，实际单位产品可变成本低于该成本时，项目赢利。

（2）敏感性分析

敏感性分析是分析、预测项目主要影响因素发生变化时对项目经济评价指标，如财务净现值、内部收益率等的影响，从中找出敏感性因素，并确定其对项目经济效益指标的影响程度和敏感性程度，进而判断项目承受风险能力的一种不确定性分析方法。

根据同时分析敏感因素的多少，敏感性分析可分为单因素敏感性分析和多因素敏感性分析。单因素敏感性分析是对单一不确定因素变化的影响进行分析，即假设各个不确定因素之间相互独立，每次只考察一个因素，而其他因素保持不变，以分析这个可变因素对经济评价指标的影响程度和敏感程度。多因素敏感性分析是假设两个或两个以上互相独立的不确定因素同时变化时，分析这些变化的因素对经济评价指标的影响程度和敏感程度。为了找出关键的敏感性因素，通常多进行单因素敏感性分析。

敏感性分析的做法通常是改变一种或多种不确定因素的数值，计算其对项目效益指标的影响，通过计算敏感度系数和临界点，估计项目效益指标对它们的敏感程度，进而确定关键的敏感因素。敏感性分析的主要步骤包括：

①选定需要分析的不确定因素。影响项目经济评价指标的不确定性因素很多，在进行敏感性分析时，没有必要对所有的不确定性因素都进行分析，而只需要选择一些主要的影响因素。

②确定进行敏感性分析的经济评价指标。

③计算不确定因素变动引起的评价指标的变动值。对所选定的不确定性因素，应根据实际情况设定这些因素的变动幅度，其他因素固定不变。因素的变化可以按照一定的变化幅度改变它的数值；对每一因素的每一变动，均重复进行计算，并把因素变动及相应指标变动结果用表或图的形式表示出来，以便于测定敏感因素。

④计算敏感度系数并对敏感因素进行排序。由于各因素的变化都会引起经济指标一定的变化，但其影响程度却各不相同。有些因素可能仅发生较小幅度的变化就能引起经济评价指标发生大的变动，而另一些因素即便发生了较大幅度的变化，对经济评价指标的影响也不是太大。因此，前一类因素称为敏感性因素，后一类因素称为非敏感性因素。敏感性分析的目的在于寻求敏感因素，可以通过计算敏感度系数和临界点来判断。敏感度系数表示项目评价指标对不确定因素的敏感程度。

⑤计算变动因素的临界点。临界点是指项目允许不确定因素向不利方向变化的极限值，当不确定因素的变化超过了临界点所表示的不确定因素的极限变化时，表示项目将不可行。

(3) 概率分析

概率分析是通过研究各种不确定因素发生不同幅度变动的概率分布及其对方案经济效果的影响，对方案的净现金流量及经济效果指标作出某种概率描述，从而对项目可行性和风险性以及方案优劣作出比较准确判断的一种不确定性分析方法。即根据不确定因素在一定范围内的随机变动，分析并确定这种变动的概率分布，从而计算出其期望值及标准偏差，为项目的风险决策提供依据。

概率分析的主要步骤包括：

①列出各种欲考虑的不确定因素，如销售价格、销售量、投资和经营成本等，需要注意的是，所选取的几个不确定因素应是互相独立的。

②设想各不确定因素可能发生的情况，即其数值发生变化的几种情况。

③分别确定发生各种可能情况的可能性（即概率)，且各不确定因素的各种可能发生情况出现的概率之和必须等于1。

④计算目标值的期望值。

⑤求出目标值大于或等于零的累计概率。

5.1.3.6 财务评价基本报表的编制

财务评价的基本报表有现金流量表、损益表、资金来源与运用表、资产负债表及外汇平衡表。

1. 现金流量表

现金流量是现金流入与现金流出的统称，它是以项目作为一个独立系统，反映项目在计算期内实际发生的流入和流出系统的现金活动及其流动数量。其中现金流出是指在某一时点上流出项目的资金，记为 CO，为负现金流量；现金流入是指流入项目的资金，记为 CI，为正现金流量；同一时点上的现金流入量与现金流出量的代数和（$CI-CO$）称为净现金流量，记为 NCF。现金流量表是指反映项目在计算期内各年的现金流入、现金流出和净现金流量的计算表格，一般由现金流入、现金流出、净现金流量三部分组成。编制财务现金流量表的主要作用是计算财务内部收益率、财务净现值和投资回收期等分析指标。

现金流量表按照计算基础的不同，分为全部投资现金流量表和自有资金现金流量表。

（1）全部投资现金流量表（表5-1）

表5-1　全部投资现金流量表

单位：万元

序号	项目	合计	建设期		生产期		达到设计能力生产期			
			1	2	3	4	5	6	…	n
	生产负荷（%）									
1	现金流入									
1.1	产品销售收入									
1.2	回收固定资产									
1.3	回收流动资金									
1.4	其他收入									
2	现金流出									
2.1	固定资产投资（含投资方向调节税）									
2.2	流动资金									
2.3	经营成本									
2.4	销售税金及附加									
2.5	所得税									
3	净现金流量（1－2）									
4	累计净现金流量									
5	所得税前净现金流量（3＋2.5）									
6	所得税前累计现金流量									

计算指标：所得税前　　　　　　　　　　所得税后

财务内部收益率 $FIRR$ =　　　　　　　财务内部收益率 $FIRR$ =

财务净现值 $FNPV$（i_c =__%）=　　　财务净现值 $FNPV$（i_c =__%）=

投资回收期 P_t =　　　　　　　　　　投资回收期 P_t =

全部投资现金流量表是站在项目全部投资的角度，或者说不分投资资金来源，是在设定项目全部投资均为自有资金条件下的项目现金流量系统的表格式反映。全部投资现金流量表主要用于计算全部投资所得税前及所得税后财务内部收益率、财务净现值及投资回收期等评价指标，考察项目全部投资的赢利能力，为不同投资方案进行比较，建立共同基础。

1）现金流入（CI）的计算

现金流入为产品销售（营业）收入、回收固定资产余值和回收流动资金三项之和。

①产品销售（营业）收入。产品销售（营业）收入是项目建成投产后对外销售产品或提供劳务所取得的收入。对于房地产项目而言，主要指项目销售过程中取得的总收入。计算销售收入时，假设生产出来的产品全部售出，即销售量等于产量，则

$$销售收入 = 销售量 \times 销售价格 = 产量 \times 销售价格。$$

其中，销售价格一般采用出厂价格，也可根据需要，采用送达用户的价格或离岸价格。

产品销售（营业）收入的各年数据取自产品销售（营业）收入和销售税金及附加估算表。

②回收固定资产余值。固定资产余值在计算期最后一年回收，固定资产余值等于固定资产原值减去累计提取，可在折旧费估算表中用固定资产期末净值合计求得。

③回收流动资金。流动资金为项目正常生产年份流动资金的占用额，流动资金在计算期最后一年全额回收。

2）现金流出（*CO*）的计算

现金流出包含固定资产投资、流动资金、经营成本和税金及附加等各项支出。固定资产投资和流动资金的数额取自投资计划与资金筹措表中有关项目。流动资金投入为各年流动资金增加额。经营成本是指总成本费用扣除固定资产折旧费、维修费、无形资产及递延资产摊销费和利息支出以后的余额。其计算公式为：经营成本 = 总成本费用 - 折旧费 - 维修费 - 摊销费 - 利息支出，经营成本取自总成本费用估算表。销售税金及附加包含有增值税、营业税、消费税、资源税、城乡维护建设税和教育费附加，它们取自产品销售（营业）收入和销售税金及附加估算表；所得税的数据来源于损益表。

项目计算期各年的净现金流量为各年现金流入量减对应年份的现金流出量，各年累计净现金流量为本年及以前各年净现金流量之和。

（2）自有资金现金流量表（表5-2）

表5-2　自有资金现金流量表　　单位：万元

序号	项目	合计	建设期		生产期		达到设计能力生产期			
			1	2	3	4	5	6	…	*n*
	生产负荷（%）									
1	现金流入									
1.1	产品销售收入									
1.2	回收固定资产									
1.3	回收流动资金									
1.4	其他收入									
2	现金流出									
2.1	自有资金									
2.2	借款本金偿还									
2.3	借款利息支出									
2.4	经营成本									
2.5	销售税金及附加									
2.6	所得税									
3	净现金流量（1-2）									

计算指标：财务内部收益率 *FIRR* =
　　　　　财务净现值 *FNPV* =

自有资金现金流量表是站在项目投资主体角度考察项目的现金流入和流出的情况，它从项目投资者角度出发，并以投资者的出资额作为计算依据，把借款本金偿还和利息支付作为现金流出，用以计算自有资金财务内部收益率、财务净现值及投资回收期等评价指标，考察项目自有资金的赢利能力。

其中：

①现金流入各项数据来源与全部投资现金流量表相同。

②现金流出项目自有资金数额取自投资计划与资金筹措表中资金筹措项下的自有资金分项。借款本金偿还由两部分组成：借款还本付息计算表中本年还本额；流动资金借款本金偿还，一般发生在计算期最后一年。

借款利息支出数额来自总成本费用估算表中的利息支出项（包括流动资金借款利息和长期借款利息）。现金流出中其他各项与全部投资现金流量表中相同。

③项目计算期各年的净现金流量为各年现金流入量减对应年份的现金流出量。

2. 损益表

损益表反映项目计算期内各年的利润总额、所得税及税后利润的分配情况，用以计算投资利润率、投资利税率和资本金利润率等指标。其报表格式见表5-3。

表5-3　损益表　　单位：万元

序号	项目	合计	生产期		达到设计能力生产期			
			1	2	3	4	…	n
	生产负荷（%）							
1	产品销售（营业）收入							
2	销售税金及附加							
3	产品总成本及费用 其中：折旧费 摊销费							
4	利润总额（1－2－3）							
5	弥补前年度亏损							
6	应纳税所得额（4－5）							
7	所得税							
8	税后利润（4－7）							
9	盈余公积金							
10	公益金							
11	应付利润 本年应付利润 未分配利润转分配							
12	未分配利润							
13	累计未分配利润							

（1）产品销售（营业）收入、销售税金及附加、总成本费用的各年度数据分别取自相应的辅助报表。

（2）利润总额。利润总额等于产品销售（营业）收入减销售税金及附加减总成本。

（3）所得税。所得税＝应纳税所得额×所得税税率。

应纳税所得额为根据国家有关规定对利润总额进行调整后的数额。在建设工程项目财务评价中，主要是按减免所得税及用税前利润弥补上年度亏损的有关规定进行的调整。按现行

《工业企业财务制度》规定，企业发生的年度亏损，可以用下一年度的税前利润等弥补；下一年度利润不足弥补，可以在5年内延续弥补；5年内不足弥补的，用税后利润等弥补。

（4）税后利润。税后利润 = 利润总额 - 所得税。

（5）弥补损失主要是指支付被没收财物损失，支付各项税收的滞纳金及罚款，弥补以前年度亏损。

（6）税后利润分配。税后利润按法定盈余公积金、公益金、应付利润及未分配利润等项进行分配。其中：①法定盈余公积金按照税后利润扣除用于弥补损失的金额后的10%提取，盈余公积金已达注册资金50%时可以不再提取。公益金主要用于企业的职工集体福利设施支出。②应付利润为向投资者分配的利润。③未分配利润主要指向投资者分配完利润后剩余的利润，可用于偿还固定资产投资借款及弥补以前年度亏损。

3. 资金来源与运用表

资金来源与运用表反映项目计算期内各年的资金盈余或短缺的情况，用于选择资金筹措方案，制定适宜的借款及偿还计划，并为编制资产负债表提供依据。报表格式见表5-4。

表5-4 资金来源与运用表 单位：万元

序号	项目	合计	建设期		生产期		达到设计能力生产期			
			1	2	3	4	5	6	…	n
	生产负荷（%）									
1	资金来源									
1.1	利润总额									
1.2	折旧费									
1.3	摊销费									
1.4	长期借款									
1.5	流动资金借款									
1.6	短期借款									
1.7	资本金									
1.8	其他									
1.9	回收固定资产余值									
1.10	回收流动资金									
2	资金运用									
2.1	固定资产投资									
2.2	流动资金									
2.3	建设期贷款利息									
2.4	所得税									
2.5	应付利润									
2.6	长期借款本金偿还									
2.7	流动资金借款本金偿还									
2.8	其他短期借款本金偿还									
3	盈余资金									
4	累计未分配利润									

资金来源与运用表能全面反映项目的资金活动全貌。编制该表时，首先要计算项目计算期内各年的资金来源与资金运用，并求其差额情况，然后通过其差额就可以反映项目各年的资金盈余或短缺情况。为了使项目顺利进行，不会因为资金短缺而不能按计划进行，应对项目的资金筹措方案和借款及偿还计划进行调整，从而使表中各年度的累计盈余资金额始终不小于零，否则，项目将因资金短缺而不能按计划顺利运行。

(1) 利润总额、折旧费、摊销费数据，分别取自损益表、固定资产折旧费估算表、无形及递延资产摊销估算表。

(2) 长期借款、流动资金借款、其他短期借款、资本金及“其他”项的数据，均取自资金来源与应用表。其中，在建设期，长期借款当年应计利息若末用自有资金支付，应计入同年长期借款额，否则项目资金不能平衡。短期借款主要指为解决项目暂时的年度资金短缺而使用的短期借款，其利息计入财务费用，本金在下一年度偿还。

(3) 回收固定资产余值及回收流动资金，同全部投资现金流量表编制中的有关说明。

(4) 固定资产投资（含投资方向调节税）、建设期贷款利息及流动资金数据，取自投资计划和资金筹措表。

(5) 所得税及应付利润数据，取自损益表。

(6) 长期借款本金偿还额，为借款还本付息计算表中本年还本数；流动资金借款本金，一般在项目计算期末一次偿还；其他短期借款本金偿还额，为上年度其他短期借款额。

(7) 盈余资金等于资金来源减去资金运用。

(8) 累计盈余资金各年数额为当年及以前各年盈余资金之和。

4. 资产负债表

资产负债表综合反映项目计算期内各年末资产、负债和所有者权益的增减变化及对应关系，它表明项目在某一特定日期所拥有或控制的经济资源、所承担的义务和所有者对净资产的权益，可用以考察项目资产、负债、所有者权益的结构是否合理，并可用以计算资产负债率、流动比率及速动比率，进行清偿能力分析。

(1) 资产的组成。资产由流动资产、在建工程、固定资产净值、无形及递延资产净值四项组成，其中：①流动资产总额为应收账款、存货、现金、累计盈余资金之和；前三项数据来自流动资金估算表，累计盈余资金数额则取自资金来源与运用表，但应扣除其中包含的回收固定资产余值及自有流动资金。②在建工程是指投资计划与资金筹措表中的年固定资产投资额，其中包括固定资产投资方向调节税和建设期利息。③固定资产净值和无形及递延资产净值，分别从固定资产折旧费估算表和无形资产及递延资产摊销估算表取得。

(2) 流动负债和长期负债。流动负债中的应付账款数据可由流动资金估算表直接取得。流动资金借款和其他短期借款两项流动负债及长期借款均指借款余额，需根据资金来源与运用表中的对应项及相应的本金偿还项进行计算。

(3) 所有者权益包括资本金、资本公积金、累计盈余公积金及累计未分配利润。其中，累计未分配利润可直接得自损益表，累计盈余公积金也可由损益表中“盈余公积金”项计算各年份的累计值，但应根据有无用盈余公积金弥补亏损或转增资本金的情况进行相应调整。资本金为项目投资中累计自有资金（扣除资本溢价），当存在由资本公积金或盈余公积金转增资本金的情况时，应进行相应调整。资本公积金为累计资本溢价及赠款，转增资本金时对资产负债表进行相应调整以满足等式：资产 = 负债 + 所有者权益。

5. 财务外汇平衡表

财务外汇平衡表主要适用于有外汇收支的项目，用以反映项目计算期内各年外汇余缺程度，进行外汇平衡分析。

“外汇余缺”可由表中其他各项数据按照外汇来源等于外汇运用的等式直接推算，其他各项数据分别来自于收入、投资、资金筹措、成本费用、借款偿还等相关的估算报表或估算资料。

5.1.4 国民经济评价

5.1.4.1 国民经济评价的概念

国民经济评价是按照资源合理配置的原则，从国民经济的整体角度考察项目的效益和费用，用货物影子价格、影子工资、影子汇率和社会折射率等经济参数，分析、计算项目对国民经济的净贡献，评价项目的经济合理性。也就是说项目的国民经济评价是将拟建项目置于国民经济大系统之中，站在国家的角度，考察和研究项目的建设与投产，给国民经济带来的净贡献和净消耗，评价其宏观经济效果，以决定其取舍。

国民经济评价的根本作用是揭示项目的宏观经济特征，它通过对建设项目的国民经济分析，在全面了解项目各项经济指标的基础上，从国家利益的高度和立场作出正确选择，确保投资决策的科学性和可靠性，使社会资源得到最佳利用，作出最大的贡献。而且，项目的国民经济评价有利于维护国家和社会利益，调整局部利益和国家利益的关系，确保国民经济的协调和均衡发展，处理好近期利益与长远利益的关系，使国民经济的发展实现动态的综合平衡。所以，国民经济分析是可行性研究的重要组成部分，是从宏观上决定工程项目是否可行的重要依据。

5.1.4.2 国民经济评价范围

需要进行国民经济评价的项目主要有以下几种：

1. 基础设施项目和公益性项目

财务评价是通过市场价格度量项目的收支情况，考察项目的赢利能力和偿债能力。在市场经济条件下，企业财务评价可以反映出项目给企业带来的直接效果，但由于外部经济性的存在，企业财务评价不可能将项目产生的效果全部反映出来，尤其是铁路、公路、市政工程、水利电力等项目，外部效果非常显著，因此，必须采用国民经济评价将外部效果内部化。

2. 市场价格不能真实反映价值的项目

由于某些资源的市场不存在或不完善，这些资源的价格为零或很低，因而往往被过度使用；另外，由于国内统一市场尚未形成，或国内市场未与国际市场接轨，失真的价格会使项目的收支状况变得过于乐观或过于悲观。因而有必要通过影子价格对失真的价格进行修正。

3. 资源开发项目

自然资源、生态环境的保护和经济的可持续发展，意味着为了长远整体利益，有时必须牺牲眼前的局部利益。因此，对涉及自然资源保护、生态环境保护的项目，必须通过国民经济评价客观选择社会对资源使用的时机。如国家控制的战略性资源开发项目、动用社会资源和自然资源较大的中外合资项目等。

5.1.4.3 国民经济评价步骤

国民经济评价可以在财务评价基础上进行，也可直接进行。

1. 在财务评价的基础上进行国民经济评价的步骤

（1）效益和费用范围及数值的调整。剔除在财务评价中已计算为效益或费用的转移支付，增加财务评价中未反映的外部效果，用影子价格计算项目的效益和费用。

（2）编制国民经济评价基本报表。

（3）依据基本报表计算国民经济评价指标。

（4）依据国民经济基准参数和计算指标进行国民经济评价。

2. 直接进行国民经济评价的步骤

（1）识别和计算项目的直接效益、间接效益、直接费用、间接费用，以影子价格计算项目效益和费用：

①识别和计算项目的直接效益。对能为国民经济提供产出物的工程项目，首先，应根据产出物的性质确定是否属于外贸货物；其次，根据定价原则确定产出物的影子价格；最后，按照项目的产出物种类、数量及其逐年的增减情况和产出物的影子价格计算项目的直接效益。对能为国民经济提供服务的工程项目，应根据提供服务的数量和用户的受益，按照愿支付价格计算项目的直接效益。

②估算项目的建设投资。用投入货物的影子价格、土地的影子费用、人工的影子工资、外汇的影子汇率及社会折现率等参数直接进行项目的投资估算。

③流动资金估算。根据项目投产后生产经营的实物消耗和各种货物的影子价格、人工的影子工资及影子汇率等参数计算经营费用。

④识别项目的间接效益和间接费用。从国民经济角度，分析项目的外部效果，计算间接效益和间接费用。项目的间接费用是由于项目存在而使项目以外的主体所造成的全部损失，如工业项目的“三废”对空气或水的污染；项目的间接效益是由于项目存在而使项目以外的主体所享有的利益。

（2）编制国民经济评价基本报表。

（3）依据基本报表进行国民经济评价指标计算。

（4）依据国民经济评价的基准参数和计算指标进行国民经济评价。

5.1.4.4 国民经济评价报表及指标

1. 国民经济评价报表

项目的国民经济评价报表可以显示项目的国民经济效益和费用，并用以计算国民经济评价指标。国民经济评价报表包括项目国民经济效益费用流量表和国内投资国民经济效益费用流量表。

（1）项目国民经济效益费用流量表（表5-5）

表5-5　项目国民经济效益费用流量表　　单位：万元

序号	项目	生产期		达到设计能力生产期			
		1	2	3	4	…	n
	生产负荷（%）						
1	效益流量						
1.1	产品销售（营业）收入						
1.2	回收固定资产余值						
1.3	回收流动资金						
1.4	项目间接效益						
2	费用流量						
2.1	建设投资						
2.2	流动资金						
2.3	经营费用						
2.4	项目间接费用						
3	净效益流量（1－2）						

以全部投资作为计算基础，用以计算项目全部投资的经济内部收益率、经济净现值指标，以考察项目的国民经济赢利能力。

（2）国内投资国民经济效益费用流量表（表5-6）

表5-6　国民经济效益费用流量表　　单位：万元

序号	项目	生产期		达到设计能力生产期			
		1	2	3	4	…	n
1	生产负荷（%）						
1.1	产品销售（营业）收入						
1.2	回收固定资产余值						
1.3	回收流动资金						
1.4	项目间接效益						
2	费用流量						
2.1	建设投资						
2.2	流动资金						
2.3	经营费用						
2.4	项目间接费用						
3	净效益流量（1－2）						

计算指标：经济内部收益率＝　　%

经济净现值（i_c＝　　%）＝　　万元

国内投资国民经济效益费用流量表是从国内投资角度出发，以国内投资额作为计算基础，用以综合反映项目建设期内各年按国内投资口径计算的国民经济各项效益与费用流量及净效益流量。国内投资国民经济效益费用流量表的效益流量各项与项目国民经济效益费用流量表相同，不同之处在于费用流量的建设投资和流动资金只包括国内投资，另外，增加了流至国外的资金、国外借款本金偿还和国外借款利息支付。

对于有从国外借款的项目，应当编制该表，并计算国内投资经济内部收益率和经济净现值。

2. 国民经济评价指标

国民经济评价只进行国民经济赢利能力的分析，国民经济赢利能力评价指标包括经济内部收益率和经济净现值。

（1）经济内部收益率（*EIRR*）

经济内部收益率是项目在计算期内各年经济净效益流量的现值累计等于零时的折现率。

经济内部收益率是从国民经济评价角度反映项目经济效益的相对指标，它显示出项目占用的资金所能获得的动态收益率。项目的经济内部收益率等于或大于社会折现率时，表明项目对国民经济的净贡献达到或者超过了预定要求。

（2）经济净现值（*ENPV*）

经济净现值是指用社会折现率将项目计算期内各年净效益流量折算到项目建设期初的现值之和。

经济净现值是反映项目对国民经济净贡献的绝对指标，经济净现值等于或大于零表示国家为拟建项目付出代价后，可以得到符合社会折线率所要求的社会盈余，或者还可以得到超额的社会盈余，并且以现值表示这种超额社会盈余的量值。经济净现值大于或者等于零，表示项目的赢利性超过或达到了基本要求。经济净现值越大，表明项目带来的以绝对数值表示的经济效益越大。

5.1.4.5　国民经济评价参数

国民经济评价参数是指在工程项目的国民经济评价中为计算费用和效益，衡量技术经济指标而使用的一些参数。正确理解和使用评价参数，对正确计算费用、效益和评价指标以及方案的优化比选是必不可少的。

国民经济评价参数分为两类：一类是通用参数，包括社会折现率、影子汇率、影子工资等，这些通用参数由专门机构组织测算和发布；另一类是各种货物、服务、土地、自然资源等影子价格，需要由项目评价人员根据项目具体情况自行测算。

1. 社会折现率

社会折现率是用以衡量资金时间价值的重要参数，代表资金占用所应获得的最低动态收益率，并且用作不同年份之间资金价值换算的折现率。它既是国民经济评价的重要通用参数，用作项目经济内部收益率的判别标准，同时也用作计算经济净现值的折现率。社会折现率应根据目前国民经济运行的实际情况、投资收益水平、资金供求状况、资金机会成本以及国家宏观调控目标取向等因素的综合分析确定，由专门机构统一测算发布。各类投资项目的国民经济评价都应采用统一发布的社会折现率。

2. 影子汇率

影子汇率是指能正确反映外汇真实价值的汇率，即外汇的影子价格。在国民经济评价中，影子汇率通过影子汇率换算系数计算，影子汇率换算系数是影子汇率与国家外汇牌价的比值，由国家统一测定和发布。影子汇率根据我国的外贸货物比价、加权平均关税率、外贸逆差收入比率及出口换汇成本等指标的分析和测算取得，其取值对于项目决策中的进出口抉择有着重要的影响。

3. 影子工资

影子工资是项目使用劳动力，社会为此付出的代价。影子工资由两部分构成：一是劳动力的机会成本，即由于项目的建设而使其他部门流失的劳动力的边际产出；二是因劳动力就业或转移而引起的社会资源耗费。影子工资一般是通过影子工资换算系数计算。影子工资换算系数是影子工资与财务评价中劳动力的工资和福利费之比。根据目前我国劳动力市场状况，技术性工作的劳动力的影子工资换算系数取值为1，非技术性工作的劳动力的影子工资换算系数取值为0.8。在实际评价中，可根据劳动力结构、素质和熟练程度及项目所在地的劳动力市场供求状况等，进行适当调整选用。

5.2 设计阶段工程造价管理

5.2.1 设计阶段造价管理的主要内容

投资控制应贯穿项目建设的全过程控制，不仅如此，有关统计资料还表明，项目投资控制的重点在于施工以前的投资决策和设计阶段，而在项目作出投资决策以后，控制项目投资的关键就在于设计。因此，设计阶段对工程造价的控制既是十分必要，也是十分有效的。当然，为了更好地实现投资控制目标，还要结合其他阶段以做到整个工程造价链条的控制，尤其要注意项目生产与经营维护阶段的相关联系分析，真正做到全寿命造价的控制。

设计阶段工程造价控制的方法有：对设计方案进行优化和比选、推广限额设计和标准化设计、加强对设计概算、施工图预算的编制管理和审查。

5.2.1.1 设计方案的优化和比选

为了提高工程建设投资效果，从选择建设场地和工程总平面布置开始，直到最后的结构构件的设计，都应进行多方案比选，从中选取技术先进、经济合理的最佳设计方案，或者对现有的设计方案进行优化，使其能够更加经济合理。在设计过程中，可以利用价值工程的思路和方法对设计方案进行比较，对不合理的设计提出改进意见，从而达到控制造价、节约投资的目的。设计方案优选还可以通过设计招标投标及设计方案竞选的办法，选择最优的设计方案，或将各方案的可取之处重新组合后，提出最佳方案。

5.2.1.2 限额设计和标准化设计

所谓限额设计，就是按照批准的设计任务书及投资估算控制初步设计，按照批准的初步设计总概算控制施工图设计，同时各专业在保证达到使用功能的前提下，按分配的投资限额控制设计，严格控制技术设计和施工图设计的不合理变更，保证总投资限额不被突破。限额设计是设计阶段控制工程造价的重要手段，它能有效地克服和控制“三超”现象，可以使设计单位加强技术与经济的对立统一管理，可以克服设计概、预算本身的失控对工程造价带来的负面影响。因此，在工程项目建设过程中采用限额设计是我国工程建设领域控制投资支出、有效使用建设资金的有力措施。

标准化设计又称通用设计，是工程建设标准化的组成部分。标准设计覆盖范围较广，重复建设的建筑类型及生产能力相同的企业、单独的房屋构筑物均应采用标准设计。在设计阶段的投资控制过程中，对不同使用要求的建筑物，应按统一的建筑模数、建筑标准、设计规范、技术规定等进行设计。若房屋或构筑物整体不便定型化时，应将其中重复出现的建筑单元、房间和主要的结构节点构造，在构配件标准化的基础上定型化。因此，推广成熟的、行之有效的标准设计不但能够加快设计速度、提高设计质量，而且能够提高效率、节约设计成本；同时因为标准设计大量使用标准构、配件，可进行机械化、工厂化生产，缩短建设周期，最终有利于工程造价的控制。

5.2.1.3 设计概算、施工图预算的编制和审查

设计概算是设计文件的重要组成部分，是在投资估算的控制下由设计单位根据初步设计（或扩大初步设计）图纸、概算定额（或概算指标）、各项费用定额或取费标准（指标）、建设地区自然及技术经济条件和设备、材料预算价格等资料，编制和确定的建设项目从筹建至竣工交付使用所需全部费用的文件。为了有效地控制工程造价，在实际工作中，应提高概算的编制质量，同时，加强对初步设计概算的审查，避免或减少设计概算与施工图预算差距很大现象的发生。

施工图预算是确定建筑安装工程预算造价的文件，是在施工图设计完成后，以施工图为依据，根据预算定额、费用标准，以及地区人工、材料、机械台班的预算价格进行编制的。施工图预算是签订施工承包合同、确定合同价、进行工程结算的重要依据，其质量的高低直接影响到施工阶段的造价控制。因此，提高施工图预算的质量，加强施工图预算的审查也就非常重要。

5.2.2 限额设计

5.2.2.1 限额设计概念

所谓限额设计，就是按照批准的设计任务书及投资估算控制初步设计，按照批准的初步设计总概算控制施工图设计，同时各专业在保证达到使用功能的前提下，按分配的投资限额控制设计，严格控制技术设计和施工图设计的不合理变更，以保证项目的总投资额不超出项目的投资限额。实践表明，在建设项目的设计阶段，推行限额设计是控制建设投资、有效使用建设资金的有力措施。

限额设计并非简单地只考虑节约投资或投资越少越好，也不是简单地将项目投资“一刀切”了事，而是通过精心设计达到技术与经济的统一，实现对项目功能、规模、标准、工程量等总体的控制和优化。所以，对投资分解和工程量控制是实行限额设计的有效途径和主要方法。限额设计是将上阶段设计审定的投资额和工程量先行分解到各专业，然后再分解到各单位工程和分部工程，限额设计的目标体现了设计标准、规模、原则的合理确定及有关概预算基础资料的合理取定，通过层层分解，实现了对投资限额的控制与管理，也就同时实现了对设计规模、设计标准、工程数量与概预算指标等各个方面的控制。

5.2.2.2 限额设计目标的确定

限额设计目标（指标）是在初步设计开始前，根据批准的可行性研究报告及其投资估算（原值）确定的。限额设计指标，经项目经理或总设计师指出，经主管院长审批下达，

其总额度一般只下达直接工程费的90%，以便项目经理或总设计师和室主任留有一定的调节指标，用完后，必须经批准才能调整。专业之间或专业内部节约下来的单项费用，未经批准，不能互相调用。

5.2.2.3　限额设计的内容

限额设计控制工程造价可以从两个角度入手：一个是按照限额设计过程从前向后依次进行控制，这种方法称为纵向控制；另一个是对设计单位内部各专业、科室及设计人员进行考核，实施奖罚，进而保证设计质量的控制，这种方法称为横向控制。

1. 限额设计的纵向控制

（1）投资决策阶段要提高投资估算的准确性，合理确定设计限额目标。现行限额设计的投资限额（即限额设计目标）大多以经国家主管部门审核批准的可行性研究报告中的投资估算作为最高限额，然后按直接工程费的90%下达分解，是下阶段进行限额设计，控制投资的目标。因此，真正做到科学地、实事求是地编制项目投资估算，提高项目可行性研究报告中投资估算的科学性、准确性及可信性，便成为合理确定项目投资限额的重要环节。

（2）初步设计阶段要重视设计方案比选，把设计概算控制在批准的投资估算限额内。在初步设计开始前，项目总设计师应将设计任务书规定的设计原则、建设方针和投资限额向设计人员交底，将投资限额分工程、分专业下达到设计人员，作为进行初步设计的投资控制目标，并要求设计人员认真研究实现投资控制目标的可行性，通过进行多方案比选，对各个技术经济方案的关键设备、工艺流程、总图方案、主要建筑和各项费用指标进行比较分析，从中选出既能达到工程要求，又不超过投资限额的方案，作为初步设计方案。如果发现重大设计方案或某项费用指标超出任务书的投资限额，应及时反映，并提出解决问题的办法。当初步设计基本完成时，应作出初步设计概算，并对其进行技术经济分析，如没有满足投资限额的要求，则需修改设计方案。经审核批准后的设计概算，便成为下一步施工图设计投资控制的依据。

（3）施工图设计阶段的限额设计。已批准的初步设计及初步设计概算是施工图设计的依据，在施工图设计中，无论是建设工程项目总造价，还是单项工程造价，均不应该超过初步设计概算造价。设计单位应按照造价控制目标确定施工图设计的结构，选用材料和设备。但由于初步设计受外部条件（如设备、材料供应、价格变化等）影响，加上人们主观认识上的局限性，在施工图设计中，甚至是在以后的施工阶段，对原来的设计进行局部变更和修改都是正常的、也是必要的，其关键是要对变更及修改进行核算和调整，以控制施工图设计不突破设计概算限额。但对于建设规模、产品方案、工艺流程或设计方案等重大变更发生时，必须重新编制或修改初步设计及其概算，并报原主管部门审批。其限额设计的投资控制额也以新批准的修改或新编的初步设计概算为准。

（4）加强设计变更管理，实行限额动态控制。设计图纸变更发生得越早，如变更发生在设计阶段，则只需修改图纸，其他费用尚未发生，造成的经济损失就越小；反之，如果发生在施工阶段，则已施工的工程还须拆除，则会引起很大的损失。因此，设计人员应尽可能地避免设计与施工相脱节的现象发生，由此可减少设计变更的发生，对非发生不可的变更，应尽量控制在设计阶段；对于影响工程造价的重大变更，应采用先算账、后变更等方法，以使投资得到有效控制。

2. 限额设计的横向控制

限额设计管理的主要工作是健全和加强设计单位内部以及对建设单位的经济责任制，明确设计单位以及设计单位内部各有关人员、各有关专业科室对限额设计所负的责任。在设计开始前按照设计过程的不同阶段，将工程投资按专业进行分解，并分段考核，下段指标不得突破上段指标。对于突破成本控制指标的专业，应分析原因，及时修改设计方案。此外，要建立限额设计奖惩机制，设计单位在保证工程安全和不降低工程功能的前提下，采用新材料、新工艺、新设备、新方案而节约了投资的，应根据节约投资额的多少，对设计单位给予奖励；而对于因设计单位设计错误、漏项或扩大规模和提高标准而导致的工程静态投资超支，则要扣减相应比例的设计费。

5.2.3 设计概算的编制和审查

5.2.3.1 设计概算的概念及编制依据

设计概算是初步设计文件的重要组成部分，是在投资估算的控制下由设计单位根据初步设计或技术设计的图纸及说明、利用国家或地区颁发的概算定额（或概算指标）、各项费用定额或取费标准（指标）、设备材料预算价格等资料，按照设计要求，粗略地计算建筑物或构筑物造价的文件。采用两阶段设计的工程项目，初步设计阶段必须编制设计概算；采用三阶段设计的，技术设计阶段需编制修正概算。

设计概算的编制依据包括：

（1）国家发布的有关法律、法规、规章、规程等。

（2）批准的可行性研究报告及投资估算、设计图纸等有关资料。

（3）有关部门颁布的先行概算定额、概算指标、费用定额等和建设项目设计概算编制办法。

（4）有关部门发布的人工、设备材料价格信息、造价指数、调整系数等。

（5）有关的合同、协议等。

（6）其他的有关资料。

5.2.3.2 设计概算的内容

设计概算分为单位工程概算、单项工程综合概算和建设项目总概算三级，各级概算之间的关系如图 5-4 所示。

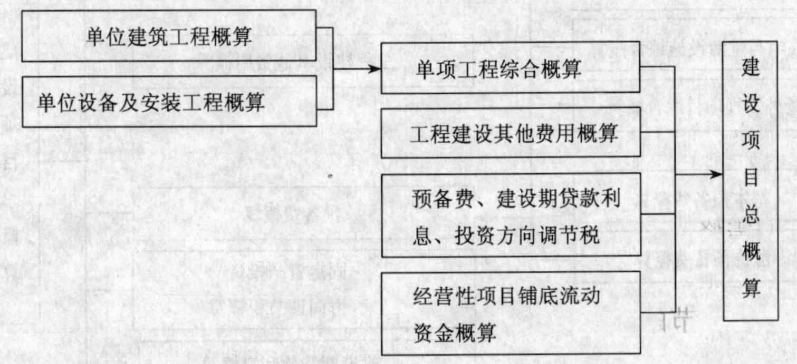

图 5-4 设计概算三级关系图

1. 单位工程概算

单位工程概算是确定各单位工程建设费用的文件，是编制单项工程综合概算的依据，也是单项工程综合概算的组成部分。单位工程概算按其工程性质可以分为建筑工程概算和设备及安装工程概算两大类。两类概算的内容如图 5-5 所示。

- 建筑工程概算
  - 单位建筑工程概算
    - 一般土建工程概算
    - 给排水工程、采暖工程概算
    - 通风、空调工程概算
    - 电气、照明工程概算
    - 弱电工程概算
    - 特殊构筑物工程概算
  - 单位设备及安装工程概算
    - 机械设备及安装工程概算
    - 电气设备及安装工程概算
    - 热力设备及安装工程概算
    - 工器具及生产家具购置费概算

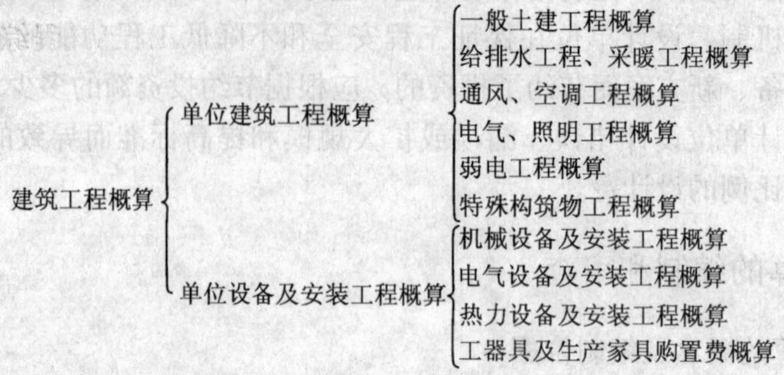

图 5-5　单位工程设计概算构成

2. 单项工程综合概算

单项工程综合概算是确定一个单项工程所需建设费用的文件，它是由单项工程中的各单位工程概算汇总编制而成的，是建设工程项目总概算的组成部分。单项工程综合概算的组成内容如图 5-6 所示。

- 单项工程综合概算
  - 建筑单位工程概算
  - 设备及安装单位工程概算
  - 单位工程其他费用概算

图 5-6　单项工程综合概算内容构成

3. 建设项目总概算

建设项目总概算是确定整个建设项目从筹建到竣工验收所需全部费用的文件，它由各单项工程综合概算、工程建设其他费用概算、预备费、建设期利息和投资方向调节税概算等汇总编制而成的。其组成内容如图 5-7 所示。

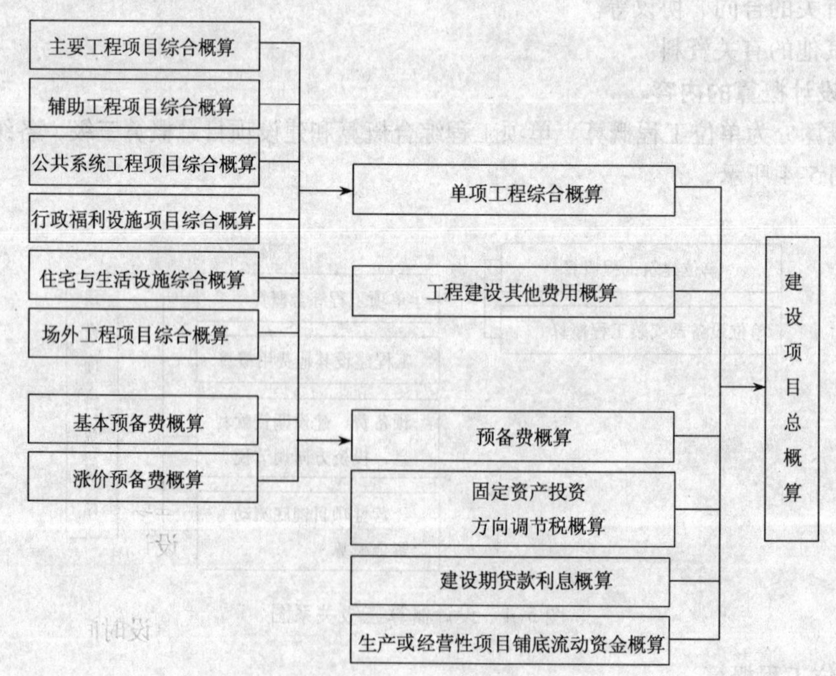

图 5-7　建设项目总概算构成内容

由此可以看出，若干个单位工程概算汇总后成为单项工程概算，若干个单项工程概算和其他工程费用、预备费、建设期利息等概算文件汇总成为工程项目总概算。单项工程概算和工程项目总概算仅是一种归纳、汇总性文件，因此，最基本的计算文件是单位工程概算书。工程项目若为一个独立的单项工程，则工程项目总概算书与单项工程综合概算书可合并编制。

5.2.3.3 设计概算的编制方法

1. 单位工程设计概算

单位工程设计概算可分为建筑工程概算和设备及安装工程概算两大类，建筑单位工程概算的编制方法一般有三种：概算定额法、概算指标法及类似工程预算法；设备及安装工程概算的编制方法一般有四种：预算单价法、扩大单价法、设备价值百分比法、综合吨位指标法。

（1）建筑单位工程概算的编制方法

1）概算定额法

又叫扩大单价法，是指采用概算定额、概算单价、有关的取费标准、价格资料等相关规定，计算编制建筑工程概算的方法。其计算步骤如下：

①列出单位工程中分项工程或扩大分项工程的项目名称，并计算其工程量。

②确定各分部分项工程项目的概算定额单价。

③计算分部分项工程的直接工程费，合计得到单位工程直接工程费总和。

④按照有关固定标准计算措施费，合计得到单位工程直接费。

⑤按照一定的取费标准计算间接费和利税。

⑥计算单位工程概算造价。

应用概算定额法时要求初步设计达到一定深度，建筑结构比较明确，能按照初步设计的平面、立面、剖面图纸计算出楼地面、墙身、门窗和屋面等概算定额子目所要求的扩大分项工程的工程量。

2）概算指标法

是指采用当地和有关权威机构公布的概算指标（一般是单位建筑面积的造价或单位建筑面积的人工、主要材料、施工机械的消耗量）计算出直接工程费，然后按照有关的取费标准计算出措施费、间接费、利润和税金，进而汇总得到的单位工程概算造价的编制方法。

概算指标法的适用范围是当初步设计深度不够，不能准确地计算出工程量，但工程设计是采用技术比较成熟而又有类似工程概算指标可以利用时，可采用该法。由于拟建工程往往与类似工程的概算指标的技术条件不尽相同，而且概算指标编制年份的设备、材料、人工等价格与拟建工程当时当地的价格也不会一样，因此，必须对其进行调整。

3）类似工程预算法

类似工程预算法是利用技术条件等与设计对象相类似的已完工程或在建工程的工程造价资料来编制拟建工程设计概算的方法。该方法适用于拟建工程初步设计与已完工程或在建工程的设计相类似，结构特征基本相同，且没有可用的概算指标的情况。使用该方法时，由于拟建工程与类似工程在结构、面积上的差异，以及由于建设地点或建设时间不同而引起的人工费标准、材料预算价格、机械台班使用费的差异，所以应用时需要对建筑结构差异和价差进行调整。

①建筑结构差异的调整。建筑结构差异调整方法与概算指标法的调整方法相同。即先确定有差别的项目，然后分别按每一项目算出结构构件的工程量和单位价格（按编制概算工程所在地区的单价），然后以类似预算中相应（有差别）的结构构件的工程量和单价为基础，算出总差价，将类似预算的直接工程费总额减去（或加上）这部分差价，就得到结构差异换算后的直接工程费，再取费得到结构差异换算后的造价。

②价差调整。类似工程造价的价差调整有两种方法：一是类似工程造价资料有具体的人工、材料、机械台班的用量时，可按类似工程造价资料中的主要材料用量、工日数量、机械台班用量乘以拟建工程所在地的主要材料预算价格、人工单价、机械台班单价，计算出直接工程费，再取费，即可得出所需的造价指标；二是类似工程造价资料只有人工、材料、机械台班费和其他费用时，可按相关公式进行调整。

（2）设备及安装工程概算的编制方法

设备及其安装工程概算包括设备购置费用概算和设备安装工程概算两部分，其中设备购置费是根据初步设计的设备清单，由设备原价和设备运杂费加总得到，其计算公式为

$$设备购置费=\sum（设备清单中的设备数量\times设备原价）\times（1+运杂费费率）$$

而设备安装工程概算的编制方法是根据初步设计的深度和明确的程度来确定，主要有以下四种方法：

1）预算单价法

当初步设计较深，且有详细的设备清单时，可采用预算单价法。预算单价法是指直接按照安装工程预算定额单价编制安装工程概算的编制方法，其概算编制程序基本上与安装工程施工图预算相同。该方法计算比较具体，因此精确度较高。

2）扩大单价法

当初步设计深度不够，设备清单不完备，如只有主体设备或仅有成套设备质量时，可采用扩大单价法。扩大单价法是指采用主体设备、成套设备的综合扩大安装单价来编制概算的方法。该方法的具体操作与利用概算指标法编制建设工程概算相类似。

3）设备价值百分比法

设备价值百分比法又叫安装设备百分比法。当初步设计深度不够，只有设备出厂价而无详细设备规格、质量时，安装费可按占设备费的百分比计算。其百分比值（即安装费率）由主管部门制定或由设计单位根据已完类似工程确定。该法常用于价格波动不大的定型产品和通用设备产品，其计算公式为：

$$设备安装费=设备原价\times安装费费率$$

4）综合吨位指标法

当初步设计提供的设备清单有规格和设备质量时，可采用综合吨位指标法。其综合吨位指标由主管部门或由设计院根据已完类似工程资料确定。该法常用于设备价格波动较大的非标准设备和引进设备的安装工程概算。计算公式为：

$$设备安装费=设备吨重\times每吨设备安装费指标（元/t）$$

2. 单项工程综合概算

单项工程综合概算是根据该单项工程所包括的各单位工程，以其所包含的建筑工程概算表和设备及安装概算表为基础进行综合、汇总编制的。

单项工程综合概算文件一般包括编制说明（不编制总概算时列入）和综合概算表（含

其所附的单位工程概算表和建筑材料表）两大部分。当工程项目只有一个单项工程时，单项工程综合概算（实为总概算）除包括上述两部分外，还应包括工程建设其他费用、建设期贷款利息、预备费和固定资产投资方向调节税的概算。

（1）编制说明。应列在综合概算表的前面，其内容为：

①工程概况。介绍单项工程的生产能力和工程概貌。

②编制依据。包括国家、地方及有关部门的规定，可行性研究报告，初步设计文件，现行的计价依据等。

③编制方法。说明编制概算是根据概算定额法，概算指标法，还是类似预算法。

④主要设备和材料的数量。说明主要机械设备、电气设备及主要建筑安装材料的数量。

⑤其他有关问题。

（2）综合概算表。综合概算表是根据单项工程所辖范围内的各单位工程概算等基础资料，按照国家或部委所规定的统一表格编制的。工业项目综合概算表由建筑工程和设备及安装工程两部分组成，民用工程项目综合概算表仅包括建筑工程一项。

3. 建设项目总概算

建设项目总概算是设计文件的重要组成部分，是确定整个建设项目从筹建到竣工交付使用所预计花费的全部费用的文件。它是由各单项工程综合概算、工程建设其他费用、建设期贷款利息、预备费、固定资产投资方向调节税和经营性项目的铺底流动资金所组成，并按照主管部门规定的统一表格进行编制而成的。

项目总概算概算文件一般应包括：封面及目录、编制说明、总概算表、工程建设其他费用概算表、单项工程综合概算表、单位工程概算表、工程量计算表、分年度投资汇总表与分年度资金流量汇总表、主要材料汇总表与工日数量表等。

（1）封面、签署页及目录。

（2）编制说明。编制说明应包括下列内容：

①工程概况。简述建设项目性质、特点、生产规模、建设周期、建设地点等主要情况。引进项目要说明引进内容以及与国内配套工程等主要情况。

②资金来源及投资方式。

③编制依据及编制原则。

④编制方法。说明设计概算是采用概算定额法，还是采用概算指标法等。

⑤投资分析。主要分析各项投资的比重、各专业投资的比重等经济指标。

⑥其他需要说明的问题。

（3）总概算表。总概算表应反映静态投资和动态投资两个部分。静态投资是按设计概算编制期价格、费率、利率、汇率等确定的投资；动态投资是指概算编制时期到竣工验收前考虑价格变化等多种因素所需的投资。

（4）工程建设其他费用概算表。

（5）单项工程综合概算表和建筑安装单位工程概算表。

（6）工程量计算表和人工、材料、机械数量汇总表。

（7）分年度投资汇总表和分年度资金流量汇总表。

总概算的编制方法如下：

①按总概算组成的顺序和各项费用的性质，将各个单项工程综合概算及其他工程和费用

概算汇总列入总概算表。

②将工程项目和费用名称及各项数值填入相应各栏内，然后按各栏分别汇总。

③以汇总后总额为基础，按取费标准计算预备费用、建设期利息、固定资产投资方向调节税、铺底流动资金。

④计算回收金额，回收金额是指在整个基本建设过程中所获得的各种收入，回收金额的计算方法，按地区主管部门的规定执行。

⑤计算总概算价值。总概算价值 = 第一部分费用 + 第二部分费用 + 预备费 + 建设期利息 + 固定资产投资方向调节税 + 铺底流动资金-回收金额。

⑥计算技术经济指标。整个项目的技术经济指标应选择有代表性并能说明投资效果的指标填列。

⑦投资分析。为对基本建设投资分配、构成等情况进行分析，应在总概算表中计算出各项工程和费用投资占总投资的比例，并在表的末栏计算出每项费用的投资占总投资的比例。

5.2.3.4 设计概算的审查

1. 设计概算审查的意义

(1) 有利于合理分配投资资金、加强投资计划管理，有利于合理确定和有效控制工程造价。设计概算偏高或偏低，不仅影响工程造价的控制，也会影响投资计划的真实性，影响投资资金的合理分配。

(2) 有利于促进概算编制单位严格执行国家有关概算的编制规定和费用标准，从而提高概算的编制质量。

(3) 有助于促进设计的技术先进性与经济合理性。概算中的技术经济指标是概算的综合反映，与同类工程对比，便可看出它的先进与合理程度。

(4) 有利于核定工程项目的投资规模，可以使工程项目总投资做到准确、完整，防止任意扩大投资规模或出现漏项，从而减少投资缺口、缩小概算与预算之间的差距，避免故意压低概算投资，搞“钓鱼”项目，最后导致实际造价大幅度地突破概算。

(5) 经审查的概算，为建设项目投资的落实提供了可靠的依据，从而有利于提高建设项目的投资效益。

2. 设计概算审查的内容

(1) 审查设计概算的编制依据

主要从以下三个方面进行：

①编制依据的合法性。采用的各种编制依据必须经过国家和授权机关的批准，符合国家的编制规定，未经批准的，不能采用。也不能强调情况特殊，擅自提高概算定额、指标或费用标准。

②编制依据的时效性。各种依据，如定额、指标、价格、取费标准等，都应根据国家有关部门的现行规定进行，注意有无调整和新的规定，如有，应按新的调整办法和规定执行。

③编制依据的适用范围。各种编制依据都有规定的适用范围，如各主管部门规定的各种专业定额及其取费标准，只适用于该部门的专业工程；各地区规定的各种定额及其取费标准，只适用于该地区范围内，特别是地区的材料预算价格区域性更强。如某市有该市区的材料预算价格，又编制了郊区内一个矿区的材料预算价格，在编制该矿区某工程概算时，应采用该矿区的材料预算价格。

(2) 审查概算编制深度

主要从以下三个方面进行：

①编制说明。审查编制说明可以检查概算的编制方法、深度和编制依据等重大原则问题，若编制说明有差错，具体概算必有差错。

②概算编制深度。一般大中型项目的设计概算，应有完整的编制说明和“三级概算”(即总概算表、单项工程综合概算表、单位工程概算表)，并按有关规定的深度进行编制。故应审查是否有符合规定的“三级概算”，各级概算的编制、校对、审核是否按规定签署，有无随意简化的情况。

③概算的编制范围。审查概算编制范围及具体内容是否与主管部门批准的建设工程项目范围及具体工程内容一致；分期建设项目的建设范围及具体工程内容有无重复交叉，是否重复计算或漏算；其他费用应列的项目是否符合规定，静态投资、动态投资和经营性项目铺底流资金是否分别列出等。

(3) 审查建设规模、标准

审查概算的投资规模、生产能力、设计标准、建设用地、建筑面积、主要设备、配套工程、设计定员等是否符合原批准可行性研究报告或立项批文的标准。如超过投资，可能增加，如概算总投资超过原批准投资估算10%以上，应进一步审查超估算的原因。

(4) 审查设备规格、数量和配置

工业建设项目设备投资比重大，一般占总投资的30%～50%，因此，要认真审查所选用的设备规格、台数是否与生产规模一致，材质、自动化程度有无提高标准，引进设备是否配套、合理，备用设备台数是否适当，消防、环保设备是否计算等；还要重点审查价格是否合理、是否符合有关规定，如国产设备应按当时询价资料或有关部门发布的出厂价、信息价，引进设备应依据询价或合同价编制概算。

(5) 审查工程费

建筑安装工程投资是随工程量增加而增加的，要认真审查。因此，要根据初步设计图纸、概算定额及工程量计算规则、专业设备材料表、建构筑物和总图运输一览表进行审查，审查有无多算、重算、漏算的情况。

(6) 审查计价指标

审查建筑工程采用工程所在地区的计价定额、费用定额、价格指数和有关人工、材料、机械台班单价是否符合现行规定；安装工程所采用的专业部门或地区定额是否符合工程所在地区的市场价格水平，概算指标调整系数、主材价格、人工、机械台班和辅材调整系数是否按当地最新规定执行；引进设备安装费率或计取标准、部分行业专业设备安装费率是否按有关规定计算等。

(7) 审查其他费用

工程建设其他费用投资约占项目总投资25%以上，必须认真逐项审查。包括费用项目是否按国家统一规定计列，具体费率或计取标准、部分行业专业设备安装费率是否按有关规定计算等。

3. 设计概算审查的方法

设计概算审查主要有以下方法：

(1) 对比分析法

主要是通过将建设规模、标准与立项批文对比；工程数量与设计图纸对比；综合范围、内容与编制方法、规定对比；各项取费与规定标准对比；材料、人工单价与统一信息对比；引进设备、技术投资与报价要求对比；技术经济指标与同类工程对比等，从而发现设计概算存在的主要问题和偏差。

(2) 查询核实法

查询核实法是对一些关键设备和设施、重要装置、引进工程图纸不全、难以核算的较大投资进行多方查询核对，逐项落实的方法。主要设备的市场价向设备供应部门或招标公司查询核实；重要生产装置、设施向同类企业（工程）查询了解；引进设备价格及有关费税向进出口公司调查落实；复杂的建安工程向同类工程的建设、承包、施工单位征求意见；深度不够或不清楚的问题直接同原概算编制人员、设计者询问清楚。

(3) 联合会审法

联合会审前，可先采取多种形式分头审查，包括设计单位自审，主管、建设、承包单位初审，工程造价咨询公司评审，邀请同行专家预审，审批部门复审等，经层层审查把关后，由有关单位和专家进行联合会审。在会审大会上，由设计单位介绍概算编制情况及有关问题，各有关单位、专家汇报初审、预审意见；然后进行认真分析、讨论、结合对各专业技术方案的审查意见所产生的投资增减，逐一核实原概算出现的问题，经过充分协商，认真听取设计单位意见后，实事求是地处理和调整。

通过以上复审后，对审查中发现的问题和偏差，按照单项、单位工程的顺序，先按设备费、安装费、建筑费和工程建设其他费用分类整理，然后按照静态投资、动态投资和铺底流动资金三大类，汇总核增或核减的项目及其投资额，最后将具体审核数据，按照“原编概算”、“审核结果”、“增减投资”、“增减幅度”四栏列表，并照原总概算表汇总顺序，将增减项目逐一列出，相应调整所属项目投资合计，再依次汇总审核后的总投资及增减投资额。对于差错较多、问题较大或不能满足要求的，责成按会审意见修改返工后，重新报批；对于无重大原则问题，深度基本满足要求、投资增减不多的，当场核定概算投资额，并提交审批部门复核后，正式下达审批概算。

5.2.4 施工图预算的编制

5.2.4.1 施工图预算的概念、作用及编制依据

施工图预算是施工图设计预算的简称，又称设计预算。它是由设计单位在施工图设计完成后，根据施工图设计图纸、现行预算定额、工程建设费用定额以及工程所在地区设备、材料、人工、施工机械等预算价格编制和确定的建筑安装工程造价的文件。

施工图预算的作用主要有：

(1) 是设计阶段控制工程造价的重要环节，是控制施工图设计不突破设计概算的重要措施。

(2) 是编制或调整固定资产投资计划的依据。

(3) 对于实行施工图招标的工程，施工图预算是编制标底的依据，也是投标企业投标报价的基础。

(4) 对于不宜实行招标，采用施工图预算加调整价结算的工程，施工图预算可以作为确定合同价款的基础。

施工图预算的编制依据主要包括以下方面：

（1）施工图纸、说明书和标准图集。经审定的施工图纸、说明书和标准图集，完整地反映了工程的具体内容、各部分的具体做法、结构尺寸、技术特征以及施工方法，是编制施工图预算的重要依据。

（2）施工组织设计或施工方案。它包括了与编制施工图预算必不可少的有关资料，如建设地点的土质、地质情况、土石方开挖的施工方法及特殊机械设备的安装方案等。

（3）现行预算定额及单位估价表。国家和地区颁发的现行建筑、安装工程预算定额及单位估价表，是编制施工图预算时确定分项工程单价，计算工程直接费，确定人工、材料和机械台班等实物消耗量的主要依据。

（4）建筑安装工程费用定额。

（5）工程建设主管部门颁发的文件或规定。目前，各地区的定额或工程造价管理部门根据市场价格变化情况和国家宏观经济政策的要求，定期发布的人工、材料、设备、机械价格信息和有关配套的计价文件，都是预算编制的基础。

（6）预算工作手册及有关工具书。

5.2.4.2　施工图预算的内容

施工图预算有单位工程预算、单项工程预算和建设项目总预算。单位工程预算是根据施工图设计文件、现行预算定额，费用标准以及人工、材料、设备、机械台班等预算价格资料，以一定的方法，编制单位工程的施工图预算，汇总所有各单位工程施工图预算，成为单项工程施工图预算，再汇总所有各单项工程施工图预算，便是一个建设项目建筑安装工程的总预算。其中，单位工程预算包括建筑工程预算和设备安装工程预算。

建筑工程预算按其工程性质分为：一般土建工程预算、卫生工程预算（包括室内外给排水工程、采暖通风工程、煤气工程等）、电气照明工程预算、特殊构筑物（如炉窑、烟囱、水塔等）工程预算和工业管道工程预算等。设备安装工程预算可以分为：机械设备安装工程预算、电气设备安装工程预算和化工设备、热力设备安装工程预算等。

5.2.4.3　施工图预算的编制方法

1. 单价法编制施工图预算

单价法是用事先编制好的分项工程的单位估价表来编制施工图预算的方法。按施工图计算的各分项工程的工程量，并乘以相应单价，汇总相加，得到单位工程的人工费、材料费、机械使用费之和，再加上按规定程序计算出来的措施费、间接费、利润和税金，便可得出单位工程的施工图预算造价。

单价法编制施工图预算的计算公式表述为：

$$\text{单位工程预算直接工程费} = \sum(\text{工程量} \times \text{预算定额单价})$$

2. 实物法编制施工图预算

首先根据施工图纸分别计算出分项工程量，然后套用相应预算人工、材料、机械台班的定额用量，再分别乘以工程所在地当时的人工、材料、机械台班的实际单价，求出单位工程的人工费、材料费和施工机械使用费，并汇总求和，进而求得直接工程费，最后按规定计取其他各项费用，汇总就可得出单位工程施工图预算造价。

实物法与单价法相比，主要是预算人工、材料和机械使用费的算法不同。在实物法中，预算人工、材料、机械使用费的计算步骤是：

(1) 工程量计算出来后，套用定额规定的预算人工、材料、机械台班的定额用量。

(2) 求出各分项工程人工、材料、机械台班的消耗数量，并汇总单位工程所需各类人工、材料、机械台班的消耗量，其中各分项工程的预算消耗量是用该分项工程的工程量分别乘以预算定额人工用量、预算定额材料用量和预算定额机械台班用量而求出的。

(3) 用当时当地的各类人工、材料、机械台班的实际价格分别乘以相应的消耗量，然后汇总，便得到单位工程的人工费、材料费和机械使用费。

本章小结

本章包括决策阶段与设计阶段的造价管理两部分内容。

决策阶段造价管理部分，首先分析了项目决策对工程造价的影响及决策阶段影响工程造价的因素；在介绍了投资估算的阶段划分及精度要求、投资估算的内容及编制依据的基础上，重点介绍了投资估算的计算方法；在介绍了财务评价内容、指标体系、评价程序基础上，重点介绍了财务评价指标的计算及财务评价基本报表的编制；最后介绍了国民经济评价范围、评价步骤、评价报表、评价指标及评价参数。

设计阶段造价管理部分，从民用建筑设计和工业建筑设计两个方面分析了设计阶段对工程造价的影响，介绍了设计概算及施工图预算的编制和审查，其中重点介绍了建筑工程和设备安装工程设计概算的编制方法、施工图预算的编制方法。

思考题

1. 项目投资决策与工程造价有什么关系？
2. 投资决策阶段影响工程造价的因素主要有哪些？
3. 简述投资估算的阶段划分及精度要求。
4. 固定资产投资估算的计算方法有哪些？
5. 流动资金的估算方法有哪些？
6. 财务评价应该包括哪些内容？
7. 简述财务评价指标包括哪些？应如何计算？
8. 简述财务评价的基本报表有哪些？如何编制？
9. 简述国民经济评价报表及评价指标。
10. 设计阶段影响工程造价的因素主要有哪些？
11. 简述单位工程概算、单项工程综合概算和建设项目总概算分别包括哪些内容？
12. 建筑单位工程概算的编制方法有哪些？分别予以说明。
13. 施工图预算的编制方法有哪些？分别予以说明。

第6章　招标投标阶段造价管理

【本章提要】　本章对建设项目招标投标阶段造价管理工作进行介绍。主要内容包括：建设项目招标投标的概念、性质、范围、种类、方式与程序，以及招标投标阶段工程造价管理的内容；建设项目施工招标投标应具备的条件、招标文件的组成、施工投标应满足的基本要求及程序，施工招标标底的编制依据和程序，以及施工招标标底的概念、编制原则和依据、编制程序和方法与标底审查等；建设项目施工投标报价编制原则和依据、施工投标报价编制方法和程序，以及确定投标报价的策略和投标担保方式等；建设项目工程评标的程序和方法；建设项目确定工程合同价款的方式，施工合同签订格式的选择及注意事项，以及不同计价模式对合同价和合同签订的影响等。设备与材料采购的招标投标方式、招标投标文件的编制、评标，以及合同价款的确定等。

【关键词】　建设项目　招标标底　投标报价　评标　合同价　设备与材料采购

6.1　建设项目招标投标概述

6.1.1　招标投标的概念和性质

6.1.1.1　招标投标的概念

建设工程招标是指招标人（或招标单位）在发包建设项目之前，以公告或邀请书的形式提出招标项目的有关要求，公布招标条件，投标人（或投标单位）根据招标人的意图和要求提出报价，择日当场开标，以便从中择优选定中标人的一种经济活动。

建设工程投标是工程招标的对称概念，指具有合法资格和能力的投标人（或投标单位）根据招标条件，经过初步研究和估算，在指定期限内填写标书，根据实际情况提出自己的报价，并等候开标，决定能否中标的经济活动。

从法律意义上讲，建设工程招标一般是建设单位（或业主）就拟建的工程发布通告，用法定方式吸引建设项目的承包单位参加竞争，进而通过法定程序从中选择条件优越者来完成工程建设任务的法律行为。建设工程投标一般是经过特定审查而获得投标资格的建设项目承包单位，按照招标文件的要求，在规定的时间内向招标单位填报投标书，并争取中标的法律行为。

6.1.1.2　招标投标的性质

我国法学界一般认为，建设工程招标是要约邀请，而投标是要约，中标通知书是承诺。我国《合同法》也明确规定，招标公告是要约邀请。也就是说，招标实际上是邀请投标人对其提出要约（即报价），属于要约邀请。投标则是一种要约，它符合要约的所有条件，具有缔结合同的主观目的；一旦中标，投标人就受投标书的约束；投标书的内容具有足以使合同成立的主要条件等。招标人向中标的投标人发出的中标通知书，则是招标人同意接受中标的投标人的投标条件，即同意接受该投标人的要约的意思的表示，应属于承诺。

6.1.1.3 招标投标的意义和内容

实行建设项目的招标投标是我国建筑市场趋向规范化、完善化的重要举措，对于择优选择承包单位、全面降低工程造价，进而使工程造价得到合理有效的控制，具有十分重要的意义。具体表现在：

(1) 实行建设项目的招标投标基本形成了由市场定价的价格机制，使工程价格更加趋于合理。其最明显的表现是若干投标人之间出现激烈竞争（相互竞标），这种市场竞争最直接、最集中的表现就是在价格上的竞争。通过竞争确定出工程价格，使其趋于合理或下降，这将有利于节约投资、提高投资效益。

(2) 实行建设项目的招标投标能够不断降低社会平均劳动消耗水平，使工程价格得到有效控制。在建筑市场中，不同投标者的个别劳动消耗水平是有差异的。通过推行招标投标，最终是那些个别劳动消耗水平最低或接近最低的投标者获胜，这样便实现了生产力资源较优配置，也对不同投标者实行了优胜劣汰。面对激烈竞争的压力，为了自身的生存与发展，每个投标者都必须切实在降低自己个别劳动消耗水平上下工夫，这样将逐步而全面地降低社会平均劳动消耗水平，使工程价格更为合理。

(3) 实行建设项目的招标投标便于供求双方更好地相互选择，使工程价格更加符合价值基础，进而更好地控制工程造价。由于供求双方各自出发点不同，存在利益矛盾，因而单纯采用“一对一”的选择方式，成功的可能性较小。采用招标投标方式就为供求双方在较大范围内进行相互选择创造了条件，为需求者（如建设单位、业主）与供给者（如勘察设计单位、施工企业）在最佳点上结合提供了可能。需求者对供给者选择的基本出发点是“择优选择”，即选择那些报价较低、工期较短、具有良好业绩和管理水平的供给者，这样即为合理控制工程造价奠定了基础。

(4) 实行建设项目的招标投标有利于规范价格行为，使公开、公平、公正的原则得以贯彻。我国招标投标活动有特定的机构进行管理，有严格的程序必须遵循，有高素质的专家支持系统、工程技术人员的群体评估与决策，能够避免盲目、过度的竞争和营私舞弊现象的发生，对建筑领域中的腐败现象也是强有力的遏制，使价格形成过程变得透明而较为规范。

(5) 实行建设项目的招标投标能够减少交易费用，节省人力、物力、财力，进而使工程造价有所降低。我国目前从招标、投标、开标、评标直至定标，均在统一的建筑市场中进行，并有较完善的一些法律、法规规定，已进入制度化操作。招标投标中，若干投标人在同一时间、地点报价竞争，在专家支持系统的评估下，以群体决策方式确定中标者，必然减少交易过程的费用，这本身就意味招标人收益的增加，对工程造价必然产生积极的影响。

建设项目招标投标活动包含的内容十分广泛，具体说包括建设项目强制招标的范围、建设项目招标的种类方式、建设项目招标的程序、建设项目招标投标文件的编制、标底编制与审查、投标报价以及开标、评标、定标等。所有这些环节的工作均应按照国家相关法律、法规规定认真执行并落实。

6.1.1.4 建设项目招标投标的理论基础

建设项目的招标投标是运用于建设项目交易的一种方式。它的特点是由固定买主设定包括商品质量、价格、工期为主的标的，邀请若干卖主通过秘密报价竞争，由买主选择优胜者后，与其达成交易协议，签订工程承包合同，然后按合同实现标的的竞争过程。

1. 竞争机制

竞争是商品经济的普遍规律。竞争的结果是优胜劣汰，竞争机制不断促进企业经济效益的提高，从而推动本行业乃至整个社会生产力的不断发展。

建设项目招标投标制体现了商品供给者之间的竞争是建设市场承包商主体之间的竞争。为了争夺和占领有限的市场份额，在竞争中处于不败之地，这就促使投标者力图从质量、价格、交货期限等方面提高自己的竞争能力，尽可能地将其他投资者挤出市场。因而，这种竞争的实质上是投标者之间的经营实力、科学技术、商品质量、服务质量、经营理念、合理价格、投标策略等方面的竞争。

2. 供求机制

供求机制是市场经济的主要经济规律。供求规律在提高经济效益和保障社会生产平衡发展方面起到了积极的作用。实行建设工程项目招标投标是利用供求规律解决建筑商品供求问题的一种方式。利用这种方式，必须建立供略大于求的买方市场，使建筑商品招标者在市场上处于有利地位，对商品或商品生产者有较充裕的选择范围。其特点表现为：招标者需要什么，投标者就生产什么；需要多少就生产多少；需要何种质量，就按什么质量等级生产。

实行建设项目招标投标制的买方市场，是招标者导向的市场。其主要表现为，商品的价格由市场价值决定。因而，投标者必须采用先进的技术、管理手段和管理方法，努力降低成本，以较低的报价中标，并能够获得较好的经济效益。另外，在买方市场条件下，由于招标者对投标者有充分的选择余地，市场能为投标者提供广泛的需求信息，从而对投标者的经营活动起到导向作用。

3. 价格机制

实行招标投标的建设项目，同样受到价格机制的作用。其表现为：以本行业的社会必要劳动量为指导，制定合理的标底价格，能通过招标选择报价合理、社会信誉高的投标者为中标单位，完成商品交易活动。因此，由于价格竞争成为重要内容，生产同种建筑产品的投资者，为了提高中标率，必然会自觉运用价值规律，使报价低而合理并取胜。

6.1.2 招标投标的范围、种类与方式

6.1.2.1 建设项目招标投标的范围

我国《招标投标法》指出，凡在中华人民共和国境内进行下列工程建设项目，包括项目的勘察、设计、施工、监理以及与工程建设有关的重要设备、材料等的采购，必须进行招标。一般包括：

（1）大型基础设施、公用事业等关系社会公共利益、公众安全的项目。

（2）全部或者部分使用国有资产投资或者国家融资的项目。

（3）使用国际组织或者外国政府贷款、援助资金的项目。

建设项目的勘察、设计，采用特定专利或者专有技术的，或者其建筑艺术造型有特殊要求的，经项目主管部门批准，可以不进行招标。

原建设部第89号令《房屋建筑和市政基础设施工程施工招标投标管理办法》中规定，对于设计国家安全、国家秘密、抢险救灾或者属于利用扶贫资金以工代赈、需要使用农民工等特殊情况，不适宜进行招标的项目，按照国家有关规定可以不进行招标。

依法必须进行招标的项目，全部使用国有资金投资或国有资金投资占控股或主导地位的，应当公开招标。凡按照规定应该招标的工程不进行招标、应该公开招标的工程不公开招标的，招标单位确定的承包单位一律无效，并依法追究其法律责任。

6.1.2.2　建设项目招标投标的种类

1. 建设项目总承包招标投标

建设项目总承包招标投标又称建设项目全过程招标投标，在国外称之为“交钥匙”承包方式。它是指从项目建议书开始，包括可行性研究报告、勘察设计、设备材料询价与采购、工程施工、生产准备、投料试车，直到竣工投产、交付使用全面实行招标。工程总承包企业根据建设单位提出的工程要求，对项目建议书、可行性研究、勘察设计、设备询价与选购、材料订货、工程施工、职工培训、试生产、竣工投产等进行全面投标报价。

2. 建设工程勘察招标投标

建设工程勘察招标投标是指招标人就拟建工程的勘察任务发布通告，以法定方式吸引勘察单位参加竞争，经招标人审查获得投标资格的勘察单位按照招标文件的要求，在规定时间内向招标人填报投标书，招标人从中选择优越者完成勘察任务。

3. 建设工程设计招标投标

建设工程设计招标投标是指招标人就拟建工程项目的设计任务发布通告，以吸引设计单位参加竞争，经招标人审查获得投标资格的设计单位按照招标文件的要求，在规定的时间内向招标人填报标书，招标人择优选定中标单位来完成设计任务。设计招标一般是设计方案招标，工业项目可进行可行性研究方案招标。

4. 建设工程施工招标投标

建设工程施工招标投标是指招标人就拟建的工程发布公告或者邀请，以法定方式吸引建筑施工企业参加竞争，招标人从中选择优越者完成建筑施工任务。施工招标可分为全部工程招标、单项工程招标和专业工程招标。

5. 建设工程监理招标投标

建设工程监理招标投标是指招标人就拟建工程的监理任务发布公告或者邀请，以法定方式吸引工程监理单位参加竞争，招标人从中选择优越者完成监理任务。

6. 建设工程材料设备招标投标

建设工程材料设备招标投标是指招标人就拟购买的材料设备发布公告或者邀请，以法定方式吸引材料设备供应商参加竞争，招标人从中选择条件优越者购买其材料设备的法律行为。

6.1.2.3　建设工程招标投标的方式

从竞争程度进行分类，可以分为公开招标和邀请招标，这是我国《招标投标法》所规定的一种主要分类。

1. 公开招标

公开招标又称为无限竞争招标，是由招标单位通过报刊、广播、电视等公共传播媒体介绍、发布招标公告或信息，有意的承包商均可参加资格审查，合格的承包商可购买招标文件参加投标的招标方式。公开招标的优点是招标人有较大的选择范围，可在众多的投标人中选定报价合理、工期较短、信誉良好的承包商，有助于打破垄断，实行公平竞争。

2. 邀请招标

邀请招标又称为有限竞争性招标，是指招标人不发布广告，而是根据自己的经验和所掌握的信息资料，向三个以上（含三个）具备承担招标项目的能力、资信良好的特定的法人或者其他组织发出投标邀请书，收到邀请书的单位才有资格参加投标。邀请招标虽然也能够邀请到有经验和资信可靠的投资者投标，保证履行合同，但限制了竞争范围，可能会失去技术上和报价上有竞争力的投标者。因此，在我国建设市场中应大力推行公开招标。

无论公开招标还是邀请招标都必须按规定的招标程序完成，一般是事先制订统一的招标文件，投标均按招标文件的规定进行。

6.1.3 招标投标程序

6.1.3.1 招标活动的准备工作

项目招标前，招标人应当办理相关的审批手续、确定招标方式及划分标段等工作。

一般在以下几种情况下才可以采用邀请招标方式：

（1）因技术复杂、专业性强或者其他特殊要求等原因，只有少数几家潜在投标人可以选择的。

（2）采购规模小，为合理减少采购费用和采购时间而不适宜公开招标的。

（3）法律或者国务院规定的其他不适宜公开招标的情形。

一般情况下，一个项目应当作为一个整体进行招标。但是，对于大型项目，作为一个整体进行招标将大大降低招标的竞争性，因为符合招标条件的潜在投标人数量太少，这样就应当将招标项目划分为若干个标段分别进行招标。如建设项目的施工招标，一般可以将一个项目分解为单位工程及特殊专业工程分别招标。

6.1.3.2 招标公告和投标邀请书的编制与发布

在采用公开招标时，招标人通过一定的媒介向所有潜在的投标人发出公开的通告。如采用邀请招标，招标人则应向三个以上具备承担招标项目的能力、资信良好的工程承包机构发出参加投标的邀请。

6.1.3.3 资格预审

招标人在招标开始之前或开始初期，对申请参加投标的潜在投标人进行资质条件、业绩、信誉、技术、资金等多方面情况进行资格审查。资格预审的目的是为了排除那些不合格的投标人，进而降低招标人的采购成本，提高招标工作的效率。

6.1.3.4 编制和发售招标文件

按照我国《招标投标法》的规定，招标文件应当包括招标项目的技术要求，对投标人资格审查的标准、投标报价要求和评标标准等所有实质性要求和条件，以及拟签合同的主要条款。建设工程招标文件是由招标单位或其委托的咨询机构编制发布的，它既是投标单位编制投标文件的依据，也是招标单位与将来中标单位签订工程承包合同的基础，招标文件中提出的各项要求，对整个招标工作乃至承发包双方都有约束力。建设工程招标投标分为许多不同种类，每个种类的招标文件编制内容及要求不尽相同。

6.1.3.5 勘察现场与召开投标预备会

由于设计图和工程量清单等招标文件不能完全反映出建筑工程的造价，施工现场的水文、地质条件，周围建筑物、环境、交通等相关条件以及施工用水、用电、人员食宿等条件都影响工程的造价，所以招标人除应将已获取的现场水文、地质及环境方面的相关数据交付投标人之外，还应安排所有的投标人在投标预备会之前进行现场踏勘，使投标人充分评估可能对工程费用产生影响的各种因素，以保证投标报价的充分性。

投标人对招标文件、设计图、相关技术资料及现场踏勘的结果提出的疑问和问题，招标人可通过向所有投标人颁发招标文件补遗或召开投标预备会的方式进行解答。上述两种解答均应采用书面形式，而这些补充文件将成为招标人与中标承包商签署的工程承包合同的一部分。

6.1.3.6 建设项目投标

投标人通过调查研究、收集投标信息和资料，对招标文件提出的实质性要求和条件作出响应，按照招标文件的要求编制投标文件，并在招标文件要求提交投标文件的截止时间前，将投标文件送达投标地点。招标人收到投标文件后，应当签收保存，不得开启。投标人少于三个，招标人应当依照本法重新招标。

6.1.3.7 开标、评标和定标

在建设项目招标投标中，开标、评标和定标是招标程序中极为重要的环节。只有作出客观、公正的评标、定标，才能最终选择最合适的承包商，从而顺利进入到建设项目的实施阶段。我国《招标投标法》以及原建设部89号令《房屋建筑和市政基础设施工程施工招标投标管理办法》中，对于开标的时间和地点、出席开标会议的一系列规定、开标的顺序及无效标等，对于评标原则和评标委员会的组建、评标顺序和方法，对于定标的条件与做法，均作出了明确而清晰的规定。

6.1.4 招标投标阶段工程造价管理的内容

6.1.4.1 发包人选择合理的招标方式

我国《招标投标法》允许的招标方式有公开招标和邀请招标。邀请招标一般只适用于国家投资的特殊项目和非国有经济的项目，公开招标方式是能够体现公开、公正、公平原则的最佳招标方式。选择合理的招标方式是合理确定工程合同价款的基础。

6.1.4.2 发包人选择合理的承包模式

常见的承包模式包括总分包模式、平行承包模式、联合体承包模式和合作承包模式。不同的承包模式适用于不同类型的工程项目，对工程造价的控制也体现出不同的作用。

（1）总分包模式的总包合同价可以较早确定，业主可以承担较少的风险。对总承包商而言，责任重，风险大，获得高额利润的潜力也比较大。

（2）平行承包模式的总合同价不易短期确定，从而影响工程造价控制的实施。工程招标任务量大，需控制多项合同价格，从而增加了工程造价控制的难度。但对于大型复杂工程，如若分别招标，可参与竞争的投标人增多，业主就能够获得具有竞争性的商业报价。

（3）联合体承包对业主而言，合同结构简单，有利于工程造价的控制，对联合体而言，可以集中各成员单位在资金、技术和管理等方面的优势，增强抗风险能力。

（4）合作承包模式与联合体承包模式相比，业主的风险较大，合作各方之间信任度不够。

6.1.4.3 发包人编制招标文件，确定合理的工程计量方法和投标报价方法，确定招标工程标底

建设工程项目的发包数量、合同类型和招标方式一经批准确定以后，即应编制为招标服

务的有关文件。工程计量方法和报价方法的不同，会产生不同的合同价格，因而在招标前，应选择有利于降低工程造价和便于合同管理的工程计量方法和报价方法。编制标底是建设工程项目招标前的另一项重要工作，而且是较复杂和细致的工作。标底的编制应当实事求是，综合考虑和体现发包人和承包人的利益。没有合理的标底可能会导致工程招标的失误，达不到降低建设投资、缩短建设工期、保证工程质量、择优选用工程承包人的目的。

6.1.4.4 承包人编制投标文件，合理确定投标报价

拟投标招标工程的承包人在通过资格审查后，根据获取的招标文件，编制投标文件并对其作出实质性响应。在核实工程量的基础上依据企业定额进行工程报价，然后再广泛了解潜在竞争者及工程情况和企业情况的基础上，运用投标技巧和正确的策略来确定最后报价。

6.1.4.5 发包人选择合理的评标方式进行评标，在正式确定中标单位之前，对潜在中标单位进行询标

评标过程中使用的方法很多，不同的计价方式对应不同的评标方法，选择正确的评标方法有助于科学地选择承包人。在正式确定中标单位之前，一般都应对得分最高的1~2家潜在中标单位的标函进行质询，旨在对投标函中有意或无意的不明和笔误之处作进一步明确或纠正。尤其是当投标人对施工图计量的遗漏、对定额套用的错项、对工料机市场价格不熟悉所引起的失误，以及对其他规避招标文件有关要求的投机取巧行为进行剖析，以确保发包人和潜在中标人等各方的利益都不受损害。

6.1.4.6 发包人通过评标定标，选择中标单位，签订承包合同

评标委员会依据评标规则，对投标人评分并排名，向业主推荐中标人，并以中标人的报价作为承包价。合同的形式应在招标文件中确定，并在投标函中作出响应。目前，建筑工程合同格式一般有三种：参考FIDIC合同格式订立的合同；按照国家工商部门和原建设部推荐的《工程建设项目合同示范文本》格式订立的合同；由建设单位和施工单位协商订立的合同。不同的合同格式适用于不同类型的工程，正确选用合适的合同类型是保证合同顺利执行的基础。

6.2 建设项目施工招标与标底的编制

6.2.1 施工招标投标概述

施工招标是指招标单位的施工任务发包，鼓励施工企业投标竞争，从中选出技术能力强、管理水平高、信誉可靠且报价合理的承建单位，并以签订合同的方式约束双方在施工过程中行为的经济活动。施工招标的最明显特点是发包工作内容明确、具体，各投标人编制的投标书在评标中易于横向对比。虽然投标人是按招标文件的工程量表中既定的工作内容和工程量编标报价的，但投标实际上是各施工单位完成该项目任务的技术、经济、管理等综合能力的竞争。

6.2.1.1 施工招标单位组织招标应具备的条件

（1）是法人或依法成立的其他组织。

（2）有与招标工程相适应的经济、技术管理人员。

（3）有组织编写招标文件的能力。

(4) 有审查投标单位资质的能力。

(5) 有组织开标、评标、定标的能力。

不具备上述条件的建设单位，须委托具有相应资质的中介机构代理招标，建设单位与中介机构签订委托代理招标的协议，并报招标管理机构备案。

6.2.1.2　施工招标应具备的条件

(1) 概算已经被批准，建设项目已正式列入国家、部门或地方的年度固定资产投资计划。

(2) 按照国家规定需要履行项目审批手续的，已经履行审批手续。

(3) 建设用地的征用工作已经完成。

(4) 工程资金或者资金来源已经落实。

(5) 有满足施工招标需要的设计文件及其他技术资料。

(6) 已经建设项目所在地规划部门批准，施工现场的“三通一平”已经完成或一并列入施工招标范围。

(7) 法律、法规、规章规定的其他条件均已满足。

6.2.1.3　施工招标文件

我国《招标投标法》规定，招标人应当根据招标项目的特点和需要编制招标文件。招标文件应当包括招标项目的技术要求、对投标人资格审查的标准、投标报价要求和评标标准等所有实质性要求和条件，以及拟签订合同的主要条款。国家对招标项目的技术、标准有规定，招标人应当按照其规定在招标文件中提出相应要求。

施工招标文件所包括的内容有:

(1) 投标须知。

(2) 招标工程的技术要求和设计文件。

(3) 采用工程量清单招标的，应当提供工程量清单。

(4) 投标函的格式及附录。

(5) 拟签订合同的主要条款。

(6) 要求投标人提交的其他资料。

6.2.1.4　施工投标单位应具备的基本条件

(1) 投标人应当具备与投标项目相适应的技术力量、机械设备、人员、资金等方面的能力，具有承担该项招标项目的能力。

(2) 具有招标条件要求的资质等级，并为独立的法人单位。

(3) 承担过类似项目的相关工作，并有良好的工作业绩与履约记录。

(4) 企业财产状况良好，没有处于财产被接管、破产或其他关、停、并、转状态。

(5) 在最近3年没有骗取合同及其他经济方面的严重违法行为。

(6) 近几年有较好的安全记录，投标当年没有发生重大质量和特大安全事故。

6.2.1.5　施工投标应满足的基本要求与程序

施工投标人是响应招标、参加投标竞争的法人或者其他组织，投标人除应具备承担招标项目的施工能力外，其投标本身应满足下列基本要求。

(1) 投标人应当按照招标文件的要求编制投标文件，投标文件应当对招标文件提出的要求和条件作出实质性响应。

（2）投标人应当在招标文件所要求提交投标文件的截止时间前，将投标文件送达投标地点。

（3）投标人在招标文件要求提交投标文件的截止时间前，可以补充、修改或者撤回已提交的投标文件，并书面通知招标人。其补充、修改的内容作为投标文件的组成部分。

（4）投标人根据招标文件载明的项目实际情况，拟在中标后将中标项目的部分非主体、非关键性工作交由他人完成的，应当在投标文件中载明。

（5）两个以上法人或者其他组织可以组成一个联合体，以一个投标人的身份共同投标。联合体各方均应当具备承担招标项目的相应能力；国家有关规定或者招标文件对投标人资格条件是有规定的，联合体各方均应当具备规定的相应资格条件。

由同一专业的单位组成的联合体，按照资质等级较低的单位确定资质等级。联合体各方应当签订共同投标协议，明确约定各方拟承担的工作和相应的责任，并将共同投标协议连同投标文件一并提交招标人。联合体中标的联合体各方应当共同与招标人签订合同，就中标项目向招标人承担连带责任，但是共同投标协议另有约定的除外。

招标人不得强制投标人组成联合体共同投标，不得限制投标人之间的竞争。

（6）投标人不得相互串通投标报价，不得排挤其他投标人的公平竞争，损害招标人或者他人的合法权益。

（7）投标人不得以低于合理成本的报价竞标，也不得以他人名义投标或者以其他方式弄虚作假，骗取中标。

6.2.2 施工招标标底的编制与审查

6.2.2.1 标底的概念

标底是指招标人根据招标项目的具体情况，编制的完成招标项目所需的全部费用，是根据国家规定的计价依据和计价办法计算出来的工程造价，是招标人对建设工程的期望价格。标底由成本、利润、税金等组成，一般应控制在批准的总概算及投资包干限额内。

招标人可根据工程的实际情况决定是否编制标底。一般情况下，即使采用无标底方式招标，招标人也须对工程的建造费用事先进行估计，以便心中有数。

标底对招标人控制工程造价具有重要作用：

（1）标底是招标人控制建设工程投资，确定工程合同价格的参考依据。

（2）标底价格是衡量、评审投标人投标报价是否合理的尺度和依据。

因此，标底必须以严肃认真的态度和科学合理的方法进行编制，应当实事求是，综合考虑和体现发包方和承包方的利益，编制切实可行的标底，真正发挥标底价格的作用。

6.2.2.2 标底的编制原则

（1）根据国家公布的统一工程项目划分、统一计量单位、统一计算规则及施工图纸、招标文件，并参照国家、行业或地方批准发布的定额和国家、行业、地方规定的技术标准规范，以及要素市场价格确定的工程量编制标底。

（2）按工程项目类别计价。

（3）标底作为建设单位的期望价格，应力求与市场的实际变化吻合，要有利于竞争和保证工程质量。

（4）标底应由直接费、间接费、利润、税金等组成，一般应控制在批准的总概算（或修正概算）及投资包干的限额内。

（5）标底应考虑人工、材料、设备、机械台班等价格变化因素，还应包括不可预见费（特殊情况）、预算包干费、措施费（赶工措施费、施工技术措施费）、现场因素费用、保险以及采用固定价格的工程的风险金等。工程要求优良的还应增加相应费用。

（6）一个工程只能编制一个标底。

（7）标底编制完成，直至开标时，所有接触过标底价格的人员均负有保密责任，不得泄露。

6.2.2.3　标底价格的编制依据

（1）国家的有关法律、法规以及国务院和省、自治区、直辖市人民政府建设行政主管部门制定的有关工程造价的文件和规定。

（2）工程招标文件中确定的计价依据和计价方法，招标文件的商务条款，包括合同条件规定由工程承包方应承担义务而可能发生的费用，以及招标文件的澄清、答疑等补充文件和资料。在标底价格计算时，计算口径和取费内容必须与招标文件中有关取费等的要求一致。

（3）工程设计文件、图纸、技术说明及招标时的设计交底，按设计图纸确定的或招标人提供的工程量清单等相关基础资料。

（4）国家、行业、地方的工程建设标准，包括建设工程施工必须执行的建设技术标准、规范和规程。

（5）采用施工组织设计、施工方案、施工技术措施等。

（6）工程施工现场地质、水文勘探资料，现场环境和条件及反映相应情况的有关资料。

（7）招标时的人工、材料、设备及施工机械台班等要素市场价格信息，以及国家或地方有关政策性调价文件的规定。

6.2.2.4　标底的编制程序

当招标文件的商务条款一经确定，即可进入标底编制阶段。工程标底的编制程序如下：

（1）确定标底的编制单位。标底由招标单位自行编制或委托经建设行政主管部门批准的具有编制标底资格和能力的中介机构代理编制。

（2）收集编制资料，包括：

①全套施工图纸及现场地质、水文、地上情况的有关资料。

②招标文件。

③领取标底价格计算书、报审的有关表格。

（3）参加交底会，进行现场勘察。标底编审人员均应参加施工图交底、施工方案交底以及现场勘察、招标预备会，便于标底的编审工作。

（4）编制标底。编制人员应严格按照国家的有关政策、规定，科学公正地编制标底价格。

（5）审核标底价格。

6.2.2.5　标底文件的主要内容

（1）标底的综合编制说明。

（2）标底价格审定书、标底价格计算书、带有价格的工程量清单、现场因素、各种施工措施费的测算明细以及采用固定价格工程的风险系数测算明细等。

（3）主要人工、材料、机械设备用量表。

（4）标底附件：如各项交底纪要、各种材料及设备的价格来源、现场的地质、水文、地上情况的有关资料、编制标底价格所依据的施工方案或施工组织设计等。

（5）标底价格编制的有关表格。

6.2.2.6　标底价格的编制方法

1. 以定额计价法编制标底

定额计价法编制标底采用的是分部分项工程量的直接费单价（或称为工料单价法），仅包括人工、材料、机械费用。直接费单价又可以分为单位估价法和实物量法两种。

（1）单位估价法

其具体做法是根据施工图纸及技术说明，按照预算定额规定的分部分项工程子目，逐项计算出工程量，再套用定额单价（或单位估计表）确定直接费，然后按规定的费用定额确定其他直接费、现场经费、间接费、计划利润和税金，还要加上材料调价系数和适当的不可预见费，汇总后即为标底的基础。

单位估价法实施中，也可以采用工程概算定额，对分项工程子目作适当的归并和综合，使标底价格的计算有所简化。采用概算定额编制标底，通常适用于初步设计或技术设计阶段进行招标的工程。在施工图阶段招标，也可按施工图计算工程量，按概算定额和单价计算直接费，既可提高计算结果的准确性，又可减少工作量，节省人力和时间。

（2）实物量法

主要先用计算出的各分项工程的实物工程量，分别套取预算定额中的人工、材料、机械消耗指标，并按类相加，求出单位工程所需的各种人工、材料、施工机械台班的总消耗量，然后分别乘以当时当地的人工、材料、施工机械台班市场单价，求出人工费、材料费、施工机械费，再汇总求和。对于其他直接费、现场经费、间接费、计划利润和税金等费用的计算则根据当时当地建筑市场的供求情况给予具体确定。

实物量编制法与单位估价法相似，最大的区别在于两者在计算人工费、材料费、施工机械费及汇总三者费用之和时方法不同。

① 实物量法计算人工、材料、施工机械使用费，是根据预算定额中的人工、材料、机械台班消耗量与当时、当地人工、材料和机械台班单价相乘汇总得出。采用当时、当地的实际价格，能较好地反映实际价格水平，工程造价准确度更高。从长远来看，人工、材料、机械的实物消耗量应根据企业自身消耗水平确定。

② 实物量法在计算其他各项费用，如其他直接费、现场经费、间接费、计划利润、税金等时，将间接费、计划利润等相对灵活的部分，根据建筑市场的供求情况，随行就市，浮动确定。

因此，实物量法是与市场经济体制相适应的，并以预算定额为依据的标底编制方法。

2. 以工程量清单计价法编制标底

工程量清单计价的单价按所综合的内容不同，可以划分为三种形式：

（1）工料单价

单价仅包括人工费、材料费和机械施工费，故又称为直接费单价。

（2）完全费用单价

单价中除了包括直接费外，还包括现场经费、其他直接费和间接费等全部成本。

(3) 综合单价法

即分部分项工程的完全单价，综合了直接工程费、间接费、有关文件规定的调价、利润或者包括税金以及采用固定价格的工程所测算的风险金等全部费用。

工程量清单计价法的单价采用的主要是综合单价。用综合单价编制标底价格，要根据统一的项目划分，按照统一的工程量计算规则计算工程量，形成工程量清单。接着，估算分项工程综合单价，该单价是根据具体项目分别估算的。综合单价确定以后，填入工程量清单中，再与各部分分项工程量相乘得到合价，汇总之后即可得到标底价格。

这种方法与上述方法的显著区别主要在于：间接费、利润等是一个综合管理费分摊到分项工程单价中，从而组成分项工程综合单价，某分项工程综合单价乘以工程量即为该分项工程合价，所以分项工程合价汇总后即为该工程的总价。

6.2.2.7 确定标底价格需考虑的其他因素

(1) 标底价格必须适应目标工期的要求。预算价格反映的是按定额工期完成合格产品的水平。若招标文件的目标工期不属于正常工期，而需要缩短工期，应按提前天数给出必要的赶工费和奖励，并列入标底价格。

(2) 标底价格必须反映招标人的质量要求。预算价格反映的是按照国家有关施工验收规范所规定的合格产品的价格水平。当招标人提出需达到高于国家验收规范的质量要求时，就意味着承包方要付出比完成合格产品的工程更多的费用。因此，标底价格应体现优质优价。

(3) 标底价格计算时，必须合理确定措施费、间接费、利润等费用，费用的基区应反映企业和市场的现实情况，尤其是利润，一般应以行业平均水平为基础。

(4) 标底价格应根据招标文件或合同条件的规定，按规定的工程发承包模式，确定相应的计价方式，考虑相应的风险费用。

(5) 标底价格必须综合考虑招标工程所处的自然地理条件和招标工程的范围等因素。

6.2.2.8 标底的审查

1. 审查标底的目的

审查标底的目的是检查标底价格编制是否真实、准确。标底价格如有漏洞，应予以调整和修正。如果标底价超过概算，应按照有关规定进行处理，同时也不得以压低标底价格作为压低投资的手段。

2. 标底审查的内容

(1) 审查标底的计价依据：承包范围、招标文件规定的计价方法等。

(2) 审查标底价格的组成内容：工程量清单及其单价组成，措施费费用组成，间接费、利润、规费、税金的计取，有关文件规定的调价因素等。

(3) 审查标底价格相关费用：人工、材料、机械台班的市场价格，现场因素费用、不可预见费用，对于采用固定价格合同的还应审查在施工周期内价格的风险系数等。

3. 标底的审查方法

标底的审查方法类似于施工图预算的审查方法，主要有：全面审查法、重点审查法、分解对比审查法、分组计算审查法、标准预算审查法、筛选法、应用手册审查法等。

6.3　施工投标报价编制与报价策略

6.3.1　施工投标报价编制

6.3.1.1　投标报价的原则

（1）根据招标文件中设定的工程发承包模式和发承包双方责任划分，综合考虑投标报价的费用项目、费用计算方法和计算深度。

（2）投标报价计算前须经技术经济比较，确定拟投标工程的施工方案、技术措施等。

（3）应以反映企业技术和管理水平的企业定额来计算人工、材料和机械台班消耗量。

（4）充分利用现场考察、调研的成果及市场价格信息、行情资料，编制基价，确定调价方法。

6.3.1.2　投标报价的计算依据

（1）招标人发放的招标文件及提供的设计图纸、工程量清单及有关的技术说明书等。

（2）国家及地区颁发的现行建筑、安装工程预算定额及与之相配套执行的各种费用定额和企业内部制定的相关取费、价格等的规定、标准。

（3）拟投标工程当地现行材料预算价格、采购地点及供应方式等。

（4）由招标单位答疑后书面回复的有关资料。

（5）其他与报价计算有关的各项政策、规定及调价系数等。

6.3.1.3　投标报价的编制方法

我国工程项目投标报价的方法一般包括定额计价模式和工程量清单计价模式下的投标报价，具体内容如表6-1所示。

表6-1　投标报价的编制方法

定额计价模式		工程量清单计价模式		
单位估价法	实物量法	直接费单价法	全费用单价法	综合单价法
• 计算工程量 • 查套定额单价 • 计算直接工程费 • 取费计算 • 投标报价书	• 计算工程量 • 查套定额消耗量 • 套用市场价格 • 取费计算 • 投标报价书	• 计算各分项工程资源消耗量 • 套用市场价格 • 计算直接工程费 • 取费计算 • 投标报价书	• 计算各分项工程资源消耗量 • 套用市场价格 • 计算直接工程费 • 按实计算分摊费用 • 分摊管理费和利润 • 得到分项综合单价 • 其他费用计算 • 投标报价书	• 计算各分项工程资源消耗量 • 套用市场价格 • 计算直接工程费 • 核实计算所有分摊费用 • 分摊费用 • 投标报价书

1. 以定额计价模式投标报价

一般采用预算定额来编制，即按照定额规定的分部分项工程子目逐项计算工程量，套用定额基价或根据市场价格确定直接工程费，然后再按照规定的费用定额计取各项费用，最后汇总形成投标报价。

2. 以工程量清单计价模式投标报价

这是与市场经济相适应的投标报价方法，也是国际通用的竞争性招标方式所要求的报价方法。一般由标底编制单位根据业主委托，将拟建招标工程全部项目和内容按清单计价规范中的计算规则计算出工程量，列在清单上作为招标文件的组成部分，供投标人逐项填报单价，计算出总价，作为投标报价，然后通过评标竞争，最终确定合同价。

在工程量清单计价模式下，投标人对工程量清单工程量审核后，依据企业自己的定额确定人、材、机消耗量和价格、间接费率、利润率，结合市场因素自主报价。投标人的企业定额根据企业本身的技术专长、材料采购渠道和管理水平制定。因此各投标报价体现自身的优势与经验，反映市场竞争状况。采用工程量清单投标报价时，投标人填入工程量清单中的单价是综合单价，应包括人工费、材料费、机械费、措施费、间接费、利润、税金及风险金等全部费用，将工程量与该相应单价相乘得出合价，将全部合价汇总后即得出投标总报价。分部分项工程费、措施项目费和其他项目费用均采用综合单价计价。工程量清单的投标报价由分部分项工程费、措施项目费和其他项目费构成，如图 6-1 所示。

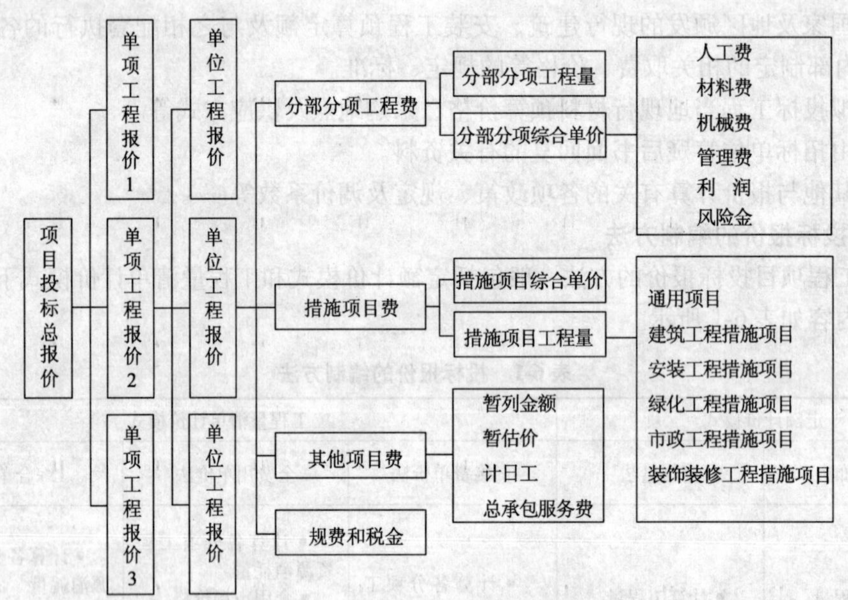

图 6-1　工程量清单计价模式下的项目投标总报价构成

6.3.1.4　投标报价的编制程序

（1）复核或计算工程量。工程招标文件中若提供工程量清单，投标价格计算之前，要对工程量进行复核。若招标文件中没有提供工程量清单，必须根据图纸计算全部工程量。

（2）确定单价，计算合价。在投标报价中，复核或计算各个分部分项工程的实物工程量以后，就需要确定每一个分部分项工程的单价，并按照招标文件中工程量表的格式填写报价。其中，量表报价中的人工费、材料费、机械费是根据各分项工程的人工、材料、机械消耗量及其相应的市场价格计算得到的。一般来说，投标企业应用自己的企业定额对某一工程进行投标报价时，需要对选用的单价进行审核评价与调整。

（3）确定分包工程费。来自分包人的工程分包费是投标价格的一个重要组成部分，在编制投标价格时需要熟悉分包工程的范围，对分包人的能力进行评估，从而确定一个合适的价格来衡量分包人的价格。

（4）确定利润。利润指的是承包人的预期利润。确定利润值的目标应考虑既可以获得最大的可能利润，又能保证投标价格具有一定的竞争性。投标人应根据市场竞争情况确定在该工程上的利润率。

（5）确定风险费。风险费对于承包商来说是一个未知数。如果预计的风险没有全部发生，则剩余的预计风险费和计划利润加在一起就是盈余；相反，如果对风险费估计不足，则需由赢利来补贴。在投标时，应根据该工程规模及工程所在地的实际情况，由有经验的专业人员对可能的风险因素进行逐项分析后确定一个比较合理的费用比率。

（6）确定投标价格。将所有的分部分项工程合价汇总后就可以计算出工程的总价。由于计算出的价格可能重复或漏算，甚至某些费用的预估有偏差等，因而必须对计算出来的工程总价进行调整。调整总价应用多种方法从多角度对工程进行盈亏分析与预测，找出计算中的问题，以及分析可以通过采取哪些措施降低成本、增加赢利，确定最后的投标报价。

工程投标报价编制的一般程序如图 6-2 所示。

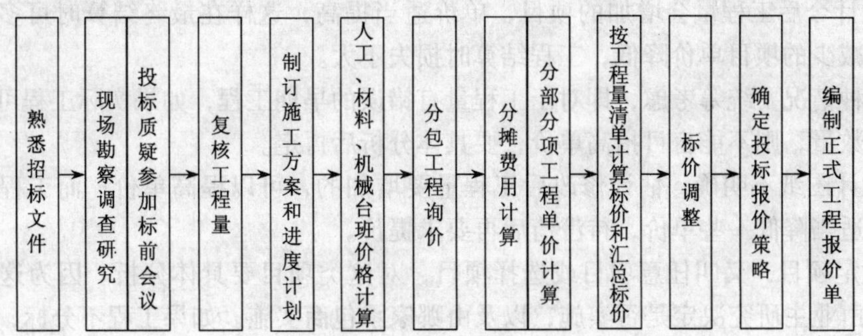

图 6-2　工程投标报价编制程序

6.3.2　确定投标报价的策略

投标策略是指承包商在投标竞争中的系统工作部署及其参与投标竞争的方式和手段。投标策略对承包人有着十分重要的意义和作用。常用的投标策略包括：

6.3.2.1　根据招标项目的不同特点采用不同报价

1. 报价可高一些的情况包括：

（1）施工条件差的工程。

（2）专业要求高的技术密集型工程，而本公司在这方面又有专长，声望也较高。

（3）总价低的小工程，以及自己不愿做、又不方便不投标的工程。

（4）特殊工程，如港口码头、地下开挖工程等。

（5）工期要求急的工程。

（6）投标对手少的工程。

（7）支付条件不理想的工程。

2. 报价可低一些的情况包括：

（1）施工条件好的工程，工作简单、工程量大而一般公司都可以做的工程。

（2）本公司目前急于打入某一市场、某一地区，或在该地区目前工程结束，机械设备等无工地转移时。

（3）本公司在附近有工程，而本项目又可利用该工程的设备、劳务、或有条件短期内突击完成的工程。

（4）投标对手多、竞争激烈的工程。

（5）非急需工程。

（6）支付条件好的工程。

6.3.2.2　不平衡报价法

这一方法是指一个工程项目总报价基本确定后，通过调整内部各个项目的报价，某些项目的报价比正常水平高，另一些项目的报价比正常水平低一些，以期既不提高总报价和不影响中标，又能在结算时得到更理想的经济效益，加快资金周转。一般可以考虑在以下方面采用此法报价：

（1）能够早日结账收款的项目（如开办费、基础工程、土方开挖、桩基等）可适当提高。

（2）预计今后工程量会增加的项目，单价适当提高，这样在最终结算时可多赚钱；将工程量可能减少的项目单价降低，工程结算时损失不大。

上述两种情况要统筹考虑，即对于工程量有错误的早期工程，如果实际工程可能小于工程量表中的数量，则不能盲目抬高单价，要具体分析后再定。

（3）设计图纸不明确，估计修改后工程量要增加的，可以提高单价；而工程内容说不清楚的，可适当降低一些单价，待澄清后再要求提价。

（4）暂定项目，又叫任意项目或选择项目，对这类项目要具体分析。因为这类项目要在开工后再由业主研究决定是否实施，以及由哪家承包商实施。如果工程不分标，不会另由一家承包商施工，则其中肯定要做的单价可高些，不一定做的则应低些；如果工程分标，该暂定项目也可能由其他承包商施工时，则不宜报高价，以免抬高总报价。

采用不平衡报价一定要建立在对工程量表中工程量仔细校对分析的基础上，特别是对报低单价的项目，工程实施过程中工程量的增加将造成承包商的重大损失；不平衡报价过多和过于明显，可能会引起业主反对，甚至导致废标。

6.3.2.3　多方案报价法

这是承包商在工程说明书或合同条款不够明确时采用的一种方法。即是按原招标文件报一个价，然后再加以注释，如某某条款作某些变动，报价可降低多少，由此可报出一个较低的价。当发现工程范围不很明确，条款不清楚或不公正，或技术规范要求过于苛刻时，则要在充分估计投标风险的基础上，按多方案报价法处理。这样可以降低总价，吸引业主改变说明书和合同条款，同时提高竞争力。

6.3.2.4　无利润报价

缺乏竞争优势的承包商，在不得已的情况下，只好在算标中根本不考虑利润去夺标。这种方法一般是出于以下条件时采用：

（1）有可能在得标后，将大部分工程分包给索价较低的一些分包商。

（2）对于分期建设的项目，先以低价获得首期工程，而后赢得机会创造第二期工程中的竞争优势，并在以后的实施中赚得利润。

（3）较长时期内承包商没有在建的工程项目，如果再不得标，就难以维持生存。因此，虽然本工程无利可图，只要能有一定的管理费维持公司的日常运转，就可设法度过暂时的困难，以图将来东山再起。

6.3.2.5　计日工单价的报价

如果是单纯报计日工单价，而且不计入总价中，可以报高些，以便在业主额外用工或使用施工机械时可多赢利。但如果计日工单价要计入总报价时，则需具体分析是否报高价，以免抬高总报价。总之，要分析业主在开工后可能使用的计日工数量，再来确定报价方针。

6.3.2.6　可供选择的项目的报价

有些工程项目的分享工程，业主可能要求按某一方案报价，而后提供集中可供选择的方案的比较报价。对于将来有可能被选择使用的方案应适当提高其报价，这样一旦业主今后选用，承包商即可得到额外加价的利益。

6.3.2.7　暂定工程量的报价

暂定工程量有三种：第一种是业主规定了暂定工程量的分项内容和暂定总价款，但工程量不很准确，允许将来按投标人所报单价和实际完成的工程量付款；第二种是业主列出了暂定工程量的项目的数量，并没有限制这些工程量的估价总价款，要求投标人既列出单价，也应按暂定项目的数量计算总价，当将来结算时可按实际完成的工程量和所报单价支付；第三种是只有暂定工程的一笔固定总金额，将来由业主决定这笔金额的使用。第一种情况，由于总价款是固定的，对各投标人的总报价水平竞争力没有任何影响，因此，投标时应当对暂定工程量的单价适当提高。第二种情况，投标人必须慎重考虑，一般说来这类工程量可以采用正常价格。第三种情况对投标竞争没有实际意义，按招标文件要求将规定的暂定款列入总报价即可。

6.3.2.8　增加建议方案

有时招标文件中规定，可以提出一个建议方案。投标者应该抓住机会，组织一批有经验的设计和施工工程师，对原招标文件的设计和施工方案仔细研究，提出更为合理的方案以吸引业主，促成自己的方案中标。这种新建议方案可以降低总造价或是缩短工期，或使工程进行得更为合理。但注意对原招标方案也要报价，同时建议方案不要写得太具体，保留方案的技术关键，防止业主将此方案交给其他承包商，同时强调的是，建议方案一定要比较成熟，有很好的可操作性。

6.3.2.9　分包商报价的采用

由于现代工程的综合性和复杂性，总承包商不可能将全部工程内容完全独家包揽，特别是有些专业性较强的工程内容，需分包给其他专业工程公司施工，还有些招标项目，业主规定某些工程内容必须由他指定的几家分包商承担。因此，总承包商通常应在投资前先取得分包商的报价，并增加总承包商摊入的一定的管理费，而后作为自己投标总价的一个组成部分一并列入报价单中。

应当注意，分包商在投标前可能同意接受总承包商压低其报价的要求，但等到总承包商得标后，他们常以种种理由要求提高分包价格，这将使总承包商处于十分被动的地位。解决的办法是，总承包商在投标前找2～3家分包商分别报价，而后选择其中一家信誉较好、实力较强和报价合理的分包商签订协议，同意该分包商作为本分包工程的唯一合作者，并将分包商的姓名列到投标文件中，但要求该分包商相应的提交投标报函。这样把分包商的利益同投标人捆在一起的做法，不但可以防止分包商事后后悔和涨价，还可能迫使分包时报出比较合理的价格，以便共同争取得标。

6.3.3 投标担保

6.3.3.1 投标担保的概念

施工招标投标中的投标担保，对于进一步规范招标投标活动，确保合同的顺利履行具有重要意义。从法律性质上讲，施工招标是要约邀请，投标则是要约，中标通知书是承诺。正是在此基础上，招标作为一种要约邀请，对行为人不具有合同意义上的约束力，招标人无须向潜在投标人提供招标担保。当招标项目出现问题（如在评标过程中出现项目设计有重大问题），需要重新招标甚至终止招标，即使责任完全在招标人一方时，招标人仍可以拒绝所有投标，且无须对投标人承担赔偿责任。

而投标作为一种要约则不同，一旦招标人（受要约人）承诺，要约人即受该承诺约束。这主要表现在以下方面：投标文件到达招标人后即不可撤回；如果要约人确定了承诺期限或以其他形式表示要约不可撤销，则该要约是不可撤销的；招标人在招标文件中确定了投标有效期，投标人接受该有效期，这个有效期即为承诺期限。在这个期限当中，招标人应当完成开标、评标、定标等工作，招标人可以要求投标人提供投标担保，以担保自己在投标有效期内不撤销投标文件，一旦中标即与招标人订立承诺合同。

6.3.3.2 投标担保的方式

施工招标投标的投标担保应当在投标时提供。原建设部颁布的《房屋建筑和市政基础设施工程施工招标投标管理办法》（建设部第89号令）中规定："投标人应当按照招标文件要求的方式和金额，将投标保函或者投标保证金随投标文件提交招标人。"投标担保方式包括两种：

（1）投标保证金。一般投标保证金数额不超过投标总价的2%，最高不得超过50万（人民币）。投标保证金可以使用支票、银行汇票等。投标保证金的有效期应超过投标有效期。

（2）银行或担保公司开具的投标保函。这是一种第三人的使用担保（保证）。其保函格式应符合招标文件所要求的格式。银行保函或担保书的有效期应在投标有效期满后28天内继续有效。

对于未能按要求提交投标保证金的投标，招标单位将视为不响应投标而予以拒绝。

如投标单位在投标有效期内有下列情况，将被没收投标保证金：

(1) 投标单位在投标有效期内撤回其投标文件。

(2) 中标单位未能在规定期限内提交履约保证金，或签署合同协议。

6.4 工程评标

6.4.1 评标程序

大型工程项目的评标因评审内容复杂、涉及面宽，通常需要分成初评和详评两个阶段进行。没有通过初步评审的投标书不得进入下一阶段的评审。

6.4.1.1 初步评审

初步评审也称对投标书的响应性审查。

(1) 投标人的资格。公开招标时核对是否为资格预审的投标人；邀请招标在此阶段应对投标人提交的资格材料进行审查。

(2) 投标保证有效性。如果招标文件要求提供投标保证的，审查投标时是否已提交及检查保证金额、担保期限、出具保证书的单位是否符合投标须知的规定。

(3) 报送资料的完整性。投标书报送的资料是否符合投标须知的规定，有无遗漏。

(4) 投标书与招标文件的要求有无实质性的背离。投标文件实质上响应招标文件的要求，即投标文件应与招标文件的所有条款、条件和规定符合，无显著差异或保留。

(5) 报价计算的正确性。若投标书存在计算或统计错误，由评标委员会予以改正后请投标签字确定。投标人拒绝确定，按投标人违约对待；对错误者超过允许范围时，按废标对待。

(6) 扣除暂定金额。如果工程造价单或工程量清单内包含有“暂定金额”项目时，不论投标人此项金额报价的高低，均应将其从投标书的总价内扣除，剩余金额作为详评阶段商务标评比的依据。

6.4.1.2 详细评审

详细评审通常分为两个步骤。首先对各投标书进行技术和商务方面的审查，评定其合理性及合同授予该投标人在履行过程中可能给招标人带来的风险。在此基础上再由评标委员会对各投标书分项进行量化比较，从而评定优劣次序。大型复杂工程的评标过程经常分为商务评标和技术评标。

1. 对投标书的审查

(1) 技术评审。主要是对投标书的施工总体布置、施工进度计划、施工方法和技术措施、材料和设备、技术建议等实施方案进行评定。

(2) 价格分析。分析投标价的目的在于坚定投标报价的合理性，并找出报价高与低的原因。主要分析内容包括：

① 报价构成分析。用标底与投标书中各单项合计价、各分项工作内容的单价及总价进行比照分析，对差异比较大的地方找出其产生的原因，从而评定报价是否合理。

② 计日工报价。分析没有名义工程量只填单价的机械台班费和人工费报价的合理性。

③ 分析前期工程价格提高的幅度。虽然投标人为了解决前期施工中资金流通的困难，可以采用不平衡报价法投标，但不允许有严重的不平衡报价。过大地提高前期工程的支付要求，会影响到项目的资金筹措计划。

④ 分析标书中所附资金流量表的合理性。包括审查各阶段的资金需求计划是否与施工进度计划相一致，对预付款的要求是否合理，采用公式法调价时取用的基价和调价系数的合理性及估算可能的调价幅度等内容。

⑤ 分析标书中所提出的财务或付款方面的建议和优惠条件，估计接受该建议的利弊及可能导致的风险。

(3) 管理和技术能力评价。着重于实施招标工程的施工管理的组织机构模式、管理人员和技术人员的能力、施工机械设备、质量保证体系等方面的评价。

(4) 商务法律评审。该部分对投标书的响应性检查。主要包括投标书对招标文件中的规定是否有重大偏离，修改合同条件某些条款建议的采用价值，替代方案的可行性，评价优惠条件。

2. 对投标文件的澄清

为了有助于对投标文件的审查、评价和比较，对于大型复杂工程在必要时评标委员会可以分别召集投标人对投标文件中的某些内容进行澄清，招标答疑对投标人进行质询，先以口头形式询问并解答，随后在规定的时间内投标人以书面形式予以确认，作出正式答复。澄清和确认的问题需经投标单位的法定代表人或授权代理人签字，作为投标文件的有效组成部分；但澄清的问题不允许更改投标价格或投标书中的实质性内容。

3. 对投标书进行量化比较

在审标的基础上，评标委员对各可以接受的投标书按照预先制定的规则进行量化评定，从而比较各投标书综合能力的高低。小型工程通常采用“经评审的最低投标价法”，大型工程通常采用“综合评分法”或“评标价法”对各投标书进行科学的量化比较。

6.4.2 评标方法

6.4.2.1 经评审的最低投标价法

1. 经评审的最低投标价法的含义

这种方法是指能够满足招标文件的实质性要求，并且经评审的最低投标价的投标，应当推荐为中标候选人。这种评标方法是按照评审程序，经初审后，以合理低标价作为中标的主要条件。合理的低标价必须是经过终审，进行答辩，证明是实现低标价的措施有力可行的报价。要求评标委员会根据招标文件中规定的评标价格调整方法，对所有投标人的投标报价以及投标文件的商务部分作必要的调整。需要修正的因素包括：一定条件下的优惠；工期提前的效益对报价的修正；同时投多个标段的评标修正等。

采用经评审的最低投标价法，中标人的投标应当符合招标文件规定的技术要求和标准，但评标委员会无须对投标文件的技术部分进行价格折算。

2. 最低投标价法的适用范围

按照《评标委员会和评标方法暂行规定》的规定，经评审的最低投标价法一般适用于具有通用技术、性能标准或者招标人对其技术、性能没有特殊要求的招标项目。

6.4.2.2 综合评分法

1. 综合评分法的含义

这种方法是指将评审内容分类后分别赋予不同权重，评标委员依据评分标准对各类内容细分的小项进行相应的打分，最后计算的累计分值反映投标人的综合水平，以得分最高的投标书为最优。这种方法由于需要评分的涉及面宽，每一项都要经过评委打分，可以全面地衡量投标人实施招标工程的综合能力。

2. 综合评分法的适用范围

不宜采用经评审的最低投标价法的招标项目，一般应当采取综合评分法进行评审。

3. 比较内容和标准的设定

（1）较为简单的工程评比要素相对较少，通常采用百分制法评标，但应预先设定技术标和商务标的满分值；大型复杂工程的评审要素较多，需将要素划分为大类并分别给予不同的权重，每类再采用百分制计分。其中技术标和商务标分值的分配比例，应按照工程的特点和招标人的要求具体设定。

（2）应合理地选择对招标工程有较大影响的要素进行比较，既要避免过于简单使条件不好的投标人中标，也要避免因过于繁多导致评审重点不突出。

（3）为了保证评标委员之间主管评审的差异不致过大，分值的分配范围应有细化标准。

4. 商务标的评分办法

报价部分的比较按照评分基准不同，可以划分为用标底作为衡量基准、用修正标底作为衡量基准和不用标底而考虑投标人报价水平计算衡量基准三大类。

（1）以标底作为标准值计算报价得分的综合评分法

评标委员会首先用标底作为衡量标准，以预先确定的允许报价浮动范围筛选入围的有效投标，然后按照评标规则计算各项得分，最后以累计得分比较投标书的优劣。应注意总分不低，但某单项得分过低的投标书可能为招标人带来的风险。

（2）以修正标底值作为报价评分衡量标准的综合评分法

采用标底的修正值作为衡量标准。此方法也被称为 $A+B$ 法。具体步骤如下：

第一步：以标底为基数，用某一预定浮动范围作为入围标书的衡量标准，淘汰报价不合理的投标书。

第二步：低于标底入围报价的平均值为 X，高于标底入围报价的平均值为 Y，两者的加权系数分别为 α 和 β，计算所有入围有效标书报价的平均值 $A=\alpha X+\beta Y$，α 的取值建议在 0.3～0.7 范围内，且应满足 $\alpha+\beta=1$。

第三步：以标底为 B，计算报价项的评分基准（最佳分点）$=\zeta A+\eta B$，ζ 的取值建议在 0.35～0.65 范围内，且应满足 $\zeta+\eta B=1$。

第四步：依据评标规则确定的计算方法，按报价与标准的偏离度计算各投标书的该项得分。

（3）不用标底衡量的综合评分法

为了鼓励投标人的报价竞争，可以不预先制定标底，用反映投标人报价平均水平某一值作为衡量基准评定各投标书的报价部分得分，但仍然设置一个基准值，视报价与其偏离度的大小确定分值高低。采用较多的方法包括：以最低报价为标准值；以平均报价为标准值。

6.5 工程合同价的确定与施工合同的签订

6.5.1 工程合同价确定

工程合同价是发包人和承包人在协议约定中，发包人用以支付承包人按照合同约定完成承包范围内全部工程并承担质量保修责任的价款。合同价款是双方当事人关心的核心条款。招标工程的合同价款由发包人、承包人依据中标通知书中的中标价格在协议书内约定。合同价款在协议书内约定后，任何一方不能擅自改变。

根据《中华人民共和国合同法》、《建设工程施工合同（示范文本）》及住房城乡建设部的有关规定，依据招标文件、投标文件，双方在签订施工合同时，按计价方式的不同，双方可选择下列确定合同价款的方式。

6.5.1.1 固定合同价

固定合同价格是指在约定的风险范围内价款不再调整的合同。双方须在专用条款内约定合同价款包含的风险范围、风险费用的计算方法和承包风险范围以外对合同价款影响的调整方法，在约定的风险范围内合同价款不再调整。固定合同价可分为固定合同总价和固定合同单价。

1. 固定合同总价

承发包双方就承包工程协商一个固定的总价，并一笔包死，无特定情况不做变化。合同总价只有在设计和工程范围发生变更的情况下才能随之作相应的变更，除此之外，合同总价是不能变动的。这就要求，作为合同价格计算依据的图纸和计量规则、规范必须对工程作出详尽的描述。在合同执行过程中，合同双方都不能因工程量、设备、材料价格、工资等变动和其后条件恶劣等原因，提出对合同总价调整的要求，这意味着承包商要承担实物工程量变化、单价变化等因素带来的风险。因此承包商必然会在投标时对可能发生的造成费用上升的各种因素进行估计并包含在投标报价中，在报价中加大不可预见费。这样往往会导致合同价更高，并不能真正降低合同造价。

这种合同适用于工期较短（一般不超过 1 年），对工程项目要求十分明确，设计图纸完整齐全，项目工作范围及工程量计算依据确切的项目。

2. 固定合同单价

固定合同单价是合同中确定的各项单价在工程实施期间不因价格变化而调整。这种合同通常是由发包方提出工程量清单，列出分部分项工程量，由承包方以此为基础填报相应单价，累计计算后得出合同价格。但在每月结算时，以实际完成的工程量结算，在工程全部完成时以竣工图进行最终结算。

采用这种合同时，要求实际完成的工程量与原估计的工程量不能有实质性的变化。因为承包方给出的单价是以相应的工程量为基础的，如果工程量大幅度增减，可能影响工程成本。所以单价合同规定在最终结算时实际工程量与工程量清单中估算工程量相差达到一定范围时，允许调整合同单价，在签订合同时必须写明具体的调整方法，以免以后发生纠纷。

由于固定单价合同对于承发包双方都比较方便，是比较常见的一种合同计价方式。固定单价合同大多用于工期长、技术复杂、实施过程中可能会发生各种不可预见因素较多的建设工程。在施工图不完整或当准备招标的工程内容、技术经济指标一时尚不能明确时，往往要采用这种合同计价方式。

在设计单位来不及提供施工项目，或虽有施工图但由于某些原因不能比较准确地计算工程量时，招标文件可只向投标人给出各分项工程内的工作项目一览表、工程范围以及必要的说明，而不提供工程量，由承包商给出表中各项目单价，将来施工时按实际工程量计算。

6.5.1.2　可调合同价格

可调合同价是指合同总价或者单价，在合同实施期内根据合同约定的办法调整，即在合同的实施过程中可以按照约定，随着资源价格等因素的变化而调整的价格。

1. 可调合同总价

可调合同总价一般也是以设计图纸及规定、规范为基础，在报价及签约时，按照文件的要求和当时的物价来计算合同总价。但这一合同总价是一个相对固定的价格，在合同执行过程中，由于通货膨胀引起成本增加达到某一限度时，合同总价则作相应调整。可调总价合同的合同总价不变，只是在合同条款中增加调价条款，如果出现通货膨胀这一不可预见的费用因素，就可按约定的调价条款对合同总价进行调整。

可调合同总价使发包人承担了通货膨胀的风险，承包人则承担其他风险。可调总价适用于工程内容和技术经济指标规定很明确的项目，由于合同中列有调价条款，所以工期在一年以上的工程比较适于采用这种合同计价方式。

2. 可调合同单价

合同单价可调，一般是在工程招标文件中规定。在合同中签订的单价，根据合同约定的条款，如在工程实施过程中物价发生变化等，可作调整。有的工程在招标或签约时，因某些不确定性因素而在合同中暂定某些分部分项工程的单价，在工程结算时，再根据实际情况和合同约定对合同单价进行调整，确定实际结算单价。

3. 成本加酬金合同价

成本加酬金合同是将工程的实际投资划分成直接成本费和承包方完成工作后赢得酬金两部分。工程实施过程中发生的直接成本费由发包方实报实销，再按合同约定的方式另外支付给承包方相应报酬。

这种合同计价方式主要适用于工程内容及技术经济指标尚未全面确定，投标报价的依据尚不充分的情况下，发包方因工期要求紧迫，必须发包的工程；或者发包方与承包方之间有着高度的信任，承包方在某些方面具有独特的技术、特长或经验。由于在签订合同时，发包方提供不出可供承包方准确报价所需的资料，报价缺乏依据，因此在合同内只能商定酬金的计算方法。成本加酬金合同广泛地适用于工作范围很难确定的工程和在设计完成之前就开始施工的工程。

以这种计价方式签订的工程承包合同，有两个明显的缺点：一是发包方对工程总价不能实施有效的控制；二是承包方对降低成本也不太感兴趣。因此，采用这种合同计价方式，其条款必须非常严格。

按照酬金的计算方式不同，这种合同分为以下形式：

(1) 成本加固定百分比酬金确定的合同价

采用这种合同计价方式，承包方的实际成本实报实销，同时按照实际成本的固定额百分比付给承包方一笔酬金。这种方式使得工程总价及付给承包方的酬金随工程成本而水涨船高，不利于鼓励承包方降低成本，目前很少采用。

（2）成本加固定金额酬金确定的合同价

这种方式与第一种方式的不同之处仅在于在成本上所增加的费用是一笔固定金额的酬金。酬金一般是按估算工程成本的一定百分比确定。这种计价方式也不能鼓励承包商关心和降低成本，但从尽快获得全部酬金减少管理投入出发，有利于缩短工期。

（3）成本加奖罚确定的合同价

采用这种合同计价方式，首先根据粗略估算的工程量和单价表确定一个目标成本，并根据目标成本来确定酬金的数额，可以是百分比形式，也可以是一笔固定酬金，同时以目标成本为基数确定一个奖罚的上下限。在项目实施过程中，当实际成本低于确定的下限时，承包商在获得实际成本、酬金补偿外，还可根据成本降低额来得到一笔奖金；当实际成本高于上限成本时，承包方仅能从发包方得到成本和酬金的补偿，并对超出合同规定的限额，还要处以一笔罚金。

这种合同计价方式可以促使承包商关心成本的降低和工期的缩短，而且目标成本可以随着设计的进展而加以调整，承发包双方都不会承担太大风险，故这种形式应用较多。

（4）最高限额成本加固定最大酬金合同价

这种合同计价方式首先要确定最高限额成本、报价成本和最低成本，当实际成本没有超过最低成本时，承包商发生的实际成本费用及应得酬金等都可得到业主的支付，并可与业主分享节约额；如果实际工程成本在最低成本和报价成本之间，承包方只有成本和酬金可以得到支付；如果实际工程成本在报价成本与最高限额成本之间，则只有全部成本可以得到支付；实际工程成本超过最高限额成本时，则超过部分业主不予支付。这种合同计价方式有利于控制工程造价，并能鼓励承包商最大限度地降低工程成本。

6.5.2 施工合同的签订

6.5.2.1 施工合同格式的选择

合同是双方对招标成果的认可，是招标之后、开工之前双方签订的工程施工、付款和计算的凭证。合同的形式应在招标文件中确定，投标人应在投标文件中作出响应。目前建筑工程施工合同格式一般采用如下形式。

1. 采同 FIDIC 合同格式订立的合同

FIDIC 合同是国际通用的规范合同文本。它一般用于大型的国家投资项目和世界银行贷款项目。采用这种合同格式，可以有效避免工程竣工结算时的经济纠纷，但因其适用条件较严格，因而在一般中小型项目中较少采用。

2.《建设工程施工合同示范文本》（简称示范文本合同）

按照国家推荐的示范文本合同格式订立的合同是比较规范，也是公开招标的中小型工程采用最多的一种合同格式。该合同格式包括四部分：协议书、通用条款、专用条款和附件。协议书明确了双方最主要的权利义务，经当事人签字盖章，具有最高的法律效力；通用条款具有通用性，基本适用于各类建筑施工和设备安装；专通条款是对通用条款必要的修改与补充，其与通用条款相对应，多为空格形式，需双方协商完成；附件对双方的各项义务以确定格式予以明确，便于实际工作中的执行与管理。整个示范文本合同是招标文件的延续，故一些项目在招标文件中就拟订了补充条款内容以表明招标人的意向；投标人若对此有异议，可在招标答疑（澄清）会上提出，并在投标函中提出施工单位能接受的补充条款；双方对补充条款再有异议时可在询标时得到最终统一。

3. 自由格式合同

自由格式合同是由建设单位和施工单位协商订立的合同，它一般适用于通过邀请招标或议标发包而定的工程项目。这种合同是一种非正规的合同形式，往往会由于一方对建筑工程复杂性、特殊性等方面考虑不周全，从而使其在工程实施中陷于被动。

6.5.2.2 施工合同签订过程中的注意事项

1. 关于合同文件部分

招标投标过程中形成的补遗、修改、书面答疑、各种协议等均应作为合同文件的组成部分。尤其应注意作为付款和结算依据的工程量和价格清单，应根据评标阶段作出的修正稿重新整理、审定，并标明按完成的工程量测算付款和按总价付款的内容。

2. 关于合同条款的约定

在编制合同条款时，应注意有关风险和责任的约定。将项目管理的概念融入合同条款中，尽量将风险量化，明确责任，公正地维护双方的利益。其中应重视的条款类型包括：

（1）程序性条款。目的在于规范工程价款结算依据的形成，预防不必要的纠纷。程序性条款贯穿于合同行为的始终。包括信息往来程序、计量程序、工程变更程序、索赔处理程序、价款支付程序、争议处理程序等。编写时注意明确具体步骤，约定时间期限。

（2）有关工程计量的条款。注重计算方法的约定，应严格确定计量内容（一般按净值计量），加强隐蔽工程计量的约定。计量方法一般按工程部位和工程特性确定，以便于核定工程量及便于计算工程价款为原则。

（3）有关工程计价的条款。应特别注意价格调整条款，如对未标明价格或无单独标价的工程，是采用重新报价方法，还是采用定额及取费方法，或者协商解决，在合同中应约定相应的计价方法。对于工程量变化的价格调整，应约定费用调整公式；对工程延期的价格调整、材料价格上涨等因素造成的价格调整，是采用补偿方式，还是变更合同价，应在合同中约定。

（4）有关双方职责的条款。为进一步划清双方责任，量化风险，应对双方的职责进行恰当的描述。对那些未来很可能发生并影响工作、增加合同价格及延误工期的事件和情况加以明确，防止索赔、争议的发生。

（5）工程变更的条款。适当规定工程变更和增减总量的限额及时间期限。如在 FIDIC 合同条款中规定，单位工程的增减量超过原工程量 15% 应相应调整该项的综合单价。

（6）索赔条款。明确索赔程序、索赔的支付、争端解决方式等。

6.5.3 不同计价模式对合同价和合同签订的影响

采用不同的计价模式会直接影响到合同价的形成方式，从而最终影响合同的签订和实施。相比之下，传统的定额计价模式存在诸多弊端，工程量清单的计价模式能确定更为合理的合同价，便于合同的实施。这主要表现在以下三个方面：

（1）工程量清单计价的合同价的形成方式使工程造价更接近于工程实际价值。因为确定合同价的投标报价和标底价都以实物法编制，采用的消耗量、价格、费率都是市场波动值，因此使合同价更好地反映工程的性质和特点，更接近于市场价值。

（2）工程量清单计价模式能实现对工程造价的动态控制。在定额模式下，承发包双方按照所约定采用国家定额、国家造价管理部门调整的材料指导价和颁布的价格调整系数，进行合同内、外项目的结算。在工程量清单计价模式下，工程量由招标人提供，投标人竞争性报价就是基于工程量清单上所列量值。但是工程量变化会改变施工组织、改变施工现场情况，从而引起施工成本、利润率、管理费率变化，因此带来项目单价的变化。因此清单计价模式能实现真正意义上的工程造价动态控制。

（3）在合同条款约定上，承发包双方的风险和责任意识更强。在工程量清单计价模式下，招标人提供工程量，承担工程量变更或计算错误的责任；投标人只对自己所报的成本、单价负责，实现了合同双方的风险合理分摊。另外，一般工程项目造价已通过清单报价明确下来，在日后的施工过程中，施工企业为获取最大的利益，会利用工程变更和索赔手段追求额外的费用。因此，双方对合同管理的意识大大加强，合同条款的约定会更加周密。

6.6 设备与材料采购招标投标与合同价的确定

6.6.1 设备与材料采购的招标投标方式

设备与材料采购是建设工程施工中的重要工作之一，采购货物质量的好坏和价格的高低，对项目的投资效益影响极大。《招标投标法》规定，在中华人民共和国境内进行与工程建设有关的重要设备、材料等的采购，必须进行招标。为了将这方面的工作做好，必须根据采购的标的物的具体特点，正确选择设备、材料采购的招标投标方式。

6.6.1.1 公开招标

设备、材料采购的公开招标是由招标单位通过广播、报刊、电视等公开发表招标广告，在尽量大的范围内征集供应商。公开招标对于设备、材料采购，能够引起最大范围内的竞争。其主要优点有：

（1）可以使符合资格的供应商能够在公平竞争条件下，以合适的价格获得供货机会。

（2）可以使设备、材料采购者以合理价格获得所需的设备和材料。

（3）可以促进供应商进行技术改造，以降低成本，提高竞争力。

（4）可以减少徇私舞弊的产生，有利于采购的公平公正。

设备、材料采购的公开招标一般组织方式严密，涉及环节众多，所需工作时间较长，故成本较高。因此，一些紧急需要或价值较小的设备和材料的采购则不适宜这种方式。

设备与材料采购的公开招标在国际上又称为国际竞争性招标和国内竞争性招标。

国际竞争性招标就是公开的广泛的征集投标者，引起投标者之间的充分竞争，从而使项目法人能以较低的价格和较高的质量获得设备或材料。我国政府和世界银行商定，凡工业项目采购额在100万美元以上的，均需采用国际竞争性招标。通过这种招标方式，一般可以使买主以有利的价格采购到需要的设备、材料，可引进国外先进的设备、技术和管理经验，并且可以保证所有合格的投标人都有参加投标的机会，保证采购工作公开而客观地进行。

国内竞争性招标适合于合同金额小，工程地点分散且施工时间拖得很长，劳动密集型生产或国内获得货物的价格低于国际市场价格，行政与财务上不适于采用国际竞争性招标等情况。国内竞争性招标亦要求具有充分的竞争性，程序公开，对所有的投标人一视同仁，并且根据事先公布的评选标准，授予最符合标准且标价最低的投标人。

6.6.1.2 邀请招标

设备、材料采购的邀请招标是由招标单位向具体设备、材料制造或有供应能力的单位直接发出投标邀请书，并且受邀参加投标的单位不得少于三家。这种方式也称为有限竞争性招标，是一种不需要公开刊登广告而直接邀请供应商进行竞争性投标的采购方法。它适用于合同金额不大，或所需特定货物的供应商数目有限，或需要尽早地交货等情况。但这样可能遗漏合格的有竞争力的供应商，为此应该从尽可能多的供应商中征求投标。

采用邀请招标一般是有条件的，主要包括：

（1）招标单位对拟采购的设备、材料在世界上（或国内）的制造商的分布情况比较清楚，并且制造厂家有限，又可以满足竞争态势的需要。

（2）已经掌握拟采购设备、材料的供应商或制造商或其他代理商的有关情况，对他们的履约能力、资信状况等已经了解。

（3）建设工程工期较短，不允许拿出许多时间进行设备材料采购，因而采用邀请招标。

（4）还有一些不宜进行公开采购的事项，如国防工程、保密工程、军事技术等。

6.6.1.3 其他方式

1. 询价方式选定设备、材料供应商

一般是通过对国内外几家供货商的报价进行比较后，选择其中一家签订供货合同。这种方式仅适用于现货采购或价值较小的标准规格产品。

2. 直接订购

这种采购方式一般适用于以下情况：①增购与现有采购合同类似货物而且使用的合同价格也较低廉；②保证设备或零配件标准化，以便适应现有设备需要；③所需设备设计比较简单或属于专卖性质的；④要求从指定的供货商采购关键性货物以保证质量；⑤在特殊情况下急需采购的某些材料、小型工具或设备。

6.6.2 设备与材料采购招标投标文件的编制

6.6.2.1 设备、材料采购招标文件的编制

1. 设备招标单位具备的条件

（1）法人资格。

（2）有组织建设工程设备供应工作的经验。

（3）对国家和地区大中型基建、技改项目的成套设备招标单位，应当具有国家有关部门资格审查认证的相应的甲、乙级资质。

（4）具有编制招标文件和标底的能力。

（5）具有对投标单位进行资格审查和组织评标的能力。

（6）建设工程项目单位自行组织招标的，应符合上述条件，如不具备上述条件应委托招标代理机构进行招标。

2. 设备招标文件的组成

设备招标文件是一种具有法律效力的文件，它是设备采购者对所需采购设备的全部要求，也是投标和评标的主要依据，内容应当做到完整、准确，所提供条件应当公平、合理，符合有关规定。主要由下列部分组成：

（1）招标书。包括招标单位名称、建设工程名称及简介、招标设备简要内容（设备主要参数、数量、要求交货期等）、投标截止日期和地点、开标日期和地点。

（2）投标须知。包括对招标文件的说明及对投标者和投标文件的基本要求，评标、定标的基本原则等内容。

（3）招标设备清单和技术要求及图纸。

（4）主要合同条款应当依据合同法的规定，包括价格及付款方式、交货条件、质量验收标准以及违约罚款等内容，条款要详细、严谨，防止事后发生纠纷。

（5）投标书格式、投标设备数量及价目表格式。

（6）其他需要说明的事项。

3. 设备招标文件的内容

根据财政部编制的《世界银行贷款项目国内竞争性招标采购指南》规定，设备、材料采购招标文件的内容包括：

（1）投标人须知。

（2）投标使用的各种格式，如保证金格式。

（3）合同格式。

（4）通用和专用条款。

（5）技术规格（规范）。

（6）货物清单。

（7）图纸。

（8）附件。

4. 编制设备、材料采购招标文件时应遵循的规定

（1）招标文件应清楚地说明购买的货物及其技术规格、交货地点、交货时间表、维修保修要求，技术服务和培训的要求，付款、运输、保险、仲裁的条件和条款及可能的验收方法和标准。还应明确规定在评标时要考虑的除价格以外的其他因素及评价这些因素的方法。

（2）对原招标文件的任何补充、澄清、勘误或内容改变，都必须在投标截止期前一定期限发给所有招标文件购买者。

（3）技术规格（规范）应明确定义。不能用某一制造厂家的技术规格（规范）作为招标文件的技术规格（规范）。

（4）关于投标有效期和保证金。投标有效期应使项目执行单位有足够的时间来完成评标及授予合同的工作。提交投标保证金的最后期限应是投标截止时间，其有效期应延续到投标有效期或延长期结束后一定时期。

（5）货物和设备合同通常不需要价格调整条款。在物价剧烈变动时期，对受价格剧烈波动影响的货物合同可以有价格调整条款。所采用的调整方法、计算公式和基础数据应在招标文件中明确规定。

（6）履约保证金的金额应在招标文件中加以规定，其有效期应至少持续到预计的交货或接受货物日期保证期后的一定时期。

（7）报价应以指定交货地为基础，应包括成本、保险费和运费。如为进口设备，还要

考虑关税和进口税。

(8) 招标文件中应明确规定属于不可抗力的事件。

(9) 招标文件中应有适当金额的违约赔偿条款，违约损失赔偿的比率和总金额应在招标文件中明确规定。

(10) 如果是国际招标，则应在主要合同条款中写明解释合同条款时使用哪个国家的法律。

(11) 关于报价。报价应包括单价、总价及与价格有关的运费、保险费、仓储费、装卸费、各种捐税、手续费、风险责任的转移等内容。另外，设备、材料的国家采购合同中有离岸价格（FOB)、到岸价格（CIF)、成本加运费价格（CFR）等报价方法，这些应准确说明。

6.6.2.2 设备、材料采购投标文件的编制

投标文件是投标的主要依据之一，应当符合招标文件的要求。基本内容包括：

(1) 投标书。

(2) 投标设备数量及价目表。

(3) 偏差说明书，即对招标文件某些要求有不同意见的说明。

(4) 证明投标单位资格的有关文件。

(5) 投标企业法人代表授权书。

(6) 投标保证金（根据需要定)。

(7) 招标文件要求的其他需要说明的事项。

6.6.3 设备与材料采购评标

6.6.3.1 设备、材料采购评标的原则与要求

(1) 招标单位应该组织评标委员会（或评标小组）负责评标定标工作。评标委员会应当由专家、设备需方、招标单位以及有关部门的代表组成，与投标单位有直接经济关系（财务隶属关系或股份关系）的单位人员不得参加评标委员会。

(2) 评标前，应当制定评标程序、方法、标准以及评标纪律。评标应当依据招标文件的规定以及投标文件所提供的内容评议并确定中标单位。在评标过程中，应当平等、公正地对待所有投标者，招标单位不得任意修改招标文件的内容或提出其他附加条件作为中标条件，不得以最低报价作为中标的唯一标准。

(3) 招标设备标底应当由招标单位会同设备需求方及有关单位共同协商确定。设备标底价格应当以招标当年现行价格为基础，生产周期长的设备应考虑价格变化因素。

(4) 设备招标的评标工作一般不超过 10 天，大型项目设备招标的评标工作最多不超过 30 天。

(5) 评标过程中有关评标情况不得向投标人或与招标工作无关的人员透露。凡招标申请公证的，评标过程应当在公证部门的监督下进行。

(6) 评标过程中，如有必要，可请投标单位对投标内容作澄清解释。澄清时，不得对投标内容作实质性修改。澄清解释的内容必要时可作书面纪要，经投标单位授权代表签字后，作为投标文件的组成部分。

(7) 评标定标以后，招标单位应当尽快向中标单位发出中标通知，同时通知其他未中

标单位。

设备与材料采购应当以最合理价格采购为原则，即评标时不仅要看其报价的高低，还要考虑货物运抵现场过程中可能支付的所有费用，以及设备在评审预定的寿命期内可能投入的运营、维修和管理的费用等。

6.6.3.2 设备、材料采购评标的方法

设备与材料采购评标的主要方法有：综合评标价法、全寿命费用评标法、最低投标价法和百分评定法。

1. 综合评标价法

以设备投标价为基础，将评定各要素按预定的方法换算成相应的价格，在原投标价上增加或扣减该值而形成评标价格。评标价格最低的投标书为最优。采购机组、车辆等大型设备时，较多采用这种方法。

评标时，除投标价格以外还需考察的因素和折算方法主要包括：运输费用；交货费；付款条件；零配件和售后服务；设备性能、生产能力。

2. 全寿命费用评标价法

采购生产线、成套设备、车辆等运行期内各种后续费用（备件、油料及燃料、维修等）较高的货物时，可采用以设备全寿命费用为基础评标价法。评标时应首先确定一个统一的设备评审寿命期，然后再根据各投标书的实际情况，在投标价上加上该年限运行期内所发生的各项费用，再减去寿命期末设备的残值。计算各项费用和残值时，都应按招标文件中规定的贴现率折算成净现值。

这种方法是在综合评标价法的基础上，进一步加上一定运行年限内的费用作为评审价格。以贴现率计算的费用包括：估算寿命期内所需的燃料消耗费、估算寿命期内所需备件及维修费用（备件费可按投标人在技术规范附件中提供的担保数字，或过去已用过可作参考的类似设备实际消耗数据为基础，以运行时间来计算）；估算寿命期末的残值。

3. 最低投标价法

采购技术规格简单的初级商品、原材料、半成品以及其他技术规格简单的货物，由于其性能质量相同或容易比较其质量级别，可把价格作为唯一尺度，将合同授予报价最低的投标者。

4. 百分评定法

这一方法是按照预先确定的评分标准，分别对设备投标书的报价和各种服务进行评审打分，得分最高者中标。一般评审打分的要素包括：投标价格；运输费、保险费和其他费用；投标书中所报的交货期限；备件价格和售后服务；设备的性能、质量、生产能力；技术服务和培训；其他。评审要素确定后，应依据采购标的物的性质、特点以及各要素对采购方总投资的影响程度来具体划分权重和记分标准。

百分评定法可以将难以用金额表示的各项要素量化后进行比较，但对评标人的水平和知识面要求高，主观随意性较大。

6.6.4 设备与材料合同价款的确定

设备、材料采购合同通常采用固定总价合同，在合同交货期内为不变价格。一般来说，设备、材料合同价款就是评标后的中标价格，招标文件和投标文件均为设备与材料采购合同的组成部分，随合同一起生效。合同价包括合同设备（含备品备件、专用工具）、技术资料、技术服务等费用，还包括合同设备的税费、运杂费、保险费等与合同有关的其他费用。设备、材料采购合同作为合同的一种，其订立也要经过要约和承诺两个阶段。

在国内，设备与材料采购招标投标中的中标单位在接到中标通知后，应当在规定时间内由招标单位组织与设备需求方签订合同，进一步确定合同价款。投标单位中标后，如果撤回投标文件拒签合同，或中标通知发出后，设备需求方拒签合同，都作违约论，应当交付违约赔偿金。合同生效后，接受委托的招标单位可向中标单位收取少量服务费。

设备与材料的国际采购合同中，合同价的确定应与中标价相一致，其具体价格条款应包括单价、总价及与价格有关的运输、保险费、仓储费、装卸费、各种捐税、手续费、风险责任的转移等内容。由于设备、材料价格的构成不同，价格条件也各有不同。设备、材料国际采购合同中常用的价格条件有离岸价格（FOB）、到岸价格（CIF）、成本加运费价格（CFR）。这些内容需要在合同签订过程中认真磋商，最终确定。

本章小结

本章主要介绍了建设项目工程招标标底、工程投标报价的确定方法和编制程序，简述了工程评标程序和方法，以及承包工程合同价款的确定方式和格式，并介绍了设备与材料采购的招标投标程序和方法。本章的学习重点为熟悉和掌握建设项目工程招标标底、工程投标报价、承包工程合同价款的确定方法。

思考题

1. 招标投标作为一种特殊的商品交易方式，包括哪些种类和方式？
2. 简述施工招标标底的编制原则、依据和方法。
3. 施工投标报价的方法有哪两种？比较两者的区别。
4. 简述施工投标报价的编制程序。
5. 施工投标报价的策略有哪些？如何应用？
6. 什么是综合评分法？评标中如何应用？
7. 如何选择工程价款的确定方式和格式？
8. 简述设备与材料采购招标投标的程序与方法。

第7章 施工阶段造价管理

【本章提要】 本章对建设项目施工阶段造价管理工作进行介绍。主要内容包括：建设项目施工阶段工程造价管理工作的内容和程序；资金使用计划的编制对工程造价的影响，以及资金使用计划的编制方法；施工组织设计对工程造价的影响，以及对施工组织设计进行优化的方法和途径；工程变更的概念和分类、确认和处理程序，工程变更合同价款的确定程序和方法，以及FIDIC合同条件下的工程变更等。工程索赔的概念、目的和分类，工程索赔的处理原则和程序，常见施工索赔的原因和处理，以及工期索赔和费用索赔的计算方法等；工程价款结算的作用和方式，工程预付款结算、进度款支付、保留金预留、竣工结算的内容和方法，以及工程价款动态结算和价差调整方法等。

【关键词】 施工阶段 资金使用计划 施工组织设计优化 变更价款 工程索赔 价款结算

7.1 施工阶段工程造价管理概述

建设项目施工阶段，就是按照设计文件、施工图具体组织施工建造的阶段，是建设项目价值和使用价值实现的主要阶段。施工阶段的工程造价管理是实施建设项目全过程造价管理的重要组成部分。

施工阶段的工程造价控制目标非常明确，即把工程造价控制在承包合同价内，并力求在规定的工期内生产出质量好、造价低的建设产品。施工阶段工程造价管理的主要内容包括：优化施工组织设计、合理管理与使用资金、控制工程变更、处理索赔等。

7.1.1 施工阶段工程造价管理的工作内容

7.1.1.1 组织工作内容

（1）在项目管理班子中落实从工程造价控制角度进行施工跟踪的人员分工、任务分工和职能分工。

（2）编制本阶段工程造价控制的工作计划和详细的工作流程图。

7.1.1.2 经济工作内容

（1）编制资金使用计划，确定、分解工程造价控制目标。

（2）对工程项目造价控制目标进行风险分析，并制定防范性对策。

（3）进行工程计量。

（4）复核工程付款账单，签发付款证书。

（5）在施工过程中进行工程造价跟踪控制，定期进行造价实际支出值与计划目标值的比较。发现偏差，分析产生偏差的原因，采取纠偏措施。

（6）协商确定工程变更的价款。

（7）审核竣工结算。

（8）对工程施工过程中的造价支出做好分析与预测，经常或定期向业主提交项目造价控制及其存在问题的报告。

7.1.1.3　技术工作内容

（1）对设计变更进行能够技术经济比较，严格控制设计变更。

（2）继续寻找通过设计挖潜节约造价的可能性。

（3）审核承包人编制的施工组织设计，对主要施工方案进行技术经济分析。

7.1.1.4　合同工作内容

（1）做好工程施工记录，保存各种文件图纸，特别是注有实际施工变更情况的图纸，注意积累素材，为正确处理可能发生的索赔提供依据。

（2）参与处理索赔事宜。

（3）参与合同修改、补充工作，着重考虑它对造价控制的影响。

7.1.2　施工阶段工程造价管理的工作程序

建设项目施工阶段的涉及面很广，涉及的人员很多，与造价控制有关的工作也很多，施工阶段造价控制的工作流程可以简化为图 7-1。

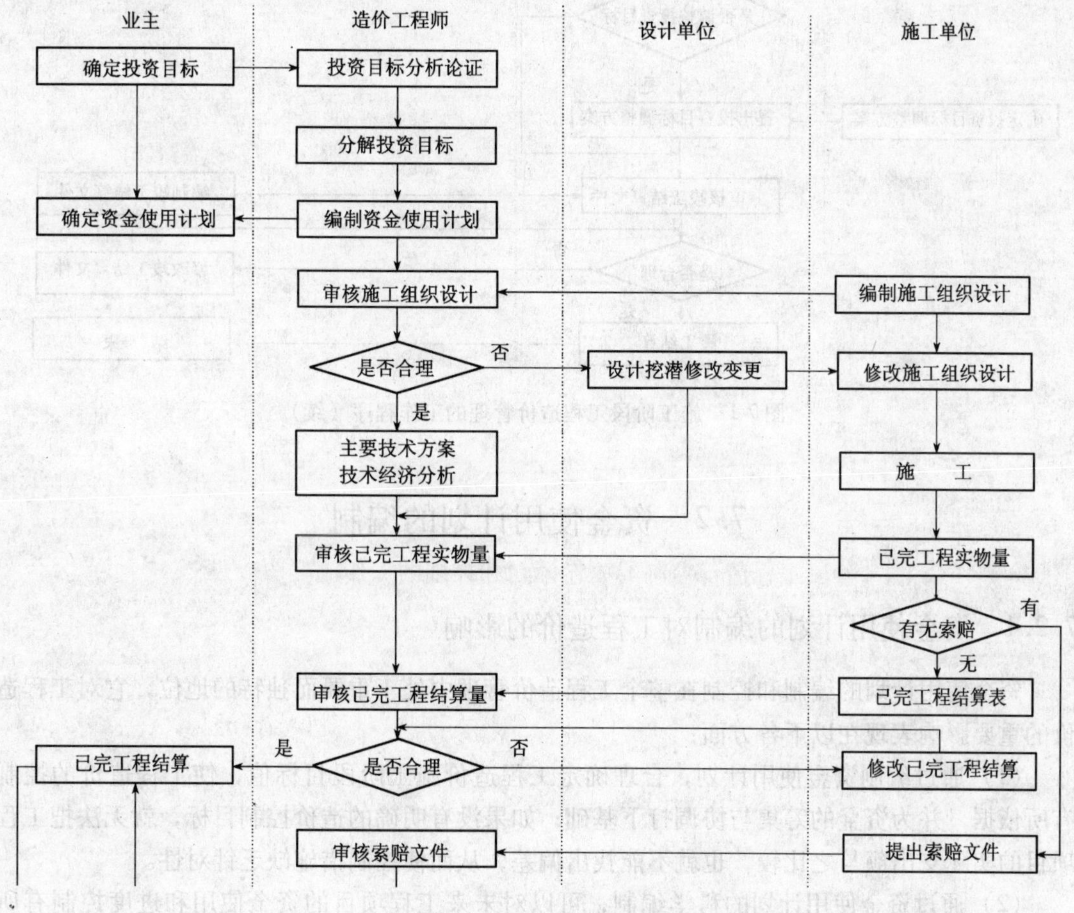

图 7-1　施工阶段工程造价管理的工作程序

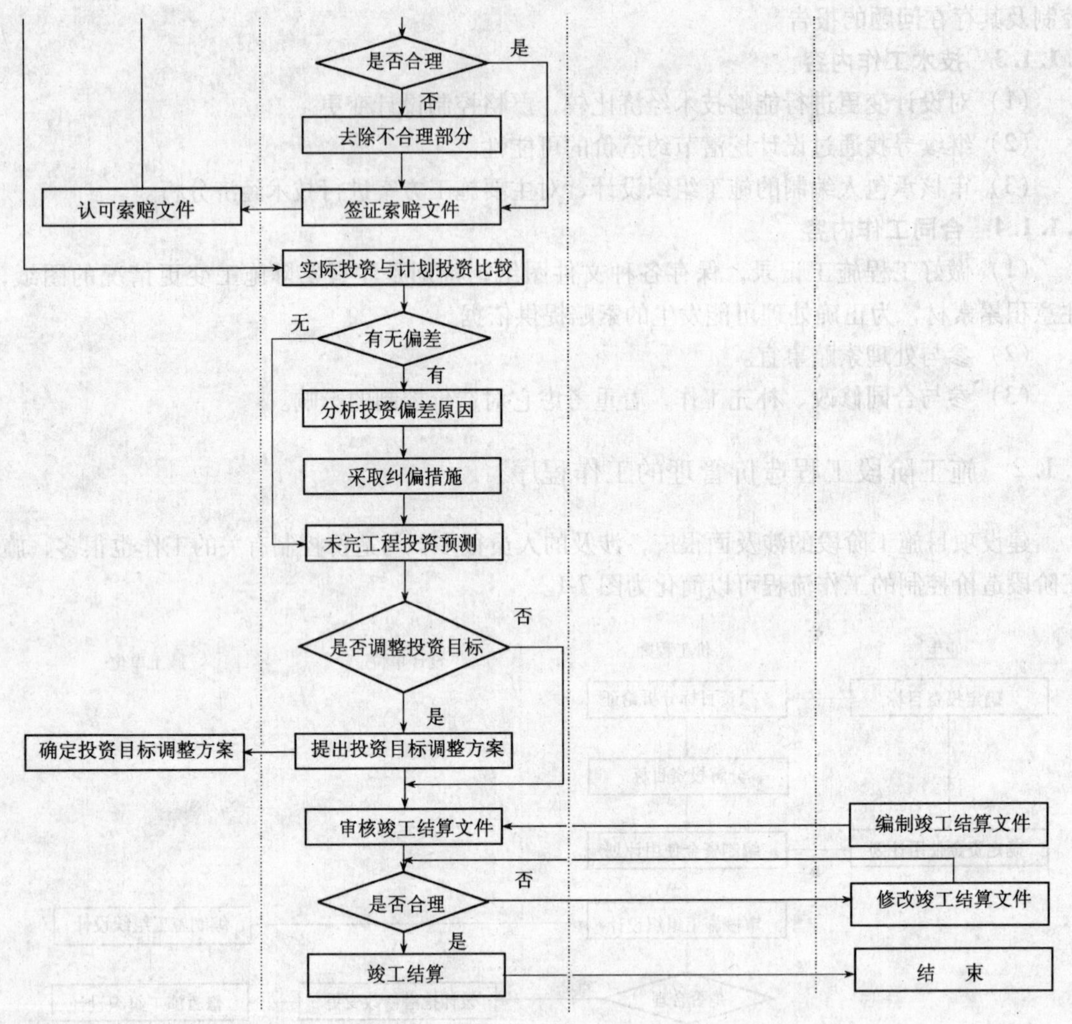

图 7-1　施工阶段工程造价管理的工作程序（续）

7.2　资金使用计划的编制

7.2.1　资金使用计划的编制对工程造价的影响

资金使用计划的编制和控制在整个工程造价管理中处于重要而独特的地位，它对工程造价的重要影响表现在以下各方面：

（1）通过编制资金使用计划，合理确定工程造价施工阶段目标值，使工程造价的控制有所依据，并为资金的筹集与协调打下基础；如果没有明确的造价控制目标，就无法把工程项目的实际支出额与之比较，也就不能找出偏差，从而使控制措施缺乏针对性。

（2）通过资金使用计划的科学编制，可以对未来工程项目的资金使用和进度控制有所预测，消除不必要的资金浪费，避免进度失控，也能够避免在今后工程项目中由于缺乏依据而出现轻率判断所造成的损失，减少盲目性，增加自觉性，使现有资金充分地发挥作用。

(3) 在建设项目的进行过程中，通过资金使用计划的严格执行，可以有效地控制工程造价上升，最大限度地节约投资，提高投资效益。

(4) 对脱离实际的工程造价目标值和资金使用计划，应在科学评估的前提下，允许修订和修改，使工程造价更趋于合理水平，从而保障建设单位和承包商各自的合法利益。

7.2.2 资金使用计划的编制方法

根据工程造价控制目标和要求的不同，资金使用计划可按子项目或者按时间进度进行编制。

7.2.2.1 按不同子项目编制资金使用计划

一个建设项目往往由多个单项工程组成，每个单项工程还可能由多个单位工程组成，而单位工程总是由若干个分部分项工程组成。按不同子项目划分资金的使用，进而做到合理分配，首先必须对工程项目进行合理划分，划分的粗细程度根据实际需要而定。一般来说，由于概算和预算大都是按照单项工程和单位工程来编制的，将项目总投资分解到各单项工程和单位工程是比较容易办到的，结果也是比较合理可靠的。对各单位工程的建筑安装工程投资还需要进一步分解，在施工阶段一般可分解到分部分项工程。

需要注意的是，按照这种方法分解项目总投资，不能只是分解建筑工程投资、安装工程投资和设备工器具购置投资，还应该分解项目的其他投资。由于项目其他投资所包含的内容既与具体单项工程或单位工程直接有关，也与整个项目建设有关，因此，实践中应对工程项目的其他投资的具体内容进行分析，将其中确实与各单项工程和单位工程有关的投资分离出来，按照一定比例分解到相应的工程内容上。

在编制资金使用计划时，要在项目总的方面考虑总的预备费，也要在主要的工程分项中安排适当的不可预见费，以避免在具体编制资金使用计划时，可能出现个别单位工程或工程量表中某项内容的工程量计算有较大的出入，使原来的资金使用预算失实，并在项目实施过程中对其尽可能地采取一些措施。

在完成项目投资目标分解之后，应该具体地分配投资，编制工程分项的投资支出计划，从而得到详细的资金使用计划表。其内容一般包括：工程分项编码、工程内容、计量单位、工程数量、计划综合单价、本分项总计等，如表 7-1 所示。

表 7-1 资金使用计划表

序号	工程分项编码	工程内容	计量单位	工程数量	计划综合单价	本分项总计	备注

7.2.2.2 按时间进度编制资金使用计划

建设项目的投资总是分阶段、分期支出的，资金应用是否合理与资金时间安排有密切关系。为了编制资金使用计划，并据此筹措资金，尽可能减少资金占用和利息支付，有必要将总投资目标按使用时间进行分解，确定分目标值。

按时间进度编制的资金使用计划，通常可利用项目进度的网络图进一步扩充而得到。利用网络图控制投资，即要求在拟订工程项目的执行计划时，一方面确定完成各项施工活动所需的时间，另一方面也要确定完成这一工作的合适的投资支出预算。

按时间进度编制的资金使用计划用横道图形式和时标网络图形式（本书 7.7 节将介绍）。

资金使用计划也可以采用S形曲线与香蕉图的形式。其对应数据的产生依据是施工计划网络图中时间参数（工序最早开工时间、工序最早完工时间、工序最迟开工时间、工序最迟开工时间，关键工序、关键路线、计划总工期）的计算结果与对应阶段资金使用要求。

时间-投资累计曲线（S形图线）的绘制步骤如下：

（1）确定工程进度计划，编制进度计划的甘特图。

（2）根据每单位时间内完成的实物工程量或投入的人力、物力和财力，计算单位时间（月或旬）的投资，如表 7-2 所示。

表 7-2　单位时间（月）投资额

时间（月）	1	2	3	4	5	6	7	8	9	10	11	12
投资（万元）	100	200	300	500	600	800	800	700	600	400	300	200

（3）计算规定时间 t 内计划累计完成的投资额，即对单位时间完成的投资额累加求和，用表达式表示为

$$Q_t = \sum_{n=1}^{t} q_n$$

式中　Q_t——某时间 t 内计划累计完成的投资额；

q_n——单位时间 n 内计划完成的投资额；

t——规定的计划时间。

（4）按各规定时间的 Q_t 值，绘制S形曲线，如图 7-2 所示。每一条S形曲线都对应某一特定的工程进度计划。进度计划的非关键路线中存在许多有时差的工序或工作，因而S形曲线必然包括在由全部活动都按最早开工时间开始和全部活动都按最迟开工时间开始的曲线所组成的“香蕉图”内，见图 7-3。建设单位可根据编制的投资支出预算来安排资金，同时建设单位也可以根据筹措的建设资金来调整S形曲线，即通过调整非关键路线上的工序项目的最早或最迟开工时间，力争将实际的投资支出控制在预算的范围内。

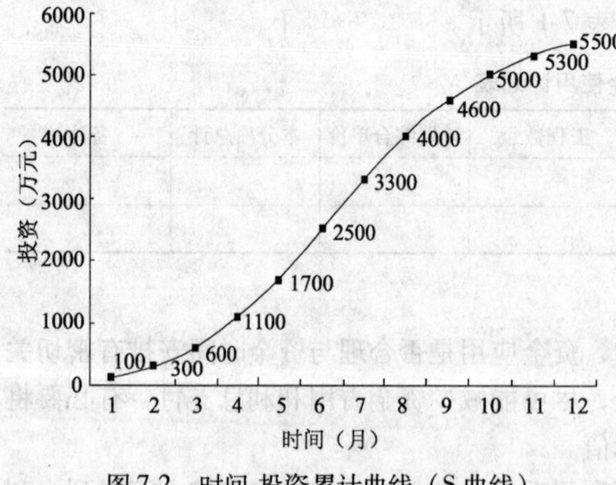

图 7-2　时间-投资累计曲线（S 曲线）

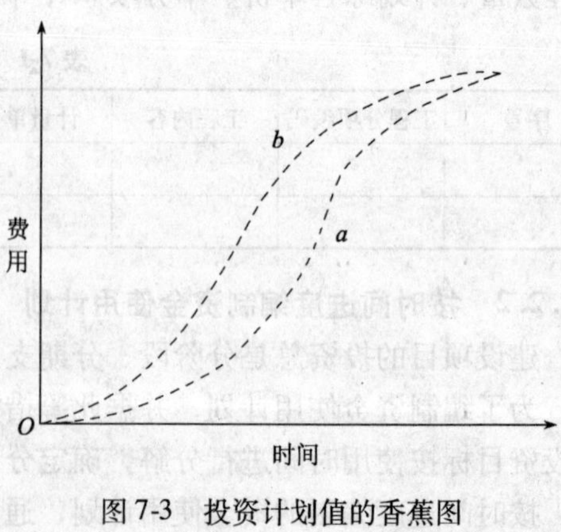

图 7-3　投资计划值的香蕉图

a—所有活动按最迟开始时间开始的曲线；

b—所有活动按最早开始时间开始的曲线

一般而言，所有活动都按最迟开始时间开始，对节约建设单位的建设资金贷款利息是有利的，但同时也降低了项目按期竣工的保证率，因此，必须合理地确定投资支出预算，达到既节约投资支出，又控制项目工期的目的。

7.3 施工组织设计的优化

7.3.1 施工组织设计对工程造价的影响

施工组织设计（又叫施工组织规划）是由施工单位编制的，用以指导施工准备和组织施工的技术经济文件，是施工企业管理现场施工的内部法规。它的任务是：在充分研究工程客观条件和施工特点的基础上，结合本企业的技术力量、装备与管理水平，对人力、资金、材料、机械和施工方法五个基本要素进行统筹规划、合理安排、全面组织；充分利用有限的空间和时间，采用先进的施工技术，选择经济合理的施工方案；建立正常的生产顺序和有效的管理方法，力求用最少的资源和财力取得质量高、成本低、工期短、效益好和用户满意的建设（或建筑）产品。

施工组织设计与工程造价的关系是密不可分的，施工组织设计决定着工程造价的水平，而工程造价又对施工组织设计起着完善、促进的作用。要建成一项工程项目，可能会有多种施工方案，但每种方案所花费的人力、物力、财力是不同的。包括：①材料价格的确定；②施工机械的选用；③人工工日、机械台班与材料消耗量；④施工组织平面布置，施工年度投资计划等。要选择一种既切实可行，又节约投资的施工方案，就要用工程造价来考核其经济合理性，决定取舍。

在施工阶段，工程估算（施工图预算，或投标报价，或合同价）的每个工程量清单子目都是根据一定的施工条件制定的，而施工条件有相当一部分是由施工组织设计确定的。因此，施工组织设计决定着工程造价的编制，并决定着工程结算的编制与确定。而工程造价又是反映和衡量施工组织设计是否切实可行、经济、合理的依据。因此，施工组织设计的优化是控制工程造价的有效渠道，施工组织设计是技术与经济相结合的文件，最终目的是提高经济效益、节约工程总造价。

7.3.2 施工组织设计的优化方法

优化施工组织设计，就是通过科学的方法，对多方案的施工组织设计进行技术经济分析、比较，从中择优确定最佳方案。优化施工组织设计的方法有定性分析法、多指标定量分析法和价值工程分析法等。

7.3.2.1 定性分析法

定性分析法就是根据过去积累的经验对施工方案、施工进度计划和施工平面布置的优劣进行分析。如施工平面设计是否合理，主要看场地是否合理利用、临时设施费用是否适当；施工进度计划中各主要工程的工期是否恰当，一般可按经验数据和工期定额进行分析。定性分析法较为简便，但不精确，要求设计者、造价工程师必须有丰富的施工经验和较高的管理水平。

7.3.2.2 多指标定量分析法

多指标定量分析法，是目前经常采用的方法。它是通过一系列技术经济指标的计算，对比分析，然后根据指标的高低分析判断优劣的方法。一般来说，所采用的技术经济指标可以划分为五类。每类所包含的具体指标及计算方法如表7-3所示。

表7-3　施工组织设计优化指标

指标类	指标名称	计算方法
施工进度计划指标	工期	最佳工期 = T {min（直接费 + 间接费）}，即总成本（包括直接费和间接费）时所对应的施工时间
	施工均衡性	（1）工程量（材料）均衡系数 = $\frac{\text{某分项工程施工期内工程量（材料）最高需用量}}{\text{某分项工程施工期内工程量（材料）平均需用量}}$ （2）用工人数均衡系数 = $\frac{\text{施工期内最高用工人数}}{\text{施工期内平均用工人数}}$ （3）工程量均衡系数 = $\frac{\text{施工期内月完成最高工作量}}{\text{施工期内月平均完成工作量}}$
	竣工率	(1)房屋建筑面积竣工率(%) = $\frac{\text{本期房屋建筑竣工面积}}{\text{本期房屋建筑施工面积}}$ (2)单项(单位)工程竣工率(%) = $\frac{\text{本期单项(单位)工程竣工个数}}{\text{本期单项(单位)工程施工个数}}$
施工机械化程度指标	施工机械化程度指标	工程机械化程度(%) = $\frac{\text{某工种工程利用机械完成的实物量}}{\text{某工种工程的全部实物量}}$ 综合机械化程度(%) = $\frac{\Sigma\text{(各工种工程用机械完成的实物量×各相应工种工程的人工定额工日)}}{\Sigma\text{(各工种工程完成的总实物量×各相应工种工程的人工定额工日)}}$
	机械效率指标	机械效率(%) = $\frac{\text{施工期内机械计划完成产量}}{\text{施工期内机械平均总能力}}$
	机械能力利用率指标	机械能力利用率(%) = $\frac{\text{施工期某机械平均台班计划产量}}{\text{该机械台班定额产量}}$
工程成本指标	成本降低率(%) = $\frac{\text{预算成本 - 计划成本}}{\text{预算成本}}$ 平方米造价降低率(%) = $\frac{\text{预算每平方米建筑面积造价 - 计划每平方米建筑面积造价}}{\text{预算每平方米建筑面积造价}}$ 劳动生产率提高率(%) = $\frac{\text{本工程劳动生产率 - 历史最高劳动生产率}}{\text{历史最高劳动生产率}}$ 用工节约率(%) = $\frac{\text{预算用工 - 计划用工}}{\text{预算用工}}$ 材料节约率(%) = $\frac{\text{某材料预算用量 - 该材料计划用量}}{\text{某材料预算用量}}$	
工程质量指标	合格品率(%) = $\frac{\text{合格的单位工程个数(或建筑面积)}}{\text{验收鉴定的单位工程个数(或建筑面积)}}$ 优良品率(%) = $\frac{\text{优良的单位工程个数(或建筑面积)}}{\text{验收鉴定的单位工程个数(或建筑面积)}}$ 返工损失费率(%) = $\frac{\text{全年(或工期内)累计返工损失金额}}{\text{全年(或工期内)累计完成投资总额}}$	
施工安全指标	负伤率(%) = $\frac{\text{本期事故负伤次数}}{\text{本期职工平均人数}}$ 事故严重程度(%) = $\frac{\text{本期内事故负伤歇工次数}}{\text{本期事故负伤人数}}$	

7.3.2.3 价值工程分析法

运用价值工程的基本原理来优化施工方案，同样可以达到优化施工组织设计、节约工程总造价的目的。

价值工程其目的是以研究对象的最低寿命周期成本可靠地实现使用者所需的功能，以获取最佳的综合效益。价值工程的目标是提高研究对象的价值。这里的“价值”定义可用下列公式表示：

$$V=\frac{F}{C}$$

式中 V——价值（Value）；

F——功能（Function）；

C——成本（Cost）。

这里的功能和成本都不是绝对量，而是相对量，是抽象了的功能和成本。在产品功能价值工程分析中，评价对象的价值为功能权重与成本权重的比值。在运用价值工程方案比选中，各评价对象的价值是一种性价比的相对值。

【例 7-1】 某单位工程，在进行了技术经济分析和专家调查的基础上，提出了 A、B、C 三个施工方案。其中 A：480 元/m²；B：560 元/m²；C：450 元/m²。经有关专家讨论，决定从质量 F_1、安全 F_2、进度 F_3、费用 F_4 四个技术经济指标对方案进行评价，并采用 0-1 评分法对各技术经济指标的重要程度进行评分，其结果见表 7-4。三方案各技术经济指标的得分见表 7-5。

表 7-4 0-1 评分表

	F_1	F_2	F_3	F_4
F_1	—	0	1	1
F_2		—	1	1
F_3			—	0
F_4				—

表 7-5 技术经济指标得分表

得分	A	B	C
F_1	10	8	9
F_2	8	10	7
F_3	8	10	10
F_4	10	7	8

（1）确定各技术经济指标的权重

本工程技术经济指标得分和权重计算见表 7-6。

表 7-6　技术经济指标得分和权重计算表

	F_1	F_2	F_3	F_4	得分	修正得分	权重
F_1	—	0	1	1	2	3	0.3
F_2	1	—	1	1	3	4	0.4
F_3	0	0	—	0	0	1	0.1
F_4	0	0	1	—	1	2	0.2
合计					6	10	1.0

（2）利用价值工程原理确定最优施工方案。

① 计算各方案的功能指数，见表 7-7。

表 7-7　功能指数计算表

技术经济指标	权重	A	B	C
F_1	0.3	10×0.3 = 3	8×0.3 = 2.4	9×0.3 = 2.7
F_2	0.4	8×0.4 = 3.2	10×0.4 = 4	7×0.4 = 2.8
F_3	0.1	8×0.1 = 0.8	10×0.1 = 1	10×0.1 = 1
F_4	0.2	10×0.2 = 2	7×0.2 = 1.4	8×0.2 = 1.6
合计	1.0	9.00	8.8	8.1
功能指数		9/25.9 = 0.3475	8.8/25.9 = 0.3398	8.1/25.9 = 0.3127

② 计算各方案的成本指数：

方案 A 成本指数：480 ÷（480 + 560 + 450）= 0.3221

方案 B 成本指数：560 ÷（480 + 560 + 450）= 0.3758

方案 C 成本指数：450 ÷（480 + 560 + 450）= 0.3020

③ 计算各方案的价值指数：

方案 A 的价值指数：0.3475 ÷ 0.3221 = 1.0789

方案 B 的价值指数：0.3398 ÷ 0.3758 = 0.9042

方案 C 的价值指数：0.3127 ÷ 0.3020 = 1.0354

因此，选择方案 A 进行施工最佳。

7.3.3　施工组织设计的优化途径

7.3.3.1　重视并充分做好施工准备工作

在编制投标过程中，要充分熟悉设计图纸、招标文件，要重视现场踏勘，编制出一份科学、合理的施工组织设计文件。为了响应招标要求和中标，要对施工组织设计进行优化，确保工程中标，并有一个合理的、预期的利润水平。

工程中标后，承包人要着手编制详尽的施工组织设计，在选择施工方案、确定进度计划和技术组织措施之前，必须熟悉的内容包括：设计文件；工程性质、规模和施工现场情况；工期、质量和造价要求；水文、地质和气候条件；物质运输条件；人、材、物的需要量及本地材料市场价格等具体的技术经济条件等，为优化施工组织设计提供科学、合理的依据。

7.3.3.2 施工进度安排要均匀

在工程施工中，根据施工进度算出人工、材料、机械设备的使用计划，避免人工、机械、材料的大进大出，浪费资源。图 7-4 反映的是工期与工程造价的关系：在合理的工期 $t_{合}$ 内，工程造价最低为 $C_{合}$；实际工期比合理工期 $t_{合}$ 提前 t_1 或拖后 t_2，都意味着造价的提高。在确保工期的前提下，应保证施工按进度计划有节奏地进行，实现合同约定的质量目标和预期的利润水平，提高综合效益。

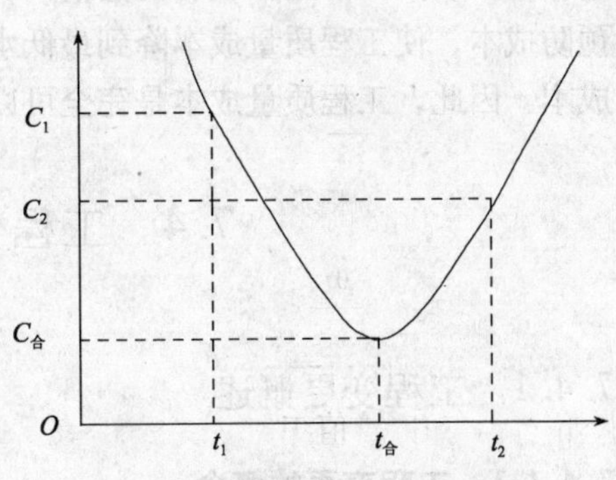

图 7-4　工期与造价关系曲线图

7.3.3.3 组建精干的项目管理机构，组织专业队伍流水作业

施工现场项目管理机构和施工作业队伍要精干，减少计划外用工，降低计划外人工费支出，充分调动职工的积极性和创造性，提高工作效率。施工技术和管理人员要掌握施工进度计划和施工方案，能够在施工中组织专业队伍连续交叉作业，尽可能组织流水施工，使工序衔接合理紧密，避免窝工。这样，既能提高工程质量、保证施工安全，又可以降低工程成本。

7.3.3.4 提高机械的利用率，降低机械使用费

机械设备在选型和搭配上要合理，充分考虑施工作业面、路面状况和运距、施工强度和施工工序。在不影响总进度的前提下，对局部进度计划作适当的调整，做到一机多用，充分发挥机械的作用，提高机械的利用率，达到降低机械使用费，从而降低工程成本的目的。

7.3.3.5 以提高经济效益为主导，选用施工技术和施工方案

在满足合同的质量要求前提下，采用新材料、新工艺、新方案，减少主要材料的浪费损耗，杜绝返工、返修，合理降低工程造价。对新材料、新工艺、新方案的采用要进行技术经济分析比较，要经过充分的市场调查和询价，选用优质价廉的材料；在保证机械完好率的条件下，用最小的机械消耗和人工消耗，最大限度地发挥机械的利用率，尽量减少人工作业，可以达到缩短工序作业时间的目的，以及优选成本低的施工方案和施工工艺等。

7.3.3.6 确保施工质量，降低工程质量成本

工程质量成本，又称工程质量造价，是指为使竣工工程达到合约约定的质量标准所发生的一切费用，包括以下两部分内容。

1. 质量保障和检验成本

即保证工程达到合理质量标准要求所支付的费用，包括工程质量检测和鉴定成本以及工程质量预防成本。

2. 质量失败补救成本

即完工工程为达到合同的质量标准要求所造成的损失（返工和返修等）及处置工程质量缺陷所发生的费用，包括工程质量问题成本和工程质量缺陷成本。

控制好工程质量成本，必须消灭工程质量问题成本和缺陷成本，同时要提高质量检测的效率，减少和预防成本支出。为此，要把握好材料进场质量关，控制好施工过程的质量，改

进质量控制方法。这样就有可能消灭工程质量问题成本和缺陷成本，从而降低部分工程质量预防成本，使工程质量成本降到最低水平，即只发生工程质量鉴定成本和部分工程质量预防成本。因此，工程质量成本是完全可以控制的。

7.4 工程变更与变更价款的确定

7.4.1 工程变更概述

7.4.1.1 工程变更的概念

由于工程建设的周期长、涉及的经济关系和法律关系复杂、受自然条件和客观因素的影响大，导致工程的实际施工情况与招标投标时的工程情况相比往往会有一些变化。所谓工程变更包括设计变更、进度计划变更、施工条件变更及原招标文件和工程量清单中未包括的“新增工程”等。在工程实施过程中，由于勘察设计工作粗糙，以致出现原招标文件中没有考虑或工程量清单中估算不准确的工程量，或者由于发生不可抗力的事件导致停工与工期拖延等，这些因素会不可避免地造成工程变更。

工程变更常发生于工程项目实施过程中，一旦处理不好常会引起纠纷，损害业主或承包人的利益，对项目投资控制很不利。工程变更可能导致工程投资失控。因为承包工程的实际造价等于合同价与索赔额的总和。承包人为了适应日益竞争的建设市场，通常在合同谈判时让步，而在工程实施过程中通过索赔获取补偿；由于工程变更所引起工程量的变化、承包人的索赔等，都有可能使最终投资额超出原来的预计投资，所以工程师应密切注意对工程变更价款的处理。

7.4.1.2 工程变更的分类

我国要求严格按图施工，因此如果变更影响了原来的设计，则首先应当变更原设计。因此，大部分的变更往往需经设计单位发出相应的图纸和说明后方可实施，即最终表现为设计变更。考虑到设计变更在工程变更中的重要性，往往将工程变更分为设计变更和其他变更两大类。

1. 设计变更

设计变更常常包括更改工程有关部分的高程、基线、位置、尺寸；增减合同中约定的工程量；改变有关工程的施工时间顺序；其他有关工程变更需要的附加工作。在施工中如果发生设计变更，将对施工进度产生很大影响，容易造成投资失控，因此应尽量减少设计变更，对必须变更的，应先作工程量和造价的分析。国家严禁通过设计变更扩大建设规模，增加建设内容，提高建设标准。变更超过原设计标准建设规模时，发包人应经规划管理部门和其他部门重新审查批准，并由原设计单位提供变更的相应图纸和说明后，方可发出变更通知。

2. 其他变更

合同履行中除设计变更外，其他能够导致合同内容变更的都属于其他变更。如：发包人要求变更工程质量标准、双方对工期要求的变化、施工条件和环境的变化导致施工机械和材料的变化等。

7.4.2 工程变更的确认和处理程序

7.4.2.1 工程变更的确认

由于工程变更会带来工程造价和工期的变化，为了有效地控制造价，无论任何一方提出工程变更，均需由工程师确认并签发工程变更指令。工程变更质量发出后，应迅速落实变更。

工程师确认工程变更的步骤为：

（1）提出工程变更。

（2）分析提出的工程变更对项目目标的影响。

（3）分析有关合同条款和会议纪要、通信记录。

（4）向业主提交变更评估报告，初步确定处理变更后所需要的费用、时间范围和质量要求。

（5）确认变更。

7.4.2.2 工程变更的处理程序

1. 发包人提出的工程变更

施工中发包人需对原工程设计进行变更，应提前 14 天以书面形式向承包人发出变更通知。变更超过原设计标准或批准的建设规模时，须经原规划管理部门和其他有关部门重新审查批准，并由原设计单位提供变更的相应图纸和说明。发包人办妥上述事项后，承包人根据工程师的变更通知要求进行变更。因变更导致合同价款的增减及造成承包人的损失，由发包人承担，延误的工期相应顺延。

2. 承包人提出的工程变更

承包人应严格按照图纸施工，不得随意变更设计。施工中承包人提出合理化建议及对设计图纸进行变更，须经工程师同意。工程师同意变更后，必要的时候也需经原规划管理部门、图纸审查机构及其他有关部门审查批准，并由原设计单位提供变更的相应的图纸和说明。承包人擅自变更设计发生的费用和导致发包人的直接损失，由承包人承担，延误的工期不予顺延。工程师同意采用承包人合理化建议而发生的变更，所发生的费用和获得的收益，由发包人与承包人另行约定或分担。

3. 由施工条件引起的工程变更

施工条件的变更，往往是指在施工中遇到的现场条件同招标文件中描述的现场条件有本质的差异，或遇到未能预见的不利自然条件（不包括不利的气候条件），使承包人向业主提出施工单价和施工时间的变更要求。如基础开挖时发现招标文件未载明的流砂或淤泥层，隧洞开挖中发现新的断裂层等。承包人在施工中遇到这类情况时，要及时向工程师报告。施工条件的变更往往比较复杂，需要特别重视，否则会由此引起索赔的发生。

7.4.2.3 工程变更的处理要求

（1）如果出现了必须变更的情况，应当尽快变更。如果变更不可避免，不论是停止施工等待变更指令，还是继续施工，无疑都会增加损失。

（2）工程变更后，应当尽快落实变更。工程变更指令发出后，应当迅速落实指令，全面修改相关的各种文件。承包人也应当抓紧落实，如果承包人不能全面落实变更指令，则扩大的损失应当由承包人承担。

（3）对工程变更的影响应当作进一步分析。工程变更的影响往往是多方面的，影响持续的时间也往往较长，对此应当有充分的分析。

7.4.3　工程变更合同价款的确定

7.4.3.1　工程变更后合同价款的确定程序

（1）在工程变更确定后14天内，工程变更涉及工程价款调整的，由承包人向发包人提出工程价款报告，经发包人审核同意调整合同价款；

（2）工程变更确定后14天内，如承包人未提出变更工程价款报告，则发包人可根据所掌握的资料决定是否调整合同价款和调整的具体金额。重大工程变更涉及工程价款变更报告和确定的时限，由发、承包双方协商确定。

（3）收到变更工程价款报告一方，应在收到之日起14天内予以确认或提出协商意见，自变更工程价款报告送达之日起14天内，对方未确认也未提出协商意见时，视为变更工程价款报告已被确认。

（4）确认增（减）工程变更价款作为追加（减）合同价款与工程进度款同期支付。

（5）因承包人自身原因导致的工程变更，承包人无权要求追加合同价款。

工程变更后合同价款的确定程序如图7-5所示。

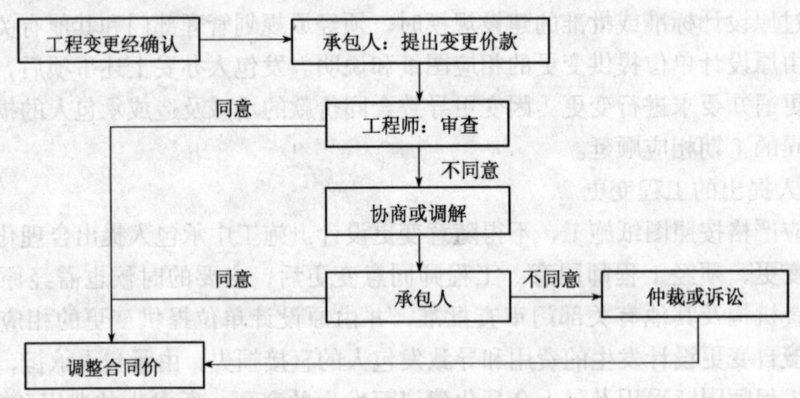

图7-5　工程变更后合同价款的确定程序

7.4.3.2　工程变更后合同价款的确定方法

1. 一般规定

合同中已有适用于变更工程的价格，按合同已有的价格变更合同价款；合同中只有类似于变更工程的价格，可以参照此类价格变更合同价款；合同没有使用或类似于变更工程的价格，由承包人或发包人提出适当的变更价格，经对方确认后执行。如双方不能达成一致时，双方可提请工程所在地工程造价管理机构进行咨询或按合同约定的争议或纠纷解决程序办理。

2. 采用工程量清单计价的工程

除合同另有约定外，其综合单价因工程量变更调整时，应按下列办法确定：

（1）工程量清单漏项或设计变更引起新的工程量清单项目，其相应综合单价由承包人提出，经发包人确认后作为结算的依据。

（2）由于工程量清单的工程数量有误或设计变更引起工程量增减，属合同约定幅度以内的，应执行原有的综合单价；属合同约定幅度以外的，其增加部分的工程量或减少后剩余部分的工程量的综合单价由承包人提出，经发包人确认后，作为结算依据。由于工程量的变更，且实际发生了规定以外的费用损失，承包人可提出索赔要求，与发包人协商确认后，给予补偿。

7.4.4 FIDIC 合同条件下的工程变更

在 FIDIC 合同条件下，业主提供的设计一般较为粗略，有的设计（施工图）是由承包商完成的，因此设计变更少于我国施工合同条件下的变更。

7.4.4.1 工程变更

根据 FIDIC 施工合同条件规定，在颁发工程接受证书前的任何时间，工程师可通过发布指示或要求承包商提交建议书的方式提出变更。承包商应遵守并执行每项变更，除非承包商立即向工程师发出通知，说明（附详细根据）承包商难以取得变更所需的货物。工程师接到此类通知后，应取消、确认或改变原指示。

7.4.4.2 工程变更范围

（1）改变合同中任何工作的工程量。合同实施过程中出现实际工程量与招标文件提供的工程量清单不符，工程量按实际计量的结果，单价在双方合作专用条款内约定。

（2）任何工作质量或其他特性的变更。如提高或降低质量标准。

（3）工程任何部分标高、位置和尺寸的变化。

（4）删除任何合同规定的工作内容。取消的工作应是不再需要的工作，不允许用变更指令的方式将承包范围内的工作变更给其他承包商实施。

（5）改变原定的施工顺序或时间安排。

（6）进行永久工程所必需的任何附加工作、永久设备、材料供应或其他服务，包括任何联合竣工检验以及勘察工作。

（7）新增工程按单独合同对待，除非承包人同意此项按变更对待，一般应将新增工程按一个单独合同对待。

7.4.4.3 工程变更程序

（1）工程师将计划变更事项通知承包商，并要求承包商实施变更建议书。

（2）承包商应尽快作出书面回应，或提出不能照办的理由，或提交依据工程师的指示递交实施变更的说明，包括对实施工作的计划以及说明、对进度计划作出修改的建议、对变更估价的建议、提出变更费用的要求。若承包商由于非自身原因无法执行此项变更，承包商立即通知工程师。

（3）工程师收到此类建议书后，应尽快给予批准、不批准或提出意见的回复。

（4）承包商在等待答复期间，不应延误任何工作，应由工程师向承包商发出执行每项变更并附有做好各项费用记录的任何要求的指示，承包商应确认收到该指示。

7.4.4.4 工程变更价款的确定

各项工作内容的适宜费率或价格，应为合同对此类工作内容规定的费率或价格。如合同中无此项内容，应取类似工作的费率或价格。但在以下情况下，宜对有关工作内容采取新的费率或价格。

（1）该项工作测出的数量变化超过工程量表或其他资料表中所列数量的10%以上。

(2) 此数量变化与该项工作上述规定的费率或单价的乘积，超过中标合同金额的0.01%。

(3) 由数量变化直接导致该项工作的单位工程费用变动超过1%。

(4) 合同中没有规定该项工作为“固定费率项目”。

7.4.4.5 承包商申请的变更

承包商根据工程施工的具体情况，可以向工程师提出对合同内任何一个项目或工作的详细变更请求报告。未经工程师批准前，承包商不得擅自变更。若工程师同意，则按发布变更指令的程序执行。

承包商可随时向工程师提交书面建议，提出其认为建议采纳后将加快竣工，降低雇主的工程施工、维护或运行的费用，提高雇主的竣工工程的效率或价值，或给雇主带来其他利益的要求。

7.4.4.6 按照计日工作实施的变更

对于一些小的或附带性的工作，工程师可以指示按计日工作实施变更。这时，工作应当按照包括在合同中的计日工作计划表进行估价。

在为工作订购货物前，承包商应向工程师提交报价单。当申请支付时，承包商应向工程师提交各种货物的发票、凭证，以及账单或收据。除计日工作计划表中规定不应支付的任何项目外，承包商应当向工程师提交每日的精确报表，一式两份，报表应当包括前一工作日中使用的各项资源的详细资料。

7.5 工程索赔

7.5.1 工程索赔概述

7.5.1.1 工程索赔的概念

索赔是指在建设工程合同的实施过程中，合同当事人的一方因对方未履行或不能正确地履行合同所规定的义务而受到损失时，向对方提出补偿要求。当事人双方索赔的权利是平等的。索赔与反索赔相对应，被索赔方亦可提出合理论证和齐全的数据、资料，以抵御对方的索赔。但在实际工程中，发包人索赔数量较小，而且处理方便，可以通过冲账、扣拨工程款、扣保证金等实现对承包人的索赔；而承包人对发包人的索赔则比较困难一些。

索赔已成为承包人提高合同价格，减少或转移工程风险，争取赢利的经营策略之一。在许多国际承包工程中，索赔额达到工程合同价的10%～20%，有些工程索赔要求超过合同价。因此，建设管理者必须重视索赔问题，提高索赔的管理水平。

7.5.1.2 工程索赔的目的

在建设工程合同管理中，索赔的目的通常有两个，即工期延长和费用补偿，并且两者往往互相伴随。

1. 工期延长

承包合同中都有工期延误的罚款条款。如果工程拖延是由于承包人管理不善造成，则其必须接受处罚。承包人工期索赔的目的是争取业主已经拖延了的工期作补偿，以推卸自己的合同责任，不支付或少支付工期罚款。

2. 费用补偿

由于外界干扰事件的影响使承包人工程成本增加而蒙受经济损失，承包人可以根据合同规定提出费用索赔要求。费用索赔实质上是调整合同价格的要求。如果该要求得到业主认可，业主应向承包人追加支付这笔费用。如果因业主的原因造成承包人的损失，并且证据确凿，资料、数据齐全，业主应同意给予补偿，但是必须经过详细计算和核对后确定索赔数量。

7.5.1.3 工程索赔的分类

从不同的角度，按不同的方法和不同的标准，索赔有许多种分类方法，如表7-8所示。

表7-8 索赔分类一览表

序号	类别	分类	内容
1	按索赔目的	（1）工期索赔 （2）费用索赔	（1）要求延长合同工期 （2）要求补偿费用，提高合同价格
2	按合同类型	（1）总承包合同索赔 （2）分包合同索赔 （3）合伙合同索赔 （4）供养合同索赔 （5）劳务合同索赔 （6）其他	（1）总承包人与业主之间的索赔 （2）总承包人与分包商之间的索赔 （3）合伙人之间的索赔 （4）业主（或承包人）与供应商之间的索赔 （5）劳务供应商与雇佣者之间的索赔 （6）向银行、保险公司的索赔等
3	按索赔起因	（1）当事人违约 （2）合同变更 （3）工程环境变化 （4）不可抗力因素	（1）如业主未按合同规定提供施工条件（场地、道路、水电、图纸等），下达错误指令，拖延下达指令，未按合同支付工程款等 （2）业主指令修改设计、施工进度、施工方案，合同条款缺陷，错误、矛盾和不一致等，双方协商达成新的附加协议、修正案、备忘录等 （3）如地质条件与合同规定不一致 （4）物价上涨、法律变化、汇率变化；反常气候条件、洪水、地震、政局变化、战争、经济封锁等
4	按干扰事件的性质	（1）工期的延长或中断索赔 （2）工程变更索赔 （3）工程终止索赔 （4）其他	（1）由于干扰事件的影响造成工程拖期或工程中断一段时间 （2）干扰事件引起工程量增加、减少、增加新的工程变更施工次序 （3）干扰事件造成工程被迫停止，并不再进行 （4）如货币贬值、汇率变化、物价上涨、政策法律变化等
5	按处理方式	（1）单项索赔 （2）总索赔（又叫一揽子索赔，或综合索赔）	（1）在工程施工中，针对某一干扰事件的索赔 （2）将许多已提出但未获解决的单项索赔集中起来，提出一份总索赔报告，通常在工程竣工前提出，双方进行最终谈判，以一个一揽子方案解决
6	按索赔依据	（1）合同之内的索赔 （2）合同之外的索赔 （3）道义索赔（又称优惠索赔）	（1）索赔内容所涉及的均可在合同中找到依据 （2）索赔的内容和权利虽然难以在合同条件中找到依据，但权利可以来自普通法律 （3）承包人在合同中找不到依据，而业主也没有触犯法律事件，承包人对其损失寻求某些优惠性质的付款

7.5.2 工程索赔处理原则及程序

7.5.2.1 工程索赔的处理原则

1. 以合同为依据

不论索赔事件来自于何种原因，在索赔处理中，都必须在合同中找到相应的依据。工程师必须详细了解合同条件、协议条款等，以合同为依据来评价处理合同双方的利益纠纷。

合同文件包括合同协议，图纸，合同条件，工程量清单，双方有关工程的洽商、变更、往来函件等。

2. 及时、合理地处理索赔

索赔事件发生后，索赔的提出应当及时，索赔的处理也应当及时。索赔处理得不及时，对双方都会产生不利的影响。如承包人的索赔长期得不到合理解决，可能会影响承包商的资金周转，从而影响施工进度。

处理索赔还必须坚持合理性，既维护业主利益，又要照顾承包方实际情况。如由于业主的原因造成的工程停工，承包方提出索赔，机械停工损失按机械台班计算、人工窝工按人工单价计算，显然是不合理的。机械停工由于不发生运行费用，应按折旧费补偿，对于人工窝工，承包方可以考虑将工人调到别的工作岗位，实际补偿的应是工人由于更换工作地点及工种造成的工作效率降低而发生的费用。

3. 加强主动控制，减少工程索赔

在工程实施过程中，应对可能引起的索赔进行预测，尽量采取一些预防措施，避免索赔的发生。

7.5.2.2 工程索赔的处理程序

1. 索赔事件发生28天内，承包人以正式函件通知工程师，声明对此事件要求索赔。逾期申报，工程师有权拒绝承包人的要求。

2. 索赔意向通知发出后28天内，承包人向工程师提出补偿经济损失和延长工期的索赔报告及有关资料。索赔报告应对事件的原因、索赔的依据、索赔额度计算和申请工期的天数有详细的说明。

3. 工程师在收到承包人送交的索赔报告和有关资料后28天内给予答复，或要求承包人给予进一步补充索赔理由和证据。工程师收到索赔报告28天内未答复或未对承包商作进一步要求，视为该索赔已经认可。

4. 当该索赔事件持续进行时，承包人应当阶段性地向工程师发出索赔意向，并在索赔事件终了后28天内，向工程师提交索赔有关资料和最终索赔报告。

5. 双方若对该事件的责任、索赔金额、工期延长等不能达成一致时，工程师有权确定一个他认为合理的单价或价格作为处理意见，报送业主并通知承包人。

6. 承包人接受索赔决定，索赔事件即告结束；承包人不接受工程师决定，按照合同纠纷处理方式解决。

7.5.2.3 FIDIC 合同条件规定的工程索赔程序

1. 承包商察觉或应当察觉事件或情况后28天内，向工程师发出索赔通知。

2. 承包商在察觉或应当察觉事件或情况后42天内，向工程师递交详细的索赔报告。若引起索赔的事件连续影响，承包商应每月递交中间索赔报告，说明累计索赔延误时间和金额，在索赔事件产生影响结束后28天内，递交最终索赔报告。

3. 工程师在收到索赔报告或过去索赔的任何进一步证明资料后42天内，作出答复。

被广泛应用的索赔工作程序如图7-6所示。

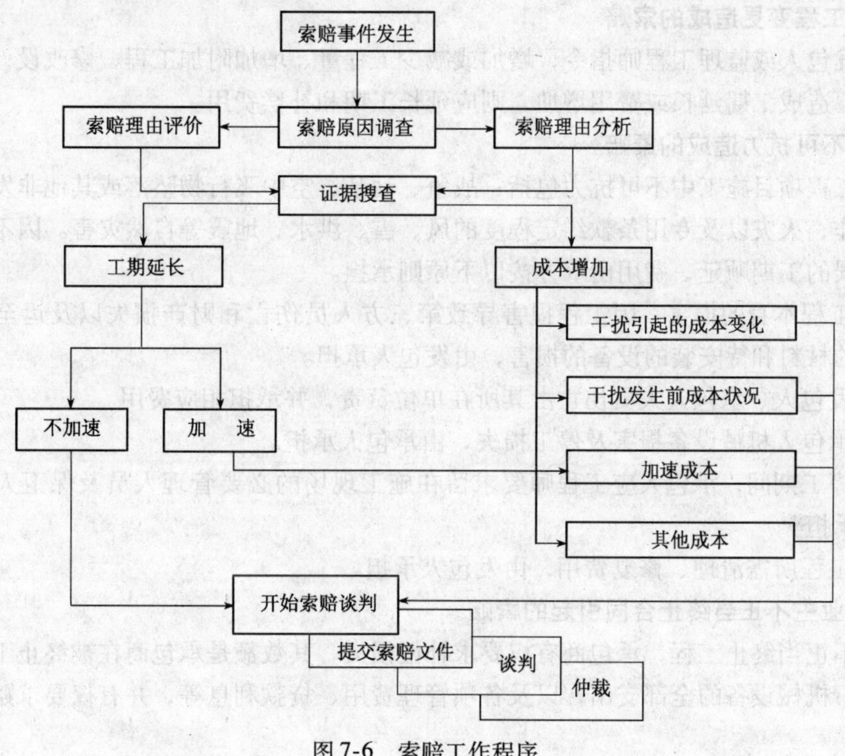

图7-6 索赔工作程序

7.5.3 常见施工索赔的处理

7.5.3.1 不利的自然条件与人为障碍引起的索赔

（1）不利的自然条件是指施工中遭遇到实际自然条件比招标文件中所描述的更为困难，增加了施工难度，使承包商必须花费更多的时间和费用。在这种情况下，承包商可以提出索赔，要求延长工期或补偿费用。

在实践中，这类索赔会引起争议。由于在签署的合同条件中，往往写明承包商在提交投标书之前，已对现场和周围环境及与之有关的可用资料进行了考察和检查，承包商应对上述资料负责，但合同条件中还包括，即：在工程施工过程中，承包商如果遇到了现场气候条件以外的外界障碍条件，这些条件是有经验的承包商无法预测的，则承包商有要求补偿费用和延长工期的权利。

（2）人为障碍引起的索赔。在施工过程中，如果承包商遇到了地下构筑物或文物，只要图纸并未说明的，而且与工程师共同确定的处理方案导致了工程费用的增加，承包商可提出索赔，延长工期和补偿相应费用。

7.5.3.2 工程延误造成的索赔

工程延误造成的索赔指的是发包人因未按合同要求提供施工条件，如未及时提供设计图纸、施工现场、道路、合同中约定的业主供应的材料不到位等原因造成工程拖延的索赔。如果承包商能提出证据说明其延误造成的损失，则有权获得延长工期和补偿费用的赔偿。

工程延误若属于承包商的原因，不能得到费用补偿，工期不能顺延。

工程延误若由于不可抗力的原因，工期可延长，但费用得不到补偿。

7.5.3.3 工程变更造成的索赔

由于发包人或监理工程师指令，增加或减少工程量、增加附加工程、修改设计、变更工程顺序等，造成工期延长或费用增加，则应延长工期和补偿费用。

7.5.3.4 不可抗力造成的索赔

建设工程项目施工中不可抗力包括：战争、动乱、空中飞行物坠落或其他非发包人责任造成的爆炸、火灾以及专用条款约定程度的风、雪、洪水、地震等自然灾害。因不可抗力事件导致延误的工期顺延，费用由双方按以下原则承担。

（1）工程本身的损害、因工程损害导致第三方人员伤亡和财产损失以及运至施工现场用于施工的材料和待安装的设备的损害，由发包人承担。

（2）发包人、承包人人员伤亡由其所在单位负责，并承担相应费用。

（3）承包人机械设备损害及停工损失，由承包人承担。

（4）停工期间，承包人应工程师要求留在施工现场的必要管理人员及保卫人员的费用由发包人承担。

（5）工程所需清理、修复费用，由发包人承担。

7.5.3.5 业主不正当终止合同引起的索赔

业主不正当终止工程，承包商有权要求补偿损失，其数额是承包商在被终止工程上的人工、材料、机械设备的全部支出，以及各项管理费用、贷款利息等，并有权要求赔偿其赢利损失。

7.5.3.6 工程加速引起的索赔

由于非承包商的原因，工程项目施工进度受到干扰，导致项目不能按时竣工，业主的经济利益受到影响时，有时业主和工程师会发布加速施工的指令，要求承包商投入更多的资源，加班加点来完成工程项目。这会导致承包商成本增加，引起索赔。

7.5.3.7 业主拖延工程款支付引起的索赔

发包人超过约定的支付时间不支付工程款，双方未能达成延期付款协议，导致施工无法进行，承包人可停止施工，并有权获得工期的补偿和额外费用补偿。

7.5.3.8 其他索赔

政策、法规变化、货币汇率变化、物价上涨等原因引起的索赔，属于业主风险，承包商有权要求补偿。

综合以上几种情况，常见的施工索赔处理如表 7-9 所示。

表 7-9 索赔原因与处理

索赔原因	责任者	处理原则	索赔结果
工程变更	业主、工程师	工期顺延、补偿费用	工期 + 费用
业主拖延工程款	业主	工期顺延、补偿费用	工期 + 费用
施工中遇到文物、构筑物	业主	工期顺延、补偿费用	工期 + 费用
工期延误	业主	工期顺延、补偿费用	工期 + 费用

续表

索赔原因	责任者	处理原则	索赔结果
异常恶劣气候、天灾等不可抗力	客观原因	工期顺延、费用不补	工期
业主不正当终止合同	业主	补偿损失	费用

7.5.4 工期索赔计算

7.5.4.1 网络分析法

工期索赔值可通过原施工网络计划与可能状态的网络计划对比得到，分析的重点是两种状态的关键线路。干扰事件发生后，使网络中的某个或某些活动受到干扰而延长持续时间，或工程活动之间的逻辑关系发生变化，或增加了新的工程活动等。考虑干扰时间的影响后重新进行网络分析，得到新的工期。新工期与原工期之差即为干扰时间对工期的影响，即为工期的索赔值。根据这一原理，可以采用网络分析法计算工期索赔。

网络分析法即为关键线路分析法。通过分析干扰时间发生前后不同的网络计划，对比两种工期计算结果来计算索赔值。网络分析法适用于各种干扰事件的索赔，但它以采用计算机网络技术进行工期计划和控制为前提，否则分析极为困难。

运用网络计划计算工期索赔时，要特别注意索赔事件成立所造成的工期延误是否发生在关键线路上。若干扰活动发生在施工进度的关键线路上，则该活动持续时间的延长即为总工期的延长值；如果该活动在非关键线路上，且受干扰后仍在非关键线路上（即没有超过其总时差），则这个干扰事件对工期无影响，故不能提出工期索赔。

【例7-2】 已知网络计划如图7-7所示。计算网络图，总工期16天，关键工作为A、B、E、F。

（1）若由于业主原因造成工作B延误2天，由于B为关键工作，对总工期将造成延误2天，故向业主索赔2天。

（2）若由于业主原因造成工作C延误1天，工作C总是差为1天，有1天的机动时间，业主原因造成的1天延误对总工期没有影响。索赔不成立。

（3）若由于业主原因造成工作C延误3天，由于C本身有1天的机动时间，对总工期造成延误为2天，故向业主索赔2天。

一般的，根据网络进度计划计算工期延误时，若工程完成后一次性解决工程延长的问题，通常的做法是：在原进度计划的工作持续时间的基础上，加上由于非承包商原因造成的工作延误时间，代入网络图，计算得出延误后的总工期，减去原计划的工期，进而得到可批准的索赔工期。

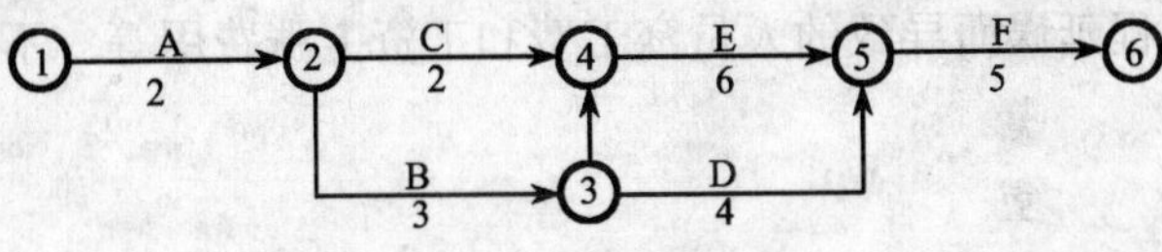

图7-7 某工程网络图

7.5.4.2 比例计算法

在实际工程中，干扰事件常常仅影响某些单项工程、单位工程或分部分项工程的工期，要分析它们对总工期的影响，可以采用更为简单的比例分析方法，即以某个技术经济指标作为比较基础，计算工期索赔值。

比例计算法在实际工程中用的较多，因计算简单、方便，不需作复杂的网络分析，易被人们接受。但严格来说，比例计算法是近似计算的方法，对有些情况并不适用。例如业主变更工程施工次序、业主指令采取加速措施、业主指令删减工程量或部分工程等。如果仍采用这种方法，会得到错误的结果，在实际工作中应予以注意。

（1）对于已知部分工程的延期的时间：

$$\text{工期索赔值}=\frac{\text{受干扰部分工程的合同价}}{\text{原合同总价}}\times\text{该受干扰部分工期拖延时间}$$

（2）对于已知额外增加工程量的价格：

$$\text{工期索赔值}=\frac{\text{额外增加的工程量的价格}}{\text{原合同总价}}\times\text{原合同总工期}$$

【例7-3】 某工程原合同规定分两个阶段进行施工，土建工程21个月，安装工程12个月。假定以一定量的劳动力需要量为相对单位，则合同规定的土建工程量可折算为310个相对单位，安装工程可折算为70个相对单位。合同规定，在工程量增减10%的范围内，作为承包商的工期风险，不能要求工期补偿。在工程施工过程中，土建和安装的工程量都有较大幅度的增加。实际土建工程量增加到430个相对单位，实际安装工程量增加到117个相对单位。

承包商提出的工期索赔为：

（1）不索赔的土建工程量的高限为：$310\times1.1=341$ 个相对单位

（2）不索赔的安装工程量的高限为：$70\times1.1=77$ 个相对单位

（3）由于工程量增加而造成的工期延长：

土建工程工期延长 $=21\times(430\div341-1)=5.5$（个月）

安装工程工期延长 $=12\times(117\div77-1)=6.2$（个月）

（4）总工期索赔为：$5.5+6.2=11.7$（个月）

7.5.5 费用索赔计算

7.5.5.1 索赔费用组成

1. 人工费

索赔费用中的人工费包括：完成合同之外的额外工作所花费的人工费用；由于非承包商责任的工效降低所增加的人工费用；超过法定工作时间的加班费用；法定的人工费增长及非承包商责任造成的工程延误而导致的人员窝工费和工资上涨费用等。不能简单地用计日工费计算。

2. 机械使用费

索赔费用中的机械使用费包括：由于完成额外工作增加的机械使用费；由于业主或工程师原因导致机械停工的窝工费；非承包人责任工效降低增加的机械使用费等。

3. 材料费

索赔费用中的材料费包括：由于索赔事项材料实际用量超过计划用量而增加的材料费；由于客观原因是材料价格的大幅度上涨；由于非承包人的工期延误导致的材料价格上涨和超期储存费用等。

4. 分包费用

分包费用索赔是指分包上的索赔费用。一般也包括人工费、材料费、机械使用费的索赔。因业主或工程师的责任导致的分包商的索赔费用应如数列入承包人的索赔款额内。

5. 现场管理费

索赔费用中的现场管理费是指承包人完成额外工程、索赔事项工作及工期延长期内的现场管理费。包括管理人员的工资、办公费、交通费等。

6. 公司管理费

索赔费用中的公司管理费是指工程延误期间增加的管理费。在国际工程施工索赔中，公司管理费可按照投标书中总部管理费的比例计算，或按照公司总部统一规定的管理费率计算，或以工程延期的总天数为基础进行计算。

7. 利息

利息的索赔通常发生于下列情况：拖期付款的利息；由于工程变更和工程延期增加的投资的利息；索赔款的利息，错误扣款的利息等。利息的具体利率可采用的标准包括：按当时银行贷款利率；按当时的银行透支利率；按合同双方协议的利率；按中央银行贴现率加3个百分点。

8. 利润

一般来说，由于工程范围的变更、文件有缺陷或技术性错误、业主未能提供现场、施工条件变化等引起的索赔，承包商是可以列入利润的。由于业主的原因终止或放弃合同，承包商除有权获得已完成的工程款以外，还应得到原定比料的利润。而对于工程延误的索赔，由于利润通常包括在每项实施工程内容的价格之内，延误工期并未影响削减某些项目的实施而导致利润减少，所以一般监理工程师很难同意在延误的费用索赔中加入利润损失。

需要注意的是，施工索赔中以下费用是不允许索赔的：承包商对索赔事项的发生原因负有责任的有关费用；承包商对索赔事项未采取减轻措施，因而扩大的损失费用；承包商进行索赔工作的准备费用；索赔款在索赔处理期间的利息；工程有关的保险费用。

7.5.5.2 费用索赔的计算方法

索赔费用可用分项法、总费用法和修正费用法计算。

1. 分项法

是按每个索赔事件所引起损失的费用项目分别分析计算索赔值的一种方法，是工程索赔计算中最常用的一种方法。

分项法的特点是：比总费用法复杂，处理起来困难；反映实际情况，比较合理、科学；为索赔报告的进一步分析、评价、审核，双方责任的划分，双方谈判和最终解决提供方便；应用面广，人们在逻辑上容易接受。

分项法的计算步骤：

（1）分析干扰事件影响的费用项目，即干扰事件引起哪些项目的费用损失。

（2）计算各费用项目的损失值。

（3）将各费用项目的计算值列表汇总，得到总费用索赔值。

【例7-4】 某建设项目，业主与施工单位签订了施工合同。合同规定，在施工中，如因业主原因造成窝工，则人工窝工费和机械的停工费按工日费和台班费的60%结算支付。在计划执行中，出现了下列情况（同一工作由不同原因引起的停工事件，都不在同一时间）：

（1）因业主不能及时供应材料使工作A延误3天，B延误2天，C延误3天；

（2）因机械发生故障检修使工作A延误2天，B延误2天；

（3）因业主要求设计变更使工作D延误3天；

（4）因公网停电使工作D延误1天，E延误1天。

已知A工序完成人数为30人，B工序完成人数为15人，C工序完成人数为35人，D工序完成人数为35人，E工序完成人数为20人。

已知吊车台班单价为240元/台班，小型机械的台班单价为55元/台班，混凝土搅拌机的台班单价为70元/台班，人工工日单价为28元/工日。试计算费用索赔量。

分析：业主不能及时供应材料是业主违约，承包商可以得到工期和费用补偿；机械故障是承包商自身的原因造成的，不予补偿；业主要求设计变更可以补偿相应的工期和费用；公网停电时业主应承担的风险，可以补偿承包商工期和费用。

计算经济损失索赔：

A工作赔偿损失3天，B工作赔偿2天，C工作赔偿3天，D工作赔偿4天，E工作赔偿1天。

由于A使用吊车：　　3天×240元/台班×0.6＝432元

由于B使用小型机械：　　2天×55元/台班×0.6＝66元

由于C使用混凝土搅拌机：　　3天×70元/台班×0.6＝126元

由于D使用混凝土搅拌机：　　4天×70元/台班×0.6＝168元

A工序人工索赔：　　3天×30人×28元/工日×0.6＝1512元

B工序人工索赔：　　2天×15人×28元/工日×0.6＝504元

C工序人工索赔：　　3天×35人×28元/工日×0.6＝1764元

D工序人工索赔：　　4天×35人×28元/工日×0.6＝2352元

E工序人工索赔：　　1天×20人×28元/工日×0.6＝336元

合计经济补偿：7260元

2. 总费用法

当发生多次索赔事件以后，重新计算该工程的实际总费用，再从这个实际总费用中减去投标报价时估算的总费用，即：

$$索赔费用＝实际总费用－投标报价总费用$$

该方法计算简单，以承包人的额外成本为基点，加上管理费和利息等附加费作为索赔值即可。

该方法较少使用，不易被对方和仲裁人认可，它的使用必须满足的条件包括：

（1）合同实施过程中的总费用核算是准确的，工程成本核算符合普遍认可的会计原则、成本分摊方法，分摊基础选择合理，实际总成本与报价所包括的内容一致。

（2）承包人的报价是合理的，反映实际报价计算不合理，则按这种方法计算的索赔值也不合理。

（3）费用损失的责任，或干扰事件的责任全在于业主或其他人，承包人在工程中无任何过失。

（4）合同争议的性质不适用其他计算方法，如业主和承包人签订协议，或在合同中规定对附加工程采用这种方法计算。

【例 7-5】 某工程原合同报价如下：

总成本（直接费 + 工地管理费）	3800000 元
总部管理费（总成本 ×10%）	380000 元
利润 = （总成本 + 总部管理费） ×7%	292600 元
合同价	4472600 元

在实际工程中，由于非承包人原因造成实际总成本增加至 4200000 元，现用总费用法计算索赔值为：

总成本增加量（4200000 - 3800000）	400000 元
总部管理费（总成本增量 ×10%）	40000 元
利润（440000 ×7%）	30800 元
利息支付（按实际时间和利率计算）	4000 元
索赔值	474800 元

3. 修正总费用法

这种方法是对总费用法的改进，在总费用计算的原则上，去除一些不合理的因素，使其更合理。

索赔费用 = 调整后实际总费用 - 投标报价总费用

【例 7-6】 某建设项目，业主与施工单位签订了施工合同，其中规定在施工过程中，如因业主原因造成窝工，则人工窝工费和机械的停工费可按工日费和台班费的 60% 结算支付。工程按下列网络计划（图 7-8）进行。其关键线路为 A→E→H→I→J。

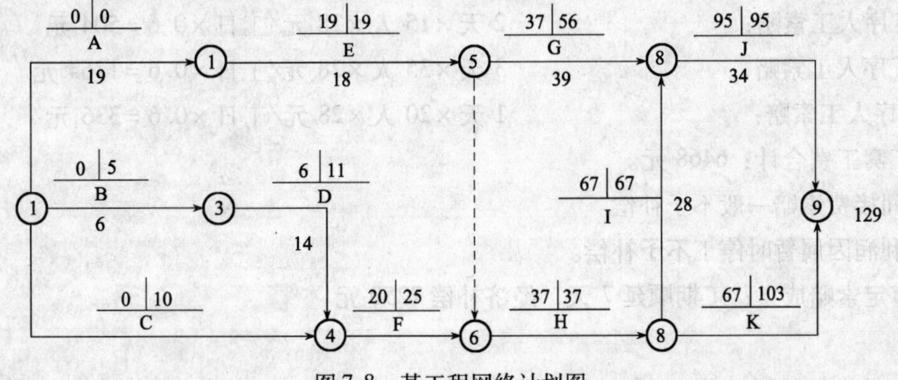

图 7-8 某工程网络计划图

在计划执行过程中，出现了下列一些情况，影响一些工作暂时停工（同一工作由不同原因引起的停工时间，都不在同一时间），这主要有：

（1）因业主不能及时供应材料使 E 延误 3 天，G 延误 2 天，H 延误 3 天。

（2）因机械发生故障使 E 延误 2 天，G 延误 2 天。

（3）因业主要求设计变更使 F 延误 3 天。

（4）因公网停电使 F 延误 1 天，I 延误 1 天。

已知 E 工序使用吊车，F 工序使用混凝土搅拌机，G 工序使用小型机械，H 工序使用混凝土搅拌机。吊车台班单价为 240 元/台班，小型机械的台班单价为 55 元/台班，混凝土搅拌机的台班单价为 70 元/台班，人工工日单价为 28 元/工日。

已知 A 工序完成人数为 30 人，B 工序完成人数为 15 人，C 工序完成人数为 35 人，D 工序完成人数为 35 人，E 工序完成人数为 20 人。

（1）计算工期索赔

因业主直接原因或按合同应由业主承担风险的因素，同时延误工期应在关键线路上（包括出现新的关键线路）实际产生工期顺延，均应审核索赔要求成立。

E 工序 3 天，H 工序 3 天，I 工序 1 天均可以给予工期补偿；

G 工序 2 天，F 工序 4 天因不在关键线路上，不予工期补偿；

机械故障 E 工序 2 天，G 工序 2 天，属承包商原因造成，不予工期补偿。

（2）计算经济索赔

① 机械设备窝工费：

由于 E 使用吊车：	3 天 ×240 元/台班 ×0.6 = 432 元
由于 F 使用混凝土搅拌机：	4 天 ×70 元/台班 ×0.6 = 168 元
由于 G 使用小型机械：	2 天 ×55 元/台班 ×0.6 = 66 元
由于 H 使用混凝土搅拌机：	3 天 ×70 元/台班 ×0.6 = 126 元

机械设备窝工费合计：792 元

② 人工窝工费：

E 工序人工索赔：	3 天 ×30 人 ×28 元/工日 ×0.6 = 1512 元
F 工序人工索赔：	4 天 ×35 人 ×28 元/工日 ×0.6 = 2352 元
G 工序人工索赔：	2 天 ×15 人 ×28 元/工日 ×0.6 = 504 元
H 工序人工索赔：	3 天 ×35 人 ×28 元/工日 ×0.6 = 1764 元
I 工序人工索赔：	1 天 ×20 人 ×28 元/工日 ×0.6 = 336 元

人工窝工费合计：6468 元。

③ 间接费索赔一般不予补偿。

④ 利润因属暂时停工不予补偿。

经审定索赔成立：工期顺延 7 天，经济补偿 7250 元。

7.6 工程价款结算

7.6.1 工程价款结算的作用和方式

7.6.1.1 工程价款结算的作用

所谓工程价款结算是指承包商在工程实施过程中，依据承包合同中关于付款条款的规定和已完成的工程量，并按照规定的程序向建设单位（业主）收取工程价款的一项经济活动。

工程价款结算时反映工程进度的主要指标，能够加速资金周转，也是考核经济效益的重要指标。工程价款结算的作用主要包括：

（1）通过工程价款结算办理已完成工程的工程价款，确定承包人的货币收入，补充施工生产过程中的资金消耗。

（2）工程价款结算时统计承包人完成生产计划和建设单位完成建设投资任务的依据。

（3）竣工结算是承包人完成该工程项目的总货币收入，是承包人内部编制工程决算，进行成本核算，确定工程实际成本的重要依据。

（4）竣工结算是建设单位编制竣工决算的主要依据。

（5）竣工结算的完成，标志着承包人和发包人双方承担的合同义务和经济责任的结束。

7.6.1.2 工程价款的主要结算方式

（1）按月结算。实行旬末或月中预支、月终结算、竣工后清算的方法。跨年度竣工的工程，在年终进行工程盘点，办理年度结算。我国现行建筑安装工程价款结算中，相当一部分是实行这种按月结算的方式。

（2）竣工后一次结算。建设项目或单项工程全部建筑安装工程建设期在 12 个月以内，或者工程承包合同价值在 100 万元以下的，可以实行工程价款每月月中预支，竣工后一次结算。

（3）分段结算。即当年开工，当年不能竣工的单项工程或单位工程按照工程形象进度，划分不同阶段进行结算。分段结算可以按月预支工程款。分段的划分标准，由各部门、自治区、直辖市、计划单列市规定。

（4）目标结算方式。即在工程合同中，将承包工程的内容分解成不同的控制界面，以业主验收控制界面作为支付工程价款的前提条件。也就是说，将合同中的工程内容分解成不同的验收单元，当承包商完成单元工程内容并经业主（或其委托人）验收后，业主支付构成单元工程内容的工程价款。

目标结算方式下，承包商要想获得工程款，必须按照合同约定的质量标准完成控制面工程内容，要想尽快获得工程款，承包商必须充分发挥自己的组织实施能力，在保证质量的前提下，加快施工进度。目标结算方式实质上是运用合同手段、财务手段对工程的完成进行主动控制。

（5）双方约定的其他结算方式。

7.6.2 工程预付款（预付备料款）结算

施工企业承包工程，一般都实行包工包料，这就需要有一定数量的备料周转金。在工程承包合同条款中，一般要明文规定发包单位在开工前拨付给承包单位一定限额的工程预付备料款。此预付款构成施工企业为该承包工程项目储备主要材料、结构件所需的流动资金。

根据《建设工程价款结算暂行办法》(财政部、建设部财建（2004）369 号）规定：包工包料工程的预付款按合同约定拨付，原则上预付比例不低于合同金额的 10%，不高于合同金额的 30%；对重大工程项目，按年度工程计划逐年支付。计价执行《建设工程工程量清单计价规范》的工程，实体性消耗和非实体性消耗部分应在合同中分别约定预付款比例。

在具备施工条件的前提下，发包人应在双方签订合同后的一个月内或不迟于约定的开工日期前的 7 天内预付工程款，发包人不按约定预付，承包人应在预付时间到期后 10 天内向发包人发出要求预付的通知，发包人收到通知后仍不按要求预付，承包人可在发出通知 14 天内停止施工，发包人应从约定应付之日起向承包人支付应付款的利息，并承担违约责任。

预付的工程款必须在合同中约定抵扣方式，并在工程进度款中进行抵扣。凡是没有签订合同或不具备施工条件的工程，发包人不得预付工程款，不得以预付款为名转移资金。

7.6.2.1 预付工程款（备料款）的数额

1. 影响因素法

预付工程款的数额由下列主要因素决定：主要材料（包括外购材料）占工程造价的比重；材料储备期；施工工期。影响因素法就是将影响工程预付款数额的每个因素作为参数，按其影响关系，进行工程预付款数额的计算。计算公式为：

$$\text{工程预付款数额}=\frac{\text{年度承包工程总值}\times\text{主要材料所占比重}}{\text{年度施工日历天数}}\times\text{材料储备天数}$$

2. 额度系数法

为了简化工程预付款的计算，将影响工程预付款数额的因素进行综合考虑，确定为一个系数，即工程预付款额度系数，其含义是工程预付款数额占年度建筑安装工作量的百分比。计算公式为：

$$\text{工程预付款数额}=\text{工程预付款额度系数}\times\text{年度建筑安装工程量}$$

一般建筑工程不应超过当年建筑工作量（包括水、电、暖）的 30%，安装工程按年安装工程量的 10%，材料占比重较多的安装工程按年计划产值的 15% 左右拨付。在实际工程中，预付款的数额要根据各工程类型、合同工期、承包方式和供应体制等不同条件而定。对于只包定额工日（不包材料定额，一切材料由建设单位供给）的工程项目，可以不预付备料款。

7.6.2.2 工程预付款的扣回

发包人拨付给承包商的备料款属于预支的性质，工程实施后，随着工程所需材料储备的逐步减少，应以抵充工程款的方式陆续扣回，即在承包商应得的工程进度款中扣回。扣回的时间为起扣点，起扣点的计算方法有两种。

（1）可以从未施工工程尚需的主要材料及构件的价值相当于预付款数额时起扣，从每次结算工程价款中，按材料比重扣抵工程价款，竣工前全部扣清。其计算公式是：

$$\text{已完工程价值（起扣点）}=\text{合同总价}-\frac{\text{预付备料款}}{\text{主材比重}}$$

（2）在承包人完成工程款金额累计达到合同总价的一定百分比后，由承包人开始向发包人还款，发包人从每次应付给承包人的金额中扣回工程预付款，发包人至少在合同规定的完工前一定时间内将工程预付款的总计金额逐次扣回。其计算公式是：

$$累计完成建安工程量与年度建安工程量百分比 = \left(1 - \frac{预付备料款}{主材比重 \times 合同总价}\right) \times 100\%$$

应扣工程预付款数额有分次扣还法和一次扣还法两种。

（1）按工程预付款起扣点进行扣还工程预付款时，应自起扣点开始，在每次工程价款结算中扣回工程预付款，这就是分次扣还法。抵扣的数量，应该等于本次工程价款中材料和构件费的数额，即工程价款数额和材料比的乘积。

（2）预收工程预付款的扣还也可以在未完工的建筑安装工作量等于预收预付款时，用其全部未完工程价款一次抵扣工程预付款，承包人停止向建设单位收取工程价款，这就是一次扣还法。因此，需要计算出停止收取工程价款的起点。

7.6.3 工程进度款的支付（中间结算）

7.6.3.1 工程进度款支付步骤

施工企业在施工过程中，按逐月或形象进度或控制界面完成的工程数量计算各项费用，向建设单位（业主）办理工程款结算的过程，称为工程进度款结算，也叫中间结算。

以按月结算为例，现行的中间结算办法是，业主在月中或旬末向施工企业预支半月或一旬工程款，月终施工企业根据实际完成工程量，向业主提供工程款结算账单和已完成工程月报表，经业主和工程师确认，收取当月工程价款，并通过银行结算。

工程进度款的支付步骤如图 7-9 所示。

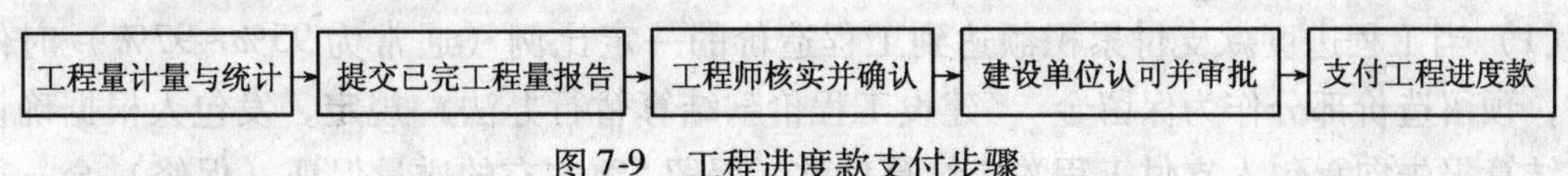

图 7-9 工程进度款支付步骤

7.6.3.2 工程量确认

（1）承包商应按合同约定的时间，向工程师提交本阶段（月）已完工程量的报告。工程师接到报告后 7 天，按设计图纸核实已完工程量，并在现场实际计量前 24 小时通知承包方，承包方为计量提供便利条件并派人参加。承包方不按时参加计量，发包方自行进行，计量结果有效，作为工程价款支付的依据。

（2）工程师收到承包方报告后 7 天内未进行计量，从第 8 天起，承包方报告中开列的工程量即视为已被确认，作为工程价款支付的依据。

（3）工程师对承包方完成永久工程的合格工程量进行计算，对承包方超出设计图纸范围（包括超挖、涨线）的工程量不予计量，对因承包人原因造成返工的工程量不予计量。

7.6.3.3 工程进度款的款项组成

（1）经过确认核实的已完工程量对应的用工程量清单或报价单的相应价格计算的工程款，它构成了工程进度款的基本内容。

（2）设计变更应调整的合同价款。

（3）本期应扣回的工程预付款。

（4）根据合同中允许调整合同价款的规定，应补偿给承包人的款项和应扣减的款项。

（5）经过工程师批准的承包人的索赔款。

（6）其他应支付或扣回的款项等。

7.6.3.4 工程进度款支付

（1）工程款（进度款）在双方确认计量结果14天内，发包人应按不低于工程价款的60%和不高于工程价款的90%向承包人支付工程进度款。按约定时间发包方应扣回的预付款，与工程款（进度款）同期结算。

（2）符合规定范围的合同价款的调整，工程变更调整的合同价款及其他条款中约定的追加合同价款，应与工程款（进度款）同期调整支付。

（3）发包方超过约定的支付时间不支付工程款（进度款），承包方可向发包方发出要求付款通知，发包方收到承包方通知后仍不能按要求付款，可与承包方协商签订延期付款协议，经承包方同意后可延期支付。协议须明确延期支付时间和从发包方计量结果确认后15天起计算应付款的贷款利息。

（4）发包方不按合同约定支付工程款（进度款），双方又未达成延期付款协议，导致施工无法进行，承包方可停止施工，由发包方承担违约责任。

7.6.4 工程保留金（保修金）的预留

按照有关规定，工程项目总造价中应预留出一定比例的尾留款，用以保证承包人在保修期内对建设工程项目出现的缺陷进行维修的资金。其中，缺陷是指建设工程项目质量不符合工程建设强制性标准、设计文件以及承包合同的约定。

工程保留金（保修金）的预留有以下两种方法：

（1）当工程进度款支付累积额达到工程造价的一定比例（通常为95%~97%）时停止支付，预留造价部分作为保留金。《建设工程价款结算暂行办法》规定，发包人根据确认的竣工结算报告向承包人支付工程竣工结算价款，保留5%左右的质量保证（保修）金，待工程交付使用一年质保期到期后清算，质保期内如有返修，发生费用应在质量保证（保修）金内扣除。

（2）保修金的扣除也可以从发包方向承包方第一次支付的工程进度款开始，在每次承包商应得到的工程款中扣留投标书中规定金额作为保修金，直至保修金总额达到投标书中规定的限额为止。

7.6.5 工程竣工结算

7.6.5.1 工程竣工结算的含义

工程竣工结算是在工程竣工并经验收合格后，在原合同造价的基础上，将有增减变化的内容，按照施工合同约定的方法与规定，对原合同造价进行相应的调整，编制确定工程实际造价并作为最终结算工程价款的经济文件。

在实际工作中，当年开工、当年竣工的工程，只需办理一次性结算。跨年度的工程，在年终办理一次年终结算，将未完成工程结转到下一年度，此时竣工结算等于各年度结算的总和。

办理工程价款竣工结算的一般公式为：

竣工结算工程价款 = 合同价款 + 施工过程中预算或合同价款调整数额 - 预付及已结算工程价款 - 保修金

7.6.5.2　工程竣工结算程序

（1）工程竣工验收报告经发包方认可后28天内，承包方向发包方递交竣工结算报告及完整的结算资料，双方按照协议书约定的合同价款及专用条款约定的合同价款调整内容，进行工程竣工结算。

（2）发包方收到承包方递交的竣工结算报告及结算资料后28天内进行核实，给予确认或者提出修改意见。发包方确认竣工结算报告后通知经办银行向承包方支付工程竣工结算价款。

（3）承包方收到竣工结算价款后14天内将竣工工程交付发包方。

（4）发包方收到竣工结算报告及结算资料28天内无正当理由不支付工程竣工结算价款，从第29天起按承包方同期向银行贷款利率支付拖欠工程价款的利息，并承担违约责任；同时，承包方可以催告发包方支付结算价款，若在56天内仍不支付的，承包方可以与发包方协议将该工程折价，也可以由承包方申请人民法院将该工程依法拍卖，承包方就该工程折价或者拍卖的价款优先受偿。

（5）工程竣工验收报告经发包人认可后28天，承包方未能向发包方递交竣工结算报告及完整的结算资料，造成工程竣工结算不能正常进行或者工程竣工结算价款不能及时支付，发包方要求交付工程的，承包方应当交付；发包方不要求交付工程的，承包方应承担保管责任。

（6）发包方和承包方对工程竣工结算价款发生争议时，按争议的约定处理。

7.6.5.3　工程竣工结算的审查

工程竣工结算审查是竣工结算阶段的一项重要工作，经审查核定的工程竣工结算是核定建设工程造价的依据，也是建设项目验收后编制竣工决算和核定新增固定资产价值的依据。一般应做好以下方面：

（1）核对合同条款。应该核对竣工工程内容是否符合合同条件要求，工程是否竣工验收合格，只有按合同要求完成全部工程并验收合格才能列入竣工结算。其次，应按合同约定的结算方法、计价定额、取费标准、主材价格和优惠条款等，对工程竣工结算进行审核，若发现合同开口或漏洞，应请建设单位和施工单位认真研究，明确结算要求。

（2）检查隐蔽验收记录。所有隐蔽工程均需进行验收，两人以上签证；实行工程监理的项目应经监理工程师签证确认。审核竣工结算时应该对隐蔽工程施工记录和验收签证，手续完整，工程量与竣工图一致，方可列入结算。

（3）落实设计变更签证。设计修改变更应有原设计单位出具设计变更通知单和修改图纸，设计、校审人员签字并加盖公章，经建设单位和监理工程师审查同意、签证；重大设计变更应经原审批部门审批，否则不应列入结算。

（4）按图核实工程数量。竣工结算的工程量应依据竣工图、设计变更单和现场签证等进行核算，并按国家统一规定的计算规则计算工程量。

（5）认真核实单价。结算单价应按现行的计价原则和计价方法确定，不得违背。

（6）注意各项费用计取。建筑安装工程的取费标准应按合同要求或项目建设期间与计价定额配套使用的建筑安装费用定额及有关规定执行，现审核各项费率、价格指数或换算系数是否正确，价差调整计算是否符合要求，再核实特殊费用和计算程序。要注意各项费用的计取基数。

（7）防止各种计算误差。

7.6.5.4 工程价款结算实例

【例 7-7】 某项工程业主与承包商签订了施工合同，合同中含有两个子项工程，估算工程量 A 项为 2300m^3，B 项为 3200m^3，经协商合同价 A 项为 180 元/m^3，B 项为 160 元/m^3。承包合同规定：

开工前业主应向承包商支付合同价 20% 的预付款；

业主自第一个月起，从承包商的工程款中，按 5% 的比例扣留保修金；

当子项工程实际工程量超过估算工程量 10% 时，可进行调价，调整系数为 0.9；

根据市场情况规定价格调整系数平均按 1.2 计算；

工程师签发月度付款最低金额为 25 万元；

预付款在最后两个月扣除，每月扣 50%。

承包商每月实际完成并经工程师签证确认的工程量如表 7-10 所示。

表 7-10 每月完成的实际工程量 单位：万元

月份	1 月	2 月	3 月	4 月
A 项	500	800	800	600
B 项	700	900	800	600

（1）预付款金额为：（2300 × 180 + 3200 × 160） × 20% = 18.52（万元）

（2）第一个月，工程量价款为：500 × 180 + 700 × 160 = 20.2（万元）

应签证的工程款为：20.2 × 1.2 ×（1 − 5%） = 23.028（万元）

由于合同规定工程师签发的最低金额为 25 万元，故本月工程师不予签发付款凭证。

（3）第二个月，工程量价款为：800 × 180 + 900 × 160 = 28.8（万元）

应签证的工程款为：28.8 × 1.2 × 0.95 = 32.832（万元）

本月工程师实际签发的付款凭证金额为：23.028 + 32.832 = 55.86（万元）

（4）第三个月，工程量价款为：800 × 180 + 800 × 160 = 27.2（万元）

应签证的工程款为：27.2 × 1.2 × 0.95 = 31.008（万元）

应扣预付款为：18.52 × 50% = 9.26（万元）

应付款为：31.008 − 9.26 = 21.748（万元）

因本月应付款金额小于 25 万元，故工程师不予签发付款凭证。

（5）第四个月，A 项工程累计完成工程量为 2700m^3，比原估算工程量 2300m^3 超出 400m^3，已超过估算工程量 10%，超出部分其单价应进行调整。则：

超出估算工程量 10% 的工程量为：2700 − 2300 ×（1 + 10%）= 170（m^3）

这部分工程量单价应调整为：180 × 0.9 = 162（元/m^3）

A 项工程量价款为：（600 − 170） × 180 + 170 × 162 = 10.494（万元）

B 项工程累计完成工程量为 $3000m^3$，比原估计工程量 $3200m^3$ 减少 $200m^3$，不超过估算工程量，其单价不予进行调整。

B 项工程量价款为：$600\times160=9.6$（万元）

本月完成 A、B 两项工程量价款合计为：$10.494+9.6=20.094$（万元）

应签证的工程款为：$20.094\times1.2\times0.95=22.907$（万元）

本月工程师实际签发的付款凭证金额为：$21.748+22.907-18.52\times50\%=35.395$（万元）

7.6.6 工程价款动态结算和价差调整

工程建设项目周期长，随着时间的推移，经常受到物价浮动等因素的影响，其中主要是人工费、材料费、施工机械费、运费等动态影响。因此，在工程价款结算时要充分考虑这些因素，把多种动态因素纳入到结算过程中，使工程价款结算能反映工程项目的实际消耗费用。这对于避免承发包双方遭受不必要的损失，获得必要的调价补偿，维护合同双方的正当权益是十分必要的。

工程价款价差调整的方法有工程造价指数调整法、实际价格结算法、调价文件计算法、调值公式法等。

7.6.6.1 实际价格结算法

这种方法也称“票据法”。即承包商可凭发票按实报销。这种方法不利于承包商降低成本，一般由地方主管部门定期公布最高结算限价，同时在合同文件中规定建设单位或监理单位有权要求承包商选择更廉价的资源采购渠道。

7.6.6.2 工程造价指数调整法

这种方法是承发包双方采用当时的预算或概算单价计算出承包合同价，待竣工时，根据合同的工期及当地工程造价管理部门所公布的该月度（或季度）的工程造价指数，对原承包合同价予以调整，并对承包商给予调价补偿。

【例 7-8】 某建筑公司承建某校舍工程项目，工程合同价款为 1000 万元，2004 年 10 月签订合同并开工，2005 年 6 月竣工，2004 年 10 月的造价指数为 100.04，2005 年 6 月造价指数为 100.16。

则调整后合同价为：$100.16\div100.04\times1000=1001.20$（万元）

价差调整额为：$1001.20-1000=1.20$（万元）

7.6.6.3 调价文件计算法

这种方法是承发包双方按照当时的预算价格承包，在合同期内，按照造价管理部门文件的规定，或定期发布主要材料供应价格和管理价格，进行补差。

$$调差值=\sum 各项材料用量\times（结算期预算指导价-原预算价格）$$

7.6.6.4 调值公式法

根据国际惯例，对建设工程项目工程价款动态结算一般采用这种方法。事实上，绝大多数国际工程项目中，承发包双方在签订合同时就明确列出这一调值公式，以此作为价差调整的依据。

建筑安装工程费用的价格调值公式包括固定部分、材料部分和人工部分，但当建筑安装工程的规模和复杂性增大时，公式也变得更复杂。调值公式一般可表示为：

$$P = P_0\left(a_0 + \sum_{i=1}^{n} a_i \cdot \frac{A_i}{A_i^0}\right)$$

式中 P——调值后合同价款或工程实际结算款；

P_0——合同价款中工程预算进度款；

a_0——固定要素，代表合同支付中不能调整的部分；

a_i——代表第 i 种成本要素（如人工费用、钢材费用、水泥费用、运输费用等）在合同总价中所占的比重，$a_0 + \sum_{i=1}^{n} a_i = 1$；

A_i，A_i^0——分别代表第 i 种成本要素的基期价格指数（或价格）和现行价格指数（或价格）。

各部分成本的比重系数在许多标书中要求承包人在投标时即提出，并在价格分析中予以论证；但也有的是由发包人在标书中即规定一个允许范围，由投标人在此范围内选定。因此，工程师在编制招标文件时，尽可能要确定合同价中固定部分和不同投入因素的比重系数和范围，招标时给投标人留下选择的余地。

使用调值公式时应注意的问题：

（1）固定部分比例应尽可能小，通常取值范围在 0.15～0.35。

（2）调值公式中的各项费用，一般选择用量大、价格高且具有代表性的一些典型人工费和材料费。通常是大宗水泥、砂石、钢材、木材、沥青等，并用它们的价格指数变化综合代表材料费的价格变化。

（3）调整有关各项费用要与合同条款规定相一致。签订合同时，双方一般商定调整的有关费用和因素，以及物价波动到何种程度才进行调整。在国际工程中，一般在 ±5% 以上才进行调整。

（4）调整各项费用要注意地点和时点。地点一般指工程所在地或指定的某地市场价格；时点指的是某月某日的市场价格。

（5）固定要素系数与变动要素系数之和等于 1。

【例 7-9】 某工程的合同金额为 500 万元，根据承包合同，采用调值公式调值，调价因素为 A、B、C 三项，其在合同中的比率分别为 10%，20%，25%，这三种因素基期的价格指数分别为 102%，105%，110%，结算期的价格指数分别为 106%，107%，115%，则调值后的合同价款为：

$$500 \times \left(45\% + 10\% \times \frac{106}{102} + 20\% \times \frac{107}{105} + 25\% \times \frac{115}{110}\right) = 509.54 \text{（万元）}$$

本章小结

施工阶段造价管理的目的是为确保承包合同价款的实现。本章在对施工阶段造价管理的内容和程序进行概述的基础上，介绍了资金使用计划的编制和施工组织设计的优化方法，着重介绍了施工过程中的变更、索赔、工程结算的控制等。本章的学习重点是掌握变更估算、索赔计算及工程结算的计算方法，以切实提高造价管理的能力。

思 考 题

1. 简述施工阶段工程造价管理的工作内容和流程。
2. 资金使用计划的编制对工程造价有哪些影响？如何编制？
3. 施工组织设计的优化方法包括哪些？如何实现优化？
4. 简述工程变更价款的确定方法和程序。
5. 简述工程索赔的分类和处理程序。
6. 简述索赔费用的一般构成和计算方法。
7. 我国现行工程价款的结算方式有哪些？如何实现动态结算？

第8章　竣工阶段造价管理

【本章提要】　本章对建设项目竣工阶段造价管理工作进行介绍。主要内容包括：竣工验收的范围、依据、标准及工作程序；竣工决算的内容及编制方法；新增固定资产价值的确定方法；保修费用的处理方法。

【关键词】　竣工验收　竣工决算　工程项目保修　保修费用

8.1　项目竣工验收概述

8.1.1　竣工验收的概念

建设项目竣工验收是指由建设单位、施工单位和项目验收委员会，以项目批准的设计任务书和设计文件、国家或部门颁发的施工验收规范和质量检验标准为依据，按照一定的程序和手续，在项目建成并试生产合格后（工业生产性项目），对项目的总体进行检验与认证、综合评价和鉴定的活动。竣工验收是建设工程的最后阶段，是对建设、施工、生产准备等工作进行检验评定的重要环节，也是对建设成果及投资效果的总检验。

竣工验收对保证工程质量、促进建设项目及时投产、发挥投资效益、总结经验教训都有重要作用。因此，国家规定：所有建设项目，包括新建、扩建、改建的基本建设项目和技术改造项目，按批准的设计文件所规定的内容建成后，工业项目经负荷运转和试生产考核，能够生产合格产品；非工业项目符合设计要求，能够正常使用，都要及时组织验收；只有经验收合格后，才能交付使用。凡是符合验收条件的工程，又不及时办理验收手续的，其一切费用不允许从基建项目投资中支出。

8.1.2　竣工验收的条件、依据和标准

8.1.2.1　竣工验收的条件

按照国务院发布的《建设工程项目质量管理条例》规定，建设工程项目竣工验收应当具备以下条件：

（1）完成建设工程项目设计和合同约定的各项内容。

（2）有完整的技术档案和施工管理资料。

（3）有工程使用的主要建筑材料、建筑构配件和设备的进场试验报告。

（4）有勘察、设计、施工、工程监理等单位分别签署的质量合格文件。

（5）有施工单位签署的工程保修书。

8.1.2.2　竣工验收的依据

建设项目竣工验收依据，除了必须符合国家规定的竣工标准（或地方政府主管理部门规定的具体标准）之外，还应以下列文件为验收依据：

（1）上级主管部门对该项目批准的各种文件。

（2）可行性研究报告。

（3）施工图设计文件及设计变更洽商记录。

（4）国家颁布的各种标准和现行的施工验收规范。

（5）工程承包合同文件。

（6）技术设备说明书。

（7）建筑安装工程统一规定及主管部门关于工程竣工的规定。

（8）从国外引进的新技术和成套设备的项目以及中外合资建设项目，要按照签订的合同和进口国提供的设计文件等进行验收。

（9）利用世界银行等国际金融机构贷款的建设项目，应按世界银行规定，按时编制《项目完成报告》。

8.1.2.3 竣工验收的标准

根据国家规定，建设项目竣工验收、交付使用，必须满足以下要求：

（1）生产性项目和辅助性公用设施，已按设计要求完成，能满足生产使用要求。

（2）主要工艺设备、动力设备均已安装配套，经无负荷联动试车和有负荷联动试车合格，已形成生产能力，能够生产出设计文件所规定的产品。

（3）必要的生产设施，已按设计要求建成。

（4）生产准备工作能适应投产的需要，其中包括生产指挥系统的建立，经过培训的生产人员已能上岗操作，生产所需的原材料、燃料和备品备件的储备，经验收检查能够满足连续生产要求。

（5）环境保护设施、劳动安全卫生设施、消防设施已按设计要求与主体工程同时建成使用。

（6）生产性投资项目，如工业项目的土建、安装、人防、管道、通信等工程的施工和竣工验收，必须按照国家和行业施工及验收规范执行。

8.1.3 竣工验收的内容

不同的建设项目，其竣工验收的内容不完全相同，但一般均包括工程资料验收和工程主体验收两部分。

8.1.3.1 工程资料验收

包括工程技术资料、综合资料和财务资料三个方面的内容。

1. 工程技术资料验收的内容

（1）工程地质、水文、气象、地形、地貌、建筑物、构筑物及重要设备安装位置、勘察报告与记录。

（2）初步设计、技术设计或扩大初步设计、关键的技术试验、总体规划设计。

（3）土质试验报告、基础处理。

（4）建筑工程施工记录，单位工程质量检验记录，管线强度，密封性试验报告，设备及管线安装施工记录及质量检查，仪表安装施工记录。

（5）设备试车、验收运转、维修记录。

（6）产品的技术参数、性能、图纸、工艺说明、工艺规程、技术总结、产品检验与包装、工艺图。

（7）设备的图纸、说明书。

(8) 涉外合同、谈判协议、意向书。

(9) 各单项工程及全部管网竣工图等资料。

2. 工程综合资料验收的内容

(1) 项目建议书及批件、可行性研究报告及批件、项目评估报告、环境影响评估报告书。

(2) 设计任务书、土地征用申报及批准的文件。

(3) 招标投标文件、承包合同。

(4) 项目竣工验收报告、验收鉴定书。

3. 工程财务资料验收的内容

(1) 历年建设资金供应（拨、贷）情况和应用情况。

(2) 历年批准的年度财务决算。

(3) 历年年度投资计划、财务收支计划。

(4) 建设成本资料。

(5) 设计概算、预算资料。

(6) 施工决算资料。

8.1.3.2 工程主体验收

包括建筑工程验收、安装工程验收两部分。

1. 建筑工程验收的内容

(1) 建筑物的位置、高程、轴线是否符合设计要求。

(2) 对基础工程中的土石方工程、垫层工程、砌筑工程等资料的审查。

(3) 结构工程中的砖木结构、砖混结构、内浇外砌结构、钢筋混凝土结构的审查验收。

(4) 对屋面工程的木基、望板油毡、屋面瓦、保温层、防水层等的审查验收。

(5) 对门窗工程的审查验收。

(6) 对装修工程的审查验收（抹灰、油漆等工程）。

2. 安装工程验收的内容

(1) 建筑设备安装工程（指民用建筑物中的上下水管道、暖气、煤气、通风、电气照明等安装工程）。应检查这些设备的规格、型号、数量、质量是否符合设计要求，检查安装时的材料、材质、材种，检查试压、闭水试验、照明。

(2) 工艺设备安装工程包括：生产、起重、传动、试验等设备的安装，以及附属管线敷设和油漆、保温等。检查设备的规格、型号、数量、质量，设备安装的位置、高程、机座尺寸、质量，单机试车、无负荷联动试车、有负荷联动试车，管道的焊接质量、清洗、吹扫、试压、试漏及各种阀门等。

(3) 动力设备安装工程指有自备电厂的项目或变配电室（所）、动力配电线路的验收。

8.1.4 竣工验收的方式与程序

8.1.4.1 竣工验收的方式

为了保证建设工程项目竣工验收的顺利进行，验收必须遵循一定的程序，并按建设工程项目总体计划的要求以及施工进展的实际情况分阶段进行。项目施工达到验收条件的验收方式可分为：项目中间验收、单项工程验收和全部工程竣工验收三类，如表8-1所示。

规模较小、施工内容简单的建设工程项目，也可以一次进行全部项目的竣工验收。

表 8-1 不同阶段的工程验收

类型	验收条件	验收组织
中间验收	（1）按照施工承包合同的约定，施工完成到某一阶段后要进行中间验收；（2）主要的工程部位施工已完成了隐蔽前的准备工作，该工程部位将置于无法查看的状态	由监理单位组织，业主和承包商派人参加；该部位的验收资料将作为最终验收的依据
单项工程验收（交工验收）	（1）建设工程项目中的某个合同工程已全部完成；（2）合同内约定有分部分项移交的工程已达到竣工标准，可移交给业主投入试运行	由业主组织，会同施工单位，监理单位、设计单位及使用单位等有关部门共同进行
全部工程竣工验收（动用验收）	（1）建设工程项目按设计规定全部建成，达到竣工验收条件；（2）初验结果全部合格；（3）竣工验收所需资料已准备齐全	大中型和限额以上项目由国家发改委、委托项目主管部门或地方政府部门组织验收；小型和限额以下项目由项目主管部门组织验收；业主、监理单位、施工单位、设计单位和使用单位参加验收工作

虽然项目的中间验收也是工程验收的一个组成部分，但它属于施工过程中的管理内容，本章内容仅就竣工验收（单项工程验收和全部工程验收）的有关问题予以介绍。

8.1.4.2 竣工验收的程序

建设工程项目全部建成，经过各单项工程的验收符合设计要求，并具备竣工图表、竣工结算、工程总结等必要文件资料，由建设工程项目主管部门或建设单位向负责验收的单位提出竣工验收申请报告，按下列验收程序进行验收，如图 8-1 所示。

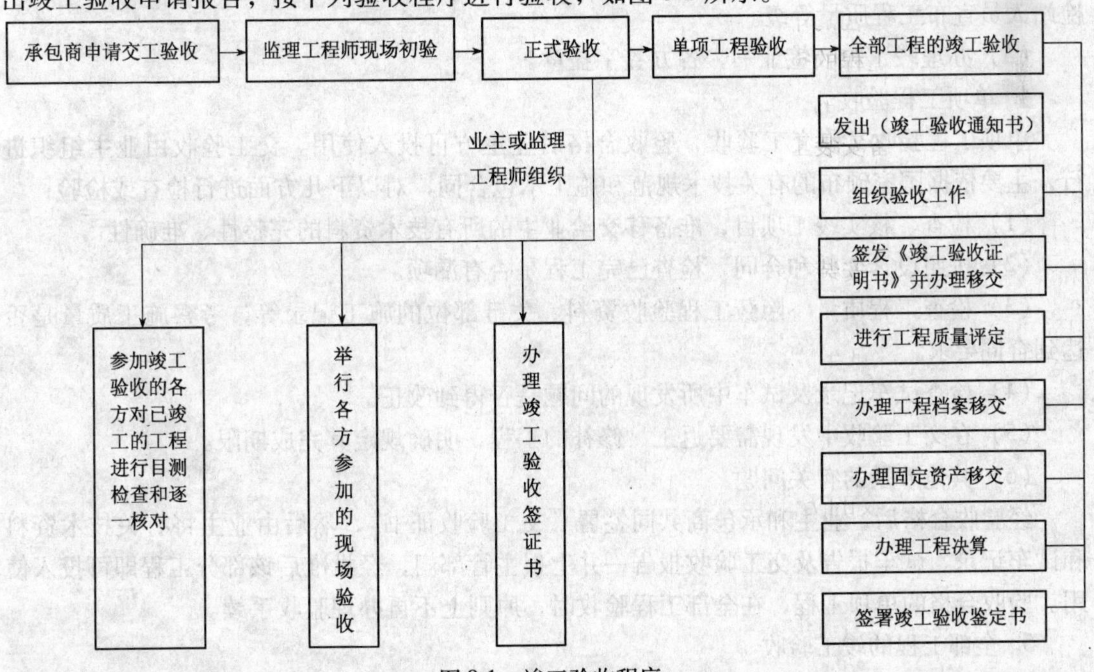

图 8-1 竣工验收程序

1. 承包商申请交工验收

承包商在完成了合同工程或按合同约定可分步移交工程的，可申请交工验收。交工验收一般为单项工程，但在某些特殊情况下也可以是单位工程的施工内容，如特殊基础处理工程、发电站单机机组完成后的移交等。承包商施工的工程达到竣工条件后，应先进行预检验，对不符合要求的部位和项目，确定修补措施和标准，修补有缺陷的工程部位；对于设备安装工程，要与甲方和监理单位共同进行无负荷的单机和联动试车，为正式竣工验收做好准备。承包商在完成了上述工作和准备好竣工资料后，即可向甲方提交竣工验收申请报告。预检验一般由基层施工单位先进行自验、项目经理自验、公司级预验三个层次进行，亦称竣工预验。

2. 监理工程师现场初验

施工单位通过竣工预验收，对发现的问题进行处理后，决定正式提请验收，应向监理工程师提交验收申请报告，监理工程师审查验收申请报告后，如认为可以验收，则由监理工程师组成验收组，对竣工的工程项目进行初验。在初验中发现的质量问题，要及时书面通知施工单位，令其修理甚至返工。

3. 正式验收

正式验收是由业主或监理工程师组织，由业主、监理单位、设计单位、施工单位、工程质量监督站等单位参加的正式验收。工作程序如下：

（1）参加工程项目竣工验收的各方对已竣工的工程进行目测检查，逐一核对工程资料所列内容是否齐备和完整。

（2）举行各方参加的现场验收会议，由项目经理对工程施工情况、自验情况和竣工情况进行介绍，并出示竣工资料，包括竣工图和各种原始资料及记录；由项目总监理工程师通报工程监理中的主要内容，发表竣工验收的监理意见；然后暂时休会，由质检部门会同业主及监理工程师讨论正式验收是否合格；最后复会，由业主或总监理工程师宣布验收结果，质检站人员宣布工程质量等级。

（3）办理竣工验收签证书，各方签字盖章。

4. 单项工程验收

单项工程验收又称交工验收，验收合格后业主方可投入使用。交工验收由业主组织进行，主要依据国家颁布的有关技术规范和施工承包合同，对以下几方面进行检查或检验：

（1）检查、核实竣工项目，准备移交给业主的所有技术资料的完整性、准确性。

（2）按照设计文件和合同，检查已完工程是否有漏项。

（3）检查工程质量、隐蔽工程验收资料、关键部位的施工记录等，考察施工质量是否达到合同要求。

（4）检查试车记录及试车中所发现的问题是否得到改正。

（5）在交工验收中发现需要返工、修补的工程，明确规定其完成期限。

（6）其他涉及的有关问题。

经验收合格后，业主和承包商共同签署《交工验收证书》，然后由业主将有关技术资料和试车记录、试车报告及交工验收报告一并上报主管部门，经批准后该部分工程即可投入使用。验收合格的单项工程，在全部工程验收时，原则上不再办理验收手续。

5. 全部工程的竣工验收

全部施工过程完成后，由国家主管部门组织的竣工验收，也称动用验收。业主参与全部工程竣工验收，分为验收准备、预验收和正式验收三个阶段。正式验收是在自验的基础上，确认工程全部符合验收标准，具备了交付使用的条件后，即可开始竣工验收工作。

(1) 发出《竣工验收通知书》。施工单位应于正式竣工验收之日的前10天，向建设单位发送《竣工验收通知书》。

(2) 组织验收工作。工程竣工验收工作由建设单位邀请设计单位及有关方面参加，同施工单位一起进行检查验收。国家重点工程的大型建设项目，由国家有关部门邀请有关方面参加，组成工程验收委员会，进行验收。

(3) 签发《竣工验收证明书》并办理移交。在建设单位验收完毕并确认工程符合竣工标准和合同条款规定要求以后，向施工单位签发《竣工验收证明书》。

(4) 进行工程质量评定。建筑工程按设计要求和建筑安装工程施工的验收规范及质量标准进行质量评定验收。验收委员会或验收组，在确认工程符合竣工标准和合同条款规定后，签发竣工验收合格证书。

(5) 整理各种技术文件资料，办理工程档案资料移交。建设项目竣工验收前，各有关单位应将所有技术文件进行系统整理，由建设单位分类立卷；在竣工验收时，交使用单位统一保管，同时将与所在地区有关的文件交当地档案管理部门，以适应生产、维修的需要。

(6) 办理固定资产移交手续。在对工程检查验收完毕后，施工单位要向建设单位逐项办理工程移交和其他固定资产移交手续，并应签认交接验收证书，办理工程结算手续，工程结算由施工单位提出，送建设单位审查无误后，由双方共同办理结算签认手续。工程结算手续办理完毕，除施工单位承担保修工作以外，甲乙双方的经济关系和法律责任予以解除。

(7) 办理工程决算。整个项目完工验收并且办理了工程结算手续后，要由建设单位编制工程决算，上报有关部门。

(8) 签署竣工验收鉴定书。竣工验收鉴定书是表示建设项目已经竣工，并交付使用的重要文件，是全部固定资产交付使用和建设项目正式动用的依据，也是承包商对建设项目消除法律责任的证件。竣工验收鉴定书一般包括：工程名称、地点、验收委员会成员、工程总说明、工程据以修建的设计文件、竣工工程是否与设计相符合、全部工程质量鉴定、总的预算造价和实际造价、验收委员会对工程动用的意见和要求等主要内容。至此，项目的全部建设过程结束。

整个建设项目进行竣工验收后，业主应及时办理固定资产交付使用手续。在进行竣工验收时，已验收过的单项工程可以不再办理验收手续，但应将单项工程交工验收证书作为最终验收的附件而加以说明。

8.1.5 竣工验收阶段工程造价管理的内容

建设工程项目造价控制贯穿于项目全过程，工程项目在经历了决策、设计、工程招投、施工各阶段后，进入到项目建设的最后阶段——竣工验收阶段，在此阶段，工程造价的确定与控制工作已到了尾声，但依然存在着造价失控的薄弱环节，因此，竣工验收阶段的工程造价管理不仅是工程造价全过程管理的内容之一，也是工程项目造价全过程控制环节中很重要的一部分。

竣工阶段工程造价管理的主要工作是确定建设工程项目最终的实际造价，即竣工结算价格和竣工决算价格，并办理项目的资产移交。因此，竣工验收阶段工程造价管理的内容包括竣工结算的编制与审查，竣工决算的编制，保修费用的处理等。

竣工结算是施工企业按照合同规定的内容全部完成所承包的工程，经建设单位及相关单位验收质量合格，并符合合同要求之后，在交付生产或使用前，由施工单位根据合同价格和实际发生的费用增减变化（变更、签证、洽商等）情况进行编制，并经发包方或委托方签字确认的，正确反映该项工程最终实际造价，并作为向发包单位进行最终结算工程款的经济文件。竣工决算是由建设单位编制的反映建设项目实际造价和投资效果的文件，它是竣工验收报告的重要组成部分，所有竣工验收的项目应在办理手续之前，对所有建设项目的财产和物资进行认真清理，及时而准确地编制竣工决算。

竣工决算和竣工结算的区别如表 8-2 所示。

表 8-2　工程竣工决算和竣工结算的区别

区别项目	工程竣工结算	工程竣工决算
编制单位及其部门	承包方的预算部门	项目业主的财务部门
内容	承包方承包施工的建筑安装工程的全部费用，它最终反映承包方完成的施工产值	工程从筹建开始到竣工交付使用为止的全部建设费用，它反映建设工程的投资效益
性质和作用	（1）承包方与业主办理工程价款最终结算的依据； （2）双方签订的建筑安装工程承包合同终结的凭证； （3）业主编制竣工决算的主要资料	（1）业主办理交付、验收、动用新增各类资产的依据； （2）竣工验收报告的重要组成部分

8.2　建设工程竣工决算

建设项目竣工决算是指所有建设项目竣工后，建设单位按照国家有关规定，在新建、改建和扩建项目竣工验收阶段编制的，包括项目从筹建阶段到竣工投产或交付使用全过程的全部实际支出费用的文件，它反映了建设项目的实际造价和投资效果。

通过竣工决算，一方面能够正确反映建设工程的实际造价和投资效果；另一方面可以通过竣工决算与概算、预算的对比分析，考核造价控制的工作成效，有利于总结经验教训，积累技术经济方面的基础资料，提高未来建设工程的投资效益。因此，所有竣工验收的项目在办理验收手续之前，必须对所有财产和物质进行清理，及时而准确地编好竣工决算，分析预（概）算执行的情况，考核投资效果、并报上级主管部门审查。

8.2.1　竣工决算的内容

建设项目竣工决算应包括从筹建到竣工投产全过程的全部实际费用，即建筑工程费用、安装工程费用、设备工器具购置费用、工程建设其他费用、预备费和投资方向调节税支出费用等。竣工决算的内容包括竣工财务决算说明书、竣工财务决算报表、工程竣工图和工程造价对比分析四个部分，其中前两个部分又被称为建设项目竣工财务决算，是竣工决算的核心内容和重要组成部分，是正确核定新增资产价值、反映竣工项目建设成果的文件，也是办理固定资产交付使用手续的依据。

8.2.1.1　竣工财务决算说明书

竣工财务决算说明书主要反映竣工工程建设的成果和经验，是对竣工决算报表进行分析和补充说明的文件，是全面考核分析工程投资与造价的书面总结。其内容主要包括：

（1）建设项目概况及对工程总的评价。一般从进度、质量、安全、造价及施工方面进行分析说明。进度方面主要说明开工和竣工时间，对照合理工期和要求，分析工期是提前还是延期；质量方面主要根据竣工验收组或质量监督部门的验收情况进行说明；安全方面主要根据劳动工资和施工部门的记录，对有无设备和安全事故进行说明；造价方面主要对照概算造价，说明节约还是超支，用金额和百分率进行分析说明。

（2）资金来源及运用等财务分析。主要包括工程价款结算、会计账务的处理、财产物资情况及债权债务的清偿情况。

（3）基本建设收入、投资包干结余、竣工结余资金的上交分配情况。通过对基本建设投资包干情况的分析，说明投资包干额、实际支用额和节约额，投资包干的有机构成和包干结余的分配情况。

（4）各项经济技术指标的分析。包括概算执行情况分析，根据实际投资完成额与概算进行对比分析；新增生产能力的效益分析，说明支付使用财产占总投资额的比例、占支付使用财产的比例，不增加固定资产的造价占投资总额的比例，分析有机构成。

（5）工程建设的经验、项目管理和财务管理工作以及竣工财务决算中有待解决的问题。

（6）需说明的其他事项。

8.2.1.2 建设项目竣工财务决算报表

建设工程项目竣工财务决算报表要根据大、中型建设工程项目和小型建设工程项目分别制订。大、中型建设项目报表的格式及内容，由国家主管部门规定；小型建设项目报表则由各地区、各部门参照大中型建设项目竣工决算内容及报表格式自行制定。大、中型建设项目竣工决算报表包括：建设项目竣工财务决算审批表；大、中型建设项目竣工工程概况表；大、中型建设项目竣工财务决算表；大、中型建设项目交付使用资产总表；建设项目交付使用资产明细表。小型建设项目竣工财务决算报表包括：建设项目竣工财务决算审批表；竣工财务决算总表；建设项目交付使用资产明细表。

1. 建设项目竣工财务决算审批表（表8-3）

表8-3 建设项目竣工财务决算审批表

<table>
<tr><td>建设项目法人（建设单位）</td><td></td><td>建设性质</td><td></td></tr>
<tr><td>建设项目名称</td><td></td><td>主管部门</td><td></td></tr>
<tr><td colspan="4">开户银行意见：
（盖章）
年 月 日</td></tr>
<tr><td colspan="4">专员办审批意见：
（盖章）
年 月 日</td></tr>
<tr><td colspan="4">主管部门或地方财政部门审批意见：
（盖章）
年 月 日</td></tr>
</table>

大、中、小型建设项目竣工决算都要填报此表。其中“建设性质”按新建、扩建、改进、迁建和恢复建设项目等分类填列。“主管部门”是指建设单位的主管部门。所有建设项目均需经开户银行签署意见后，按下列要求报批：①中央级小型建设项目由主管部门签署审批意见。②中央级大、中型建设项目报所在地财政监察专员办理机构签署意见后，再由主管部门签署意见后报财政部审批。③地方级项目由同级财政部门签署审批意见。

已具备竣工验收条件的项目，3 个月内应及时填报此审批表，如 3 个月内不办理竣工验收和固定资产移交手续的视同项目已正式投产，其费用不得从基建投资中支付，所实现的收入作为经营收入，不再作为基建收入管理。

2. 大、中型建设项目概况表（表 8-4）

表 8-4　大、中型建设项目竣工工程概况表

<table>
<tr><td>建设项目（单项工程）名称</td><td></td><td colspan="2">建设地址</td><td colspan="4"></td><td></td><td colspan="2">项目</td><td>概算</td><td>实际</td><td rowspan="17">主要指标</td></tr>
<tr><td>主要设计单位</td><td></td><td colspan="2">主要施工单位</td><td colspan="4"></td><td rowspan="8">基建支出</td><td colspan="2">建筑安装工程</td><td></td><td></td></tr>
<tr><td rowspan="2">占地面积</td><td>计划</td><td>实际</td><td rowspan="2">总投资（万元）</td><td colspan="2">设计</td><td colspan="2">实际</td><td colspan="2">设备、工具器具</td><td></td><td></td></tr>
<tr><td></td><td></td><td>固定资产</td><td>流动资产</td><td>固定资产</td><td>流动资产</td><td colspan="2">待摊投资
其中：建设单位管理费</td><td></td><td></td></tr>
<tr><td rowspan="3">新增生产能力</td><td colspan="2" rowspan="3">能力（效益）名称</td><td rowspan="3">设计</td><td colspan="4" rowspan="3">实际</td><td colspan="2">其他投资</td><td></td><td></td></tr>
<tr><td colspan="2">待核销基建支出</td><td></td><td></td></tr>
<tr><td colspan="2">非经营项目转出投资</td><td></td><td></td></tr>
<tr><td rowspan="2">建设起、止时间</td><td colspan="2">设计</td><td colspan="5">从　年　月开工至　年　月竣工</td><td colspan="2" rowspan="2">合计</td><td rowspan="2"></td><td rowspan="2"></td></tr>
<tr><td colspan="2">实际</td><td colspan="5">从　年　月开工至　年　月竣工</td></tr>
<tr><td rowspan="3">设计概算批准文号</td><td colspan="7" rowspan="3"></td><td rowspan="4">主要材料消耗</td><td>名称</td><td>单位</td><td>概算</td><td>实际</td></tr>
<tr><td>钢材</td><td></td><td></td><td></td></tr>
<tr><td>木材</td><td></td><td></td><td></td></tr>
<tr><td rowspan="3">完成主要工程量</td><td colspan="2">建筑面积（m²）</td><td colspan="5">设备（台、套、吨）</td><td>水泥</td><td></td><td></td><td></td></tr>
<tr><td>设计</td><td>实际</td><td colspan="2">设计</td><td colspan="3">实际</td><td rowspan="4">主要技术经济指标</td><td colspan="4" rowspan="4"></td></tr>
<tr><td></td><td></td><td colspan="2"></td><td colspan="3"></td></tr>
<tr><td rowspan="2">收尾工程</td><td colspan="2">工程内容</td><td>投资额</td><td colspan="4">完成时间</td></tr>
<tr><td colspan="2"></td><td></td><td colspan="4"></td></tr>
</table>

是用来反映建设项目总投资、基建投资支出、新增生产能力、主要材料消耗和主要技术经济指标等方面的设计概算数与实际完成数的情况，为全面考核和分析投资效果提供依据。

填写该表时按下列要求填报：①建设项目名称、建设地址、主要设计单位和主要施工单位，应按全名填列。②各项目的设计、概算、计划指标可根据批准的设计文件和概算、计划等确定的指标数据。③设计概算批准文号，是指最后经批准的日期和文件号。④新增生产能力、完成主要工程量、主要材料消耗的实际数据，是指建设单位统计资料和施工企业提供的有关成本核算资料中的数据。⑤主要技术经济指标，包括单位面积造价、单位生产能力投资、单位投资增加的生产能力、单位生产成本和投资回收年限等反映投资效果的综合性指标，根据概算和主管部门规定的内容分别按概算和实际填列。⑥收尾工程是指全部工程项目验收后还遗留的少量收尾工程，在表中应明确填写收尾工程内容、完成时间。这部分工程的实际成本可根据具体情况填写并加以说明，该部分工程完工后不再编制竣工决算。⑦基建支出是指建设项目从开工起至竣工止发生的全部基建支出，包括形成资产价值的交付使用资产，如固定资产、流动资产、无形资产、递延资产支出，以及不形成资产价值按规定应核销的非经营性项目的待核销基建支出和转出投资，这些基建支出，应根据财政部门历年批准的“基建投资表”中的有关数据填列。

3. 大、中型建设项目竣工财务决算表（表8-5）

该表反映竣工的大、中型建设项目从开工到竣工为止全部资金来源和资金运用的情况，是考核和分析投资效果，落实结余资金，并作为报告上级核销基本建设支出和基本建设拨款的依据。在编制该表前，应先编制出项目竣工年度财务决算，根据编制出的竣工年度财务决算和历年财务决算编制项目的竣工财务决算。此表采用平衡表形式，即资金来源合计等于资金支出合计。

表8-5　大、中型建设项目竣工财务决算表

资金来源	金额	资金占用	金额	补充资料
一、基建拨款		一、基本建设支出		1. 基建投资借款期末余额
1. 预算拨款		1. 交付使用资产		2. 应收生产单位投资借款期末数
2. 基建基金拨款		2. 在建工程		3. 基建结余资金
3. 进口设备转账拨款		3. 待核销基建支出		
4. 器材转账拨款		4. 非经营项目转出投资		
5. 煤代油专用基金拨款		二、应收生产单位转出投资		
6. 自筹资金拨款		三、拨付所属投资借款		
7. 其他拨款		四、器材		
二、项目资本金		其中：待处理器材损失		
1. 国家资本		五、货币资金		
2. 法人资本		六、预付及应收款		
3. 个人资本		七、有价证券		
三、项目资本公积金		八、固定资产		
四、基建借款		减：累计折旧		
五、上缴拨入投资借款		固定资产净值		
六、企业债券资金		固定资产清理		
七、待冲基建支出		待处理固定资产损失		
八、应付款				
九、未交款				
1. 未交税金				

续表

资金来源	金额	资金占用	金额	补充资料
2. 未交基建收入				
3. 未交基建包干节余				
4. 其他未交款				
十、上级拨入资金				
十一、留成收入				
合计		合计		

填写该表时按下列要求填报：

（1）资金来源中的“项目资本金”是指经营性项目投资者按国家有关项目资本金的规定，筹集并投入项目的非负债资金，在项目竣工后，相应转为生产经营企业的国家资本金、法人资本金、个人资本金和外商资本金。“项目资本公积金”是指经营性项目对投资者实际缴付的出资额超过其资金的差额（包括发行股票的溢价净收入）、资产评估确认价值或者合同、协议约定价值与原账面净值的差额、接受捐赠的财产、资本汇率折算差额，在项目建设期间作为资本公积金、项目建成交付使用并办理竣工决算后，转为生产经营企业的资本公积金。“基建收入”是基建过程中形成的各项工程建设副产品变价净收入、负荷试车的试运行收入及其他收入，在表中，基建收入以实际销售收入扣除销售过程中所发生的费用和税后的实际纯收入填写。

（2）表中“交付使用资产”、“预算拨款”、“自筹资金拨款”、“其他拨款”、“基建借款”、“其他借款”等项目，是指自开工建设至竣工的累计数，上述有关指标应根据历年批复的年度基本建设财务决算和竣工年度的基本建设财务决算中资金平衡表相应项目的数字进行汇总后填写。

（3）表中其余项目费用办理竣工验收时的结余数，根据竣工年度财务决算中资金平衡表中的有关项目期末数填写。

（4）资金占用，反映建设项目从开工准备到竣工全过程资金支出的情况，资金占用总额应等于资金来源总额。

（5）补充材料中的“基建投资借款期末余额”反映竣工时尚未偿还的基本投资借款额，应根据竣工年度资金平衡表内的“基建投资借款”项目期末数填写；“应收生产单位投资借款期末余额”，根据竣工年度资金平衡表内的“应收生产单位投资借款”项目的期末数填写；“基建结余资金”反映竣工的结余资金，根据竣工决算表中有关项目计算填写。

（6）“基建结余资金”可以按下列公式计算：

基建结余资金 = 基建拨款 + 项目资本金 + 项目资本公积金 + 基建借款 + 企业债券基金 + 待冲基建支出 − 基本建设支出 − 应收生产单位投资借款

4. 大、中型建设项目交付使用资产总表（表8-6）

该表反映建设项目建成后新增固定资产、流动资产、无形资产和递延资产价值的情况和价值，作为财务交接、检查投资计划完成情况和分析投资效果的依据。小型项目不编制“交付使用资产总表”，而直接编制“交付使用资产明细表”；大、中型项目在编制“交付使用资产总表”的同时，还需编制“交付使用资产明细表”。

表 8-6　大、中型建设项目交付使用资产总表

单项工程项目名称	总计	固定资产					流动资产	无形资产	递延资产
		建筑工程	安装工程	设备	其他	合计			
1	2	3	4	5	6	7	8	9	10

支付单位盖章　　年　月　日　　　　　　　　　　　　　　　接收单位盖章　　年　月　日

大、中型建设项目交付使用资产总表具体编制方法如下：①表中各栏目数据根据“交付使用明细表”的固定资产、流动资产、无形资产、递延资产的各相应项目的汇总数分别填写，表中总计栏的总计数应与竣工财务决算表中的交付使用资产的金额一致。②表中第7、8、9、10栏的合计数，应分别与竣工财务决算表交付使用的固定资产、流动资产、无形资产、递延资产的数据相符。

5. 建设工程项目交付使用资产明细表（表 8-7）

表 8-7　建设工程项目交付使用资产明细表

单项工程项目名称	建筑工程			设备、工具、器具、家具					流动资产		无形资产		递延资产	
	结构	面积（m^2）	价值（元）	规格型号	单位	数量	价值（元）	设备安装费（元）	名称	价值（元）	名称	价值（元）	名称	价值（元）
合计														

支付单位盖章　　年　月　日　　　　　　　　　　　　　　　接收单位盖章　　年　月　日

该表反映交付使用的固定资产、流动资产、无形资产和递延资产及其价值的明细情况，是办理资产交接的依据和接收单位登记资产账目的依据，同时也是使用单位建立资产明细账和登记新增资产价值的依据。大、中型和小型建设工程项目均需编制此表。编制时要做到齐全完整，数字准确，各栏目价值应与会计账目中相应科目的数据保持一致。

建设工程项目交付使用资产明细表具体编制方法如下：①表中“建筑工程”项目应按单项工程名称填列其结构、面积和价值。其中“结构”是指项目按钢结构、钢筋混凝土结构、混合结构等结构形式填写；“面积”则按各项目实际完成面积填列；“价值”按交付使用资产的实际价值填写。②表中“设备、工具、器具、家具”部分要在逐项盘点后，根据盘点实际情况填写，工具、器具和家具等低值易耗品可分类填写。③表中“流动资产”、“无形资产”、“递延资产”项目应根据建设单位实际交付的名称和价值分别填列。

6. 小型建设工程项目竣工财务决算总表（表 8-8）

表 8-8 小型建设工程项目竣工财务决算总表

<table>
<tr><td>建设项目名称</td><td colspan="2"></td><td>建设地址</td><td colspan="4"></td><td colspan="2">资金来源</td><td colspan="2">资金运用</td></tr>
<tr><td>初步设计概算批准文号</td><td colspan="7"></td><td>项目</td><td>金额</td><td>项目
一、支付使用资产</td><td>金额</td></tr>
<tr><td rowspan="2">占地面积</td><td>计划</td><td>实际</td><td rowspan="2">总投资（万元）</td><td colspan="2">计划</td><td colspan="2">实际</td><td>一、基建拨款
其中：预算拨款</td><td></td><td>二、待核销基建支出</td><td></td></tr>
<tr><td></td><td></td><td>固定资产</td><td>流动资产</td><td>固定资产</td><td>流动资产</td><td>二、项目资本
三、项目资本公积</td><td></td><td>三、非经营项目转出投资</td><td></td></tr>
<tr><td rowspan="2">新增生产能力</td><td colspan="2">能力（效益）名称</td><td>设计</td><td colspan="4">实际</td><td rowspan="2">四、基建借款
五、上级拨入借款</td><td rowspan="2"></td><td rowspan="2">四、应收生产单位投资借款</td><td rowspan="2"></td></tr>
<tr><td colspan="2"></td><td></td><td colspan="4"></td></tr>
<tr><td rowspan="2">建设起止时间</td><td>计划</td><td colspan="6">从 年 月开工至 年 月竣工</td><td>六、企业债券资金</td><td></td><td>五、拨付所属投资</td><td></td></tr>
<tr><td>实际</td><td colspan="6">从 年 月开工至 年 月竣工</td><td>七、待冲基建支出</td><td></td><td>六、器材</td><td></td></tr>
<tr><td rowspan="8">基建支出</td><td colspan="3">项目</td><td colspan="2">概算（元）</td><td colspan="2">实际（元）</td><td>八、应付款</td><td></td><td>七、货币资金</td><td></td></tr>
<tr><td colspan="3">建筑安装工程</td><td colspan="2"></td><td colspan="2"></td><td rowspan="2">九、未交款
其中：
未交基建收入
未交包干收入</td><td rowspan="2"></td><td>八、预付及应收款
九、有价证券</td><td></td></tr>
<tr><td colspan="3">设备、工具、器具</td><td colspan="2"></td><td colspan="2"></td><td>十、原有固定资产</td><td></td></tr>
<tr><td colspan="3">待摊投资
其中：建设单位管理费</td><td colspan="2"></td><td colspan="2"></td><td>十、上级拨入资金</td><td></td><td></td><td></td></tr>
<tr><td colspan="3">其他投资</td><td colspan="2"></td><td colspan="2"></td><td rowspan="3">十一、留成收入</td><td rowspan="3"></td><td rowspan="3"></td><td rowspan="3"></td></tr>
<tr><td colspan="3">待核销基建支出</td><td colspan="2"></td><td colspan="2"></td></tr>
<tr><td colspan="3">非经营性项目转出投资</td><td colspan="2"></td><td colspan="2"></td></tr>
<tr><td colspan="3">合计</td><td colspan="2"></td><td colspan="2"></td><td>合计</td><td></td><td>合计</td><td></td></tr>
</table>

由于小型建设工程项目内容比较简单，因此可将工程概况与财务情况合并编制一张“竣工财务决算总表”。该表主要反映小型建设工程项目的全部工程和财务情况。具体编制时可参照大、中型建设工程项目概况表指标和大、中型建设工程项目竣工财务决算表指标口径填写。

8.2.1.3 建设项目竣工图

建设项目竣工图是真实地记录各种地上地下建筑物、构筑物等情况的技术文件，是工程进行交工验收、维护改建和扩建的依据，是国家的重要技术档案。国家规定，各种新建、扩建、改建的基本建设工程，特别是基础、地下建筑、管线、结构、井巷、桥梁、隧道、港口、水坝以及设备安装等隐蔽部位，都要编制竣工图，为确保竣工图质量，必须在施工过程中（不能在竣工后）及时做好隐蔽工程检查记录，整理好设计变更文件。

竣工图的绘制可分为以下几种情况：

（1）凡按原施工图竣工没有变动的工程，由施工单位在原施工图上加盖“竣工图”标志后，即作为竣工图。

（2）凡在施工过程中，虽有一般性设计变更，但能将原施工图加以修改补充作为竣工图的，可以不重新绘制，由施工单位负责在原施工图上注明修改的部分，并附以设计变更通知单和施工说明，加盖“竣工图”标志后，作为竣工图。

（3）凡结构、施工工艺、平面布置改变、项目改变或发生其他重大的改变时，不能在原施工图上进行修改，而需要根据项目的实际情况重新绘制竣工图。由于设计原因造成的改变，由设计单位负责绘制竣工图；由施工单位原因造成的改变，由施工单位负责绘制竣工图；由于不可抗力等其他原因造成的改变，由建设单位负责重新绘制或委托其他单位绘制竣工图。最后由施工单位负责在新图上加盖“竣工图”标志，并附以有关记录和说明作为竣工图。

（4）为了满足竣工验收和竣工决算的需要，还应绘制能反映竣工工程全部内容的工程设计平面示意图。

8.2.1.4 工程造价比较分析

经批准的概、预算是考核工程实际造价和进行工程造价比较分析的依据。因此，工程造价比较分析，是指将财务决算报表中所提供的实际造价与批准的概算或修正概算进行比较分析，将建筑安装工程费、设备工器具购置费和其他工程费用逐一与竣工决算表中所提供的实际数据与相关资料进行对比，从而考核该竣工项目的投资是节约还是超支，并在比较的基础上总结经验教训，积累工作经验，以便在以后的工作中改进。在实际工作中，应侧重分析以下内容：

1. 主要实物工程量

实物工程量的增减，直接影响工程造价的增减。因此，要认真对比分析和审查建设项目的建设规模、结构、标准、工程范围等是否遵循批准的设计文件规定，对于实物工程量出入较大的项目，应找出原因。

2. 主要材料消耗量

在建筑安装工程投资中材料费所占的比重很大，因此，分析材料费用也是考核工程造价的重点，应按照竣工决算表中所列明的钢材、木材、水泥三大材料实际超概算的消耗量，查明是在工程的哪个环节超出量最大，并查明超量的原因。

3. 考核建设单位管理费、建筑及安装工程措施费和间接费的取费标准

建设单位管理费、建筑及安装工程措施费和间接费的取费标准要按照国家和各地的有关规定，根据竣工决算报表中所列的建设单位管理费与概预算所列的建设单位管理费数额进行比较，依据规定查明是否有多列或少列的费用项目，确定其节约超支的数额，并查明原因。

8.2.2 竣工决算的编制

8.2.2.1 竣工决算的编制依据

（1）经批准的可行性研究报告、投资估算书。

（2）经批准的初步设计或扩大初步设计及其概算或修正概算。

（3）经批准的施工图设计及其施工图预算书。

（4）设计交底或图纸会审会议纪要。

（5）招标投标的标底、承包合同、工程结算资料。

（6）施工记录或施工签证单及其他施工过程中发生的费用记录，如索赔报告与记录、停工报告等。

（7）竣工图及各种竣工验收资料。

（8）历年基建资料、历年财务决算与批复文件。

（9）设备、材料调价文件和调价记录。

（10）有关财务核算制度、办法及其他相关资料、文件等。

8.2.2.2 竣工决算的编制步骤

竣工决算的编制，主要就是进行竣工决算报表的编制、竣工决算报告说明书的编制等工作。按照财政部印发的《基本建设财务管理规定》的要求，竣工决算的编制步骤如下：

（1）收集、整理和分析有关依据资料。为了保证快速、准确地编制出竣工决算，从工程开始就按编制依据的要求，收集、清点、整理有关资料，主要包括建设项目档案资料，如：设计文件、施工记录、上级批文、概（预）算文件、工程结算的归集整理，财务处理、财产物资的盘点核实及债权债务的清偿，做到账账、账证、账实、账表相符。对各种设备、材料、工具、器具等要逐项盘点核实并填列清单，妥善保管，或按照国家有关规定处理，不准任意侵占和挪用。系统地收集、整理和分析所有资料，是准确编制竣工决算的前提条件。

（2）对照、核实工程变动情况，重新核算各单位工程、单项工程造价。将竣工资料与原设计图纸进行查对、核实，必要时可实地测量，确认实际变更情况。根据经审定的施工单位竣工结算等原始资料，按照有关规定对原概（预）算进行增减调整，重新核定工程造价。

（3）核定其他各项投资费用。对经审定的待摊投资、待核销基建支出和非经营项目的转出投资及其他投资，严格划分和核定后，分别计入相应的基建支出（占用）栏目内。

（4）编制竣工财务决算说明书。按照竣工财务决算说明的要求进行编制，力求内容全面、简明扼要、文字流畅、说明问题。

（5）填报竣工财务决算报表。按照建设工程项目决算表格中的内容，根据编制依据中的有关资料进行统计或计算各个项目和数量，并将其结果填到相应表格的栏目内，完成所有报表的填写。

（6）做好工程造价对比分析。

（7）清理、装订好竣工图。

（8）按国家规定上报审批，存档。上述编写的文字说明和填写的表格经核对无误后，将其装订成册，即为建设工程项目竣工决算文件。决算文件应上报主管部门审查，并把其中财务成本部分送交开户银行签证；在上报主管部门的同时，抄送有关设计单位；大、中型建设工程项目的竣工决算还应抄送财政部，建设银行总行和省、市、自治区的财政局和建设银行分行各一份。建设工程项目竣工决算文件，由建设单位负责组织人员编写，并应在竣工项目办理动用验收一个月之内完成。

8.2.3 新增资产价值的确定

正确核定竣工项目资产的价值，不但有利于建设项目交付使用以后的财务管理，而且可以为建设项目进行经济后评估提供依据。

8.2.3.1 新增资产的分类

按照新的财务制度和企业会计准则，新增资产按资产性质不同可分为固定资产、流动资产、无形资产、递延资产和其他资产五大类。而且，资产的性质不同，其计价方法也不同。

1. 固定资产

指使用期限超过一年，单位价值在规定标准以上（如1000元、1500元、2000元），并且在使用过程中保持原有实物形态的资产。如房屋、建筑物、机械、运输工具等。不同时具备以上两个条件的资产为低值易耗品，应列入流动资产范围内，如企业自身使用的工具、器具、家具等。

2. 流动资产

指可以在一年或者超过一年的营业周期内变现或者耗用的资产，是企业资产的重要组成部分。流动资产按资产的占用形态不同可分为现金、存货（指企业的库存材料、在产品、产成品、商品等）、银行存款、短期投资、应收账款及预付账款。

3. 无形资产

指特定主体所控制的，不具有实物形态，对生产经营长期发挥作用且能带来经济利益的资源。如专利权、非专利技术、商标权、商誉等。

4. 递延资产

指不能全部计入当年损益，应当在以后年度分期摊销的各种费用，如开办费、租入固定资产改良支出等。

5. 其他资产

指具有专门用途，但不参加生产经营的经国家批准的特种物资，银行存款和冻结物资、涉及诉讼的财产等。

8.2.3.2 新增资产价值的确定

1. 固定资产

新增固定资产价值是投资项目竣工投产后所增加的固定资产价值，是以价值形态表示的固定资产投资最终成果的综合性指标。新增固定资产价值是以独立发挥生产能力的单项工程为对象的，单项工程建成经有关部门验收鉴定合格，正式移交生产或使用，即应计算新增固定资产价值。一次交付生产或使用的工程一次计算新增固定资产价值，分期分批交付生产或使用的工程，应分期分批计算新增固定资产价值。在计算时应注意以下几种情况：

（1）对于为了提高产品质量、改善劳动条件、节约材料、保护环境而建设的附属辅助工程，只要全部建成，正式验收交付使用后就要计入新增固定资产价值。

（2）对于单项工程中不构成生产系统，但能独立发挥效益的非生产性项目，如住宅、食堂、医务所、托儿所、生活服务网点等，在建成并交付使用后，也要计算新增固定资产价值。

（3）凡购置达到固定资产标准不需安装的设备、工具、器具，应在交付使用后计入新增固定资产价值。

（4）属于新增固定资产价值的其他投资，应随同受益工程交付使用的同时一并计入。

（5）交付使用财产的成本，应按下列内容计算：①房屋、建筑物、管道、线路等固定资产的成本包括建筑工程成果和应分摊的待摊投资。②动力设备和生产设备等固定资产的成本包括：需要安装设备的采购成本，安装工程成本，设备基础支柱等建筑工程成本或砌筑锅炉及各种特殊炉的建筑工程成本，应分摊的待摊投资。③运输设备及其他不需要安装的设备、工具、器具、家具等固定资产一般仅计算采购成本，不计分摊的“待摊投资”。

（6）共同费用的分摊方法；新增固定资产的其他费用，如果是属于整个建设项目或两个以上单项工程的，在计算新增固定资产价值时，应在各单项工程中按比例分摊。一般情况下，建设单位管理费按建筑工程、安装工程、需安装设备价值总额作比例分摊，而土地征用费、勘察设计费等费用则按建筑工程造价分摊。

2. 流动资产

（1）货币性资金。指现金、各种银行存款及其他货币资金。其中现金是指企业的库存现金，包括企业内部各部门用于周转使用的备用金；各种存款是指企业的各种不同类型的银行存款；其他货币资金是指除现金和银行存款以外的其他货币资金，根据实际入账价值核定。

（2）应收及预付款项。指企业因销售商品、提供劳务等应向购货单位或受益单位收取的款项；预付款项是指企业按照购货合同预付给供货单位的购货定金或部分货款。应收及预付款项包括应收票据、应收款项、其他应收款、预付货款和待摊费用。一般情况下，应收及预付款项按企业销售商品、产品或提供劳务时的实际成效金额入账核算。

（3）短期投资。包括股票、债券、基金。股票和债券根据是否可以上市流通分别采用市场法和收益法确定其价值。

（4）存货。指企业的库存材料、在产品、产成品等。各种存货应当按照取得时的实际成本计价。存货的形成，主要有外购和自制两个途径。外购的存货，按照买价加运输费、装卸费、保险费、途中合理损耗、入库前加工、整理及挑选费用以及缴纳的税金等计价；自制的存货，按照制造过程中的各项实际支出计价。

3. 无形资产

（1）财务制度规定按下列原则来确定无形资产的价值：

① 投资者将无形资产作为资本金或者合作条件投入的，按照评估确认或合同协议约定的金额计价。

② 购入的无形资产，按照实际支付的价款计价。

③ 企业自创并依法申请取得的，按开发过程中的实际支出计价。

④ 企业接受捐赠的无形资产，按照发票账单所持金额或者同类无形资产市价作价。

⑤ 无形资产计价入账后，应在其有效使用期内分期摊销。

（2）按照上述原则，不同无形资产的具体计价方式如下：

① 专利权的计价。专利权分为自创和外购两类。对于自创专利权，其价值为开发过程中的实际支出，主要包括专利的研究开发费用、专利登记费用、专利年付费和法律诉讼费等各项。专利转让时（包括购入和卖出），其费用主要包括转让价格和手续费。由于专利是具有专有性并能带来超额利润的生产要素，因而其转让价格不按其成本估价，而是依据其所能带来的超额收益来估价。

② 非专利技术的计价。如果非专利技术是自创的，一般不得作为无形资产入账，自创过程中发生的费用，财务制度允许作当期费用处理，这是因为非专利技术自创时难以确定是否成功，这样处理符合稳健性原则。购入非专利技术时，应由法定评估机构确认后再进一步估价，其方法往往通过其产生的收益来进行估价，其基本思路同专利权的计价方法。

③ 商标权的计价。如果是自创的，尽管商标设计、制作、注册和保护、宣传广告都要花费一定的费用，但它们一般不作为无形资产入账，而是直接作为销售费用计入当期损益。只有当企业购入和转让商标时，才需要对商标权计价。商标权的计价一般根据被许可方新增的收益来确定。

④ 土地使用权的计价。根据取得土地使用权的方式有两种情况：一是建设单位向土地管理部门申请土地使用权，通过出让方式支付一笔出让金后取得有限期的土地使用权，在这种情况下，应作为无形资产进行核算；第二种情况是建设单位获得土地使用权是原先通过行政划拨的，这时就不能作为无形资产核算，只有在将土地使用权有偿转让、出租、抵押、作价入股和投资，按规定补交土地出让价款时，应作为无形资产核算。

4. 递延资产

（1）开办费的计价。指在筹建期间发生的费用，包括筹建期间人员工资、办公费、培训费、差旅费、印刷费、注册登记费以及不计入固定资产和无形资产的汇兑损益和利息等支出。根据财务制度的规定，除了筹建期间不计入资产价值的汇兑净损失外，开办费从企业开始生产经营月份的次月起，按照不短于5年的期限平均摊入管理费用。

（2）以经营租赁方式租入的固定资产改良工程支出的计价。该项支出是指能增加租入的固定资产的效用或延长其使用寿命的改装、翻修、改建等支出，应在租赁有效期限内分期摊入制造费用或管理费用。

5. 其他资产

其他资产包括特种储备物资等，主要以实际入账价值进行核算。

8.3 工程保修费用的处理

8.3.1 工程项目保修制度

2000年1月国务院发布的《建设工程质量管理条例》中规定，建设工程实行质量保修制度，规定建设工程承包单位在向建设单位提交工程竣工验收报告时，应当向建设单位出具质量保修书，质量保修书应当明确建设工程的保修范围、保修期限和责任等。

工程项目保修是指施工单位按照国家或行业现行的有关技术标准、设计文件以及合同中对质量的要求，对已竣工验收的建设工程在规定的保修期限内，进行维修、返工等工作。由于建设产品在竣工验收后仍可能存在质量缺陷和隐患，直到使用过程中才能逐步暴露出来，如屋面漏雨、墙体渗水、建筑物基础超过规定的不均匀沉降、采暖系统供热不佳、设备及安装工程达不到国家或行业现行的技术标准等，需要在使用过程中检查观测和维修。因此，为了使建设项目达到最佳状态，确保工程质量，降低生产或使用费用，发挥最大的投资效益，业主应督促设计单位、施工单位、设备材料供应单位认真做好保修工作，并加强保修期间的投资控制。

8.3.2 保修的范围和最低保修期限

1. 保修的范围

建筑工程的保修范围应包括地基基础工程、主体结构工程、屋面防水工程和其他土建工程、电气管线、上下水管线的安装工程，供热，供冷系统工程等项目。

2. 保修的期限

保修的期限应当按照保证建筑物合理寿命内正常使用，维护使用者合法权益的原则确定。具体的保修范围和最低保修期限，按照国务院《建设工程质量管理条例》第四十条规定执行。

（1）基础设施工程、房屋建筑的地基基础工程和主体结构工程，为设计文件规定的该工程的合理使用年限。

（2）屋面防水工程、有防水要求的卫生间、房间和外墙面的防渗漏，为5年。

（3）供热与供冷系统，为2个采暖期、供冷期。

（4）电气管线、给排水管道、设备安装和装修工程，为2年。

（5）其他项目的保修期限由发包方与承包方约定。

建设工程的保修期，自竣工验收合格之日起计算。

8.3.3 工程保修费的处理

保修费用是指对建设工程在保修期限和保修范围内所发生的维修、返工等各项费用支出，保修费用应按合同和有关规定合理确定和控制。由于建筑安装工程情况复杂，出现的质量缺陷和隐患等问题往往是由多方面原因造成的。因此，在费用的处理上，应根据造成问题的原因、修理项目的性质以及具体返修内容，按照国家有关规定和合同要求与有关单位共同商定处理办法。一般有以下几种情况：

（1）勘察、设计原因造成保修费用的处理。勘察、设计方面的原因造成的质量缺陷，由勘察、设计单位负责并承担经济责任，由施工单位负责维修或处理。按合同法规定，勘察、设计人应当继续完成勘察、设计，减收或免收勘察、设计费并赔偿损失。

（2）施工原因造成保修费用的处理。施工单位未按国家有关规定、标准和设计要求施工，造成质量缺陷，由施工单位负责无偿返修并承担经济责任。建设工程在保修范围和保修期限内发生质量问题的，施工单位应当履行保修义务，并对造成的损失承担赔偿责任。施工单位不履行保修义务或者拖延履行保修义务的，责令改正，处10万元以上20万元以下的罚款，并对保修期内因质量缺陷造成的损失承担赔偿责任。

（3）设备、材料、构配件不合格造成保修费用的处理。因设备、建筑材料构配件质量不合格引起的质量缺陷，属于施工单位采购的或经其验收同意的，由施工单位承担经济责任；属于建设单位采购的，由建设单位承担经济责任。而施工单位、建设单位与设备、材料、构配件供应单位或部门之间的经济责任，按其设备、材料、构配件的采购供应合同处理。

（4）用户使用原因造成保修费用的处理。建设工程因用户使用不当造成的质量问题，由用户自行负责。

（5）不可抗力造成保修费用的处理。因地震、洪水、台风等不可抗力造成的质量问题，施工单位和设计单位部不承担经济责任，由建设单位负责处理。

(6) 根据《中华人民共和国建筑法》第七十五条的规定，建筑施工单位违反有关规定，不履行保修义务的，责令改正，可以处以罚款。在保修期间因屋顶、墙面渗漏、开裂等质量缺陷，有关责任企业应当依据实际损失给予实物或价值补偿。质量缺陷因勘察设计原因、监理原因或者建筑材料、建筑构配件和设备等原因造成的，根据民法规定，施工单位可以在保修和赔偿损失之后，向有关责任者追偿。因建设工程项目质量不合格而造成损害的，受损害人有权向责任者要求赔偿。因建设单位或者勘察设计的原因、施工的原因、监理的原因产生的建设质量问题，造成他人损失的，以上单位应当承担相应的赔偿责任。受损害人可以向任何一方要求赔偿，也可以向以上各方提出共同赔偿要求。有关各方之间在赔偿后，可以在查明原因后向真正责任人追偿。

(7) 涉外工程保修。除参照上述办法处理外，还应依照原合同条款的有关规定执行。

本章小结

竣工验收阶段工程造价管理的内容包括竣工结算和竣工决算的编制、工程保修费用的处理。竣工决算是竣工决算阶段，建设单位按照国家有关规定对新增、改建和扩建工程建设项目，从筹建到竣工投产或使用全过程编制的全部实际支出费用的报告，它可以综合反映竣工项目的建设成果和财务情况，是竣工验收报告的重要组成部分。本章主要介绍了基本建设项目竣工决算的主要内容及编制方法、新增资产价值的确定、工程的保修范围、期限及保修费的处理方法。

思 考 题

1. 简述竣工验收的概念及竣工验收阶段工程造价管理的内容。
2. 竣工决算和竣工结算的区别有哪些?
3. 什么是建设项目竣工决算? 竣工决算的内容包括哪些?
4. 简要介绍大、中型建设项目竣工决算报表包括哪些内容? 应如何编制?
5. 什么是建设项目竣工图? 竣工图的绘制可分为几种情况?
6. 简述竣工决算的编制依据、编制步骤。
7. 简述工程保修费的处理方法。

第9章　发达国家和地区工程造价管理

【本章提要】　本章对发达国家和地区工程造价管理情况作了介绍。主要内容包括：美国工程造价管理概况、工程造价信息与咨询行业、工程造价管理体系及特点；英国工程造价管理概况，工程计价依据与计价方法，工程招标制度及通用合同文本；德国工程造价管理概况，造价管理控制，及其协会、学会等；日本工程造价管理概况，建设行政主管部门对工程造价的管理，以及工程造价相关协会和中介组织；中国香港地区的工程造价管理情况，工程造价咨询制度，工程造价信息管理，以及工程造价全过程管理。

【关键词】　发达国家　工程造价咨询　造价学会　造价管理体系

随着我国社会主义市场经济体制的建立与完善，以及国民经济快速发展和综合国力的增强，我国的一些工程建设企业、工程管理企业等已经在逐步开拓和参与到国际房地产市场。进入国际市场不仅需要凭借先进技术与设备实力，工程造价计价方法与管理也要与国际通用做法和惯例接轨，以适应国际建筑市场的需求与竞争。

从已经掌握的资料分析，工程造价管理模式并未完全统一，在不同的国家和地区有不同的工程造价计价方式、管理形式和特色，并没有强制性规定工程造价与管理各国一致。不可否认的是，随着国际建筑业的多年发展，发达国家的建筑工程造价管理已步入科学化、规范化、程序化的轨道，形成了许多世界公认的国际惯例。尤其是美、英、德、日等国家在工程造价管理方面，结合本国的实际情况，建立了较为科学、严谨、完善的管理制度。通过制定切实可行的办法，使工程造价从投标报价到中标后的实施，得到全过程的控制与管理。其成功经验具有很好的借鉴价值。

国外工程造价的起源可以追溯到16世纪以前，当时的手工艺人受到当地行会的控制，行会负责监督管理手艺人的工作，维护行会的工作质量和价格水准。那时建筑师尚未成为一种独立的职业，多数的建筑除宗教、军队建筑以外都比较小，且设计简单。业主一般请当地的工匠负责房屋的设计和建造。对于重要建筑，业主则直接购买材料，雇佣工匠或者雇佣一个主要工匠，代表其利益负责监督项目建造。工程完成后按双方事先协商好的总价支付，或者先确定一个单位单价，然后乘以实际完成的工程量。

现代意义上的工程造价产生于资本主义社会化大生产的出现，最先产生在现代工业发展最早的英国。16世纪至18世纪，技术发展促使兴建大批工业厂房，许多农民在失去土地后向城市集中，需要大量住房，从而使建筑业逐渐得到发展。设计和施工逐步分离为独立的专业，工程数量和工程规模的扩大要求有专人对工程量进行测量、计算工料和进行估价，从事这些工作的人员逐步专门化，并被称为工料测量师。工料测量师以工匠小组的名义与工程委托人和建筑师洽商，估算和确定工程价款，工程造价由此产生。

竞争性招标需要每个承包商在工程开始前根据图纸进行工程量的测算，然后根据工程情况作估价。最初每个参与投标的承包商各自雇佣造价师来计算工程量，后来为了避免重复地对同一工程进行工程量计算，参与投标的承包商联合起来雇佣一个造价师。建筑师为了保护业主和自己的利益再另行雇佣造价师。这样在估价领域产生了两种类型的造价师：一种受雇于业主或业主的代表建筑师；另一种则受雇于承包商。到了19世纪30年代，计算工程量、提供工程量清单成为业主造价师的职责。所有的投标都以业主提供的工程量清单为基础，从而使得最后的投标结果具有可比性。从此，工程造价逐渐形成了独立的专业。1881 年英国皇家测量师学会成立，这个时期完成了工程造价的第一次飞跃。至此，工程委托人能够做到在工程开工之前，预先了解到需要支付的投资额，但是还不能做到在设计阶段就对工程项目所需的投资进行准确预计，并对设计进行有效的监督、控制。因此，往往在招标时或招标后才发现，根据当时完成的设计，费用过高，投资不足，不得不中途停工或修改设计。业主为了使投资花得明智和恰当，为了使各种资源得到最有效的利用，迫切要求在设计的早期阶段甚至是在作投资决策时，就开始进行投资估算，并对设计进行控制。

1950 年，英国教育部为了控制大型教育设施的成本，采用了分部工程成本规划法（Elemental Cost Planning），随后英国皇家特许测量师协会（RICS）的成本研究小组（RICS Cost Research Panel）也提出了其他的成本分析和规划的方法，例如比较成本规划法等。使估价工作从原来被动的工作状况转变成主动，从原来设计结束后做估价转变成与设计工作同时进行。甚至在设计之前即可作出估算，并可根据工程委托人的要求使工程造价控制在限额以内。这样，从 20 世纪 50 年代开始，一个“投资计划和控制制度”就在英国等经济发达的国家应运而生，完成了工程造价的第二次飞跃。承包商为适应市场的需要，也强化了自身的造价管理和成本控制。

1964 年，RICS 成本信息服务部门（R1CS Building Cost Information Service，简称 BCIS），又在造价领域跨出了一大步。BCIS 颁布了划分建筑工程的标准方法，使得每个工程的成本可以相同的方法分摊到各分部中，从而方便了不同工程的成本比较和成本信息资料的储存。

至 20 世纪 70 年代末，建筑业有了一种普遍的认识，认为在对各种可选方案进行估价时，仅仅考虑初始成本是不够的，还应考虑到工程交付使用后的维修和运行成本。这种“使用成本”或“总成本”论进一步拓展了造价工作的含义，使造价工作贯穿于项目的全过程。

9.1 美国工程造价管理

9.1.1 美国工程造价管理概况

美国是世界经济实力最强的国家，拥有发达的市场经济体系。建筑业作为美国的第二大行业十分发达，投资多元化和高度现代化、智能化的建筑技术与管理的广泛应用是其最大的特点。美国的建设工程项目主要分为政府投资项目和私人投资项目两大类，其中私人投资项目可占到整个建筑业投资总额的 60% ~70%。美国联邦政府没有主管建筑业的政府部门，因而也没有主管工程造价咨询业的专门政府部门，工程造价咨询业完全由行业协会管理，并进行业务指导。工程造价咨询业涉及多个行业协会，如美国土木工程师协会、总承包商协会、建筑标准协会、工程咨询业协会、国际工程造价促进会等。

美国现行的工程造价由两部分构成。一是业主经营所需费用，称之为软费用，主要包括基础上所需资金的筹措，设备购置及储备资金、土地征购及动迁补偿、财务费用、税金及其他各种前期费用；二是由业主委托设计咨询公司或者总承包公司编制的建安工程基础上建设实际发生所需费用，一般称之为硬费用，主要包括施工所需的工、料、机消耗使用费，现场业主代表及施工管理人员工资、办公和其他杂项费用，承包商现场的生活及生产设施费用，各种保险、税金、不可预见费等。此外承包商的利润一般占建安工程造价的5%～15%，业主通过委托咨询公司实现对工程施工阶段造价的全过程管理。美国没有统一的计价依据和标准，是典型的市场化价格。工程估算、概算，人工、材料和机械消耗定额，不是由政府部门组织制订的，而是由几个大区的行会（协会）组织，按照各施工企业工程积累的资料和本地区实际情况，根据工程结构、材料种类、装饰方式等，制订出平方英尺建筑面积的消耗量和基价，并以此作为依据，将数据输入电脑，推向市场。这些数据资料虽不是政府部门的强制性法规，但因其建立在科学性、准确性、公正性及实际工程资料的基础上，能反映实际情况，得到社会的普遍公认，并能顺利加以实施。因此，工程造价计价主要由各咨询机构制定单位建筑面积消耗量、基价和费用估算格式，由承发包双方通过一定的市场交易行为确定工程造价。美国也没有统一标准的消耗定额，美国的工程造价管理通常也搞四算，即：毛估、估算、核定估算、详细设计估算，各阶段有一定的精度要求，即：分别为±25%、±15%、±10%、±5%。美国工程造价的组成内容包括设计费，环境评估费，地质土壤测试费，上下水、暖气电接管费，场地平整绿化费，税金，保险费，人工费，材料费和机械费等。在上述费用的基础上营造商收取15%～20%的利润，10%的管理费。而且在工程建设过程中，营造商可根据市场价格变化情况随时调整工程造价。

发达国家对私人投资项目只进行政策引导和信息指导，而不干预其具体实施过程，体现政府对造价的宏观管理和间接调控。美国政府有一套完整的项目或产品目录，明确规定私人投资者的投资领域，并采取经济杠杆，通过价格、税收、利率、信息指导、城市规划等，来引导和约束私人投资方向和区域分布。政府通过定期发布信息资料，使私人投资者了解市场状况，尽可能使投资项目符合经济发展的需要。

美国各地方政府都设有相应的管理机构，如纽约市政府的综合开发部（DGS）、华盛顿政府的综合开发局（GSA）等都是代表各级政府专门负责管理建设工程的机构。二是通过公开招标委托承包商进行管理。美国法律规定，所有的政府投资项目都要进行公开招标，特定情况下（涉及国防、军事机密等）可邀请招标和议标。但对项目的审批权限、技术标准（规范）、价格、指数都需明确规定，确保项目资金不突破审批的金额。

9.1.2 工程造价信息与咨询业

美国的建筑造价指数一般由一些咨询机构和新闻媒介来编制，在多种造价信息来源中，ENR（Engineering News Record）造价指标是比较重要的一种。编制ENR造价指数的目的是为了准确地预测建筑价格，确定工程造价。它是一个加权总指数，由构件钢材、波特兰水泥、木材和普通劳动力四种个体指数组成。ENR共编制两种造价指数，一是建筑造价指数，一是房屋造价指数。这两个指数在计算方法上基本相同，区别仅体现在计算总指数中的劳动力要素不同。ENR指数资料来源于20个美国城市和两个加拿大城市，ENR在这些城市中派有信息员，专门负责收集价格资料和信息。ENR总部则将这些信息员收集到的价格信息和数据汇总，并在每个星期四计算并发布最近的造价指数。

美国工程造价咨询行业以中、小型公司为主，大型工程造价咨询公司虽然比例较低，但凭借其专业人才、资金实力（融资能力）、服务领域和能够提供更为优秀的服务质量的优势，在咨询市场具有较强的竞争力。此外，很多大型咨询公司都建有海外分公司或在海外升展业务。美国咨询公司的业务范围大致可分为商业服务、个性化的咨询服务和项目管理三大部分。美国工程造价信息与咨询机构一直以自身的实力、专业知识、服务质量等，为控制工程造价、节约投资发挥着重要的作用。社会信息与咨询机构也逐步成为政府职能部门管理建筑产品价格的重要手段。

美国工程造价信息反馈系统较为完善，国内的各工程公司十分注意收集工程造价管理各个阶段中的工程造价资料，并把向有关部门提供造价信息资料视为一种应尽的义务。他们不仅注意收集造价资料，也派出调查人员进行实地考察，使其所获得的资料较为翔实，从而保证了造价管理的科学性。

美国的工程造价咨询机构，有政府创办的机构，也有民办及大型企业创办的机构，其中尤以民办咨询机构为多。他们在项目建设中起着不可低估的重要作用，正在担当着政府、业主和承包商的代理人和顾问，承担着大量的工程项目管理和工程造价确定与控制等方面的服务。美国的咨询公司十分注意历史资料的积累和分析整理，建立起一套造价资料积累制度，同时注意服务效果的反馈，形成了信息反馈、分析、判断、预测等一整套的科学管理体系。

美国工程造价咨询市场也很大，100 人以上的咨询企业有 500 余家，30 人左右的咨询企业达 7000 多家。国际上工程咨询的投入相当大，美国的工程咨询取费通常在 6% ~15% 之间。业主支付咨询工程师的酬金，有些是按时耗计算，有些是按工程造价的一定百分比计取，有些则以固定费用标准支付。工程咨询的取费，与工程咨询的服务范围、工程规模、工作深度及难易程度密切相关。如果业主从设计阶段就委托工程咨询，取费一般为工程造价的 10% ~15%；如果仅对施工阶段的工程建设进行监理，则咨询费一般为工程造价的 6% ~10%。至于咨询公司对监理工程的收费，一般是根据工程造价的百分比，费率标准一般在工程造价的 5% ~10% 之间，也有的是根据双方约定的总监理费用计算。

美国工程造价咨询行业的特点是：

(1) 具有较完备的法律保障体系。对美国建筑业及造价咨询业的管理都是建立在相关的法律制度基础上的。例如：在建筑行业中对合同的管理十分严格，合同对当事人各方都具有严格的法律制约，即业主、承包商、分包商、提供咨询服务的第三方之间，都必须采用合同的方式开展业务，严格履行相应的职责与义务。

(2) 具有较成熟的社会化管理体系。美国的造价咨询业主要依靠政府和行业协会的共同管理与监督，实行“小政府、大社会”的行业管理模式。美国的相关政府管理机构对整个行业的发展进行宏观调控，更多的具体管理工作主要依靠行业协会来开展工作，承担对专业人员和法人团体，甚至针对具体工程质量的监督和管理职能。其中主要的管理协会为美国的国际工程造价促进会和美国工程咨询业协会。

(3) 拥有现代化的管理手段。美国的建筑业，包括造价咨询业在内的管理体系均采用先进的计算机技术与现代的网络技术进行管理。IT 技术的广泛应用，不但大大提高了项目参与各方之间的沟通、文件传递等的工作效率，也可提供及时、准确的市场信息，同时也使咨询公司收集、整理和分析各种复杂、繁多的项目数据成为可能。

9.1.3 工程造价管理体系及其特点

建筑业是美国第二大行业，大约占美国国内生产总值的 8%。近年美国建筑市场的投资总额每年都高达 6 千亿美元。美国的建设工程项目分为政府投资项目和私人投资项目两种，对于政府投资项目，美国采取的是一种谁投资谁管理模式，即由政府投资部门直接管理项目；对私人管理项目，政府不予干预，但对工程的技术标准、安全、社会环境影响和社会效益等，通过法律、法规、技术标准等加以引导或限制。

9.1.3.1 结合工程质量及工期管理造价

在美国的工程管理体系中，并没有把造价同工期、质量割裂开来单独管理，而是把它们作为一个系统来进行综合管理。其理念是：

（1）任何工程必须在满足工程质量标准要求的前提下合理地确定工期。

（2）任何工程必须先有工程质量标准要求，然后才谈得上造价的合理确定。

（3）工程必须严格按计划工期履行，才有可能不突破预定的造价。

9.1.3.2 追求全生命周期的费用最小

在美国，计算出工程造价后，一般还要计算工程投入运行后的维护费，作出工程寿命期的费用估算，并对工程进行全面的效益分析，从而避免片面追求低造价，而工程投产后维护使用费用不断增加的弊端。

9.1.3.3 广泛应用价值工程

美国的工程造价估算是建立在价值工程基础之上的，在工程设计方案的研究论证中，一般都有估价师的参与。以保证在实现功能的前提下，尽可能减少工程成本，使造价建立在合理的水平上，从而取得最好的投资效益。

9.1.3.4 十分重视工作分解结构 WBS（Work Breakdown Structure）及会计编码

对于大中型项目，为保证项目的顺利实施，还必须对所应完成的工作进行必要分解，确定各个单元的成本和实施计划，这一过程称为工作分解结构（WBS），在工作分解结构基础上进行会计的统一编码。美国的项目参与各方历来十分重视工作分解结构及会计编码，将其视为成本计划和进度计划管理的基础。

9.1.3.5 对工程造价变更与工程结算严格控制

1. 工程造价的变更

（1）允许变更的前提。在美国一般只有发生以下事项时，才可能进行工程造价的变更：①合同变更；②工程内部调整；③重新安排项目计划。

（2）变更程序。工程造价的变更，均需填报工程预算基价变更申请表等一系列文件，经业主与主管工程师批准后方可执行工程造价的变更。

2. 工程结算

（1）对于承包商未超出预算的付款结算申请，经业主委托的建筑师（或造价工程师）审查，经业主批准后予以结算；

（2）凡是超过预算 5% 以上的付款申请，必须经过严格的原因分析与审查。

9.1.4 工程造价管理的主体与作用

9.1.4.1 政府部门

政府部门参与工程造价管理的途径及作用有：

（1）各地政府定期公布各类工程造价指南，供社会参考。

（2）负责政府投资的有关部门对自己主管的项目进行直接的管理并积累有关资料形成自己的计价标准。

（3）劳工部制定及发布各地人工费标准来直接影响工程造价。

（4）主管环保及消防的有关部门通过组织制订及发布有关环境保护标准来间接影响工程造价。

（5）通过银行利率等经济杠杆对整个市场进行宏观调控，从而影响工程造价的构成要素，最终影响工程造价。

9.1.4.2 私人工程业主

美国私人工程的业主分布于各行各业，如汽车、娱乐、银行业、保险、零售业、能源生产和分配。美国的专业化分工很细，业主公司不可能也没有必要拥有一套从事工程造价的专业人士，所以对工程造价的具体管理，业主一般都是委托社会上的估算公司、工程咨询公司等来进行。

9.1.4.3 建筑师和工程师

建筑师和工程师，也称为设计专业人员。美国有许多建筑师和工程师在公共机构和大型私营机构工作。但也有许多建筑师、工程师私人注册的独立设计公司，根据签订的合同完成设计工作。在采用设计-建造（Design-Build）的项目管理模式下，建筑师和工程师与既负责设计又负责施工的公司签订合同。在采用其他项目管理模式下，建筑师和工程师与业主签订合同。

9.1.4.4 承包商

承包商一般均在项目的中期和后期开始介入，根据业主给出的初始条件来设计或建设一个设施，此时业主的意图已经清晰，并已对多个方案进行了研究及相应的选择或放弃，项目的范围和轮廓已经相当明确。

承包商对成本费用的划分非常详细，除上述直接成本和间接成本外，为便于施工控制，还将施工成本单独划分出来，它包括直接人工费、施工设备费，以及现场间接成本。

美国施工企业为管理其工程成本而采取的一项组织措施，就是实行技术管理层和劳务层分离，只雇佣少量的技术管理人员，没有固定工人和长期合同工。根据施工任务需要，随时与社会上各种专业分包商签订分包合同，任务完成后立即解约。

9.1.4.5 项目经理

建设经理（Construction Manager）是随项目管理的一种全新方式——建设管理方式（Construction Manage-CM）的产生而出现的一种新型职业。建设经理是一些建筑施工、建筑工程管理及建筑经济学方面的专家，作为代理人受雇于业主，主要的工作是在施工阶段，对建筑师、工程师和承包商进行管理、监督协调。除此之外，建设经理在项目前期承担的工作还有：

（1）决策阶段。协助确定项目目标、目的及优先程序，编制评估操作规划，进行初步成本估算，编制初始时间表，协助筹资，协助进行现场选定，协助选择设计专业人员。

（2）设计阶段。提供阶段性的成本估算，进行成本控制分析替代设计方案预选进行的施工可行性研究，提供有关工程材料的数据编制阶段性的进度规划，合同文件编制过程的协调与审查，价值分析，提供施工技术以及经济方面的建议，负责所有会议的记录。

（3）采购阶段。编制预算控制估算，刊登施工招标公告，选定预审投标者，信息和投标文件的分发，举行标前会议，并组织现场考察、接收、分析投标并提出决标建议，跟踪购买阶段并为所有活动建立文件档案。

9.1.5 合同文本

合同在工程造价管理中有着重要的地位，发达国家都把严格按合同规定办事作为一项通用的准则，有些国家还执行通用的合同文本。美国建筑师学会（AIA）的合同条件体系更为庞大，分为A、B、C、D、F、G系列。其中A系列是关于发包人与承包人之间的合同文件；B系列是关于发包人与提供专业服务的建师之间的合同文件；C系列是关于建筑师与提供专业服务的顾问之间的合同文件；D系列建筑师行业所用的文件；F系列是财务管理表格；G系列是合同和办公管理表格。AIA系合同条件的核心是"通用条件"。采用不同的计价方式时，只需选用不同的协议书格式与"通用条件"结合。AIA合同条件主要有总价、成本补偿及最高限定价格等计价方式。

美国造价工程师十分重视工程项目具体实施过程中的控制和管理，对工程预算执行情况的检查和分析工作做得非常细致，对于建设工程的各分部分项工程都有详细的成本计划，美国的建筑承包商是以各分部分项工程的成本详细计划为依据来检查工程造价计划的执行情况。对于工程实施阶段实际成本与计划目标出现偏差的工程项目，首先按照一定标准筛选成本差异，然后进行重要成本差异分析，并填写成本差异分析报告表，由此反映造成此项差异的原因、此项成本差异对项目其他成本项目的影响、拟采取的纠正措施以及实施这些措施的时间、负责人及所需条件等。对于采取措施的成本项目，每月还应跟踪检查采取措施后费用的变化情况。若采取的措施不能消除成本差异，则需重新进行此项成本差异的分析，再提出新的纠正措施，如果仍不奏效，造价控制项目经理则又会重新审定项目的竣工结算。

美国一些大型工程公司十分重视工程变更的管理工作，建立了较为完善的工程变更管理制度，可随时根据各种变化情况提出变更，修改估算造价。美国工程造价的动态控制还体现在造价信息的反馈系统。各工程公司十分注意收集在造价管理各个阶段中的造价资料，并把向有关部门提出造价信息资料视为一种应尽的义务，不仅注意收集造价资料，还派出调查员实地调查。这种造价控制反馈系统使动态控制以事实为依据，保证了造价管理的科学性。

9.2 英国工程造价管理

9.2.1 英国工程造价管理概况

英国工程造价管理有着悠久的历史，经过几百年的实践形成了全国统一的工程量标准计量规则（SMM）和工程造价管理体系，使工程造价管理工作形成了一个科学化、规范化的颇有影响的独立专业。政府投资的工程项目采取集中管理的办法，由财政部门依据不同类别工程的建设标准和造价标准，并考虑通货膨胀对造价的影响等确定投资额。各部门在核定的投资范围内进行方案设计、施工设计，实施目标控制，不得突破。如遇非正常因素，宁可在保证使用功能的前提下降低标准，也要将造价控制在额度范围内。对于私人投资的项目政府不进行干预，投资者一般是委托中介组织进行投资估算。

英国无统一定额和计价标准，但它有统一的工程量计算规则，即《建筑工程量标准计算方法SMM》，它较详细地规定了工程项目划分、计量单位和工程量计算规则。工程量计算规则就成为参与工程建设的各方共同遵守的计量、计价的基本规则，投标报价原则上是工程量、单价合同（即 BQ 方式）。在英国工程造价的控制贯穿于立项、设计、招标、签约和施工结算等全过程，在既定的投资范围内随阶段性工作的不断深化使工期、质量、造价的预期目标得以实现。工程造价的确定由业主和承包商依据《建筑工程量标准计算方法 SMM》，并参照政府和各类咨询机构发布的造价指数、价格信息指标等来进行。

英国作为工业革命运动的发起国和世界发达的资本主义国家，因其曾经的“日不落帝国”殖民历史，对世界产生了深远而广泛的影响。建筑业作为英国产业的重要组成部分，也对世界产生了重要的影响，英国的工程造价管理模式至今仍为英联邦国家所广泛应用。

9.2.2 政府建设主管部门

英国中央政府的工程项目分别由中央政府各部门（各专业部）自己管理，包括计划、采购、建设咨询、实施和维护。英国政府工程约占整个国家公共工程的1/2，按照要求，工程造价业务必须委托工程造价咨询机构。因此，政府对工程造价咨询业管理力度非常大。英国的建设主管部门对建设项目的管理重点，是放在有关政策和法规的制定方面，通过全面的规范建设行为来达到建设活动的有序进行。

对于一个国家，建筑业的管理工作是一项繁杂的工作。在英国，除了有关的政府建设主管部门，建筑业的管理还涉及贸工部和劳工部等。此外，为了使建筑业本身的发展和建筑活动有序进行，社会上还有许多政府所属代理机构及社会团体组织协助管理，如建筑业理事会等。其中英国皇家特许测量师学会（Royal Institute of Chartered Surveying，简称“RICS”），主要对咨询单位进行业务指导和从业人员的管理。英国工程造价咨询行业制度、规定和规范比较多，是世界上相关规定最齐全的国家之一。

英国没有类似我国的定额体系，工程量的测算方法和标准都是由专业学会或协会负责。工程量的测算、计算方法是工料测量的基础，由于英国没有统一的价格定额，“工程量计算规则”就成为参与工程建设各方共同遵守的计算基本工程量的规则。对于建筑工程，由英国皇家测量师学会（RICS）组织制订的《建筑工程工程量计算规则》（SMM），是参与工程建设各方共同遵守的计量、计价基本原则，该规则自颁布以来已修订过 6 次，现行的是 1987 年修订的第 7 版（SMM7），在英国及英联邦国家被广泛应用于借鉴。对于大型或复杂的土木工程，英国土木工程师学会（ICE）编制了《土木工程工程量标准计算规则》（CESMM）。统一的工程量计算规则，为工程量的计算、计价及工程造价管理提供了科学化、规范化的基础。

9.2.3 工程造价咨询与信息

9.2.3.1 工程造价咨询

工程造价咨询单位在英国叫作工料测量师行，成立的条件必须符合政府的规定，工程咨询收费标准通常为 8.85%～13.25%。英国工料测量师的使用是工程项目管理的一个重要特点。在建筑工程工料测量领域里，从事工程量计算和估价及与合同管理有关人士，根据其是代表业主还是承包商有不同的称谓。通常将受雇于业主者称为“工料测量师”，或称业主估价顾问；受雇于承包商者称为“估价师”，或称承包商的测量师。两者的技术能力与所需资格并没有绝对的界限划分，如曾经为业主代表的工料测量师，也可能作为工程估价师受雇于其他承包商。

工料测量师的资格确认和培训工作由英国皇家特许测量师学会（RICS）负责。工料测量师分为普通和高级两个职称，两者都是由皇家特许测量师学会（RICS）经过严格程序而授予的。在英国，工料测量师被认为是工程建设经济师。在工程建设全过程中，按照既定工程项目确定投资，在实施的各个阶段、各项活动控制造价，使最终价不超过规定投资额。不论受雇于政府还是企业或事业单位的工料测量师都是如此，社会地位很高。因此，在英国，工料测量师同样具有较高的社会地位。

9.2.3.2 工程造价信息

英国的建筑市场信息无论对业主还是对承包商都必不可少，建筑市场信息是工程估价和结算的重要依据。英国有关建筑相关信息和统计资料通常由官方发布，主要贸工部（DTI）的建筑市场情报局和国家统计办公室共同负责，经过收集整理并定期出版发行。同时，各咨询机构、业主和承包商也非常注重收集整理相关信息和保留历史数据。尤其是承包商，收集整理的工程造价信息可以作为其后投标报价的依据，所以这些信息对承包商和工程造价专业人士来说至关重要。

工程造价信息的发布往往采取价格指数、成本指数的形式，同时也对投资、建筑面积等信息进行收集发布。英国对工程造价的调整及价格指数的测定、发布等，有一整套比较科学、严格的办法，由政府部门发布《工程调整规定》和《价格指数说明》等文件。

9.2.4 工程计价依据与计价方法

9.2.4.1 工料测量

英国的工料测量（工程造价管理）活动涵盖的内容非常广泛，主要包括：①项目的前期咨询、可行性研究、成本计划和控制、通货膨胀趋势预测。②就施工合同的选择进行咨询，选择承包商。③建筑采购，招标文件的编制。④投标书的分析与评价，标后谈判，合同文件的准备。⑤在工程进行中的定期成本控制，财务报表，变更成本估计。⑥已竣工工程的估价，决算，合同索赔的保护。⑦与基金组织的协作。⑧成本重新估计。⑨对承包商破产或被并购后的应对措施。⑩应急合同的财务管理。

9.2.4.2 业主工料测量师参与的工程造价管理程序

1. 设计任务书阶段

在设计任务书阶段，尚未设计出任何图纸，业主往往急需对造价作出估计。业主的工料测量师根据过去同类建筑的实际造价，提供有关造价的信息资料。工料测量师会考虑地区差别、现场条件、市场情况和工程质量等因素，对工程造价作出调整，得出以比较法或内插法为基础的临时估算值。

2. 草图设计阶段

在此阶段，主要的规划问题将获得解决，并出现轮廓性设计。工料测量师核对自己的概略估算数字，借助于大量的造价资料制定一个初始的造价规划。这个规划是按照建筑物各个分部分项工程或重要部分制定的临时造价指标数字。

工料测量师对不同结构形式、不同材料和不同公用设备布置作出造价比较，这些造价比较分析应包括可能发生的经常费用和维护费。

3. 施工图阶段

此时绘制最后的施工图，根据施工图编制工程量清单。在这一阶段中，要求咨询顾问、分包商和供货商提供充分的信息，包括符合实际的订货单。

9.2.4.3 承包商估价师的估价过程

根据传统的工程量清单投标报价方法（目前有80%的项目采用），承包商在从业主处获得招标文件。招标文件中包括一份未标价的由业主工料测量师编制的工程量清单，每个承包商对该工程量清单中的所有项目进行标价，最后将所有项目的成本进行汇总，并加入相应的管理费和利润等项。其具体步骤如下：

（1）制定估价工作计划。在收到招标文件之后，如果决定参加投标，估价师应检查项目招标文件内容是否齐全，然后制定出完成该项目估价工作的计划安排以及关键日程表，以便控制估价工作进度。

（2）项目的初步研究。估价的第二步就是对项目进行完整、详细的研究，由此制定出施工方法的投标前施工方案。由于分包商和材料供应商的报价往往需要一定时间，所以估价师应尽早发生各种询价单。项目初步研究的内容主要包括：主要工程量、近似估价、拟要分包的工程项目、列出需要询价的材料，以及是否有必要考虑设计替代方案。

（3）材料与分包询价：

① 材料询价。由于通货膨胀、运费变化等影响，估价师通常需要一份各种材料的最新报价。如果在项目初步研究阶段未做此项工作，那么在这一阶段就要求估价师从招标文件中摘出各种材料及其规格、总数，并从初步施工方案中得到有关材料的交货日期。通常由采购部门负责发出询价、催促供货商们报价，以及对报价进行审核。在估价过程中，采购部门负责向估价师提供服务与协助。

② 分包询价。分包询价与材料询价基本上一样，估价师在收到来自分包商的报价之后，必须对这些报价单进行比较分析，然后选出合适的分包商。

（4）项目研究。制定施工方法和计划：项目研究贯穿于整个投标报价期间，可分为初步研究和详细研究。初步研究前面已经作了介绍，而项目详细研究是要制定施工方法和进度计划。

（5）计算人工费和机械费。各类人工的综合费率由估价师负责计算。以小时或以周计的机械费率可以是企业内部的计算结果，也可以通过询价获得。

（6）估算直接费。估价师的任务是确定工程所需的成本，估价师要估算出工程量清单中每一工程条目的直接费单价。直接费单价指人工、机械、材料和分包的合成单价，它不包括管理费和利润等附加费用。

（7）估算现场费、管理费和利润等。

（8）为投标会议准备报告。这是项目成本估算的最后一项工作。在成本估算完成之后，估价师必须向企业高级管理层提交有关合同项目情况的报表。

9.2.4.4 英国工程计价依据和模式

1. 工程建设费的组成

在英国，工程项目的工程建设费从业主的角度由以下项目组成：

（1）土地购置或租赁费。

（2）现场清除及场地准备费。

（3）工程费。

（4）永久设备购置费。

（5）设计费。

（6）财务费用，如贷款利息等。

（7）法定费用，如支付地方政府的费用、税收等。

（8）其他，如广告费等。

其中，工程费由以下三部分组成：

① 直接费。即直接构成分部分项工程的人工费、材料费和施工机械费。一般人工费约占40%，材料费约占50%，施工机械费约占10%。直接费还包括材料搬运和损耗附加费、机械搁置费、临时工程的安装和拆除，以及一些不组成永久性构筑物的消耗性材料等附加费。

② 现场费。现场费主要包括：驻现场职员、交通、福利和现场办公室费用，保险费以及保函费用等。约占直接费的15%~25%。

③ 管理费、风险费和利润。约占直接费的15%。

2. 工程量清单（工程量表）

工程量清单的主要作用是为参加竞标者提供一个平等的报价基础。工程量清单通常被认为是合同文本的一部分。传统上，合同条款、图纸及技术规范应与工作量清单同时由发包方提供，清单中的任何错误都允许在以后修改。在报价时，承包商不必对工程量进行复核，由此可以减少投标的准备时间。

工程量清单中的计价方法一般分为两类：一类是按单价计价的项目，如土石方开挖每立方米费用是多少等；另一类是按项包干计算，如工程保险费等。编写工程量清单时要把有关项目写全，最好将工程量清单采用的图纸号也在相应的条目说明处注明，以方便承包商报价。工程量清单一般由下面5部分构成：开办费、分部工程概要、工程量部分、暂定金额和主要成本、汇总。

9.2.5 工程招标制度

9.2.5.1 英国常用的招标方式

1. 公开招标

由业主的咨询工程师（通常由工料测量师负责）通过地方和全国性传媒以及某些技术出版物刊登广告，邀请所有有兴趣的承包商对业主的拟建项目分别进行投标。在见到业主的招标通告以后，任一合法经营的承包商都有资格就此参加工程投标。但在领取标书时必须交付一定的押金，或提交一份业主认可的投标担保，这些押金或保证金，要等到某个合适的建筑承包商正式中标后才予以返还。

对业主而言，这种招标方式风险很大。若确定中标的承包商不仅确实具有必要的施工经验和良好的经营业绩，而且颇具经济实力，风险才会降至最低。一般来说，由于公平竞争的要求，政府部门往往采用公开招标方式来物色其所需的承包商。但这种方式最适合于一些规模较小的小型项目、维修工程及某些专业性较强的特殊项目。

2. 一阶段选择性招标

采用这种招标方式，业主所需的施工队伍，可从自己已掌握并认可的承包商名单中挑选，或从对业主在全国性传媒和技术刊物上登载的招标广告做了回复、响应的承包商名单中挑选，邀请他们分别就业主的开发项目竞相进行招标承建。

英国主管部门曾经就这种招标方法提出了一些指导性准则和有益的建议：根据项目规模，一般可邀请5~8名承包商参与投标；应让每个承包商充分了解拟建项目的有关情况，以有助于其确定是否尚有余力承接招标工程；招标文件应列有明确的工期要求，以免投标者仅仅只围绕项目价格进行片面竞争，也不主张投标者在要求调整工期的基础上再另外单独提出任何别的报价；投标期限一般宜定为4周时间，一些大而复杂的项目，其期限也可略微有所延长。

3. 两阶段选择性招标

两阶段选择性招标制，第一阶段为公开招标，系通过投标竞争来优选业主需要的承包商；第二阶段为议标，即通过谈判协商来选定中意的承包商。第一阶段的竞争性招标，其选择承包商的标准主要是价格，即各家为拟建工程工程量清单中所提出的报价。

本方法在选择承包商方面需要考虑的相关因素包括：承包商的施工经验、技术水平和能力；承包商的实力，包括物力（工艺、设备等）和人力（如管理质量、拥有的设计人员和施工人员等）资源；以往合同的履约声誉，施工速度、施工质量及合同后服务保证等；承包商对解决工程中可能遇到的问题进行开发研究与处理的能力；从事建筑业的阅历即时间长短，目前的财务和经营状况是否良好。

4. 议标

采用议标方法选择承包商，有利于为主按照自己的偏好与其认为中意的承包商主动进行接触，而这个承包商看来也是唯一乐意前来投标的一家建筑公司。业主作出这一选择的依据通常是：承包商的信誉、专业技术水平、财务状况及彼此之间已有的业务关系。

9.2.5.2 招标投标中涉及的工作内容

英国传统的招标程序内容基本如下：资格预审；编制招标文件；发出招标文件；现场考察；对投标书的修改；疑问及答复；提交标书及接受标书；开标；评标；签订合同。

根据具体情况，业主或其咨询工程师可以根据具体情况和工程内容进行修改。

9.2.6 通用合同文本

英国的建设工程合同制度也已经有几百年的历史，有着丰富的内容和庞大的体系。澳大利亚、新加坡和香港地区的建设工程合同制度都始于英国，包括著名的FIDIC（国际咨询工程师联合会）合同文件，也以英国的合同文件作为母本。英国的一套完整的建设工程标准合同体系，包括JCT（JCT公司）合同体系、ACA（咨询顾问建筑师协会）合同体系、ICE（土木工程师学会）合同体系、皇家政府合同体系。JCT是英国的主要合同体系之一，主要通用于房屋建筑工程。JCT合同体系本身又是一个系统的合同文件体系，它针对房屋建筑中不同的工程规模、性质、建造条件，提供各种不同的文本，供建设人员在发包、采购时选择。

9.2.6.1 英国建筑合同的主要类型

①总价合同。②单位合同。③连续合同。④成本补偿合同。⑤管理合同。⑥设计施工总包合同。⑦分解合同。

9.2.6.2 英国常用的施工合同条款

在工程建设领域，英国有着悠久的历史，无论是针对建筑工程还是土木工程，都有相应的标准施工合同条款。在土木工程建设和一般建筑领域，英国长期以来广泛采用两个标准合同格式，即英国土木工程师学会（ICE）编制的《土木工程施工合同条款》范本和英国皇家建筑师学会编制的《建筑业标准合同条款》。

9.2.6.3 在履行合同中的担保或保证制度

合同的保证或履约担保是保证合同履行的一项法律保证，其目的在于促使当事人履行合同。保证具有以下法律特征：保证属于人的担保范畴，它不是用具体的财产提供担保；而是以保证人的信用和不特定的财产为他人的债务提供担保；保证人必须是主合同以外的第三方；保证人必须具有清偿债务的能力；保证人和债权人可以在保证合同中约定保证方式。在英国，还必须遵守欧共体和英国的法规。

1. 无条件即付保证

无条件即付保证是指允许业主在任何时间动用保证金。无条件即付保证只能由银行提供，是已经生效的保付支票。由于无条件即付保证不与承包商的履约情况相联系，所以无条件即付保证有可能被不正当地使用，在英国政府工程中基本上不使用。

2. 履约保证

履约保证通常在授予合同时提供，按照双方协定的总合同价的百分比（通常为10%）计算。履约保证通常应有一个终止日，当合同价增加或合同工期延长时，履约保证可能需要相应地修改。履约保证可以促使承包商更好地履行合同，当承包商违约时，可以对业主提供一些补偿。

3. 母公司保函

这种形式的保函由母公司（或控股公司）提供，保证其分支机构正确地履行合同，适用于承包商有其母公司或者是某个大型集团的分支机构。

4. 预付款保证

预付款保证是指业主向承包商提供预款时，承包商向业主提供的保证。在英国政府部曾发出一项指南，指出应尽量避免提供预付款，如果按合同规定提供预付款时，应通过银行保函提供保证。

5. 滞留担保

这种保证在英国还很少，但其使用有增加趋势。如果提供此类保证，承包商在实施工程的过程中，业主可以不再从进度款中扣除保留金。此类保证一般由担保公司提供。

9.3 德国工程造价管理

9.3.1 德国工程造价管理概况

德国把建设项目投资估算的准确性、严肃性、科学性和合理性作为首要问题，以科学、合理地确定工程造价为基础，实施动态管理与控制。德国项目投资估算的确定，必须根据国家质量标准 DIN 要求，慎重地计算所需要的费用，而且必须要有一定的预测与浮动，投资要估计充足、留有余地。不论是政府项目还是私人投资项目，一旦工程项目投资额确定后（政府工程经政府审批，私人工程经业主批准），在实施过程中，必须严格地按照投资估算执行，不能随意修改和突破。因此，工程项目造价控制行业在德国普遍存在，并且出现激烈的竞争。各造价控制单位均在优化设计、采用新工艺、新材料、提高质量、缩短工期，以及科学的管理和监控手段等方面，对工程实行全过程的造价控制。并以控制的成功实例和业绩争取得到社会的公认和树立良好的声誉，赢得市场。反之，如果控制不好，出现成本加大、超出已定的投资额而又没有充足的理由，则控制单位要承担经济责任。

一般而言，工程项目的管理是全过程的管理，质量、进度和成本的控制贯穿了项目的全过程。一个部门或一个监理公司承接项目管理，在成本控制方面，则是从投资估算、竣工结算、决算等一条龙服务。这样就避免了计划与建设的脱节和不配合，科学、合理地确定了投资额，在实施计划的建设过程中，计划与建设融为一体，必须严格地控制不得超过已定的投资额。德国工程投资控制是动态的，影响投资的因素有设计、市场供求价格和特殊情况等。关键在于建设前期的成本确定和控制。所以，在德国凡从事工程管理的部门（机构）必须从事和参与设计审定。

在德国，项目投资估算由社会性工程咨询公司或其他计价部门（包括政府的）的工程造价专业人员进行。咨询公司通常采用电脑计算，工程咨询费约占工程造价的7.5%～14%。预算人员要取得工程师资格，具有学历和经验，并且属于通才型专业人才，兼具多方面的相关专业知识。虽然国家并没有就此作出规定，但社会上已形成共识和习惯。德国有名的咨询公司，通常是由许多博士、教授和具有丰富经验的资深人士组成。

9.3.2 工程预算

工程预算在工程实施中是工程费用支付、管理依据，是招标审查报价的尺度。工程费基本按照国际上通用的FIDIC（土木工程建设合同条件）的要求和做法计算，即由工程数量乘以单价。工程数量和项目均在标书中全部列出，投标人按综合单价和总价进行报价。有一些现场管理的项目和措施性项目的费用等，则另行开列报价。工程费计算方式一般是：以过去承建的工程的工程费为基础，从中抽出各工程项目的单价，加上地区差价和不同施工期造成的差价，然后确定每一个工程项目内新的各项单价，用其乘以数量即为工程合价，各项合价总和即为总造价。在工程造价中必须考虑风险、利润、税金等因素，这是由投标公司根据自己的实力和竞争策略而定。但对招标者而言，风险和利润不是主要的，只要标价在招标单位的预算（或称标底）范围内即可。当然标底也应考虑风险、承包者的正当利润及税金等因素。

由于竞争激烈，投标者如不是最低标价则难以中标，无法承接工程任务。所以，在编制投标报价时，需要正确掌握材料价格、机械使用费、劳务价格及市场行情等，并要对市场的走势作出预测。这就需要有一批既有专业知识，又有丰富工作经验的专业人员来承担此项工作，否则无法胜任计价和市场竞争。德国的地方公共工程由于地方政府确保其资金供应，故由地方政府负责计算造价，联邦政府在业务上加以指导及监督以确保预算科学合理。

9.3.3 工程造价依据

9.3.3.1 德国的DIN标准

德国工程造价主要的基本依据包括：①德国工业标准DIN276（1993年），是计算“地面建筑造价”的依据。②德国工业标准DIN277（1987年），是计算“地面建筑物的地面面积与空间布局”的依据。③德国工业标准DIN18960（1999年），为计算“地面建筑的有效成本”的依据。其他依据是指德国各州依据基本依据制定出的相应的地方规范。

1993 年制定的德国工业标准 DIN276 是测算地面建筑造价和价格组成的依据。该标准规定：一类分为 7 个成本组；这 7 个成本组再下设二类，共 40 个成本组；三类下设 219 个成本组。

成本系数是指成本与相关单位之比，按照德国工业标准 DIN277，建筑物的面积或建筑物内部面积与成本之比为成本系数。为了计算建筑成本系数，需要准确计算出建筑物室内面积。

根据德国工业标准 DIN18960，地面建筑的经营成本可分为四种，即资金成本、管理费、运营成本和设备维护费。案例表明，资金成本占了绝大部分。

9.3.3.2 德国通用的数据库和工程造价管理软件

在德国弗莱堡的 ZBWB/IWB 总数据库，有关于德国公共地面建筑（LAGUNO）的设计成本。德国各个州在这个总数据库的基础上，根据相应数据处理程序，进行公共建筑成本设计。完工的建筑项目总结报告直接办理收入到 ZBWB/IWB 总数据库。

1. PLAKODA 程序

通过选择适当的对比建筑项目，使用 PLAKODA 程序得出建筑物面积和成本方面的数值，并按照建筑功能进行成本类别分类。目前，德国弗莱堡的 ABWB/IWB 总数据库存储有 2490 个建筑项目资料。因此，利用总数据库可以很好地测定公共建筑的成本框架，并进行进一步的成本设计。

2. PBK-1-PC 程序

使用此程序可以根据公共建筑项目相应的面积设计方案来比对成本面积种类；适用于计算公共建筑项目的成本估算和进一步的成本设计。

3. PBK-BIB（c）程序

本程序用于德国巴登-符滕堡州，适用于旧房改造项目的成本设计（BIB）。用户可以按照德国工业标准 DIN276 中给出的成本数据，依据相应的旧房改造特点，用百分比进行旧房改造项目的成本设计。

9.3.4 工程造价管理控制

在德国，由各公共建筑管理部门，即政府投资建设项目管理部门，负责政府投资建设项目的造价管理。工程造价管理由以下三个部分组成：①成本调查。②成本监督。③成本控制。工程造价管理贯穿于建设项目实施的全过程。工程造价管理进一步估算出造价的上限，称为“造价目标管理”。

成本测算是指测算当前已发生的费用，目的是计算出实际已经产生的成本。根据德国工业标准 DIN276，分为 5 个测算步骤：

（1）以招标为基础测算出成本框架。

（2）成本估算。在具体计划的基础上的测算成本。

（3）成本概算。在设计方案的基础上进行的近似成本测算。

（4）成本预算。在施工计划和材料供货价格的基础上尽可能准确地计算成本。

（5）成本结算。在核算建筑的基础上计算实际发生的成本。

通常在造价控制单位发出的第一次公开招标前，便开始实施细化的成本控制。细化成本控制以德国工业标准 DIN276 为依据。招标结果以及计算数据必须与成本控制种类进行比对，以保证成本控制的目的，即不断对总预算成本进行实际预测，保证成本不超出概算。

在建筑项目交付使用后直接作出建设项目总结。建设项目的设计数据和成本数据，要上报德国弗莱堡市 ZBWB/IWB 总数据库，这是收集样本案例的渠道之一，可以不断更新数据库。

9.3.5 工程造价协会、学会

德国政府是通过协会、学会对建设工程技术与工程造价进行管理。同业的公会或行业协会虽然是松散的民间组织，但它在保护行业的利益和推动政府决策方面，起着重要作用。行业协会、学会与政府保持着密切联系，充分体现了政府与行业之间的沟通与对话。与此同时，行业协会或学会又可发挥社会协调、职业道德互相监督的作用。德国没有设立像英国工料测量师（QS）和北美的造价工程师（CE）的专业制度，但从事工程造价工作的人员，一般都归属于工程项目控制与管理人员之中。而且在德国高等院校里，均设有工程造价确定和控制相关的专业课程，从而培养大批管理人才投放到社会服务中。

在德国，凡从事工程造价管理工作者，必须先得到工程师资格，再参加协会组织的资格考试，合格后才能获得资格受聘于业主或受聘于承包商，也可在政府的工程部门服务。

9.4 日本工程造价管理

9.4.1 日本工程造价管理概况

日本工程造价实行的是全过程管理，从调查阶段、计划阶段、设计阶段、施工阶段、监理检查阶段、竣工阶段直至保修阶段均严格管理。日本建筑学会成本计划分会制定出日本建筑工程分部分项定额，编制了工程费用估算手册，并根据市场价格波动变化进行定期修改，实行动态管理。投资控制大体可分为三个阶段：一是可行性研究阶段。根据实施项目计划和建设标准，制定开发规模和投资计划，并根据可类比的工程造价及现行市场价格进行调整和控制。二是设计阶段。按可行性研究阶段提出的方案进行设计，编制工程概算，将投资控制在计划之内。施工图完成后，编制工程预算，并与概算进行比较。若高于概算，则进行修改设计，降低标准，使投资控制在原计划之内。三是施工中严格按图施工，核算工程量，制订材料供应计划，加强成本控制和施工管理，保证竣工决算控制在工程预算额度内。日本政府有关部门对所投资的公共建筑、政府办公楼、体育设施、学校、医院、公寓等项目，除负责统一组织编制并发布计价依据以确定工程造价外，还对上述公建项目的工程造价实行实施全过程的直接管理。

日本政府通过行政计划对市场进行调控管理的市场经济体制，从中央到地方都设有工程造价管理机构，由具有专业技术的政府公务员直接管理政府投资项目，形成了一套日本特色的工程造价管理模式。这种工程造价管理方式在经济活动中发挥着重要的作用，有效地降低了公共工程成本，提高了国家投资的效益。

日本的工程计价模式为：第一，日本建设省发布了一整套工程计价标准，如《建筑工程积算基准》、《土木工程积算基准》。第二，量、价分开的定额制度，量是公开的，价是保密的。劳务单价通过银行调查取得。材料、设备价格由“建设物价调查会”和“经济调查会”负责定期采集、整理和编辑出版。建筑企业利用这些价格制定内部的工程复合单价，即我们所称的单位估价表。第三，政府投资的项目与私人投资的项目实施不同的管理。对政府投资的项目，分部门直接对工程造价从调查开始，直至交工实行全过程管理。为把造价严格控制在批准的投资额度内，各级政府都掌握有自己的劳务、材料、机械单价，或利用出版的物价、指数编制内部掌握的工程复合单价；而对私人投资项目，政府通过市场管理，利用招标办法加以确认。

9.4.2 建设行政主管部门对工程造价的管理

在日本，由建设省统一组织或经建设省统一委托编制并发布有关公共建筑工程计价依据。建设省负责编制计价依据的目的，一是为加强施工管理，促进建设业发展和科技进步；二是为科学、合理地规范建设市场定价行为。政府编制的计价依据，一方面为业主编制标底确定造价的期望值提供依据，另一方面也是承包方报价的参考标准。由于报价是否接近或低于标底是决定能够中标的关键因素，因此发包方编制标底、投标方报价，必须有一个可供双方共同参考的计价标准，采取上述做法可以减少不必要的重复劳动。

9.4.2.1 计价依据

经建设省批准发布的计价依据主要有：

（1）“建筑计算要领”，主要包括两方面内容：一是规定了工程费的构成，包括直接工程费、临时工程费、现场管理费、一般管理费等，并规定了费用具体内容，如一般管理费含企业管理人员工资、福利保健费、办公用品费、差旅交通费、广告费、企业施工利润等；二是规定了上述各项费用的计算方法和具体费率标准。如土木工程规定一般管理费以直接工程费15%计取等。“建筑计算要领”相当于我国目前各地区、各部门发布的费用定额。

（2）“建筑工事标准步褂”，主要包括完成土方、打桩、梁、柱、板、屋面以及装饰等工程所需的人工、材料消耗。如地面铺瓷砖，每平方米消耗106块瓷砖，3kg水泥，$0.004m^3$砂；消耗0.22工日瓷砖工，0.09工日普通工。日本的“建筑工事标准步褂”，一般五年修订一次，每年大约修订1/5，相当于我国住房城乡建设部批准发布的全国统一建筑工程基础定额。

（3）“建筑数量计算基准·解说”，是日本政府部门、建设单位和建筑企业承发包工程计算工程量时共同遵循的统一规则。该基准相当于我国的全国统一建筑工程预算工程量计算规则。

（4）“新营厅舍面积算定基准”和“新营预算单价”，与“建筑工事标准步褂”相比较为粗略，主要在项目前期供业主投资决策时使用，相当于我国的估算指标。

另外，日本交通、电力等其他专业部门，也都相应编制并发布各行业的计价依据。

9.4.2.2 工程造价管理

日本建设省官房厅营缮部不仅负责统一组织编制并发布计价依据，以确定公共建筑、政府办公楼、体育设施、学校、医院、公寓等造价，还对上述公共建筑工程造价实行全过程的直接管理。具体做法是：

（1）在项目立项阶段，政府主管部门根据规划设计作出切合实际的投资估算。其中包括工程费、设计费和土地购置费，需要报大藏省审批。超过一定投资规模报国会讨论通过，其余由大藏省自行审批。

（2）项目立项后，政府主管部门要根据批准的规划和投资估算，委托设计单位进行设计。设计单位严格在估算限额内设计，一般不得突破批准的限额。

（3）设计完成之后，政府主管部门要根据不同阶段的设计对工程造价再次进行详细计算和确认（相当于我国的概算和预算），以此检查设计是否突破批准的估算所规定的限额。如未突破，即以实施设计的预算作为施工发包的标底，即预定价格；如果突破了，要求设计单位修改设计，包括压缩项目的建设规模或降低建设标准。

工程发包是由政府主管部门直接组织的。由它选择投标单位，组织招投标，确定中标单位，与中标单位签订工程承包合同，中标价严格控制在预定价格以内。在项目施工过程中，政府主管部门对工程建设各环节进行严格的质量、工期和造价的管理。对于设计变更严格控制在工程总造价范围以内，对物价上涨引起的工程造价变动，若超过总造价一定比例，其超出部分允许调整。

9.4.2.3 建设和施工单位

1. 都市基础整备公团

日本都市基础整备公团是一家大型建筑综合性公司，主要营业内容为：都市土地开发利用，居住区建设，环境建设与整备，住宅的管理，公共设施建设、公园建设与管理，铁道建设以及赈灾复兴事业、技术开发等。公团本部设有技术监理部，负责预算编制并控制工程造价的实施。

2. 竹中工务店

竹中工务店是日本大型建筑公司，其营业范围广泛，主要有土地开发利用、都市和地域开发，建筑设计、设备设计、工程施工、房地产事业等。公司内设预算部，负责工程量计算，单价调查，计算机编制预算等工作。计价依据主要根据建设省发布的《建筑数量积算基准·解说》、《建筑工事标准步褂》，同时结合本企业施工机械使用费定额、施工组织及方法等综合编制。施工图是由竹中工务店设计部设计。

9.4.3 工程造价相关协会和中介组织

日本还有一些协会和中介组织在工程造价管理中起到一定作用。

9.4.3.1 建筑积算协会

建筑积算协会的宗旨是提高工程造价管理业务和专业人员的技术水平和社会地位。其工作内容主要有：①推进工程造价管理水平的调查研究。②工程量计算标准、建筑成本等相关的调查研究。③专业人员教育标准的确立、专业人员业务培训及资格认定。④业务情报收集。⑤工程造价咨询事务所相关业务调查研究。⑥与国内外有关部门团体合作交流。⑦其他。

9.4.3.2 建筑成本管理系统研究所

主要业务是公共建筑物成本管理的研究及开发，并受建设省委托，编制《建筑工事标准步褂》。

9.4.3.3 财团法人经济调查会和建设物价调查会

负责国内劳动力价格、一般材料及特殊价格的调查及收集。每月向全社会公开发行人工、机械、材料等价格资料。主要内容有：材料价格、工程费、劳务单价、各种费用。材料种类丰富，通用材料包括钢材、钢材制品、木材、涂料等；土木材料包括道路、桥梁、港湾等使用材料；建筑材料包括耐火、耐热、防水材料及建筑用石材等；还有电气材料、机械设备材料等。工程费包括地质勘察及试验费、土木工程、建筑工程、电气设备工程和机械设备工程费，其价格为社会平均价或工程竣工价。劳务价格共分50个工种价格，分不同地区劳务单价、每工日单价约1万～4万日元。资料中还发布主要材料的价格预测及建筑材料价格指数等。

调查会每月公布的价格信息主要供编制预算、标底、承发包报价参考。调查方法主要以询问调查法为主，直接调查法为辅。

9.4.4 工程造价咨询行业

9.4.4.1 工程积算制度

日本造价咨询业采用工程积算制度。工程造价咨询业由日本建设省和日本建筑积算协会统一进行业务管理和行业指导。其中，建设省负责制定发布工程造价政策、相关法律、法规、管理办法，对工程造价咨询业的发展进行合理规划和控制。日本建筑积算协会作为全国主要咨询业的行业协会，其主要服务范围是：推进工程造价管理水平的研究；工程量计算标准的编制、建筑成本等相关信息的收集、整理与发布；专业人员的业务培训及个人执业资格准入制度的制定等。

日本由建筑积算师组成工程积算所，相当于我同的工程造价咨询事务所。截至2000年，工程积算所的数量有4500多家。日本工程积算所一般对委托方提供以工程造价为龙头的全方位、全过程的工程咨询服务，其主要业务范围包括：项目的可行性研究、投资估算、工程量计算、单价调查、工程造价细算、标底价编制与审核、招标代理、合同谈判、变更成本积算、工程造价后期控制与评估等。

日本工程造价咨询事务所成立是有条件的，比英国、中国的条件要宽松。工程造价事务所的主要人员为积算师，日本实行积算师资格认定制度。认定资格的主要依据是《建筑设计等关联业务知识及技术审查、证明事业认定规程》(建设省告示第918号，1994年3月23日)，资格认定实施工作由日本建筑积算协会负责。资格认定专业人员必须参加考试，考试合格者可获得资格认定。

日本在借鉴英国工料测量师协会的基础上努力发展社会咨询业，并充分发挥社团的作用，使估价业务作为一个专业在实践中得以发展和提高，逐步使估价的业务规模化、系统化。咨询企业完全靠自己的技术知识和经验为客户提供无形服务。

9.4.4.2 积算师资格认定

日本实行积算师资格认定制度。认定资格主要依据《建筑设计等关联业务知识及技术审查·证明事业认定规程》(建设省告示第918号，1994年3月23日)，资格认定实施工作由日本建筑积算协会负责。资格认定须参加考试，考试合格者可获得资格认定。日本有建筑积算师资格者2.7万人，占从业人员的30%。资格认定主要是体现预算人员技术水平。建筑积算师分布在工程建设各个领域，其中主要在设计单位、施工单位及工程造价咨询事务所等。

积算师资格考试方法：资格考试分为两次，第一次为学科考试，第二次为实务考试。第一次考试合格者方可参加第二次考试。第一次考试内容为建筑预算一般知识、工程量计算规则、工程造价相关知识等。第二次考试内容为工程费计算、案例分析等。

考试时间：每年10月举行第一次考试；次年1月举办第二次考试。

考试资格：大学毕业从事工程造价工作2年以上、大专毕业从事工程造价工作3年以上、高中毕业从事工程造价工作7年以上者，均可报名参加考试。

9.5 中国香港工程造价管理

9.5.1 中国香港工程造价管理概况

中国香港的工程管理模式借鉴了英国传统的工程管理模式。英国是工程造价咨询业的发源地，经过多年发展已经非常成熟，形成一套较为完善的体系。香港加以借鉴，以宏观调控为主，实行行业高度自律，即所谓的“小政府，大市场”。工程咨询行业主要依靠市场机制自我调整和发展，对专业人士如专业工程师、工料测量师等人的资质管理全权授予协会，由协会来承担从业人员的执业考试、注册、行为监督和管理。咨询企业在市场活动中根据市场经济的规律，实行优胜劣汰。

香港地区市场体制已经比较完善，市场自身就能够完成管理和投资结构的调整。政府不直接管理市场，市场中的诸多因素（如价格、质量、工期等）都由业主和承包商双方自主决定，政府部门不从中干预。政府主要从安全、环保等方面间接管理市场。港府通过对测量师行业的管理，规范工程造价中介市场，对市场的管理是间接方式，不像内地工程造价管理体系，政府占有重要的主导地位。另一方面，对于政府投资项目（公共工程），政府作为投资者进行严格管理，这种管理并非站在市场管理者角度，而是以一个投资主体身份、以追求投资效益为目的进行管理。

香港工程造价管理主体主要是工务局。工务局的管理重点主要集中在政府投资项目，即公共工程上。工务局下属的各个署（如建筑署、土木工程署等）负责各个领域的建设项目管理，相当于是政府投资项目的“法人”或“业主”。在香港，工程造价按投资来源的不同可分为两种，政府投资项目和非政府投资项目，实行不同的管理模式。由政府投资的工程项目，其工程造价是由政府各部门确定和控制；私人投资的工程，一般聘请工料测量师顾问公司确定和控制工程造价（也有少数大型开发商配有自己的预算部门）。政府有关部门和各工料测量师顾问公司（造价咨询公司）各有一套根据香港标准合同文件修订的工程造价合同文件系统，标准文件包括招（议）标办法、投标表格、合同书、合同条款、履约保证书、工料规范基本要求和技术要求、工程量计算规则等内容。由于政府投资工程的风险低，工程造价管理合同的条款制订就相对较严。

在承包商的管理上，香港自1997年加入世贸组织后，对本港及外国企业一视同仁。此点从公共工程注册承包商管理规定的修订中可以看出，1997年以前注册承包商的名册，分为第Ⅰ名册和第Ⅱ名册，修订后管理规定将两份名册合而为一。此外对承包商实行分级管理（如注册承包商分为A、B、C三级），各级之间如无特殊情况不能越级承包（高级承包商也不能承接低级工程）。所以造价的管理主体层次清晰。

9.5.2 工程造价咨询行业

9.5.2.1 香港工料测量师

中国香港地区将工程造价专业人士称为“工料测量师”（Quantity Surveyor，简称“QS”，相当于国内的“造价工程师”)，香港对工料测量师的管理，沿袭了英国的管理模式。香港测量师专业资格由香港测量师学会负责资格认证和管理。

从20世纪60年代开始，工料测量师已从以往的编制工程概算、预算，按施工完成的实物工程量编制期中结算和竣工决算，发展为对工程建设全过程进行成本控制；工料测量师从以往的服务于建筑师、工程师的被动地位，发展到与建筑师和工程师并列，并相互制约、相互影响的主动地位，在工程建设过程中发挥了积极作用。香港在英国管辖期间，工料测量师行除承担本地各项业务外，还把业务扩展到世界各地，在世界各地都有良好的声誉。

工料测量师是吸取了18世纪的矛盾与教训，即由建筑师附带计算工程量不准确，进而出现的承包商计算工程量不公正等，而演变成的一个独立、公正的职业资格制度。工料测量师既能消除业主在与承包商交易时价格信息相对缺乏的弱势，又能体现公正，向社会提供具有很高专业水准和良好职业道德的工程经济咨询服务。

工料测量师是受过特殊训练的专业人士，需要具有良好的专业素质和知识结构，对建筑成本、价格、财务、合约安排及法律等方面均有专门认识。工料测量师不仅要懂工程，掌握费用价格和项目预算方面的知识。在日常工作中，还要努力维系好与咨询工程师和分包商之间的关系，具有沟通和处理人际关系的技巧。因此，香港的工料测量师可以服务于政府地政发展部门、私人地产发展商、承包商、矿务及石油开发机构、保险公司及其他由地产发展业务的机构等。工料测量师的能力要求和进入门槛均较高，有较为完备的认证和评价体系。在房屋建造、土木工程、城市发展，以及矿务及石油化工等各项工程上，工料测量师都能提供全过程的造价咨询服务。

9.5.2.2 香港工料测量师行

工料测量行是香港特别行政区内工程造价咨询组织的基本组织形式，是由工料测量师组成的咨询事务所，主要职责与工料测量师的职责相同。香港特区政府对工料测量行的管理，主要通过许可专业人士的专业资格管理和专业人士的责任与自律机制进行。香港奉行国际管理中“专业人士负责制”精神，要求专业人士有高度负责的专业责任及良好的专业操守。

开办测量师行的人，在香港等地称为合伙人。他们是公司的所有者，在法律上代表公司，在经济上自负盈亏，既是管理者，又是生产者，相当于公司的董事。政府对这些合伙人有严格要求，要求注册测量师行的合伙人必须具有较高的专业知识，获得测量师学会颁发的注册测量师证书，否则领不到营业执照，无法开业经营。如果一个人只拥有资金而没有工料测量师资格，则不能成为工料测量师行的合伙人。目前香港较大的工料测量行有利比行和威宁谢测量行等。

在香港，工料测量行是直接参与工程造价管理的咨询部门。职责是按照委托人的要求，提供各类工程初步费用结算、成本规划与估算、工程量清单编制、承包合同管理、招标代理、造价控制、建筑合同财务管理、工程项目管理、工程纠纷调解（作用相当于律师)、工程结算以及项目管理服务，保障委托人的经济利益，使其投资获得最佳效益。工料测量行从工程初步设计开始直至竣工期间的每一个阶段，都参与工程造价的确定与控制活动，实现了对工程造价的全过程一体化管理。另外，工料测量行在业主、建筑师、工程师和承包商之间充当公正、客观的联系人，他们以自己的实力、专业知识、服务质量和专业操守，在社会上赢得了广泛的声誉。一些信誉好的大型工料测量行（如利比、威宁谢等）还定期向社会发表工程投标价额指数和价格、成本信息，从而在社会行颇具权威性，在业主和承包商之中有着广泛的影响力。

9.5.2.3 香港测量师学会

香港测量师学会（HKIS）成立于1984年，当时创会会员人数为85名。1999年香港立法局通过了《香港测量师学会条例》，2000年立法局通过了《香港测量师注册条例》，根据该条例成立了测量师注册管理局。皇家特许测量师学会香港分会于1997年8月31日正式解散，香港测量师学会成为唯一代表香港测量师专业的团体。

截至2006年11月23日，香港工料测量师学会会员人数达6891人。其中正式会员占4274人；技术协助会员占56人；见习测量师、技术学员及学生占2561人。香港工料测量师学会工料测量师人数为3094人，在正式工料测量师会员（Corporate Members）中，资深专业会员（Fellow）和专业会员（Member）分别为180人，1人和732人，在学会各组中是人数最多的。

测量师学会的工作主要是制订专业服务的标准，包括制订专业守则、加入专业测量师行列的要求，并鼓励会员通过持续的专业进修以增进专业技能。

测量师学会是众多测量师之间相互联系的纽带，在保护行业利益和推行政府决策方面起着重要的作用。学会对工程造价起指导和间接管理作用，有时也充当工程造价纠纷仲裁机构。测量师学会要求测量行之间相互监督、相互协调、加强沟通，强调职业道德和经营作风。学会与政府之间保持着密切的联系，体现出政府与行业之间的对话、控制与反控制的关系。

9.5.3 工程造价咨询制度

香港的工料测量师之所以能够开展全过程造价咨询业务，主要是因为：①具有良好的专业素质、知识结构和很强的工作能力。②拥有严格、专业的制度保障。③具有先进、科学的咨询方法和技术。

香港的工务工程（不包括公共房屋工程）是由港府的工务局及其属下的七个工务部门（建筑署、土木工程署、渠务署、机电工程署、路政署、拓展署及水务署）负责策划与监管。由于涉及的工程费用庞大，特区政府的库务局、工务局及其7个工务部门都备有一套完善的工务工程造价管理机制。

9.5.3.1 工务工程中顾问公司的聘用

一般情况下，工务工程实施的全过程都由政府工务部门的公务员负责。但在工务部门人手不足或需要某些专门知识的大型工程上，政府也会聘用顾问公司从事上述工作，以使政府能保持灵活性和有效地运用不同专门知识资源。香港政府设立了三个顾问公司遴选委员会：工程及有关顾问公司遴选委员会、建筑及有关顾问公司遴选委员会和中央顾问公司遴选委员会，负责向政府提供有关聘用顾问公司的意见。

这三个咨询公司的遴选委员会负责向政府提供聘用咨询公司的意见。具有一定的专业技术水平而愿意承接政府投资项目服务工作的咨询公司必须先向咨询公司遴选委员会登记。

有关咨询公司遴选委员会属下的咨询公司聘用小组根据项目的性质，定出专业技术要求的标准、技术和费用的相对重要性比重，并从合适类别和等级的咨询公司名册中，根据咨询公司的以往表现初步选出3~4个咨询公司作为候选名单上报咨询公司遴选委员会。

候选名单经咨询公司遴选委员会批准后，向候选的咨询公司发出投标邀请，并要求他们将投标书中的技术建议书递交咨询公司聘用小组，将费用建议书递交咨询公司遴选委员会。

咨询公司聘用小组对技术建议书和费用建议书进行评审，并按照事先确定的技术与费用的相对比重，选出整体最佳的咨询公司。

9.5.3.2 私营工程认可人士制度

认可人士制度是香港针对私营建筑工程的监管而设立的管理制度。所谓许可专业人士，即经专业组织推荐，参加并通过政府考试的特许注册工料测量师、建筑师或工程师，这些专业人士是政府、项目业主和承包商之间的桥梁。

香港《建筑物条例》规定：每一个由他人代为进行建筑工程（或街道工程，下同）的人，须委任一名认可人士作为建筑工程的统筹人。认可人士由符合资格的注册建筑师、注册结构工程师和注册测量师出任。业主和承包商向政府建议主管部门申报各种许可或价格资料，都必须由其委托的许可专业人士提出申请，其内容必须符合有关法律要求，并由许可专业人士签章。

在香港工程建设管理中，许可专业人士处于统筹负责、举足轻重的地位。认可人士作为政府注册专业人员，负责签字确认所统筹工程报建图纸及有关资料符合技术规范与有关法规，并对工程质量承担主要的责任。一般简单的工程，可直接由认可人士负责工程的筹划、设计、报建、施工监理、竣工验收全过程统筹及顾问工作；结构复杂或重大的工程，由需另外委托结构工程师进行工程结构的设计及监管工作，而工程筹划、设计审查、报建、施工监理、竣工验收等统筹工作还是由认可人士负责。

9.5.4 工程造价信息管理

9.5.4.1 成本指数的编制

香港最有影响的成本指数，当属由建筑署发布的劳工指数、建材价格指数和建筑工料综合成本指数，它们均以1970年为基期编制。

（1）劳工指数和大部分政府指数一样，是根据一系列不同工种的建筑劳工（如木工、混凝土工、竹棚工等）的平均日薪，以不同的权重结合而成。

（2）建筑署制定的建材价格指数，同样为固定比重加权指数，其指数成分多达60种以上。这些比重反映建材真正平均比重的程度很难测定，但由于指数成分较多，因此只要所用的比重与真实水平相差不至很远，由此生成的指数误差就不会很大。

（3）建筑工料综合成本指数，实际上是劳工指数和建筑材料指数的加权平均数，比重分别定为45%和55%。

9.5.4.2 投标价格指数的编制

投标价格指数的编制依据，主要是中标的承包商在报价时所列出的主要项目单价。目前香港最权威的投标价格指数有三种，分别由建筑署及两家最具规模的工料测量行（即利比测量师事务所和威宁谢有限公司）编制，它们分别反映了公营部门和私营部门的投标价格变化。

9.5.5 工程造价咨询全过程管理

9.5.5.1 对承建商的分类及监管

香港工务局根据承建商的工程经验和财务状况，订立认可承建商名册。除特别情况下，各认可承建商只能承投所隶属的名册范围内的工务工程。

1. 认可公共工程承建商名册

此名册分建筑、海港、路渠、工地平整及水务五大类别，每类尚分三个组别（级别）。甲组：可承建工程额不超过2000万港元的工务工程；乙组：可承建工程额不超过5000万港元的工务工程；丙组：可承建工程额不少于5000万港元的工务工程及不设工程额上限。

2. 认可公共工程物料供货商及专门承建商名册

此名册包括各项楼房设备，如空调、消防、电气、升降机等。各类别亦分不同组别，同时规定不同组别的供货商或承建商，只可承投该组别的工程。

对认可承建商实施有效的监管，可确保只有合格资质及高素质的承建商，才可承担政府的工务工程。这对工程造价的有效管理帮助很大。

工务局及其工务部门对认可承建商采用的监管措施：

（1）每一类别及组别的承建商，分别由最熟悉该类别及组别工程部门负责评核他们的以往相关工程经验及工作表现，例如建筑署负责评核建筑类别。以便工务局决定是否应对某承建商采取适当的行动，例如表现好的、财政状况符合要求等，可接纳他的提升组别申请。

（2）承建商须向工务局提出申请，并说明想成为某一类别及组别的认可承建商。在将某一承建商纳入认可名册之前，工务局会评核他的财政状况，而有关的工务部门则会评核他的工程专业技术及管理能力。一般来说，承建商在开始时只可成为试用认可承建商，在经过一段时间的优越表现后，才可正式成为认可承建商。

（3）所有试用认可承建商及认可承建商须于每年向工务局提交经会计师审核的公司账目，而丙组认可承建商（不论试用或正式）更需每半年向工务局提交公司账目报告。

（4）如工务局发觉某认可承建商（不论试用或正式）有下列情况出现，工务局会考虑不准该承建商承投工务工程一段时间，或将认可资格降为试用资格，或降到低一级的组别，甚至从名册上除名。但在采取行动前，工务局会给予该承建商自辩机会。

① 不理想的工作表现。

② 在连续3年未有递交一份具竞争性的投标书。

③ 在限定时间内，未提交公司账目、提供所需资料或改善财务状况。

④ 严重的行为不当或受怀疑的行为不当。

⑤ 公司破产或者其他财务上的问题。

⑥ 不良工地安全记录。

⑦ 不能或拒绝履行一项已批出的工程。

⑧ 不良环保表现。

⑨ 被法庭定罪，例如触犯了工地安全法例，雇用非法劳工等。

⑩ 没有雇用规定的最少数目的全职管理及技术人员。

⑪ 不守法律。

9.5.5.2 采用风险分析方法制订工程造价预算

准确的工程造价预算，不但可避免工程费用的超支或过多的工程费用拨付，还可使工程施工期间的造价管理更为有效。

以往在制订工程造价预算时，对一些不确定的事项（风险），有可能忽略了或只粗略地在已估算的工程造价上加上笔额外金额（如5%或10%），为风险项目准备。现在工务部门采用了风险分析方法去制订工务工程造价预算，务求使预算更为准确。风险分析是一个将工程项目的不确定的事项全列出来，并把这些项目以金额量化的风险估算方法。估算出来的风险金额会加进工程造价预算内。

工程项目较常见的风险，包括业主更改其对工程的量或质的要求、工地地质变化、市场价格的变动、宏观经济状况及投标气氛、工程设计变更等。

风险分析的程序包括：

(1) 确定重大的风险项目（如市场价格的重大转变）。

(2) 评估此等风险出现的可能性及其程度。

(3) 估计每一风险出现后对工程费用的影响并用金额将其显示。

(4) 将估算出来的各项风险金额加进工程造价预算内。

风险项目对工程造价的影响程度因工程而异。例如市场价格的变动对工期短及工程金额少的工程影响不大，反之对工期长及工程金额大的工程便会有较大的影响。又如风险分析发挥其最大效用的时间是工程筹划期间，因为在此时很多因素及事项都未明确。

随着工程的进行，风险也相应减低。故此风险分析要不时进行检讨，以减少前期预留风险备用的金额或将该金额拨给其他项目。

9.5.5.3 投标者资格预审

聘用富有经验及管理良好的承建商负责工程的建造，对工程造价的管理有很大帮助，特别是大型或复杂的项目。当正常的招标程序不适用于某项工程时，工务部门会采用投标者资格预审方法，来挑选一些适合的承建商承投该项工程。

投标者独立核算预算预审的目的，是挑选不少于5位的财政上、技术上都合资格的承建商承投某一项工程。在采用预审方法之前，有关工务部门需要先取得库务局的同意。

投标者资格预审的具体方法：

(1) 有关工务部门制订预审文件，并邀请有意参加预审的承建商在指定日期前，递交预审文件内所要求的预审申请书。此承建商必须是工务局认可的承建商。但如因工程性质特殊或其他因素，以至在认可承建商名册内没有足够的符合资格的承建商参加预审，那么其他本地或海外的承建商也可申请参加预审。

(2) 预审的程序分两阶段：①将一些不能符合基本要求的申请者（如没有相关的工作经验）剔除出预审程序，以省却审核他们递交的其他技术性资料的时间。②详细审核已通过第一阶段的申请者的各项技术资料。如以往五年在承建工务工程的表现、已往五年在类似有关工程项目的工作经验、所拥有的管理及专业员上的资历及经验、建造有关工程的技术方法及预计进度表、已往索赔记录等。

(3) 所有审核准则，须经库务局预先批准及须在预审文件内列明。预审文件将有关工程的特殊情况（如工地使用限制等）详细列出。如有需要，也可要求申请人提供对该工程的各项意见，给有关工务部门参考，以助后期的策划及监督工作。

(4) 经过第二阶段的预审后，有关部门会将审阅报告呈交库务局批核。

(5) 当库务局通过报告内所推荐的申请人后，有关工务部门便会通知每一申请人他的申请结果，及通知成功申请人有关工程的招标日期。

9.5.5.4 招标文件

一份清楚列明合约双方的权责以及风险分配的招标文件，可减少施工期间的合约纠纷，对工程造价管理有很大的帮助。

各工务部门制订的招标文件在格式上都十分相似，而在内容方面（除有关工程的资料外）也大致相同。如建筑工程合约都会采用同一版本的标准建筑合约条款，而土木工程合约则会采用同一版本的标准土木工程合约条款等。这种标准格式、内容及合约条款，是经过多年累积的工程管理经验而制订及更新的。每个工务部门都设有一合约顾问单位，为工程管理人员提供合约上的指引。

若工程造价预算超过一亿港元的话，有关招标文件的重要部分（即对合约约责有影响的，如特殊合约条款等），要先经工务局法律咨询部审阅，才可招标。若在招标期间招标文件内的重要部分有重大修改，则此修改连同与投标者的相关书信来往，须经工务局法律咨询部审阅后才可批准工程合约。

9.5.5.5　标书审核及定标程序

工务部门处理及审核标书的程序非常严谨。在未有定案之前，所有关于投标事宜或标书的口头上或书面上的沟通，都作机密文件处理，而有关文件上也盖有机密字样。

若发现投标者漏交需提交的资料或提交了含糊资料，有关工务部门会要求投标者在指定日期前，补交有关资料或澄清含糊资料。但在任何情况下，投标者都不能更改已提交的投标价。有时审标人员需要当面与投标者了解所提交的资料，因而会与投标者开会。这种会议必须有会议记录，列明与会人、曾讨论的事情及结论。记录必须经各与会人同意。

当发现标中有某些工程小项的单价不合理地高或低时，而此类工程小项在数量上如有大增减时会导致最终工程价有大变动时，审标人员将小心考虑应否将该工程判给该投标者。若投标者的标价不合理地低，而审核人员仍然认为应该将工程批与该投标者，他们须在审核标书报告中列明原因。

在发现标中有计算错误或有过低或过高的单价时，有关部门会去信询问投标者，是否仍然愿意持该投标价抑或收回投标书。若在考虑之列的标书中标价十分接近时，有关部门会将各标书在工程期间收到的分期工程费用，转化为现值总价格以作比较。

除标价外，审标人员还会考虑投标者的过往工作表现、技术及财政状况、工地安全记录、触犯法律情况（如环保及雇佣条例等），以及工程额超过一亿港元时，投标者以往的索赔记录等。在完成审标工作后，有关工务部门会提交审核标书报告给委员会考虑及批准：①工程额超过3000万港元的提交中央投标委员会（成员包括库务局局长，工务局局长，律政署代表，廉政公署代表等）。②工程额少于3000万港元的提交工务工程投标委员会（成员包括工务部门代表）。

9.5.5.6　施工期间的造价管理

为确保最终工程价不超过合约总额及所有的设计更改都符合成本效益原则，工务部门采取了以下措施：

（1）每月在发出工程量单给承建商的同时，也检讨及评估在工程完成时的合同最终价，即计算所有设计更改及其他加减项目在内的最终价。

（2）在发出更改设计指令予承建商前，先行预计该更改的金额，按金额的大小交予以适当职级的官员批核。如建筑师或工程师，可以发出个别不超过港币15万元的设计更改指令。若指令在15万~30万港元，则须经高级建筑师或高级工程师先行批核才可发出。如此类推，部门首长可批核金额不设上限的更改指令。

（3）工程管理人员尽快计算并与承建商达成对加减项目金额的协议。以免日后因人事变动，或资料遗失等因素拖慢工程结算工作。

9.5.5.7　解决工程纠纷

工程纠纷往往跟造价有关，处理工程纠纷的方法须依照合同条款规定。一般来说，工务工程的纠纷，将先经有关总建筑师或工程师审核及作出决定。通常合约中会规定，若承建商不同意该决定，纠纷则通过调解方式解决。若任何一方不想用调解方式或调解不成功时，则会采用仲裁方法解决纠纷。

任何调解或仲裁个案，有关工务部门都会咨询律政署的法律意见，律政署也会给予有关官员所需的技术支持。

一些特殊的工程项目，如复杂项目或可能在设计上有大更改项目，有关工务部门会在合约文件内指明，计算设计更改指令金额的工作，需要在该指令发出后28天内完成，并交予承建商参考及尽快达成协议。此举可防止设计更改指令的大量累积而导致不能及早知道最终合约总额，或因人事变动等因素而令协议不易达成。

9.5.5.8　价值管理

在一些大型的工务工程项目中，工务部门为了确保资源的合理利用，会采用价值管理以确保所投入的资源物有所值。为了取得最高效益，价值管理应该于工程策划的早期展开。对一些看来不易解决的技术问题，或不易达成协议的专业意见分歧，价值管理可发挥最大效用。

具体来说，价值管理是通过一个深入而彻底的座谈工作坊，让决策者及工程策划人员了解相互的立场或困难，从而找出一个多方面都可以接受并且无损工程效益的解决问题方案。因此，参加者应包括政策局、工务部门及其他相关部门的代表（如环保署、规划署或民政事务总署等）。讨论的事项可以包括工程的各项要求的标准（如质量水平、环保水平等）；资源的运用；设计及施工时间的控制；难题的解决等。由于参与的人员都是较高层的官员，为节省时间，工作坊一般不会超过两个工作日。通常工作坊会由一位独立的极富经验的专业人士主持，并在会后向有关部门提交报告，详列各项讨论事项及解决方案。

成功的工程造价管理工作，不应该只着重工料清单的准确性，而是从工程策划的早期开始，直至工程完成为止。期间包括工程项目的各个环节。经过多年实践，香港建筑署认为上述各环节对有效的工务工程造价管理有极大贡献。

结论

从上述几个经济发达国家和地区的造价管理方式看，工程造价管理均处于有序的市场运行环境，实行了系统化、规范化、标准化的管理。在价格的确定和管理上，以市场和社会认同为取向；在行业的管理归属上，民间行业协会组织发挥着巨大作用。同时，政府的宏观调控，先进的计价依据、计价方法、发达的咨询业、多渠道的信息发布等做法，基本上代表了现行工程造价管理的国际惯例。发达国家工程造价管理体制的特点可以概括如下：①行之有效的政府间接调控。政府对不同类别的投资项目实行不同力度和深度的管理，重点是控制政府投资的项目。对私人投资项目只进行政策引导和信息指导，而不干预其具体实施过程，体现政府对造价的宏观管理和间接调控。②有章可循的计价依据。费用标准、工程量计算规则、经验数据等是西方发达国家计算和控制工程造价的主要依据。③多渠道的造价信息发布体系。发达国家都十分重视对各方面造价信息的及时收集、筛选、整理以及加工工作。④量价分离的计算方法及动态估价。对工程造价的管理是以市场为中心的动态控制，重视造价管理所具有的随环境、工作进行以及价格等变化，随时调整造价控制标准和控制方法。⑤拥有发达的工程造价咨询业以及通用合同文本。⑥行业协会具有不可替代的重要作用。

本章小结

本章对部分经济发达国家和地区的工程造价管理方式进行了全貌介绍，归纳总结了发达国家工程造价管理概况。介绍了美国、英国、德国、日本、中国香港地区的工程造价管理体系及其特点；工程造价管理的市场运行环境；政府对工程造价的宏观管理和间接调控；有章可循的计价依据、量价分离的计算方法及动态估价，包括费用标准、工程量计算规则、经验数据等；多渠道的信息提供与发布等做法；政府协同民间行业协会组织，对工程造价工作的系统化、规范化、标准化管理；造价工程师的注册登记制度、工作能力及工作范围；发达的工程造价咨询业以及通用合同文本等。上述发达国家的工程造价管理体系，基本上代表了现行工程造价管理的国际惯例。

思 考 题

1. 为什么工程造价管理仅仅考虑初始成本是不够的，还应考虑到工程交付使用后的维修和运行成本？
2. 美国没有主管工程造价咨询业的专门政府部门，工程造价咨询业由谁来管理、如何管理？
3. 美国工程造价咨询行业及工程造价管理体系具有哪些特点？
4. 英国的工程造价管理模式为什么被许多国家广泛采用？
5. 英国通用合同文本被世界各国广泛采用，其原因及突出特点是什么？
6. 德国造价控制行业为什么十分看重对工程实行全过程的造价控制？
7. 德国工程造价协会、学会的作用是什么？德国为什么没有设立像英国工料测量师和北美的造价工程师的专业制度？
8. 日本的建设行政主管部门是如何对工程造价实施管理的？
9. 为什么中国香港地区的工料测量师可以把业务扩展到世界各地，并且在世界各地都享有良好的声誉？
10. 简述中国香港地区的工程造价咨询全过程管理的内容。

附 录

案例一 香港某主体工程工程量清单

SUMMARY

NOTIONAL BILL OF QUANTITIES BASED ON A BLOCK OF MEDIUM QUALITY APARTMENTS 22400 m^2 (24100 s. f.)

GROSS FLOOR AREA WITH APARTMENTS ABOUT 70 m^2 (750 ft^2) GROSS

(Descriptions revised to normality 25/11/1997)

Estimator: ________

Date Prepared: ________ Tender Report No. /Ref: ________

Job No. : ________ Notional Bill No. /Ref: ________

Contract Analysed: ____________________

Description: ____________________

____

Date of Tender Returned: ________ Surveyor: ________ Partner/Associate: ________

Trade	Tender 1	Tender 2
Substructure and lower ground floor	$	$
Concretor	—	—
Bricklayer	—	—
Roofer	—	—
Joiner	—	—
Metalworker	—	—
Plasterer	—	—
Glazier	—	—
Painter	—	—
Total		
(Tender 1) (Tender 2)		
Adjustment-Lump sum (%): ________ ________	—	—
Adjustment-Error (%): ________ ________	—	—
Add-Fluctuation (%): ________ ________	—	—
Total	—	—

续表

Trade	Tender 1	Tender 2
ADD Preliminaries (% of all trades incl. PC. & Prov. Sums + external works Bills in tender) (Tender 1) ______ (Tender 2) ______		
Total		
Cost per m^2 (22 400 m^2)		
Indices		

Remarks:

Tender sums: $

Contract period: Days 1

Area: m^2 2

(Tender 1) (Tender 2) 3

Preliminaries ($): — — 4

P. C. &Prov. Bill

Rev. tender sums:

(excl. conting.) ($): — —

Contingencies ($): — — 1

Dayworks bill ($): — — 2

Others:

Lump Sum Adjustment ($): — — 3

Errors ($): — — 4

Fluctuation ($): — —

Note: $ 6.500 Million = 100 points

SUBSTRUCTIRE

Description	Unit	Qty.	Tender 1 Rate $	Tender 2 Rate $
SUBSTRUCTURE AND LOWER GROUND FLOOR				
150 mm Bed of hardcore.	Sup	1000		
Building paper laid on hardcore.	Sup	1000		
30 MPa reinforced concrete.	Cube	600		
35 MPa Ditto.	Cube	200		
40 MPa Ditto.	Cube	1500		
Formwork to pile caps, strap and ground beams.	Sup	3000		
Ditto to columns.	Sup	300		
Ditto to walls.	Sup	450		
Plain round steel bar reinforcement not exceeding 12 mm.	kg	60000		
Ditto exceeding 12 mm.	kg	5000		
Deformed high yield steel bar reinforcement exceeding 12 mm.	kg	395000		
Note: Cost effect on new Preambles 2000 edition not yet adjusted				
+ pro – rata rates				
* star rates				
TOTAL CARRIED TO SUMMARY $			—	—

CONCRETOR

Description	Unit	Qty.	Tender 1 Rate $	Tender 2 Rate $
<u>CONCRETOR</u>				
30 MPa reinforced concrete.	Cube	1600		
35 MPa Ditto.	Cube	2900		
40 MPa Ditto.	Cube	4100		
Formwork to columns.	Sup	3000		
Ditto to beams.	Sup	9300		
Ditto to walls.	Sup	27800		
Ditto to slabs.	Sup	12700		
Ditto to staircases.	Sup	1400		
Ditto to architectural features.	Sup	5600		
Plain round steel bar reinforcement not exceeding 12 mm.	kg	83000		
Ditto exceeding 12 mm.	kg	20000		
Deformed high yield steel bar reinforcement.	kg	1857000		
TOTAL CARRIED TO SUMMARY $			—	—

BRICKLAYER

Description	Unit	Qty.	Tender 1 Rate $	Tender 2 Rate $
<u>BRICKLAYER</u>				
75 mm Brick/Solid concrete block wall.	Sup	7000		
105 mm Ditto.	Sup	500		
75 mm Hollow concrete block wall.	Sup	1000		
100 mm Ditto.	Sup	1000		
Note: Cost effect on new Preambles 2000 edition not yet adjusted				
TOTAL CARRIED TO SUMMARY $			—	—

ROOFER

Description	Unit	Qty.	Tender 1 Rate $	Tender 2 Rate $
<u>ROOFER</u>				
50 mm cement and sand roof screed to falls.	Sup	1000		
Waterproof membrane roofing/20 mm Horizontal mastic asphalt roofing.	Sup	500		
Membrane roofing/13 mm Asphalt skirting 240 mm high.	Run	600		
50mm Roof insulation ("Roofmate", "Styrofoam", etc.)	Sup	950		
300 mm × 300 mm × 30 mm Precast concrete roofing tiles bedded and jointed in cement mortar.	Sup	400		
TOTAL CARRIED TO SUMMARY $			—	—

JOINER

Description	Unit	Qty.	Tender 1 Rate $	Tender 2 Rate $
JOINER				
20 mm (Finished) Oak/Beech strip flooring including sub – floor, sanding and wax polishing.	Sup	11500		
Oak/Beech skirting 0.0013 m^2 sectional area (13 mm × 100 mm).	Run	13500		
45 mm Hollow core flush door faced both sides with laminated plastic sheeting.	Sup	160		
45 mm Hollow core flush door with one side oak/beech veneered plywood and one side with laminated plastic sheeting (toilet/bath).	Sup	750		
45 mm Hollow core flush door with 5 mm oak/beech veneered plywood both side (bedroom).	Sup	1300		
50 mm Solid core flush door with one side oak/beech veneered plywood and one side with laminated plastic sheeting (kitchen).	Sup	580		
50 mm Solid core flush door with 5 mm oak/beech veneered plywood both sides (flat entrance).	Sup	770		
Sawn hardwood batten, ground etc. 0.0019 – m^2 sectional area (3square inches).	Run	400		
JOINER				
Ditto 0.003 8 – m^2 sectional area (6 square inches).	Run	1000		
Hardwood frame etc. 0.007 6 – m^2 sectional area (12 square inches).	Run	400		
Teak architrave, edging etc. 0.000 6 – m^2 sectional area (1 square inch).	Run	800		
Oak/Beech frame etc. 0.007 6 – m^2 sectional area (12 square inches).	Run	11200		
Oak/Beech architrave etc. 0.000 6 – m^2 sectional area (1 square inch).	Run	22000		
Note: Use rates for major items in tender to obtain average rates per m^2 of sectional area for the above ground, frames, architraves etc.				
TOTAL CARRIED TO SUMMARY $			—	—

METALWORKER

Description	Unit	Qty.	Tender 1 Rate $	Tender 2 Rate $
METALWORKER				
Mild steel in balustrades, railings and general framed work.	kg	1000		
Galvanised mild steel works ditto.	kg	7500		
Fluorocarbon aluminium windows and doors (glazing included in "Glazier").	Sup	7500		
Fluorocarbon aluminium louvers and grilles.	Sup	400		
50 mm Diameter galvanized steel tubular hand-rail.	Run	800		
TOTAL CARRIED TO SUMMARY $			—	—

PLASTERER

Description	Unit	Qty.	Tender 1	Tender 2
			Rate $	Rate $
PLASTERER				
Spatterdash key on concrete surfaces.	Sup	70000		
Floor finishes				
20 mm Cement and sand (1 : 3) floor screed.	Sup	15950		
13 mm × 100 mm Cement and sand (1 : 3) screed to receive skirting.	Run	2000		
20 mm × 100 mm Cement and sand (1 : 4) rough rendering behind skirting.	Run	14000		
20 mm × 100 mm Cement and sand (1 : 3) paving.	Run	550		
20 mm × 20 mm × 5 mm Coloured unglazed ceramic mosaic tiling (P. C. \$ 70/m²) (stair/service).	Sup	300		
Non-slip ceramic/homogeneous tiling (P. C. \$ 250/m²) (toilet/bath).	Sup	1050		
Non-slip quarry tiling bu semi – dry method including 20 mm cement and sand (1 : 4) bedding (P. C. \$ 250/m²) (kitchen).	Sup	1700		
Marble tiling (P. C. \$ 420/m²) (typical lobby).	Sup	1100		
Marble/Granite slab flooring (P. C. \$ 1 250/m²) (main lobby).	Sup	300		
150 mm × 75 mm × 13 mm Coloured grooved ceramic non – slip nosing tiles.	Run	1450		
Aluminium/Brass/Stainless steel division strip bedded in floor screed.	Run	200		
Ceiling finishes				
Two coat lime cement internal plaster on soffit and beam.	Sup	12000		
Metal panel suspended ceiling (P. C. \$ 400/m² supply and install).	Sup	2330		

PLASTERER

Description	Unit	Qty.	Tender 1	Tender 2
			Rate $	Rate $
Ditto (P. C. $ 650/m^2 supply and install).	Sup	1100		
Gypsumboard suspended ceiling.	Sup	300		
Internal wall finishes				
Two coat lime cement internal plaster on walls.	Sup	40000		
10 mm Cement and sand (1 : 3) wall screed.	Sup	18300		
20 mm × 20 mm × 5 mm Coloured unglazed ceramic mosaic tiling (P. C. $ 70/m^2).	Sup	1600		
Ceramic/homogeneous tiling (P. C. $ 250/m^2).	Sup	6000		
Glazed ceramic tiling (P. C. $ 200/m^2).	Sup	7300		
Marble tiling (P. C. $ 420/m^2).	Sup	2800		
Marble/Granite slab wall lining (P. C. $ 1250/m^2) including fixing cramps.	Sup	600		
External wall finishes				
10 mm Cement and sand (1 : 3) wall screed.	Sup	24500		
Ceramic facing tiling (P. C. $ 125/m^2) fixed with tile adhesive.	Sup	24500		
Note: P. C. rates for supply only at 2nd Quarter 2004 prices.				
Note: Cost effect on new Preambles 2000 edition not yet adjusted				
TOTAL CARRIED TO SUMMARY $			—	—

GLAZIER

Description	Unit	Qty.	Tender	
			1	2
			Rate $	Rate $
GLAZIER				
6 mm Clear float glass and glazing to metal or wood.	Sup	500		
6 mm Tinted float glass and glazing to metal or wood.	Sup	4500		
8 mm Ditto.	Sup	1500		
6 mm Clear float glass with silver coating mirrors.	Sup	700		
TOTAL CARRIED TO SUMMARY $			—	—

PAINTER

Description	Unit	Qty.	Tender 1 Rate $	Tender 2 Rate $
<u>PAINTER</u>				
Lime resistant primer and two coats of emulsion paint on walls and ceilings.	Sup	52500		
Prepare and apply three coats of synthetic paint on metal general surfaces.	Sup	1000		
One coat of preservative on wood general surfaces.	Sup	10600		
Knot, prime stop and paint one undercoat and one finishing coat of clear lacquer on wood general surfaces.	Sup	7000		
TOTAL CARRIED TO SUMMARY $			—	—

案例二　某公寓楼工程量清单

某公寓楼工程量清单（分部分项实例）

本实例为中港合作项目的楼宇之一。

公寓楼的底层包括储藏室、地下室和楼梯井设在大楼的边部，在每一层楼上，从楼梯即可进入外阳台，每户住宅的门就开在外阳台上。六户住宅的门均开在各自的阳台上。

公寓楼用灰砂砖砌筑，外贴面砖，钢筋混凝土楼板，钢筋混凝土内承重墙。

序号	编号	规　格　说　明	单位	数量	单位价格	总价格
		1. 土方工程				
1	1.1	机械挖土，以第四类地形计，开挖深度3 m，用现场翻斗车装运，距离300m	m^3	251		
2	1.2	基础机械挖土，开挖深度2m，用现场翻斗车装运，距离300m	m^3	597		
3	1.3	基础槽用翻斗车倾倒回填土，每层土40cm进行夯实	m^3	350		
4	1.4	多余土装车及运输费（5km外另加），倾倒费不包括在内	m^3	498		
5	1.5	提拱，运输（5km）并摊铺20cm厚0～60mm碎石垫层（混凝土筏基）	m^3	132.5		
		总价格1.				
		2. 混凝土				
		2.1 钢筋混凝土基础				
6	2.1.1	A. No.1 混凝土封闭层（垫层）	m^3	8.8		
7	2.1.2	B. No.2 混凝土	m^3	201.5		
8	2.1.3	C. 高粘结螺纹钢筋	kg	10272		
9	2.1.4	D. 粗模板	m^2	1256		
		2.2 混凝土筏基				
10	2.2.1	A. 塑料薄膜，200μm	m^2	662		
11	2.2	B. 12cm 混凝土板	m^2	662		
12	2.2.3	C. 焊接钢板网	kg	2648		
13	2.2.4	D. 耐磨刮板（找平层）2cm	m^2	662		
		2.3 钢筋混凝土楼板				
14	2.3.1	A. No.2 混凝土	m^3	1111		
15	2.3.2	B. 焊接钢板网	kg	38187		
16	2.3.3	C. 光面模板	m^2	6943		
17	2.3.4	D. 2cm 找平层	m^2	6191		
		2.420cm 厚钢筋混凝土内承重墙				
18	2.4.1	A. No.2 混凝土	m^3	939		

续表

序号	编号	规格说明	单位	数量	单位价格	总价格
19	2.4.2	2B. 高粘结螺纹钢筋	kg	32867		
20	2.4.3	C. 光面模板	m^2	9389		
		2.5 杂项钢筋混凝土，包括模板钢筋				
21	2.5.1	A. 女儿墙，40cm 高，20cm 厚	m	166		
22	2.5.2	B. 阳台 80cm 高，12cm 厚	m	445		
23	2.6	预制混凝土系梁 10cm×21cm	m	459		
		2.7 楼梯井				
24	2.7.1	A. 预制混凝土直跑楼梯板，高 1.4m，踏步宽 1.2m	U，各、件	16		
25	2.7.2	B. 16cm 钢筋混凝土半平台板	m^2	20		
26	2.7.3	C. 钢栏杆，扶手，包括油漆	U，各、件	8		
		2.8 窗台				
27	2.8.1	A. 预制混凝土外窗台板，断面 5cm×15cm	m	656		
28	2.8.2	B. 硬木内窗台板，断面 2cm×15cm	m	637		
29	2.9.1	A. 阳台钢护栏，高 1m，包括油漆	m	445		
30	2.9.2	B. 护手	m	445		
		总价格 2.				
		3. 砖墙				
31	3.1	底层双层砖墙 A. 20cm 灰砂砖 + 11cm 面砖，包括勾缝，刷洗	m^2	257		
32	3.1A	底层双层砖外墙：20cm 灰砂砖 + 11cm 面砖，包括勾缝，刷洗	m^2	257		
		3.2 上部楼层面复盖外墙				
33	3.2.1	A. 11cm 灰砂砖 + 10cm 面砖，包括勾缝，刷洗	m^2	413		
34	3.2.2	B. 粉刷（抹灰）	m^2	413		
		3.2A 上部楼层面复盖外墙				
35	3.2.1A	A. 20cm 空的黏土砖，75mm 半刚性矿棉绝缘板，11cm 面砖，包括勾缝，酸洗	m^2	413		
36	3.2.2A	B. 粉刷（抹灰）	m^2	413		
37	3.3	山墙：11cm 面砖，包括勾缝，刷洗	m^2	625		
38	3.4	光饰面 7cm 砂浆砖	m^2	585		
		总价格 3.				
		总价格 3A				
		4. 防风雨				
39	4.1	夹心式结构防潮层 防潮层 6cm 刚性聚氨酯隔热板 夹层涂料 4cm 石屑，包括边缘防水处理和保护工程	m^2	808		
40	4.1A	夹心式结构防水层 防水层 10cm 刚性聚氨酯隔热板 夹层漆料 4cm 石屑，包括边缘防水处理和保护工程	m^2	808		
		5. 细木工				
		尺寸：墙间宽，高度至系横梁				

续表

序号	编号	规格说明	单位	数量	单位价格	总价格
		5.1 外开外墙热带硬木作，大面积采光，包括 4-6-4mm 双层玻璃	套			
41	5.1.1	A. 窗 2.7m×2.1m（F1 型）	套	48		
42	5.1.2	B. 窗 3.7m×2.1m（F2 型）	套	48		
43	5.1.3	C. 窗 2.0m×1.7m（F2 型）	套	304		
44	5.1.4	D. 窗 1.0m×1.7m（F4 型）	套	228		
45	5.1.5	E. 法式门 1.5m×2.5m（P3 型）	套	48		
46	5.1.6	F. 法式门 0.9m×2.5m（P4 型）	套	48		
47	5.2	室内细木，平板门 0.83m×2.04m	套	576		
48	5.3	10cm 木踢脚板	米	5832		
		总价格 5.				
		6. 卫生设施				
49	6.1	厨房水池，标准质量，碳丙铁（Cr18%，Ni10%），双斗，单排水 120cm×60cm，包括层压板水池柜混合水喉及所有水管连接	个	48		
50	6.2	白瓷马桶，低水位冲洗箱（标准质量），塑料座圈，盖板及连接件	套	48		
51	6.2A	米色瓷马桶，低水位冲洗箱准质量，塑料座圈，盖板及所有连接件	套	48		
52	6.3	托架式白瓷洗涤槽，40cm×50cm，混合水喉及所有接件	套	48		
53	6.3A	托架式米色瓷洗涤槽，40cm×50cm，混合水喉及所有接件	套	48		
54	6.4	搪瓷钢浴盆，170cm×70cm，包括混合水喉，手持式淋浴器，及所有连接器	套	48		
55	6.4A	搪瓷钢浴盆，米色，170cm×70cm，包括混合水喉，手持电话淋浴器及所有配件配管	套	48		
56	6.5	装于墙面的冷热水管，钢管 *DN*16mm	m	1440		
57	6.6	室内废水管，PVC，*DN*50mm	m	384		
58	6.7	落水管，PVC，*DN*150mm 包括配件及屋面臭气管（每层二个卫生间相连接）	m	78		
59	6.8	雨水管，PVC，*DN*100mm（4m×26m）	m	104		
		6.9 冷热水管				
		A. 镀锌钢管				
60	6.9.1	名义口径 21.3mm	m	30		
61	6.9.2	名义口径 48.4m	m	70		
62	6.9.3	名义口径 60.3mm	m	50		
		B. 止水阀				
63	6.9.4	*DN*15	个	48		
64	6.9.5	*DN*40	个	3		
		C. 装于墙面铜管				
65	6.9.6	*DN*14mm	m	2150		
66	6.1	增压器，$14m^3/HR$，2 泵为一组，压为 30MCE，包括附件，水管连接及电线连接	套	1		
		总价格 6.				
		总价格 6. A				
		7. 中央取暖及自然通风				

续表

序号	编号	规 格 说 明	单位	数量	单位价格	总价格
		7.1 工厂内油漆的散热片，90/70 度包括调温阀及开关水喉				
67	7.1.1	A. 250W	个	48		
68	7.1.2	B. 750W	个	96		
69	7.1.3	C. 1000W	个	192		
70	7.1.4	D. 2500W	个	48		
71	7.2	装于墙面的中央采暖双根分布水管，铜，*DN*18mm	m	5840		
72	7.3.1	A. PVC 通风管，*DN*150	m	156		
73	7.3.2	B. 通风口及其与通风管连接	套	48		
		7A. 单独中央采暖及自然通风				
74	7.4.1A	A. 装于墙上的常规煤气锅炉中采暖及即时热热水，额定 22kW，包括循环泵，水供应、电、燃料和伸张房和连接	m	48		
75	7.4.2A	B. 室内调温器	m	48		
76	7.4.3A	C. 烟道 20cm×20cm，双面复盖焙烧黏土	m	180		
77	7.4.4A	1	m	960		
		总价格 7.				
		505.4 一套公寓的数量清单（电气部分）				
		总价格 7A（7+7A）				
		8. 电气设备				
78	8.1.1	A. 主配电盘	套	1		
79	8.1.2	B. 各楼层主输电线（每层六套住宅）	m	25		
80	8.1.3	C. 主接地线	m	25		
81	8.2	户内配电钢配电箱 25cm×30cm，三相接线，包括配电箱 30MA，分离断路器，9 个开关式	套	48		
	8.3	8.3 电气配件，包括接线				
		A. 起居室 1				
82	8.3.1	接地电源座 10/16A	个	240		
83	8.3.2	照明点设单向开关	个	48		
		B. 卧室及起居室 2				
84	8.3.3	接地电源插座 10/16A	个	576		
85	8.3.4	照明点设单向开关	个	192		
		C. 浴室				
86	8.3.5	接地电源插座 10/16A	个	48		
87	8.3.6	照明点设单向开关	个	96		
		D. 厨房				
88	8.3.7	接地电源插座 10/16A	个	192		
89	8.3.8	接地电源插座 32A	个	48		
90	8.3.9	照明点设单向开关	个	96		
		E. 厕所及盒子间				
91	8.3.10	照明点设单向开关	个	96		
		F. 厅				
92	8.3.11	门铃，包括供电、变压器	套	48		

续表

序号	编号	规格说明	单位	数量	单位价格	总价格
93	8.3.12	照明点设双向开关	个	48		
94	8.3.13	插座10/16A	个	48		
		G. 走廊				
95	8.3.14	电源插座10/16A	个	96		
96	8.3.15	照明点设双向开关	个	48		
	8.4	8.4 杂项电气设备（包括供电）	个			
		A. 楼梯平台				
97	8.4.1	防水灯	个	96		
98	8.4.2	定时开关	个	48		
		B. 楼梯井和电梯				
99	8.4.3	照明点	个	17		
100	8.4.4	定时开关	个	9		
		C. 底层走廊				
101	8.4.5	照明点	个	7		
102	8.4.6	定时开关	个	7		
		D. 底层走廊				
103	8.4.7	照明点	个	50		
104	8.4.8	定时开关	个	50		
		8.5 紧急照明				
105	8.5.1	A. 8W 紧急照明日光灯，NI-CD 电池（最后1小时）插头式，包括电线连接	套	9		
106	8.5.2	B. 上述遥控	套	1		
106	8.6	公共天线，包括这子，电线，分配管，连接器	套	1		
107	8.7	电视/频道插座	个	48		
108	8.8	访客电话，包括接线	个	48		
109	8.9	电话插座	个	96		
		总价格8.				
		9. 内装饰				
111	9.1.1	A. 粘结剂固定瓷面石砖 20cm×20cm	m^2	395		
112	9.1.2	B. 瓷面石砌踢脚	m	370		
113	9.2	粘结剂固定软乙烯地毡，2mm	m^2	4776		
114	9.2A	簇绒地毯	m^2	4776		
115	9.3	墙面瓷砖 11cm×11cm	m^2	1032		
116	9.4	无水管房间内墙纸，包括墙面处理	m^2	7680		
		9.5 有光油漆				
117	9.5.1	A. 室外细木	m^2	4024		
118	9.5.2	B. 室内细木	m^2	2016		
119	9.5.3	C. 平顶	m^2	7426		
		总价格9.				
		总价格9A				

汇总表一：

1. 土方工程	
2. 混凝土土工程	
3. 泥瓦工（砌筑工程）	
4. 防水、防潮工程	
5. 门窗工程	
6. 卫生设备配件工程	
7. 暖通工程	
8. 电气安装工程	
9. 内装饰工程	
Ⅰ总费用（不包括增值税）	
增值税（总费用的　%）	
Ⅱ建筑师和工程师费用（总费用Ⅰ的8%）	
增值税（总费用的Ⅱ中建筑师和工程师费用的　%）	
总价格	

汇总表二：

1. 土方工程	
2. 排水	
3. 混凝土	
4. 泥瓦工	
5. 金属配件	
6A. 金属框架和屋面材料	
7. 卫生设备配件	
8A. 暖通	
9. 电气安装	
10. 地面材料	
Ⅰ总费用（不包括增值税）	
增值税（总费用的　%）	
Ⅱ建筑师和工程师费用（总费用Ⅰ的8%）	
增值税（总费用的Ⅱ中建筑师和工程师费用的　%）	
总价格 A	

案例三　北京市东方广场酒店楼服务性公寓（H）室内精装修工程量清单

北京市东方广场酒店楼服务性公寓（H）

室内精装修工程（CI 部分）－后勤地区及第二土建工程

编号	项　目	单位	数量	建筑单价	第一次单价	确定价
	1 号清单					
	酒店楼客房					
I	砖工					
A	100mm 厚多孔黏土砖砌块墙	m^2	5625.6	64.00	78.00	74.50
B	100mm 同上（浴缸）	m^2	614.6	64.00	78.00	74.50
C	100mm×150mm 高同上（窗下）	m	1376.7	13.00	15.00	15.31
D	76mm×150mm 高砖砌块凸缘（淋浴间）	m	415.1	7.00	8.700	8.88
VII	地面饰面					
A	水泥砂浆找平供铺砌地耗	m^2	8700.4	24.00	25.00	25.00
VIII	墙身饰面					
	防水水泥砂浆					
C	水泥砂浆抹灰供铺贴墙纸	m^2	12795.9	22.00	24.00	24.00
	酒店楼客房（B1）小计：					
	2 号清单					
	酒店楼客用电梯大堂及走廊					
I	砖工					
A	100mm 厚多孔黏土砖砌块墙	m^2	99.0	64.00	78.00	74.00
V	地面饰面					
	水泥砂浆					
A	找平供铺砌地耗	m^2	2592.0	24.00	25.00	25.00
VI	墙身饰面					
B	抹灰供铺贴墙纸	m^2	3891.0	22.00	24.00	24.00
	酒店楼客用电梯大堂及走廊（B2）小计：					
	3 号清单					
	服务性公寓					
I	砖工（砌筑工程）					
A	100mm 厚多孔黏土砖砌块墙	m^2	70.2	64.00	78.00	74.50
B	100mm 厚多孔黏土砖砌块墙（浴缸）	m^2	2.3	64.00	78.00	74.50
C	76mm×115mm 高凸缘（淋浴间）	m	2.4	7.00	8.70	8.88
D	100mm×150mm 高凸缘（窗下）	m	12.4	13.00	15.00	15.31
VII	地面饰面					

续表

编号	项目	单位	数量	建筑单价	第一次单价	确定价
	防水水泥砂浆					
A	水泥砂浆找平供铺砌地耗	m^2	71.0	24.00	25.00	25.00
VIII	墙身饰面					
	防水水泥砂浆					
D	抹灰供铺贴墙纸	m^2	98.0	22.00	24.00	24.00
	服务性公寓（B3）小计：					
	4 号清单					
	服务性公寓客用电梯及走廊					
V	地面饰面					
	水泥砂浆					
A	找平供铺砌地耗	m^2	2670.0	24.00	25.00	25.00
VI	墙身饰面					
B	抹灰供铺贴墙纸	m^2	5128.0	22.00	24.00	24.00
	服务性公寓客用电梯及走廊（B4）小计：					
	5 号清单					
	三层至十八层及十五至十八屋及后勤地区					
	5.1　机电房/后勤房					
I	混凝土					
A	轻质混凝土填充（卫生间）	m^3	25.0	213.00	1135.00	600.00
II	砖工					
A	100mm 厚多孔黏土砖砌块墙（浴缸）	m^2	2472.0	64.00	78.00	74.50
VIII	地面饰面					
	水泥砂浆					
A	找平供乙烯基树脂地板	m^2	489.0	24.00	24.00	24.00
B	含非金属硬化剂找平抹光	m^2	578.0	50.00	55.00	55.00
C	抹平供贴乙烯基树脂脚板 150mm 高	m	791.0	5.00	5.00	5.00
D	抹平踢脚板 150mm 高	m	913.0	5.00	5.00	5.00
F	抹平供贴乙烯树脂踢脚板 150mm 高	m	199.0	5.00	5.00	5.00
	认可 500mm×500mm×2.5mm 厚乙烯基树脂地板					
G	地板	m	551.0	20.00	22.00	22.00
H	踢脚板 150mm 高	m	990.0	8.00	8.00	8.00
IX	墙身饰面					
	水泥砂浆					
A	抹平供铺砌釉面瓷砖	m^2	1795.0	18.00	30.00	30.00
B	抹面	m^2	2574.0	24.00	24.00	24.00
C	认可 200mm×200mm 釉面瓷砖	m^2	1795.0	20.00	16.00	46.00
X	天花饰面					
D	6mm 纸筋抹灰	m^2	551.0	27.00	27.00	27.00
XI	玻璃工					
A	壁镜（34 幅）（卫生间）	m^2	23.0	396.00	459.00	459.00
XII	油漆工					

续表

编号	项目	单位	数量	建筑单价	第一次单价	确定价
	大白浆					
A	墙身	m^2	2574.0	24.00	26.00	26.00
B	天花	m^2	578.0	24.00	26.00	26.00
C	踢脚板	m	913.0	6.00	7.00	7.00
	认可乳漆涂料					
D	天花	m^2	551.0	24.00	27.00	27.00
	5.1　机电房/后勤房小计:					
	5.2　走火通道/楼梯					
I	混凝土					
A	凸缘包括一切所需模板，插筋及饰面等（楼梯）	m	4.0	114.00	128.00	128.00
	砖工					
II	100mm 厚多孔黏土砖砌块墙					
A	200mm 同上	m^2	1623.0	64.00	78.00	74.50
B	金属工	m^2	11.0	99.00	119.00	113.28
VI	楼梯扶手（楼梯 S1，S2，S3，S4）镀锌软钢 50^{Φ} 管扶手					
E	$\phi12$ 托臂包括锚件约 100mm 长	m	422.0	66.00	70.00	70.00
F	$\phi50mm \times 5mm$ 厚盖片	no.	408.0	15.00	16.00	16.00
G	$75mm \times 75mm \times 5mm$ 厚底板	no.	408.0	7.00	7.00	7.00
H	楼梯栏杆（楼梯 CBPS4，CBPS15）镀锌钢 50^{Φ} 管扶手	no.	408.0	10.00	12.00	12.00
I	40^{Φ} 管	m	17.0	156.00	175.00	175.00
J	40^{Φ} 管支架	m	4.0	146.00	152.00	152.00
K	20^{Φ} 管	m	6.0	38.00	40.00	40.00
I	$75mm \times 150mm \times 8mm$ 厚底板	m	31.0	11.00	11.00	11.00
M	地面饰面	no.	5.0	34.00	36.00	36.00
VII	水泥砂浆					
	抹平踢脚板 150mm 高					
A	含非金属硬化剂水泥砂浆	m	2891.0	5.00	5.00	5.00
B	25mm 找平抹光	m^2	657.0	50.00	55.00	55.00
C	同上（楼梯踏步及竖板）	m^2	522.0	128.00	140.00	140.00
D	50mm 机镘光面找平抹光	m^2	1982.0	81.00	88.00	88.00
E	认可 $150mm \times 75mm \times 12mm$ 无釉匀质突沿瓷砖包括水泥砂浆等	m	1485.0	10.00	15.00	15.00
VIII	墙身饰面					
A	20mm 砂浆石灰抹面	m^2	9632.0	18.00	19.00	19.00
IX	天花饰面					
	6mm 纸筋灰					
A	天花抹灰面	m^2	2666.0	27.00	27.00	27.00
B	斜天花抹灰面（楼梯）	m^2	412.0	27.00	27.00	27.00
C	耐火两小时防火吊顶（消防/服务梯前室）	m^2	1600.0	102.00	271.00	
X	油漆工					
	大白浆					
A	墙身	m^2	9632.0	24.00	26.00	26.00
B	天花	m^2	2666.0	24.00	26.00	26.00

续表

编号	项目	单位	数量	建筑单价	第一次单价	确定价
C	斜天花（楼梯）	m^2	412.0	24.00	26.00	26.00
	认可调和漆					
D	楼梯管子栏杆（包括两面平面面积）	m^2	19.0	43.00	46.00	46.00
E	楼梯小管子扶手	m	422.0	13.00	13.00	13.00
	认可环氧聚氨酯地台涂料					
F	地面	m^2	1982.0	38.00	121.00	
G	踢脚板	m	1455.0	7.00	22.00	
	5.2 走火通道/楼梯小计：					
	5.3 间壁/房间以外管道					
I	混凝土工					
A	一切机电管道，竖井混凝土预留洞回填封板包括一切所需之模板，钢筋，硅酮胶密封料等	m^2	118.0	42480.00 总价	663584.00	360.00
II	砖工					
A	100mm 厚多孔黏土砖砌块墙	m^2	19924.0	64.00	78.00	74.50
B	200mm 同上	m^2	10463.0	99.00	119.00	113.28
C	砖砌墙密封结构洞口于内筒通天/管井		1.0	84960.00	136000.00	84960.00
	5.3 间壁/房间以外管道小计：			总价		
	5.4 机电层及屋面下层					
I	砖工					
A	100mm 厚多孔黏土砖砌块墙	m^2	485.0	64.00	78.00	74.50
II	防水工					
	认可聚氨脂防水涂料包括所需钢网					
A	地面	m^2	1895.0	68.00	82.00	
VI	地面饰面					
	水泥砂浆					
A	20mm 抹平踢脚板 150mm 高	m	202.0	4.00		5.00
B	同上（楼梯）	m	207.0	4.00		5.00
	防水水泥砂浆					
C	20mm 厚抹平踢脚板 150mm 高	m	808.0	4.00		5.00
	含非金属硬化剂水泥砂浆					
D	25mm 找平抹光	m^2	12.0	64.00		55.00
E	同上（楼梯）	m^2	171.0	168.00		140.00
F	50mm 机镘光面找平抹光	m^2	2031.0	108.00		88.00
G	25mm 含非金属硬化剂防水水泥砂浆找平	m^2	1457.0	84.00		55.00
	墙身饰面					
VII	20mm 水泥砂浆抹面					
A	20mm 砂浆石灰抹面	m^2	3355.0	22.00		24.00
B	同上（楼梯）	m^2	460.0	22.00		24.00
C	天花饰面	m^2	685.0	22.00		24.00
VIII	6mm 厚纸筋灰					
A	同上（楼梯）	m^2	136.0	27.00	27.00	27.00
B	油漆工	m^2	129.0	27.00	27.00	27.00
IX	大白浆					
A	墙身	m^2	3355.0	24.00	26.00	26.00
B	天花	m^2	2931.0	24.00	26.00	26.00

续表

编号	项目	单位	数量	建筑单价	第一次单价	确定价
C	踢脚板 150mm 高	m	829.0	6.00	7.00	7.00
	认可环氧聚氨酯地台涂料					
D	地面	m^2	136.0	41.00	121.00	
E	踢脚板 150mm 高	m	180.0	7.00	22.00	
F	认可纯丙烯酸抗碱混凝土涂料于踢脚板 150mm 高	m	338.0	3.00	5.00	
	认可乳胶涂料					
G	墙身	m^2	460.0	24.00	28.00	28.00
H	同上（楼梯）	m^2	685.0	24.00	28.00	28.00
I	天花	m^2	136.0	24.00	28.00	28.00
J	同上（楼梯）	m^2	129.0	24.00	28.00	28.00
	5.4　机电层及屋面下层小计： 三层至十八层及十五至十八屋公用及后勤地区（B5）小计：					
	6 号清单					
	L3 层以下后勤地区 C1					
	6.1　办公室及职工房间					
I	混凝土工					
A	轻质混凝土回填	m^3	81.0	213.00	1135.00	600.00
II	砖工					
A	100mm 厚多孔黏土砖砌块墙	m^2	1910.0	64.00	78.00	74.50
III	防水工					
	认可聚氨酯防水涂料包括所需钢网					
A	地面	m^2	1616.0	68.00	82.00	
B	踢脚板 150mm 高（$214m^2$）	m	437.0	12.00	12.00	
C	（KRAFT）或同等认可金属防水薄片（B2 层鲜花房）	m^2	13.0	26.00	30.00	
VIII	地面饰面					
	水泥砂浆					
A	找平供铺砌乙烯基树脂地板	m^2	1606.0	24.00	24.00	24.00
B	找平供铺砌地耗	m^2	1307.0	24.00	24.00	24.00
C	找平供铺砌地台砖	m^2	153.0	22.00	30.00	30.00
D	抹平供贴砌乙烯基树脂踢脚板 100mm 高	m	1083.0	5.00	5.00	5.00
E	抹平供贴砌瓷砖踢脚板 100mm 高	m	79.0	3.00	8.00	8.00
F	20mm 厚抹平踢脚板 150mm 高	m	667.0	5.00	5.00	5.00
G	25mm 厚防水水泥砂浆抹平供铺砌地台砖	m^2	18.0	30.00	35.00	35.00
	含非金属硬化剂防水水泥砂浆					
H	25mm 找平抹光	m^2	33.0	55.00	55.00	55.00
I	50mm 找平机镘光面找平抹光	m^2	2615.0	81.00	88.00	88.00
J	乙烯基树脂地板	m^2	1606.0	28.00	31.00	31.00
K	认可地耗连胶垫（暂定料值 HK $ 220/m^2）	m^2	1307.0	56.00	65.00	65.00
L	200mm×200mm 认可防滑地台砖	m^2	171.0	28.00	50.00	50.00

续表

编号	项　　目	单位	数量	建筑单价	第一次单价	确定价
M	两层50mm厚（共100mm）尿醛泡保湿层（B2层鲜花房）	m^2	13.0	406.00	450.00	
N	15#油耗层（B2层鲜花房）	m^2	13.0	154.00	168.00	168.00
O	600mm×600mm认可方块架空楼板包括一切构架，扣件等	m^2	206.0	595.00	750.00	750.00
P	乙烯基树脂踢脚板100mm高	m	1083.0	22.00	25.00	25.00
Q	10mm厚瓷砖踢脚板100mm高	m	79.0	10.00	10.00	10.00
R	不锈钢金属分隔条（125m）	m^2	84.0	6144.00	29500.00	240.00
IX	墙身饰面			总价		总价
	水泥砂浆					
A	抹平供铺砌釉面瓷砖	m^2	1601.0	18.00	30.00	30.00
B	抹面	m^2	307.0	24.00	24.00	24.00
	砂浆石灰					
C	20mm抹面供铺砌墙纸	m^2	4308.0	24.00	24.00	24.00
D	20mm抹面	m^2	3428.0	24.00	24.00	24.00
E	墙纸包括一切所需粘结剂等（暂定料值HK $ 50/m^2）	m^2	4308.0	22.00	30.00	30.00
F	200mm×200mm釉面瓷砖	m^2	1601.0	64.00	64.00	64.00
G	预制保温填充墙板（B2层鲜花房）	m^2	33.0	400.00	450.00	
X	天花饰面					
A	6mm厚纸筋灰抹面设计，供应及安装吊顶	m^2	4273.0	27.00	27.00	27.00
B	600mm×1200mm×19mm厚矿棉吸声吊顶	m^2	1799.0	46.00	185.00	
C	600mm×1200mm×19mm厚乙烯基面矿棉吸声吊顶	m^2	261.0	60.00	185.00	
D	预制保温填充料天花板（B2层鲜花房）	m^2	13.0	406.00	441.00	
XI	玻璃工					
A	6mm玻璃于分隔墙包括木框（共35幅）（待议）	m^2	53.0	217.00	535.00	
B	同上（布衣房办公室）(7m^2)（待议）	总价	1.0	1519.00	3745.00	
XII	油漆工					
	大白浆					
A	墙身	m^2	307.0	24.00	26.00	26.00
B	天花	m^2	752.0	24.00	26.00	26.00
C	踢脚板150mm高	m	117.0	6.00	7.00	7.00
	认可乳胶涂料					
D	墙身	m^2	3428.0	24.00	27.00	27.00
E	天花	m^2	2754.0	24.00	27.00	27.00
	认可聚氨酯地台涂料					
F	地面	m^2	2418.0	41.00	121.00	
G	楼梯踏板及竖板	m^2	4.0	68.00	206.00	

续表

编号	项　　目	单位	数量	建筑单价	第一次单价	确定价
H	踢脚板 150mm 高	m	976.0	7.00	22.00	
I	认可纯丙烯酸水溶液涂料于墙身	m^2	6.0	18.00	40.00	
J	三道（BRITISH PAINTS LIGNOLAC）或同等认可防火喷涂料于木踢脚板 100mm 高	m	978.0	6.00	8.00	
K	（WATCO DANISH）麻栗油或同等认可光漆于木踢脚板 100mm 高	m	978.0	4.00	40.00	
	6.1　办公室及职工房间小计：					
	6.2　总经理办公室					
I	砖工					
A	100mm 厚多孔黏土砖砌块墙	m^2	446.0	64.00	78.00	74.50
V	地面饰面					
	水泥砂浆					
A	找平供铺砌地毯	m^2	175.0	24.00	25.00	25.00
B	抹平供贴砌云石踢脚板 100mm 高	m	11.0	6.00	6.00	6.00
	地毯					
C	地毯包括一切所需装嵌配件及认可胶粘剂等（暂定料值 HK \$ 220/m^2）（编号 C1）	m^2	173.0	56.00	65.00	65.00
D	同上（暂定料值 HK \$ 220/m^2）（编号 C2）	m^2	2.0	56.00	65.00	65.00
E	（CREMA MARFIL）或同等认可 20mm 厚踢脚板 100mm 高包括一切所需扣固件，配件，水泥砂浆填充等（编号 M－11）	m	11.0	48.00	150.00	150.00
F	不锈钢金属分隔条（15m）	m	15.0	512.00	3150.00	240.00
VI	墙身饰面					
A	水泥砂浆抹平供铺砌云石	m^2	29.0	18.00	30.00	30.00
B	同上供铺砌瓷砖	m^2	1.0	18.00	30.00	30.00
C	抹灰供铺砌墙纸	m^2	427.0	24.00	24.00	24.00
D	墙纸包括一切所需胶粘剂等（暂定料值 HK \$ 50/m^2）（编号 WC－15）	m^2	362.0	22.00	30.00	30.00
E	同上（暂定料值 HK \$ 50/m^2）（编号 WC－16）	m^2	65.0	222.00	30.00	30.00
F	200mm×200mm 瓷砖（编号 CT－17）	m^2	1.0	28.00	46.00	46.00
	云石包括一切所需扣固件，配件，水泥砂浆填充，硅酮密封料等					
G	（CREMA MARFIL）或同等认可 20mm 厚云石（编号 M－13）	m^2	29.0	64.00	150.00	150.00
F	云石由甲方供应					
VII	天花饰面					
A	600mm×600mm 格防静电金属吊顶（涂料分项量度）	m^2	175.0	84.00	197.00	
B	于上述吊顶加投 1200mm×600mm 灯具的增加费	no.	43.0	170.00	185.00	
C	同上 600mm×600mm 出风百叶	no.	13.0	213.00	245.00	
D	同上 1200mm×300mm 回风百叶	no.	10.0	290.00	320.00	
VIII	玻璃工					

续表

编号	项目	单位	数量	建筑单价	第一次单价	确定价
A	供应及安装约 2000mm×2000mm×10mm 厚玻璃图案饰面连镜面不锈钢框（编号 MT10）包括磨砂玻璃图案（编号 GL5）清面玻璃图案（编号 GL2）及一切所需扣固件，配件等（待议）	no.	1.0	3477.00	3698.00	
	油漆工					
IX	（DULUXICI）或同等认可涂料					
A	600mm×600mm 防静电金属天花格（PT－11）	m^2	175.0	73.00	90.00	90.00
B	100mm 高硬木踢脚板（PT－12）	m	117.0	7.00	7.00	7.00
	6.2　总经理办公室小计：					
	6.3　厨房/食堂					
I	混凝土工					
	认可轻质/加氧混凝土包括一切所需模板					
A	基座 150mm 高	m^3	27.0	213.00	1300.00	600.00
B	回填 300mm 厚	m^3	466.0	213.00	1300.00	600.00
	钢筋混凝土包括一切所需模板及钢筋					
C	凸缘 120mm×500mm 高	m	248.0	34.00	36.00	36.00
D	同上 200mm×500mm 高	m	97.0	51.00	55.00	55.00
II	砖工					
A	100mm 厚多孔黏土砖砌块墙	m^2	1461.0	64.00	78.00	74.50
B	150mm 同上	m^2	79.0	81.00	99.00	94.91
C	200mm 同上	m^2	515.0	99.00	119.00	113.28
III	防水工					
	认可聚氨酯防水涂料					
A	地面	m^2	2388.0	68.00	82.00	
B	踢脚板 150mm 包括所需钢网	m	995.0	12.00	13.00	
C	（KRAFT）或同等认可金属防水薄片	m^2	260.0	26.00	28.00	
VII	金属工					
A	金属排水槽格栅约 500mm×300mm 包括一切所需支架、框架、涂料、扣固件、配件，认可硅酮胶密封料等	no.	291.0	1800.90	1980.00	
B	同上约 1000mm×600mm	no.	9.0	3600.00	3980.00	
C	悬空电视机金属托架包括一切所需扣固件，螺栓、涂料等	no.	3.0	3000.00	3310.00	
	地面饰面					
VIII	水泥砂浆					
A	找平供铺砌保温层	m^2	260.0	24.00	24.00	24.00
B	找平供铺砌乙烯基树脂地板	m^2	285.0	24.00	24.00	24.00
	防水水泥砂浆					
C	找平供铺砌地台砖	m^2	2007.0	22.00	30.00	30.00
D	抹平供贴砌匀质瓷砖踢脚板 100mm 高	m	826.0	5.00	8.00	8.00
E	抹平供贴砌乙烯基树脂踢脚板 100mm 高	m	160.0	5.00	5.00	5.00
F	抹平踢脚板 100mm 高	m	276.0	5.00	5.00	5.00
G	两层 50mm（共 100mm）厚尿醛泡保温层	m^2	260.0	406.00	450.00	
H	15#油耗层	m^2	260.0	154.00	168.00	168.00

续表

编号	项　　　　　目	单位	数量	建筑单价	第一次单价	确定价
I	乙烯基树脂地板	m^2	285.0	59.00	59.00	59.00
J	认可防滑凸纹地台砖	m^2	2007.0	64.00	64.00	64.00
K	于上述瓷砖地饰面建造约500mm×300mm×75mm深排水槽的增加价包括防水层，钢网，饰面，垫层及其他一切所需项目	no.	291.0	73.00	75.00	75.00
L	同上约1000mm×600mm×75mm深的增加价	no.	8.0	118.00	150.00	150.00
M	乙烯基树脂踢脚板100mm高	m^2	160.0	22.00	25.00	25.00
N	10mm厚匀质瓷砖踢脚板100mm高	m	826.0	10.00	15.00	15.00
O	不锈钢金属分隔条（45m）	m	45.0	2048.00	10620.00	240.00
IX	墙身饰面			总价		
A	防水水泥砂浆抹平供铺砌釉面瓷砖	m^2	2776.0	22.00	30.00	30.00
B	抹灰供铺贴墙纸	m^2	438.0	24.00	24.00	24.00
C	200mm×200mm釉面瓷砖	m^2	2776.0	28.00	46.00	46.00
D	墙纸包括一切所需胶粘剂等（暂定料值HK $50/m^2$）	m^2	438.00	22.00	30.00	30.00
E	预制保温填充墙板	m^2	521.0	406.00	450.00	
X	天花饰面					
A	供应及安装600mm×1200mm×19mm厚乙烯基面矿棉吸声吊顶	m^2	2540.0	60.00	185.00	
B	认可预制保温填充料天花板	m^2	260.0	406.00	438.00	
XI	油漆工					
A	认可环氧聚氨酯地台涂料于踢脚板100mm高	m	276.0	7.00	22.00	
	6.3　厨房/食堂小计：					
	6.4　更衣室及卫生间					
I	混凝土工					
	认可轻质/加氧混凝土包括一切所需模板					
A	填充	m^3	17.0	213.00	1300.00	600.00
B	基座150mm高（共737个）	m^3	19.0	213.00	1300.00	600.00
C	混凝土凸缘150mm×75mm高（共10个）	m	14.0	5.00	6.00	6.00
D	同上900mm×125mm×125mm高（共32条）	m	29.0	5.00	7.00	7.00
E	50mm厚预制混凝土墙板包括一切所需模板，钢，扣固件，非收缩性水泥砂浆，认可聚硫酯封胶等（卫生间间壁）（共50幅）	m^2	153.0	64.00	146.00	146.00
F	100mm厚预制混凝土柱墙约100mm×110mm高，包括一切所需模板，钢筋，扣固件，非收缩性水泥砂浆，认可聚硫酯封胶等（卫生间）	no.	36.0	9.00	10.00	10.00
G	同上约100mm×170mm高同上	no.	37.0	15.00	16.00	16.00
H	卫生间座厕背面喉管保护	总价	1.0	4588.00	8550.00	8550.00
II A	混凝土填充约200mm×200mm高，包括模板钢筋(57no.)					
II	砖工					
A	100mm厚多孔黏土砖砌块墙	m^2	1605.0	64.00	78.00	74.50

续表

编号	项目	单位	数量	建筑单价	第一次单价	确定价
B	200mm 同上	m^2	9.0	99.00	119.00	113.28
C	藏喉管砖墙约 1000mm 高（结构墙洗手盆背）（85m^2）	总价	1.0	3951.00	20315.00	20315.00
D	同上（小便器背）（36m^2）	总价	1.0	2294.00	8568.00	8568.00
III	防水工					
	认可聚氨酯防水涂料					
A	地面	m^2	614.0	68.00	82.00	
B	踢脚板 300mm 高包括所需钢网	m	411.0	18.00	19.00	
VII	地面饰面					
B	水泥砂浆					
A	找平供铺砌乙烯基树脂地板	m^2	4.0	24.00	24.00	24.00
B	找平供贴砌乙烯基树脂踢脚板 100mm 高	m	8.0	6.0	7.00	7.00
	防水水泥砂浆					
C	找平供铺砌乙烯基树脂地板	m^2	861.0	27.00	29.00	29.00
D	抹平供铺砌地台砖	m^2	207.0	22.00	30.00	
E	抹平供贴砌匀质瓷砖踢脚板 100mm 高	m	307.0	5.00	8.00	8.00
F	找平供贴砌乙烯基树脂踢脚板 100mm 高	m	570.0	5.00	5.00	5.00
G	乙烯基树脂地板	m^2	865.0	20.00	22.00	22.00
H	200mm × 200mm 防滑地台砖	m^2	207.0	28.00	50.00	55.00
I	乙烯基树脂踢脚板 100mm 高	m	578.0	8.00	8.00	8.00
J	100mm 厚匀质瓷砖踢脚板 100mm 高	m	307.0	10.00	15.00	15.00
K	约 125mm × 5mm 厚花岗石防滑砖	m	29.0	10.00	15.00	15.00
L	不锈钢金属分隔条（98m）	m	98.0	5376.00 总价	23128.00 总价	240.00
VIII	墙身饰面					
	水泥砂浆					
A	抹面供铺砌釉面瓷砖	m^2	1703.0	18.00	30.00	30.00
B	抹面	m^2	26.0	24.00	24.00	24.00
C	防水水泥砂浆抹面供铺砌釉面瓷砖	m^2	738.0	22.00	30.00	30.00
D	200mm × 200mm 釉面瓷砖	m^2	2441.0	64.00	72.00	72.00
IX	天花饰面					
A	6mm 纸筋灰抹面	m^2	173.0	27.00	27.00	27.00
	供应及安装吊顶					
B	600mm × 1200mm × 19mm 厚乙烯基面矿棉吸声吊顶	m^2	1552.0	60.00	185.00	
X	玻璃工			总价	总价	
A	所有卫生间镜面包括背板，螺丝，角钢及密封胶等（84m^2）	m^2	62.0	32829.00	71652.00	530.00
XI	油漆工					
A	大白浆于天花	m^2	4.0	24.00	26.00	26.00

续表

编号	项　　目	单位	数量	建筑单价	第一次单价	确定价
C	认可乳胶涂料					
B	墙身	m²	26.0	24.00	27.00	27.00
C	天花	m²	173.0	24.00	27.00	27.00
	6.4　更衣室及卫生间小计：					74.50
	6.5　机电房及垃圾房					
I	砖工					
A	100mm 厚多孔黏土砖砌块墙	m²	114.0	64.00	78.00	
II	防水工					
	认可聚氨酯防水涂料包括所需钢网					
A	地面	m²	98.0	68.00	82.00	
B	踢脚板 150mm 高	m	64.0	12.00	12.00	
VL	金属工					
A	金属排水格栅约 500mm×300mm 包括一切所需支架，框架，涂料，密封料等（待议）	no.	28.0	1800.00	1800.00	
VII	地面饰面					
A	20mm 水泥砂浆抹平踢脚板 150mm 高	no.	857.0	5.00	5.00	5.00
	防水水泥砂浆					
B	找平供铺砌地台砖	m²	98.0	22.00	30.00	30.00
C	抹平供贴砌均质瓷砖踢脚板	m	64.0	5.00	8.00	8.00
D	20mm 厚抹平踢脚板 150mm 高	m	979.0	5.00	5.00	5.00
E	25mm 含非金属硬化剂水泥砂浆找平抹光	m²	4285.0	50.00	55.00	55.00
F	25mm 含非金属硬化剂防水水泥砂浆找平	m²	2642.0	72.00	75.00	75.00
G	200mm×200mm 防滑地台砖	m²	98.0	28.00	50.00	50.00
H	于上述瓷砖地饰面建造约 500mm×300mm×75mm 深排水墙的增加价包括防水层，钢丝，饰面及一切所需项目	no.	28.0	73.00	85.00	85.00
I	10mm 厚均质瓷砖踢脚板 100mm 高	m	64.0	10.00	15.00	15.00
VIII	墙身饰面					
	水泥砂浆					
A	抹平供铺砌釉面瓷砖	m²	180.0	22.00	30.00	30.00
B	20mm 抹面	m²	6858.0	24.00	24.00	24.00
C	200mm×200mm 釉面瓷砖	m²	180.0	28.00	46.00	46.00
IX	大花饰面					
A	6mm 厚纸筋灰	m²	2848.0	27.00	27.00	27.00
B	600mm×1200mm×19mm 厚乙烯基面矿棉吸声吊顶	m²	98.0	60.00	185.00	
X	油漆工					
A	墙身	m²	6858.0	24.00	24.00	24.00
B	天花	m²	6441.0	24.00	24.00	24.00
C	踢脚板 150mm 高	m	1837.0	6.00	7.00	7.00
D	地面	m²	94.0	36.00	121.00	
E	踢脚板 150mm 高	m	37.0	9.00	22.00	

续表

编号	项目	单位	数量	建筑单价	第一次单价	确定价
F	认可纯丙烯酸水溶性涂料于墙身	m^2	118.0	18.00	40.00	
	6.5 机电房及拉机房小计					
	6.6 洗衣房					
L	混凝土工					
	认可轻质/加气混凝土包括一切，防水水泥砂浆填充，垫底层，防水层，伸缩缝及防水密封塑料等					
A	基座75mm厚	m^3	16.0	421.00	1400.00	600.00
B	基座275mm厚	m^3	81.0	421.00	1400.00	600.00
C	于上述275mm厚基石建造约500mm×500mm集水斗连不锈钢明沟格栅的增加价包括防水层，钢丝，饰面，垫层，防水砂浆找平及其他一切所需项目	no.	1.0	1699.90	1750.00	1750.00
D	同上1000mm×500mm	no.	5.0	2549.00	2721.00	2721.00
II	金属工					
A	不锈钢明沟格栅包括一切所需支架，框架，扣固件，配件及认可密封塑料等（约2.2m长）(15m)	总价	1.0	99000.00	118000.00	
	6.6 洗衣房小计					
	6.7 走道/走火通道/楼梯					
I	混凝土工					
A	轻质混凝土回填	m^3	68.0	213.00	1135.00	600.00
B	凸缘（楼梯）	m	38.0	34.00	40.00	40.00
II	砖工					
A	100mm厚多孔黏土砖砌墙	m^2	903.0	64.00	78.00	74.50
B	150mm同上	m^2	22.0	81.00	99.00	94.91
VII	金属工					
	装配及安装活动百叶窗，包括所需的结构框架，框，玻璃，小五金及油漆等如图纸所示（待议）					
A	百叶窗（65副）（待议）	m^2	38.0	888.00	985.00	
VII	装配及安装玻璃墙及门，包括所需的结构框架，框，玻璃，小五金，预埋件，配件等如图所示（待议）					
B	防火玻璃墙（地库三及四层）（共12副）（待议）	m^2	30.0	500.00	500.00	
VIII	地面饰面					
A	找平供扫防水涂料	m^2	168.0	24.00	24.00	24.00
B	找平供扫地台涂料	m^2	1298.0	24.00	24.00	24.00
C	同上（楼梯踏步及竖板）	m^2	388.0	27.00	29.00	29.00
D	找平供铺砌乙烯基树脂地板	m^2	111.0	24.00	24.00	24.00
E	找平供铺砌地台砖	m^2	168.0	22.00	30.00	30.00
F	抹平供砌乙烯基树脂踢脚板100mm高	m	129.0	5.00	5.00	5.00
G	抹平供贴砌瓷砖踢脚板100mm高	m	46.0	5.00	8.00	8.00
H	20mm厚抹平踢脚板150mm高	m	4489.0	5.00	5.00	5.00

续表

编号	项　　　　目	单位	数量	建筑单价	第一次单价	确定价
	含非金属硬化剂水泥砂浆					
I	50mm 找平机镘光面抹光	m^2	3120.0	81.00	88.00	88.00
J	同上（楼梯踏步及竖板）	m^2	45.0	128.00	140.00	140.00
K	乙烯基树脂地板	m^2	111.0	59.00	59.00	59.00
L	200mm×200mm 认可防滑地台砖，材料甲方供应	m^2	20.0	20.00	50.00	50.00
M	防滑凸纹地台砖，材料甲方供应	m^2	128.0	20.00	50.00	50.00
N	乙烯基树脂踢脚板 100mm 高	m	129.0	3.00	3.00	3.00
O	10mm 厚瓷砖踢脚板 100mm 高	m	46.0	8.00	8.00	8.00
P	150mm×75mm×12mm 无釉均质突沿瓷砖包括水泥等	m	1177.0	10.00	20.00	20.00
IX	墙身饰面					
A	水泥砂浆抹平供铺砌釉面瓷砖	m^2	1001.0	22.00	30.00	30.00
B	抹灰供扫涂料	m^2	6287.0	24.00	24.00	24.00
C	20mm 砂浆石灰抹面	m^2	9228.0	24.00	24.00	24.00
D	200mm×200mm 釉面瓷砖	m^2	1001.0	20.00	46.00	46.00
X	天花饰面					
C	6mm 厚纸筋灰					
A	天花抹灰面	m^2	3115.0	27.00	27.00	27.00
B	斜天花抹灰面（楼梯）	m^2	45.0	27.00	27.00	27.00
C	供应及安装 600mm×1200mm×19mm 乙烯基面吸声吊顶	m^2	279.0	60.00	185.00	
XI	油漆工					
A	大白浆（天花）	m^2	2950.0	18.00	24.00	24.00
C	认可乳胶涂料					
B	墙身	m^2	9173.0	24.00	27.00	27.00
C	天花	m^2	165.0	24.00	27.00	27.00
D	斜天花	m^2	45.0	24.00	27.00	27.00
E	踢脚板 150mm 高	m	550.0	6.00	7.00	7.00
	认可环氧聚胺酯地台涂料					
F	地面	m^2	4254.0	7.00	121.00	
G	楼梯踏步及竖板	m^2	433.0	121.00	206.00	
H	踢脚板 150mm 高	m	3740.0	7.00	40.00	
I	认可纯丙烯酸水溶性涂料于墙身	m^2	6287.0	18.00		
	6.7　走道/走火通道/楼梯小计：					
	6.8　间壁，管道及其他					
	其他工程					
L	混凝土工					

续表

编号	项目	单位	数量	建筑单价	第一次单价	确定价
A	一切机电管道，竖井混凝土预留洞回填封板包括一切所需之模板，钢筋等	m^2	100.0	50976.00 总价	173800.00 总价	360.00
II	砖工					
A	100mm 厚多孔黏土砖砌墙	m^2	8718.0	64.00	78.00	74.50
B	200mm 同上	m^2	2624.0	99.00	119.00	113.28
C	150mm 同上	m^2	78.0	81.00	99.00	94.91
D	通天/管井结构洞口密封砖砌墙	总价	1.0	25488.00	79968.00	40000.00
	6.8 间壁，管道及其他小计：					
	L3 层一下后勤地区（B6）小计：					
	7 号清单					
	其他工程					
	石膏板					
	（CEMBOARO）或同等认可 12mm 厚合成水泥板包括一切所需购价，扣固件等（房间窗口等）	m^2	1831.0	60.00	402.00	
B	于所有砖砌墙接玻璃幕墙看做特别处理（8591903m）	m	859.0	200800.00	658438.00	225.00
C	于所有潮湿地区墙壁上作处理（1800m^2）（待议）	总价	1.0	119283.0	13000.00	
D	于所有后勤走道，厨房及后勤用房之阳角加设3mm厚预埋件护角铜板包括一切所需钢筋及涂料等（558no.）	总价	1.0	70770.00	14986.00	
E	照明灯箱（见图 SD 3/527）（待议）	总价	1.0	13950.00	30000.00	
III	供应及安装防声处理板包括玻璃板，镀锌铜板，钢条，饰面，涂料及螺栓等（见图 SD4 - 521 及 541）					
A	天花（层面机电层）	m^2	1837.0	255.00	436.00	
B	天花及墙（三层电梯机房及风机房）（460m^2）	总价	1.0	115716.00	200560.00	
C	同上（三层风机房）（672m^2）	总价	1.0	170006.00	292992.00	
D	同上（三层夹层机电房）（228m^2）	总价	1.0	58113.00		
E	防音处理于机电房门底及门边（3no.）（见图 SD4 - 522）	樘	3.0	2549.00	1200.00	1200.00
F	3000mm × 4500mm 阁楼板（屋面下层）	no.	1.0	42400.00	52100.00	52100.00
G	6000mm × 1625mm 高墙体（屋面机电层）	no.	1.0	29736.00	35420.00	35420.00
IV	二层室外铺石工程（暂定数量）					
A	混凝土填充	m^3	600.0	213.00	320.00	
B	钢筋混凝土 C30 包括一切所需模板和钢筋	m^3	500.0	962.00	1870.00	
C	水泥砂浆找平供铺设防水层	m^2	5000.0	27.00	27.00	
D	同上供铺砌花岗石板	m^2	5000.0	27.00	40.00	
E	安装花岗石地饰面供铺砌于室外地面（深灰色 T4，30mm 厚）	m^2	1000.0	213.00	213.00	

续表

编号	项　目	单位	数量	建筑单价	第一次单价	确定价
F	同上（烧面深灰色 T4，50mm 厚）	m^2	1000.0	213.00	213.00	
G	同上（烧面深灰色 T2，30mm 厚）	m^2	1000.0	213.00	213.00	
H	同上（烧面黑色 312.5mm×312.5mm×50mm 厚）	m^2	1000.0	213.00	350.00	
I	同上（烧面黑色 100mm×100mm×50mm 厚）	m^2	1000.0	213.00	350.00	
J	净安装花岗石板于墙身包括由发包方指定存货地点提取物料及一切之裁切及包括水泥砂浆填充等	m^2	5000.0	213.00	800.00	
K	认可防水层	m^2	5000.0	15.00	75.00	
L	认可隔热层 50mm 厚	m^2	5000.0	216.00	230.00	
N	净安装花岗石板于墙身包括由发包方指定存货地点提取物料及供应包括一切所需购价，扣固件及涂料等	m^2	500.0	213.00	800.00	
L	200mm×175mm 高路边缘石包括水泥砂浆垫层，混凝土基座，插筋及认可防水层包括一切所需模板，钢丝及钢筋等	m	600.0	634.00	680.00	
M	车道入口明沟包括最小 20mm 水泥砂浆垫层，模板等（见图纸 CIH/SD1－120）	m	50.0	298.00	311.00	
N	不锈钢格栅约 400mm×50mm 厚包括一切所需不锈钢框，配件及认可可密封胶等（见图 CIH/SD1－120）	m	50.0	3000.00	8380.00	
V	地面电线槽工程					
A	水泥砂浆找平垫层供安装电线槽（电线槽由其他单位负责）（415mm）（待议）	总价	1.0	127440.00	138200.00	
B	电线槽面铺钢丝供铺设水泥砂浆找平（415mm）（待议）	总价	1.0	67968.00	75680.00	
VII	<u>安装后勤地区卫生间配件（待议）</u>					
A	厕格挂衣钩	no.	106.0	27.00	5.00	35420.00
B	卷纸器	no.	106.0	10.00	10.00	
C	烟灰盅	no.	106.0	10.00	10.00	
D	皂液盅	no.	81.0	20.00	20.00	
E	烘手机	no.	62.0	50.00	50.00	
F	淋浴挂帘杆	no.	29.0	20.00	20.00	
G	截皂器	no.	29.0	20.00	20.00	
IX	<u>有关四层其他工程（见图 SD4－545 至 547）</u>					
A	轻质混凝土填充 300mm 厚（四层客房浴室地台）（468m^2）	总价	1.0	16249.00	182520.00	182520.00
B	机电管道内装修包括防水水泥砂浆，防水层，等（383m^2）	总价	1.0	50976.00	99580.00	99580.00
C	机电管道地台面钢质检修门每个约 3010mm×960mm包括门框及一切扣固件等（2no.）	总价	1.0	11020.00	11800.00	11800.00

续表

编号	项目	单位	数量	建筑单价	第一次单价	确定价
D	后做结构楼盖板于机电管道上200mm厚包括一切所需混凝土，模板，钢筋及修复受影响地方等	m^2	220.0	680.00	1 023.00	1023.00
X	酒店及服务性公寓客房及套间浴缸安装工程					
A	为所有客房浴缸设计，供应及安装一切所需之支承，封门板/墙托座等包括砖，金属钢架，混凝土支撑，预埋件，涂料及认可密封料填充等以供安装浴缸（浴缸由其他单位负责供应及安装等）	总价	1.0	61618.00	199136.00	199136.00
B	客房浴缸边检修门包括所需开孔门框，门，小五金，防水胶边及扣件，饰面和一切所需收口及封边等（待议）	总价	1.0	139402.00	139402.00	
XI	以下项目数量均为暂定数量					
	供应及安装一切钻孔，钢筋改道所需收口等（6B2层洗衣房）					
A	6mm厚埃特板500至600mm高	m	200.0	1020.00	1020.00	1020.00
B	25mm×16mm×3mm角钢包括螺栓及涂料等	m	200.0	340.00	340.00	340.00
C	3mm钢条500mm（最少）长包括螺栓及涂料等	m	200.0	765.00	765.00	765.00
D	50mm×25mm×3mmT型钢包括螺栓及涂料等	m	200.0	510.00	510.00	510.00
E	20mm×3mm钢板压条包括螺栓及涂料等	m	400.0	323.00	323.00	323.00
	行政楼层休息室17层至18层旋转楼梯					
F	C30混凝土连模板	m^3	5.0	962.00	1045.00	1045.00
G	C35同上	m^3	5.0	979.00	1081.00	1081.00
H	I级钢筋	kg	1500.0	5.00	5.00	5.00
I	II级钢筋	kg	1500.0	5.00	5.00	5.00
	隔油井					
J	C30混凝土连模板	m^3	100.0	1125.00	1200.00	1200.00
K	C35同上	m^3	100.0	1140.00	1227.00	1227.00
L	I级钢筋	kg	20000.0	5.00	5.00	5.00
M	II级钢筋	kg	20000.0	5.00	5.00	5.00
	混凝土结构开机电喉管孔包括需支撑，钢筋改道、套管埋于200mm以内厚墙，开100mm以内直径孔	no.	200.0	86.00	86.00	86.00
O	同上开100～300mm以内直径孔	no.	200.0	128.00	128.00	128.00
P	同上开350mm直径孔	no.	200.0	187.00	200.00	200.00
Q	同上开400mm直径孔	no.	100.0	187.00	200.00	200.00
R	同上开面积0.10m^2以内直径孔	no.	200.0	187.00	200.00	200.00
S	同上开面积0.30～0.50m^2以内孔	no.	200.0	255.00	380.00	380.00
T	同上开面积0.50～1.00m^2以内孔	no.	100.0	255.00	400.00	400.00
U	于200～300mm以内厚墙开100mm以内直径孔	no.	200.0	106.00	106.00	106.00

续表

编号	项目	单位	数量	建筑单价	第一次单价	确定价
V	同上开 100~300mm 以内直径孔	no.	200.0	162.00	162.00	162.00
W	同上开 350mm 直径孔	no.	200.0	238.00	300.00	269.00
X	同上开 400mm 直径孔	no.	100.0	238.00	330.00	269.00
Y	同上开面积 0.10m^2 以内孔	no.	200.0	238.00	330.00	269.00
Z	同上开面积 0.10~0.30m^2 以内孔	no.	200.0	319.00	350.00	350.00
AA	同上开面积 0.30~0.50m^2 以内孔	no.	200.0	319.00	380.00	380.00
AB	同上开面积 0.50~1.00m^2 以内孔	no.	100.0	319.00	400.00	360.00
AC	于 300~400mm 以内厚墙开 100mm 以内直径孔	no.	200.0	149.00	149.00	149.00
AD	同上开 100~300mm 以内直径孔	no.	200.0	222.00	222.00	222.00
AE	同上开 350mm 直径孔	no.	200.0	327.00	327.00	327.00
AF	同上开 400mm 直径孔	no.	100.0	327.00	327.00	327.00
AG	同上开 0.10m^2 以内孔	no.	200.0	327.00	327.00	327.00
AH	同上开面积 0.10~0.30m^2 以内孔	no.	200.0	446.00	446.00	446.00
AI	同上开面积 0.30~0.50m^2 以内孔	no.	200.0	446.00	446.00	446.00
AJ	同上开面积 0.50~1.00m^2 以内孔	no.	100.0	446.00	460.00	460.00
AK	于 150mm 以内厚墙开 100mm 以内直径孔	no.	200.0	64.00	64.00	64.00
AL	同上开 100~300mm 以内直径孔	no.	200.0	98.00	98.00	98.00
AM	同上开 350mm 直径孔	no.	200.0	141.00	150.00	150.00
AN	同上开 400mm 直径孔	no.	100.0	141.00	150.00	150.00
AO	同上开面积 0.10m^2 以内孔	no.	200.0	141.00	150.00	150.00
AP	同上开面积 0.10~0.30m^2 以内孔	no.	200.0	191.00	225.00	225.00
AQ	同上开面积 0.30~0.50m^2 以内孔	no.	200.0	191.00	285.00	300.00
AR	同上开面积 0.50~1.0m^2 以内孔	no.	100.0	191.00	300.00	300.00
AS	于 150~200mm 以内厚墙开 100mm 以内直径孔	no.	200.0	86.00	86.00	86.00
AT	同上开 100~300mm 以内直径孔	no.	200.0	128.00	128.00	128.00
AU	同上开 350mm 直径孔	no.	200.0	187.00	200.00	200.00
AV	同上开 400mm 直径孔	no.	100.0	187.00	200.00	200.00
AW	同上开面积 0.10m^2 以内孔	no.	200.0	187.00	200.00	200.00
AX	同上开面积 0.10~0.30m^2 以内孔	no.	200.0	255.00	300.00	300.00
AY	同上开面积 0.30~0.50m^2 以内孔	no.	200.0	255.00	380.00	300.00
AZ	同上开面积 0.50~0.10m^2 以内孔	no.	100.0	255.00	400.00	300.00
BA	于 200~250mm 以内厚墙开 100mm 以内直径孔	no.	200.0	98.00	107.00	107.00
BB	同上开 100~300mm 以内直径孔	no.	200.0	145.00	160.00	160.00
BC	同上开 350mm 以内直径孔	no.	200.0	213.00	250.00	250.00
BD	同上开 400mm 以内直径孔	no.	100.0	213.00	250.00	250.00
BE	同上开面积 0.10m^2 以内孔	no.	200.0	213.00	250.00	250.00
BF	同上开面积 0.10~0.30m^2 以内孔	no.	200.0	290.00	300.00	300.00

续表

编号	项目	单位	数量	建筑单价	第一次单价	确定价
BG	同上开面积 0.30 ~ 0.50m^2 以内孔	no.	200.0	290.00	380.00	320.00
BH	同上开面积 0.50 ~ 1.00m^2 以内孔	no.	100.0	290.00	400.00	320.00
BI	于 250 ~ 300mm 以内厚墙开 100mm 以内直径孔	no.	200.0	119.00	129.00	129.00
BJ	同上开 100 ~ 300mm 以内直径孔	no.	200.0	170.00	192.00	192.00
BK	同上开 350mm 以内直径孔	no.	200.0	264.00	300.00	300.00
BL	同上开 400mm 以内直径孔	no.	100.0	264.00	300.00	300.00
BM	同上开面积 0.10m^2 以内孔	no.	200.0	264.00	300.00	300.00
BN	同上开面积 0.10 ~ 0.30m^2 以内孔	no.	200.0	349.00	380.00	380.00
BO	同上开面积 0.30 ~ 0.50m^2 以内孔	no.	200.0	349.00	380.00	380.00
BP	同上开面积 0.50 ~ 1.00m^2 以内孔	no.	100.0	349.00	400.00	400.00
	<u>拆除及修好受影响饰面</u>					
BQ	砖墙（200mm 及以下厚）	m^2	500.0	281.00	319.00	319.00
BR	砖墙（200mm 以上厚）	m^2	500.0	374.00	397.00	397.00
BS	临时门	no.	30.0	115.00	115.00	115.00
BT	单扇木门	no.	20.0	115.00	115.00	115.00
BU	双扇木门	no.	20.0	149.00	149.00	149.00
BV	单扇钢门	no.	20.0	170.00	170.00	170.00
BW	双扇钢门	no.	20.0	213.00	213.00	213.00
	<u>后勤地区杂项工程</u>					
BX	轻质混凝土回填	m^3	50.0	213.00	1135.00	600.00
BY	混凝土基座	m^3	50.0	213.00	386.00	
BZ	污水槽（待议）	m^3	50.0	213.00	340.00	
CA	金属格栅（待议）	m^3	50.0	2379.00	2379.00	
XII	<u>其他杂项</u>					
A	C30 混凝土柱，梁，楼板，墙，楼梯等模板	m^3	50.0	904.00	904.00	904.00
B	C35 同上	m^3	50.0	922.00	922.00	922.00
C	C40 同上	m^3	50.0	931.00	931.00	931.00
D	C45 同上	m^3	50.0	948.00	948.00	948.00
E	C30 机电设备混凝土承台等连模板	m^3	50.0	479.00	485.00	485.00
F	C35 同上	m^3	50.0	495.00	498.00	498.00
G	Ⅰ级钢筋	kg	15000.0	5.00	5.00	5.00
H	Ⅱ级钢筋	kg	15000.0	5.00	5.00	5.00
I	直筋为 10 钢插筋连钻孔及认可环氧聚酯钻孔填充等	孔	300.0		36.00	36.00
	直筋为 12 钢插筋连钻孔及认可环氧聚酯钻孔填充等	孔	300.0		50.00	50.00
J	直筋为 16 钢插筋连钻孔及认可环氧聚酯钻孔填充等	孔	100.0		110.00	110.00

续表

编号	项　　目	单位	数量	建筑单价	第一次单价	确定价
	直筋为20钢插筋连钻孔及认可环氧聚酯钻孔填充等	孔	100.0		223.00	223.00
	直筋为25钢插筋连钻孔及认可环氧聚酯钻孔填充等	孔	50.0		400.00	400.00
	直筋为32钢插筋连钻孔及认可环氧聚酯钻孔填充等	孔	50.0		740.00	740.00
K	削去原有涂料，修整抹灰，平整表面及扫认可大白浆于墙身	m^2	500.0	18.00	20.00	20.00
L	同上于天花	m^2	300.0	18.00	20.00	20.00
M	削去原有涂料，修整抹灰，平整表面及扫认可大白浆于墙身	m^2	500.0	18.00	20.00	20.00
N	同上于天花	m^2	300.0	18.00	20.00	20.00
O	认可涂料扫于木器如门框，门面等包括去除原油涂料及一切	m^2	1000.0	51.00	55.00	55.00
	表面修整等以供扫新涂料（门面积的数量按立面面积及两面独立计算，所有门框支架及一切相连附件面积将不会分项另行度量，议标单位须将有关费用包括于其单价内）					
P	同上于金属面同上（同上）	m^2	500.0	68.00	68.00	68.00
	供应及安装金属百叶窗包括一切所需结构支架，玻璃，挡风条，小五金，填充料，防火材料，隔热材料，窗台板，压顶及涂料等一切按规范及图纸要求并取得发包方验收。（待议）					
Q	镀锌钢百叶窗面积不得超过 $1.00m^2$/no.	no	10.0	550.00	580.00	
R	同上面积 1.00～$2.00m^2$/no.	no.	10.0	800.00	900.00	
S	同上面积 2.00～$3.00m^2$/no.	no.	10.0	1200.00	1350.00	
T	阳极氧化铝百叶窗面积不超过 $1.00m^2$/no.	no.	10.0	250.00	280.00	
U	同上面积 1.00～$2.00m^2$/no.	no.	10.0	400.00	430.00	
V	同上面积 2.00～$3.00m^2$/no.	no.	10.0	700.00	700.00	
W	不锈钢百叶窗面积不超过 $1.00m^2$/no.	no.	10.0	700.00	700.00	
X	同上面积 1.00～$2.00m^2$/no.	no.	10.0	1500.00	1500.00	
Y	同上面积 2.00～$3.00m^2$/no.	no.	20.0	3600.00	3600.00	
XIII	其他项目					
V	按工料规范基本项目要求说明，分包人为电梯施工单位提供电梯井内脚手架之所需脚手架费用					
W	i）为服务高层用之电梯井脚手架12部	总	1.0	60000.00	540000.00	540000.00
X	按工料规范基本项目要求说明，从总承包提供电源接驳点接驳电源至各层（包括C1及C2部分）之费用（每层提供2各200AmpC级箱系统）	项	1.0	224000.00		296800.00

续表

编号	项　　目	单位	数量	建筑单价	第一次单价	确定价
Y	按工料规范基本项目要求说明，从总承包提供水源接驳点接驳水源至各层（包括C1及C2部分）之费用（每层提供2各20～25mm给水口及25～30mm排水口）	项	1.0	224000.00		372406.00
XIII	依据图则及应工程量清单开坐标线，辅助线及水平线，包括（但不限于）二次土建及承包方装修部分的施工墨线等	项	1.0	640000.00	250000.00	250000.00
	修补接受清单内之第二土建项目（见土建遗留问题清单）	项	1.0		80000.00	80000.00
	负责提供外墙升降机及维修工作至2000年6月30日止	项	1.0	640000.00	200000.00	200000.00
	垃圾清运	项	1.0	1032000.00	100000.00	350000.00
	检验试验费	项	1.0			80000.00
	其他工程（B7）小计：					
	（C1）总汇					
	1号清单——酒店楼客房					
	2号清单——酒店楼客用电梯大堂及走廊					
	3号清单——服务性公寓					
	4号清单——服务性公寓客用电梯大堂及走廊					
	5号清单——三层至十八层及十五至十八层公用及后勤地区					
	6号清单——L3层以下后勤地区					
	7号清单——其他工程					
	C1部分合计：					
	C2部分合计：					
	C1及C2部分合计：					

参考文献

［1］中华人民共和国住房和城乡建设部．建设工程工程量清单计价规范［S］．北京：中国计划出版社，2008.
［2］中华人民共和国住房和城乡建设部．建设工程工程量清单计价规范宣贯辅导材料［M］．北京：中国计划出版社，2009.
［3］季雪．工程造价与管理［M］．北京：中国建材工业出版社，2006.
［4］全国造价工程师职业资格考试培训教材编审委员会．2010 年造价工程师执业资格考试培训教材［M］．北京：中国计划出版社，中国城市出版社，2009.
［5］刘长滨．土木工程概（预）算［M］．武汉：武汉理工大学出版社，2004.
［6］罗福周．建设工程造价与计价全书：第三册［M］．北京：中国建材工业出版社，1999.
［7］原建设部．建设项目总投资组成及其他费用规定（征求意见稿），2004.
［8］卢谦编．建设工程招标投标与合同管理［M］．北京：中国水利水电出版社，2001.
［9］刘常英．建设工程造价管理［M］．北京：金盾出版社，2003.
［10］戎贤．土木工程概预算［M］．北京：中国建材工业出版社，2001.
［11］袁建新．建筑工程预算［M］.2 版．北京：高等教育出版社，2000.
［12］车春鹏，杜春艳．工程造价管理［M］．北京：北京大学出版社，2006.
［13］郭婧娟．工程造价管理［M］．北京：清华大学出版社，北京交通大学出版社，2005.
［14］刘元芳．建设工程造价管理［M］．北京：中国电力出版社，2005.
［15］程鸿群等．工程造价管理［M］．武汉：武汉大学出版社，2004.
［16］庄民泉，邢莉燕．建筑工程定额与预算［M］．山东：山东人民出版社，2002.
［17］刘允延等．建设工程造价管理［M］．北京：机械工业出版社，2007.
［18］全国造价工程师执业资格考试培训教材编审委员会．工程造价计价与控制［M］．北京：中国计划出版社，2005.
［19］斯庆，宋显锐等．工程造价控制［M］．北京：北京大学出版社，2009.
［20］吴怀俊，马楠．工程造价管理［M］．北京：人民交通出版社，2007.
［21］赵莹华．工程项目管理造价管理实务［M］．北京：水利水电出版社，2008.
［22］尚梅．工程估价与造价管理［M］．北京：化学工业出版社，2008.
［23］徐蓉．工程造价管理［M］．上海：同济大学出版社，2005.
［24］陈建国，高显义．工程计量与造价管理［M］．上海：同济大学出版社，2007.
［25］李惠强．工程造价与管理［M］．上海：复旦大学出版社，2007.
［26］陈立春等．工程造价控制与管理［M］．北京：北京理工大学出版社，2009.
［27］房志勇．理论科目复习精讲（2009 全国造价工程师执业资格考试用书）［M］．

北京：中国建筑工业出版社，2009.
[28] 王春梅．工程造价案例分析［M］．北京：清华大学出版社，2010.
[29] 郝建新．工程造价管理的国际惯例［M］．天津：天津大学出版社，2005.
[30] 中国造价工程师考试网．http：//www. zaojiashi. com/book/
[31] 中国建造师考试网．http：//www. jianzaoshi. cn/
[32] 中国工程咨询网．http：//www. cnaec. com. cn/
[33] 中国工程管理网．http：//www. 21cpm. net